中国草原可持续发展战略研究

董世魁 ▪ 主 编

韩国栋 李春杰 樊江文 郭振飞 白小明 林克剑 ▪ 副主编

中国林业出版社

审图号：GS 京（2024）0805 号

图书在版编目（CIP）数据

中国草原可持续发展战略研究／董世魁主编；韩国栋等副主编. —北京：中国
林业出版社，2024.3
ISBN 978-7-5219-2518-0

Ⅰ . ①草… Ⅱ . ①董… ②韩… Ⅲ . ①草原管理–可持续性发展–研究–中国
Ⅳ . ①S812.5

中国国家版本馆 CIP 数据核字（2024）第 004321 号

责任编辑：于界芬　张　健

出版发行	中国林业出版社（100009，北京市西城区刘海胡同 7 号，电话 010-83143542）
电子邮箱	cfphzbs@163.com
网　　址	www.cfph.net
印　　刷	北京中科印刷有限公司
版　　次	2024 年 3 月第 1 版
印　　次	2024 年 3 月第 1 次印刷
开　　本	787mm×1092mm　1/16
印　　张	23.75　　彩插　8
字　　数	485 千字
定　　价	198.00 元

中国草原可持续发展战略研究

编委会

指导组

唐芳林	安黎哲	郝育军	李拥军	李世东	宋中山
刘加文	宋红竹	杨　智			

顾问组

任继周	沈国舫	南志标	方精云	尹伟伦	傅伯杰
张守攻	种　康	曹晓风	于贵瑞	张福锁	刘世荣
安黎哲	王宗礼	王艳芬	陈幸良	赵新全	胡自治
卢欣石	韩烈保	王德利	谢应忠	白史且	王　堃
张英俊	贺金生	白永飞	侯扶江	杨青川	

编写组

董世魁	韩国栋	李春杰	樊江文	郭振飞	白小明
张　博	孙　伟	林克剑	杨富裕	纪宝明	郭正刚
孟　林	常智慧	姜　华	毛培胜	周华坤	尚占环
李　平	刘爱军	董全民	苏德荣	杨秀春	尹淑霞
马晖玲	李治国	邵新庆	黄　麟	张海燕	平晓燕
王铁梅	林长存	张风革	孙　逍	张春平	杨　洁
赵志丽	王占义	吕世杰	赵金龙	杨　勇	隋晓青
钱永强	王　林	庾　强	张雅娴	常书娟	刘永杰
李耀明	张　静	庞晓攀	齐昊昊	王　强	王玲玲
陈梅梅	钱政成	沈　豪	杨珏婕	蒲小鹏	李宏林
王文银	刘培培	党志强	马　丽	张中华	贺　晶
郭　剑	兰鑫宇	肖海军	李广泳	罗俊强	李淑艳

前 言

　　森林和草原对国家生态安全具有基础性、战略性作用，林草兴则生态兴。草原是我国重要的生态系统和自然资源，也是边疆各族群众赖以生存的生产资料和生活家园，在保障国家生态安全、食品安全、边疆稳定、民族团结和促进经济社会可持续发展、农牧民增收等方面占有十分重要的地位。草原是我国重要的绿色生态安全屏障，具有保持水土、涵养水源、防风固沙、净化空气、固碳释氧、维护生物多样性等重要生态功能。我国草原碳储量大，其固碳能力仅次于森林，在碳达峰碳中和中发挥重要贡献。草原是我国生物多样性的天然基因库，是培育和驯化草原植物新品种非常宝贵的种质资源和基因库。草原是发展现代畜牧业的基础，为我国食品、纺织、制药、化工及造纸等产业提供环境资源，并且具有重要的风能、太阳能、天然气、地热等资源，在国家能源结构改革中发挥着重要的作用。草原是我国黄河和长江的发源地，也是丝绸之路经济带的主通道，为黄河流域、长江流域经济带和"一带一路"沿线的生态环境保护和社会经济高质量发展提供了重要保障。

　　长期以来，对草原"重利用、轻保护，重索取、轻投入"，超载过牧等不合理利用加上环境变化如气候变化的影响，到 21 世纪初全国90%草原出现不同程度的退化。党的十八大以来，在习近平生态文明思想指引下，草原生态保护优先的功能定位进一步明确，各地不断强化草原保护修复工作，取得了明显成效，初步遏制了草原退化的趋势，部分地区草原生态状况明显好转。但是，草原总体退化的趋势尚未完全遏制，全国仍有70%的草原存在不同程度退化，草原保护修复的任务依然十分严峻。2018年党和国家机构改革，专门组建国家林业和草原局，建立了与草原大国地位相适应的草原管理机构。2021年3月，国务院办公厅印发了《关于加强草原保护修复的若干意见》（国办发〔2021〕7号），提出加强草原保护管理，推进草原生态修复，促进草原合理利用，改善草原生态状况，推动草原地区的绿色发展，该意见提出新时代加强草原保护修复的指导思想、总体目标、工作内容和保障措施，标志着我国草原进入了加强保护修复的新阶段。因此，在新时代开展草原可持续发展战略研究，将对促进草原生态系统健康稳定，提升草原在保持水土、涵养水源、防止荒漠化、应对气候变化、维护生物多样性、发展草业等方面的支持服务功能，对维护国家生态安全，促进草原地区绿色可持续发展，实现建设美丽中国宏伟目标，具有重要战略意义。

我国于21世纪初开展了"中国草业可持续发展战略"研究，针对全国及区域草业发展中的重大问题和成因进行了系统梳理和分析，提出了草业可持续发展战略，包括战略构思、战略目标和战略布局，为草原可持续建设利用与草业高质量发展提供了保障。进入新时代，为了充分体现生态文明建设和山水林田湖草沙系统治理的要求，党中央决定将原农业部的草原监督管理职责划转到新组建的国家林业和草原局，为推进草原治理体系和治理能力现代化奠定了更加坚实的体制基础，草原工作定位实现了以生产服务为主到生态保护为主的历史性转变，随之草原可持续发展的战略目标亦发生了根本性改变，势必要对新时代草原可持续发展的战略思想、目标路径进行重新布局和调整，亟需开展草原生态可持续发展战略研究。为此，在国家林业和草原局草原管理司的建议下，2021年7月国家林业和草原局科学技术司设立了国家林业和草原局重点课题"草原生态可持续发展战略研究"（项目号2021ZDKT007），委托北京林业大学草业与草原学院院长、中国草学会副理事长董世魁教授组织国内草原与草业领域的知名专家开展研究工作。项目研究过程中，设立了以国家林业和草原局草原管理司与科学技术司主要负责同志为代表的指导组、以相关领域 12 位院士和 17 位权威专家为代表的顾问组，全面指导、监督、跟踪项目研究工作，并对项目研究成果《中国草原可持续发展战略研究》一书进行了审阅和把关，为项目组高质量完成研究工作提供了有力保障。另外，国家林业和草原局草原管理司还资助了本书的出版。

本书紧密结合时代发展的主题，系统总结了草原的定义、功能、分区、分类、定位、现状与发展趋势，全面梳理了草原保护修复、生态产业、生态工程、监测评价、保障体系等方面的工作成就，深入分析了新时代草原工作的历史重任及面临的机遇与挑战，深刻剖析了草原可持续发展的关键性问题，科学合理地提出了当前和未来我国草原可持续发展的战略思路、战略方针、战略目标、战略布局、战略重点及战略措施，取得了较为丰硕的成果：一是定位准。把草原可持续发展放在生态文明建设和国民经济社会发展的全局中，以可持续发展理论为指导，集中我国草业科学及相关领域的知名专家学者，在总结整理相关研究最新成果的基础上，广泛开展国内外调查研究，积极征询相关部门、专家学者和公众意见，提出了符合我国基本国情、草情的草原可持续发展战略。二是站位高。认真总结分析我国草原发展成就和存在的主要问题、深刻认识草原发展所处阶段的基础上，经过深入研究和全面分析，提出了新颖、准确、清晰、深远的战略构想，突出了草原可持续发展战略的创新性、前瞻性和引领性。三是内容全。内容涉及到理论、技术、方法、体制、机制、政策等诸多层面，尤其在草原保护修复、草原生态产业、草原重大生态工程、草原监测评价、草原科技教育、保障体系等重大战略问题研究中，较好地把草原生态建设、草业绿色发展、乡村振兴、和谐社会构建等相关问题紧密结合起来，突破了以往就草论草的局面，提出了较为宏观的战略举措，为国家生态文明建设和国民社会经济发展，提供草原与草业及相关领域的决策支持。四是科学性强。通过大量的实证研究、文献分析和专家咨询，综合运用多学科理论、方法和知识，坚持理论联系实际，通过宏观与微观结合、国内与国际研究结合的手段，进行科学的归纳和提炼，在理论创新、思路创新和机制创新等方面进行了积极的探索，提出了具有全局性、科学性、系统性和可操作性的草原可持续发展思路和对策，可以为中国草原可持续发展战略的制订和实施提供科学基础。

草原可持续发展战略是一个全局性、引领性、战略性的重大问题，新时代我国草原可持续发展面临着难得的历史机遇。党中央、国务院和各级党委政府高度重视，为草原发展提供了有力保证；国家高度重视食物安全、生态安全、国土安全、生物安全和能源安全，为草原可持续发展提供了广阔空间；社会公众生态文明意识不断增强，为草原建设、发展创造了良好的社会环境。因此，在当前和今后一个时期内，做好战略谋划，加快草原可持续发展，要以习近平生态文明思想为指导，深入贯彻实施《中华人民共和国草原法》，全面落实国务院办公厅《关于加强草原保护修复的若干意见》，从以经济效益为主的草原建设目标转到生态保护为主，尊重自然规律和经济规律，正确处理社会经济发展与草原保护修复的关系，正确处理草原生产、生活和生态（"三生"）功能的关系，加快推进草原经济增长方式、草原畜牧业生产方式和农牧民生活方式的转变，实现"草原绿起来、草业强起来、农牧民富起来"三大目标，助力美丽中国建设和乡村振兴战略；进一步强化草原与草业在国民经济和生态建设中重要地位，牢固树立"立草为业""小草大业"的理念，在经济建设中要赋予草业重要地位，在生态建设中要赋予草原突出地位，像保护基本农田一样保护基本草原，像重视林业一样重视草业；进一步加快建立草原与草业建设多元投入机制，将草原与草业建设纳入公共财政预算，确保国家重点工程及草原调查、监测、科研、推广、灾害防治等的投入长期稳定，建立以公共财政为主渠道的多元投资机制，鼓励国内外企业、农牧民个人等社会资本投资草原保护建设和草业绿色发展事业；认真实施草原保护修复重点工程，积极推进草原科技创新和科技成果转化，进一步建立和完善草原支持保障体系，不断增强草原可持续发展能力，促进生态、经济和社会的协调发展，推动我国草原走向生产发展、生活富裕、生态良好的文明发展道路，为我国生态文明建设做出重大贡献。

编者

2023 年 12 月

目　录

专题 2 草原生态修复战略

专题 3 草原生态产业发展战略

专题 4 草原重大生态工程战略

专题 5 草原监测评价体系发展战略

专题 6　草原可持续发展保障战略

总　论

草原可持续发展总体战略

■ 专 题 负 责 人：董世魁

■ 主要编写人员：平晓燕　赵金龙　林长存

　　　　　　　　钱永强　王　林　刘永杰

　　　　　　　　庚　强　罗俊强　李淑艳

一、草原的概念和分类分区

草原是我国面积最大的陆地生态系统，是我国重要的生态安全屏障，也是广大农牧民赖以生存的家园。我国草原主要分布在青藏高原、北方干旱半干旱区和南方草山草坡区，生态区位十分重要，生态服务功能十分强大。

我国是草原大国，据 20 世纪末第一次全国草原资源调查数据，我国有可利用草原面积 39283.20 万 hm²（近 60 亿亩①），占国土面积 41.7%。近几十年来，由于草地开发利用强度加大，草地面积有所减少，加之我国土地分类系统的变化，扣除与林地、湿地等地类交叉重叠部分，实际草地面积数据发生了较大变化。第三次国土资源调查结果显示，截至 2020 年，全国草地面积 26453.01 万 hm²（39.68 亿亩）。其中，天然牧草地 21317.21万 hm²，占 80.59%；人工牧草地 58.06 万 hm²，占 0.22%；其他草地 5077.74 万 hm²，占 19.19%。据世界粮农组织（FAO）2020 年的数据，我国现有草原面积 3.93 亿 hm²，占全球草原（草地）面积的 12%，居世界第一。

作为我国重要的生态系统和自然资源，草原在维护国家生态安全、边疆稳定、民族团结和促进经济社会可持续发展、农牧民增收等方面具有基础性、战略性作用。林草兴则生态兴，生态兴则文明兴。党中央、国务院高度重视草原生态保护工作，2018年在国务院机构改革中组建了国家林业和草原局，强化了草原生态保护修复，充分体现了统筹山水林田湖草系统治理的战略意图。2021 年 3 月，国务院办公厅印发了《关于加强草原保护修复的若干意见》，明确以完善草原保护修复制度、推进草原治理体系和治理能力现代化为主线，加强草原保护管理，推进草原生态修复，促进草原合理利用，改善草原生态状况，推动草原地区绿色发展，为推进生态文明建设和建设美丽中国奠定重要基础。

（一）草原的概念

1. 草原的定义

（1）草原的国外定义

对于草原的定义，国外诸多机构和学者给出了多种阐释。这些定义的内涵和外延不尽相同，其主要原因在于草原作为一种自然资源，分布于世界各地，并有各自的自然—经济特点和不同的生产发展阶段，自然会在理解上产生差异。总结国际上对草原的各类定义（表 1-1），可以看出：草原（rangeland）与草地（grassland）是可以交换使用的同义词，二者之间的细微差别是草原多泛指大面积和大范围的天然草地，草地隐含人

---

① 1 亩 ≈ 666.67m²。

工管理成分，以天然草地为主体的美国、澳大利亚等国家常用草原（rangeland）一词，以人工草地为主体的欧洲和多数英联邦国家常用草地（grassland）一词；草原的定义主要涵盖植被学、农学两大范畴，植被学范畴的草原（草地）强调地表覆被以草本植物群落为主，农学范畴的草原（草地）强调其功能以畜牧业或饲料生产为主；草原的植被主要为草本植物群落，兼有乔木、灌木等木本植物群落，一般要求乔木郁闭度 0.1 以下、灌木覆盖度 40% 以下。

表 1-1 草原（草地）的国际定义及学科范畴

国家（地区）	定义	学科范畴
俄罗斯（苏联）	草地（луга）是中生草本植物为主的植被类型（草甸为主），生长多年生草本植物并形成草层的陆地部分（德米特里也夫，1948）	植被学
	草地（луга）是畜牧业生产基地，除了中生草本植物外，还有半灌木、灌木，甚至乔木和地衣，因此代用割草地和放牧地或天然饲料地来代替草地（Ларии et al.，1990）	农学
英国	草地（grassland）是各种放牧地的总称，其特点是禾本科草、豆科草和其他植物结合在一起，以供家畜牧食。因此草地是指环境，牧草是反刍家畜赖以生存的食料（Davies，1960）	农学
	草地（grassland）是世界少雨地区分布最广泛的一种植被类型，在温带地区草地是人们砍伐了森林后播种牧草而形成的（Duffey et al.，1974）	植被学
	草地（grassland）是植物群落的类型，可以是天然的或人工的，草本植物种占优势，大部分为地面芽植物，如禾本科草和豆科草，也可以存在某些灌木或乔木（Thomas，1980）	植被学
	草地（grassland）是用于放牧家畜的土地，培育的草地主要由禾本科和三叶草组成，而有苔藓、地衣和矮灌丛的为未培育的草地或天然草地（Dalal-Clayton，1981）	农学
美国	草原（range）是广阔、平坦、干旱的土地，不适于作物和树木生长，或树木稀疏而以生长草类植物为主，只适于发展畜牧业（Stoddart et al.，1945）	农学
	草原（range）是以禾草、类禾草、杂类草或灌木等天然植被（具顶级或形成顶级的自然潜力）为特征的一种土地类型，它包括按天然植被管理，并提供饲草的天然或人工恢复（reclamation）的土地。这种土地上的植被适于家畜放牧采食（Society for Range Management，1974）	农学
	草原（range）是以草本植物群落为主的一种植被类型，包括灌丛地、草地和开放的林地植被。由于干旱、沙化、盐化或过湿的土壤，陡峭的地形，妨碍了商业农场和林场的建立（Heady，1975）	植被学
	草原（rangeland）是以草本植物为主体的土地类型，包括温带禾草草原、热带稀树草原、藤地、大部分荒漠、冻原、高山群落、海滨沼泽和草甸，是世界上最大的一种土地类型（Lewis，1982）	植被学
	草原（rangeland）有天然草本或灌木植被覆盖，可供家畜或野生食草动物取食的大面积土地。植被类型包括高草草原、干草原（矮草草原）、荒漠灌丛地、灌木林地、稀树草原、浓密常绿阔叶灌丛与冻原（不列颠百科全书，1999）	农学
	草原（rangeland）是以禾草、类禾草、杂类草、灌木等天然植被具顶级或形成顶级的自然潜力为特征、用于家畜放牧或野生动物采食的一种土地类型，包括草地、热带稀树草原、大部分湿地、部分荒漠和灌丛（United States Environmental Protection Agency，2015）	植被学
	草原（rangeland）是以禾草、类禾草、杂类草、灌木或稀树乔木等乡土植物（包括天然植物和栽培植物）及引种植物为主导的一种土地类型，也包括植被重建或人工恢复的土地类型（United States Department of Agriculture，2021）	植被学

（续）

国家（地区）	定义	学科范畴
澳大利亚	草原（rangeland）是受气候、地形、土壤等诸多因素影响的、具有序列变化特征的一类植被类型，包括草地、荒漠和灌丛植被，可根据植物群落优势种进一步细分为灌丛化斯太普（steppe）草原、盐渍化荒漠灌丛、针叶灌木类林地、山间丛生禾草草地、矮草普列里草原、高草普列里草原等类型（Brad，2000）	植被学
日本	草原是草本植被的总称，根据水分条件可以分为中生草原、湿生草原、水生草原和旱生草原（Numata，1979）	植被学
	草地是进行畜牧业生产的场地，与植被学上不加利用的天然草原有所区别（Numata，1979）	农学
联合国粮农组织（FAO）	草原（rangeland）或草地（grassland）是生产饲草或放牧的各类土地，由永久性草地、疏林草地、稀树草原、荒漠、冻原和灌丛草地组成（Suttie et al.，2005）	农学
世界自然保护联盟（IUCN）	草本草地（grassland）是指地表覆被以草本植物为主，灌木和乔木植物的盖度低于10%的生态系统；木本草地或稀树草原（savanna）的地表覆被以草本植物为主，灌木和乔木的盖度介于10%~40%。这是以植被为基础的生态学定义（Faber-Langendoen et al.，2010）	植被学
联合国教科文组织（UNESCO）	草地（grassland）是指地表覆被以草本植物为主、木本植物的盖度低于10%的土地；木本草地（woody grassland）的地表覆被以草本植物为主，灌木和乔木盖度介于10%~40%的土地（White，1983）。	植被学

（2）草原的国内定义

总结国内对草原与草地的定义（表1-2），可以看出：草原与草地的定义涵盖农学、植被学、土地类型学等范畴，农学范畴的概念强调草原（草地）的（牧业）生产功能，土地类型学范畴的概念强调草原（草地）的土地利用类型，植被学范畴的概念强调草原（草地）的草本植物群落为主的结构。农学的草原与草地的外延与国际上基本保持一致，即以草本植物群落为主、兼有灌丛或稀疏树木的土地-生物资源；植被学范畴的草原与草地的外延与国际上有较大差别，并不包括灌丛或稀树植物群落；农学范畴的草原与草地的概念基本一致，可以作为同义词相互转化使用。植被学范畴的草原仅指半湿润半干旱区的地带性草本植物群落，土地类型学范畴的草地仅指主要以草本植物群落（包括地带性和非地带性植被）覆被为主的土地。

表1-2 草原（草地）的国内定义及学科范畴

定义者	定义	时间	学科范畴
王栋	草原是指凡因风土等自然条件较为恶劣或其他缘故，在自然情况下，不宜于耕种农作，不适于生长树木，或树木稀疏而以生长草类为主，只适于经营畜牧业的广大地区	1955	农学
	草地是指凡生长或栽种牧草的土地，无论生长牧草植株之高低，亦无论所生长牧草为单纯一种或混生多种牧草，皆谓之草地	1955	农学
任继周	草原是指大面积的天然植物群落所着生的陆地部分，这些地区所产生的饲用植物，可以直接用来放牧或刈割后饲养牲畜	1959	农学
	草原是以草地和家畜为主体所构成的一种特殊的生产资料，在这里进行着草原生产，它具有从日光能和无机物，通过牧草，到家畜产品的系列能量和物质流转过程	1985	农学

（续）

定义者	定义	时间	学科范畴
任继周	草地是土地资源的一种特殊类型，主要生长草本植物，或兼有灌木和稀疏乔木，可以为家畜和野生动物提供食料和生存场所，并为人类提供优良生活环境和其他多种生物产品，是多功能的草业基地，不包括植被盖度在5%以下的永久禁牧草地。在一般情况下草地与草原为同义词，它们之间的差别是草地指中生地境，人工管理成分较多并有所指的某些具体地块，草原则泛指大面积和大范围的较为干旱的天然草地。仅就其农学属性着眼，因语境不同，可视为同义词互相取代	2015	农学
侯学煜	草原（steppe）是生长在栗钙土或黑钙土上，具有旱生特征的多年生草本植被	1960	植被学
刘钟龄	草原（steppe）植被是多年生、低温、旱生草本植物为主的植物群落	1960	植被学
李博	草原（steppe）是由微湿、旱生、多年生草本植物为主（有时以旱生小半灌木为主）组成的植物群落	1962	植被学
	草原（steppe）植被是以多年生旱生草本植物为主组成的群落	1979	植被学
贾慎修	草原是畜牧业的组成部分，具有生产意义，植被表现了直接的、最重要的部分	1963	农学
	草地是草和其着生的土地构成的综合自然体，土地是环境，草是草地构成的主体，也是人类经营利用的主要对象	1982	资源学
中国植被编辑委员会	草原（steppe）是植被分类系统中的高级分类单位之一，是半干旱和半湿润气候条件下形成的地带性植被，以耐寒的旱生多年生草本植物为主（有时为旱生小半灌木）组成的植物群落	1980	植被学
章祖同等	草地系指着生有草本植物或兼有灌丛和稀疏树木，可供放牧或刈割而饲养牲畜的土地	1992	农学
许鹏	草地是具有一定面积，由草本植物或半灌木为主体组成的植被及其生长地的总称，是畜牧业的生产资料，并具有多种功能的自然资源和人类生存的重要环境	1993	农学
胡自治	草原或草地是指主要生长草本植物，或兼有灌丛和稀疏乔木，可以为家畜和野生动物提供食物和生产场所，并可为人类提供优良生活环境、其他生物产品等多种功能的土地-生物资源和草业生产基地	1997	农学
廖国藩等	草地是一种土地类型，它是草本和木本饲用植物与其所着生的土地所构成的具有多功能的自然综合体	1996	农学
《中国大百科全书·农业卷》	草原是主要生长草本植物，或兼有灌丛或稀疏树木，可为家畜和野生动物提供生存场所的大面积土地，是畜牧业的重要生产基地	1990	农学
《草业大辞典》	草原是指生长草本植物为主，或兼有灌丛或稀疏乔木，包括林间草地及栽培草地的多功能的土地-生物资源，是草业的生产基地，也是陆地生态系统的重要组成部分，具有生态服务、生产建设、文化承载基地等功能。与草地有细微差别的同义词	2008	农学/生态学
	草原是一种重要的植被类型，原指西南亚和东南欧的草原，现泛指欧亚草原，也称斯太普（steppe）草原，由耐寒的旱生多年生草本植物为主（有时为旱生的小半灌木）组成的植物群落，根据层片结构可分为草甸草原、典型草原和荒漠草原三个植被亚型	2008	植被学

（续）

定义者	定义	时间	学科范畴
《草业大辞典》	草地是指主要生长草本植物，或兼有灌木和稀疏乔木，可为家畜和野生动物提供食物和生产场所，并可为人类提供优良生活环境及牧草和其他许多生物产品，是多功能的土地-生物资源和草业生产基地	2008	农学
	草地是指各种草本植物群落的总称，包括草原、草甸、沼泽等	2008	植被学
《中华人民共和国草原法》	草原是指天然草原和人工草地。天然草原包括草地、草山和草坡，人工草地包括改良草地和退耕还草地，不包括城镇人工草地	1985、2012、2021	法学
《草地分类》（NY/T 2997—2016）	草地是指地被以草本或半灌木为主，兼有灌木和稀树乔木，植被覆盖度大于5%、乔木郁闭度小于0.1、灌木覆盖度小于40%的土地，以及其他用于放牧和割草的土地	2016	农学
《土地利用现状分类》（GB/T 21010—2017）	草地是一种土地利用类型，是生长草本植物为主的土地，包括天然牧草地、人工牧草地和其他草地。	2017	资源学

2. 草原概念的规范使用

本书在总结国内外诸多定义的基础上，认为草原（草地）的定义划分为广义和狭义两大类，而且这些定义在不同的语境下具有不同的层级关系（图1-1）。广义的定义主要是国际的农学和植被学定义以及国内的农学和法律定义，可以概括为：草原（rangeland）和草地（grassland）是同义词，主要指生长草本植物或兼有灌木和稀疏乔木，可为家畜和野生动物提供食物和生产场所，并可为人类提供优良生活环境及许多生物产品，是多功能的土地-生物资源和草业生产基地；具体划分依据为草本植物覆盖度大于5%、乔木郁闭度小于0.1、灌木覆盖度小于40%；包括天然草原和人工草地。狭义的定义主要为国内土地类型学范畴的草地定义和植被学范畴的草原定义，土地类型学范畴的草地定义为一种土地利用类型，是生长草本植物为主的土地，包括天然牧草地、人工牧草地和其他草地；植被学范畴内的草原定义为半湿润半干旱区的地带性植被，由旱生多年生草本植物为主（有时为旱生的小半灌木）组成的植物群落，主要分布于欧亚草原——斯太普（steppe）草原的东部，根据层片结构换分为草甸草原、典型草原和荒漠草原三个植被亚型。

为了减少公众对草原与草地术语认知的歧义，本战略对草原术语的规范使用提出如下界定：广义的草原或草地可广泛应用于林草和农业部门的政府文件、中外科技文献、教材课程等领域，具体使用时泛称"草原"或"草地"；狭义的植被学范畴的草原可以用于植物地理学或植被学等学术领域，具体使用时应称其为草原植被（如温带草原植被或斯太普"草原植被"）；狭义的土地资源范畴的草地主要用于国土（自然资源）部门的土地利用分类，具体使用时应称为"草地地类"；在不同语境下规范使用草原（草地）、草原植被、草地地类等几个名词，可以减少草原与草地相关术语认知的混淆和歧义。

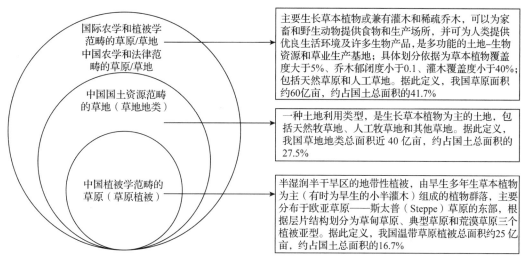

国际农学和植被学范畴的草原/草地
中国农学和法律范畴的草原/草地

中国国土资源范畴的草地（草地地类）

中国植被学范畴的草原（草原植被）

主要生长草本植物或兼有灌木和稀疏乔木，可以为家畜和野生动物提供食物和生产场所，并可为人类提供优良生活环境及许多生物产品，是多功能的土地-生物资源和草业生产基地；具体划分依据为草本植物覆盖度大于5%、乔木郁闭度小于0.1、灌木覆盖度小于40%；包括天然草原和人工草地。据此定义，我国草原面积约60亿亩，约占国土总面积的41.7%

一种土地利用类型，是生长草本植物为主的土地，包括天然牧草地、人工牧草地和其他草地。据此定义，我国草地地类总面积近40亿亩，约占国土总面积的27.5%

半湿润半干旱区的地带性植被，由旱生多年生草本植物为主（有时为旱生的小半灌木）组成的植物群落，主要分布于欧亚草原——斯太普（Steppe）草原的东部，根据层片结构划分为草甸草原、典型草原和荒漠草原三个植被亚型。据此定义，我国温带草原植被总面积约25亿亩，约占国土总面积的16.7%

图 1-1　草原与草地术语使用语境图示

（二）草原的分类

草原分类是草原科学管理的主要依据和基础，为合理开发草原资源和有效保护草原生态提供科学依据。由于草原各自所处的自然环境、生产发展水平及科学技术条件的限制，世界各地的草原学家于 20 世纪 30~40 年代提出了不同的分类系统，可以大致归类为植物群落学分类法、土地-植物学分类法、植物地形学分类法、气候-植物学分类法、植被-生境分类法、气候-土地-植被综合顺序分类法和农业经营分类法 7 大类。

20 世纪 60~70 年代，我国根据苏联的植物地形学分类法的基本原则，结合我国或局部地区的实际，提出了各具特点的草原分类方法，其中最具影响力的有任继周（1965；1980）提出的综合顺序分类法和贾慎修（1962；1964）提出的植被-生境分类法。前者发展成为全球通用的草原分类系统，后者发展成为我国通用的草原分类系统，即南北草办分类系统。

1. 南北草办草原分类系统（发生学分类系统）

1979 年在农业部的主持下我国开展了全国草地资源调查工作，为了便于全国统一调查方法和汇总结果，北方草场资源调查办公室于 1980 年 5 月在贾慎修提出的分类方案基础上，提出了中国草场分类原则及分类系统，根据这一分类系统全国的草地被划分为 18 类。1981 年北方草场资源调查办公室印发《重点牧区草场资源调查大纲和技术规程》，由章祖同、刘起和廖国藩对 1980 年的分类方案进行了修改，将全国的草地类由 18 类增加到 20 类。1981 年 7 月，南方草场资源调查办公室提出了我国南方草场的14 类。1984 年由农业部主持召开了全国草场调查技术工作会议，对南、北草场资源调查办公室的两个分类方案进行了合并、补充、修订，并增补了一些新的类型，将全国的草场划分为 26 类。

1986 年 8 月全国草地资源调查汇总会议召开，讨论 1984 年的分类原则和系统在分类理论和实践中的问题，决定取消 1984 年的分类方案，提出了对类、亚类、组和型划分的新标准和新的系统，新系统将全国的草地划分为 18 类。1987 年 5 月草地调查汇总会议在北京召开，对 1986 年的方案略做修改，提出了修改后的 18 类方案，该方案充分吸收了许鹏（1985）提出的发生经营学主体特征综合分类法的分类原则、指标和系统，并于 1988 年评审后确定了中国草地类型的划分标准和中国草地类型分类系统。全国草地资源调查拟定的中国草原（草地）分类体系（俗称南北草办分类体系），主要强调气候因素是草原（草地）形成和变异的决定因素，地形是非地带性草原（草地）的主要分类依据，同时应体现草原（草地）的经济价值与经营、利用特点，由此提出类、组、型三级分类体系。

南北草办分类体系中的一级单位类是以水热条件和植物群落基本特性为划分依据，全国草原（草地）分为 18 个类和 1 个附属类型，包括温性草甸草原类、温性草原类、温性荒漠草原类、高寒草甸草原类、高寒草原类、高寒荒漠草原类、温性草原化荒漠类、温性荒漠类、高寒荒漠类、热性草丛类、热性灌草丛类、干热稀树灌草丛类、暖性草丛类、暖性灌草丛类、低地草甸类、山地草甸类、高寒草甸类、沼泽类（彩图 1）以及附带利用的放牧场和割草场；二级单位组是以植物群落建群种所属的生态经济类群划分，全国草原（草地）共分 128 个组；三级分类单位型是以植物群落的建群种为依据划分，全国草原（草地）共有 813 个型。

2. 新时代多维草原分类系统

我国现有的、通用的草原分类系统——南北草办分类系统仅从发生学单一维度确定各类草原的联系和区别，在生产和实践中很难从草原功能、权属、经营方向等维度实现精准管理。为适应生态文明建设新时代草原工作从生产为主转向生态为主、从林草矛盾转向林草融合的需求，实现山水林田湖草沙生命共同体的系统治理，草原分类工作需从多元化角度出发，形成科学性、系统性和综合性的多维分类体系。董世魁等（2022）充分吸收了国内外草原分类的先进理论方法和技术体系，提出我国草原多维分类体系的原则、方法和指标，构建了基于发生学、功能用途、产权属性、经营程度的多维草原分类系统，论证了各个分类系统的融合性和互补性，为新时代草原研究、保护、修复、利用、建设等分门别类的专项管理提供基础支撑，同时为新时代草原资源和生态的综合管理、山水林田湖草沙生命共同体的系统治理提供科学依据。

（1）草原多维分类的原则

草原的多维分类是正确认识草原的自然特征和社会经济属性，促进、完善我国草原分类的理论和实践工作，实现草原资源和生态系统的多目标、精准化管理。尽管草原多维分类方法（或体系）的结果可能不尽相同，但应共同遵循以下指导原则。

一是分类理论的科学性。草原分类的实践工作，需要一定的科学理论指导。草原多元化分类的各个维度的分类体系，都需要以相应的科学原理为基础，才能有序地形成符合各自目标和意图的分类体系。否则，各个维度的草原分类系统没有清晰可循的目标和脉络，难以达到草原多维分类的目的和效果。

二是分类要素的完整性。完整的草原分类系统应该包括4项基本要素，即分类的理论依据、分类的体系结构、分类的各级指标和分类的命名方法等（胡自治，1996）。草原的多维分类系统也包括这4项基本要素。如果缺少其中一项或多项基本要素，则难以形成完整的草原分类系统。

三是分类体系的差异性。草原发生学、经营程度、功能用途和产权特性等多个维度的分类体系，具有不同的分类目标和用途。因此，各维度草原分类体系的理论依据、体系结构、各级指标和命名方法各不相同。这种差异化的分类体系产生多元化、系统性的分类结果，精准应用于草原科研、规划、监测、保护、修复、利用、经营、建设等专项工作。

四是分类单位的明确性。各级分类单位要从总体特征（自然特征、社会经济特征）对草原实体加以区别，而且各级分类单位的命名要明确体现出多元分类的维度，即草原发生学、产权特征、功能属性和经营利用方向等，使得草原分类单位意义明确、分类名称简明。最大限度地实现分类单位内容与名称的高度统一。

(2) 草原多维分类的指标

分类指标是从一定维度上体现不同等级草原类型的区别，因此选定的指标要体现出一定的自然特征或社会经济特征。从草原多维分类的要求来说，分类指标应该具有如下属性。

一是综合性。草原受自然因素（气候、土壤、生物、地形等）和社会经济因素（人口、市场、政策、法律、文化）的综合影响，用单一因素或单一性状作为草原分类的指标无法得到满意的效果。因此，在草原多维分类体系中，应在各个分类维度选择多个指标，综合、全面地反映各级分类的特征。

二是稳定性。在多维度、多等级的草原分类体系中，各级指标的选择应根据稳定性安排，将最稳定、最直观、最重要的指标放在高级分类单位，将不太稳定、不太直观、相对次要的指标放在相应的低级分类单位。当然，指标的稳定性也是相对的，应最大限度运用不同分类指标稳定性的差别，服务于多元化草原分类。

三是确限性。在不同维度的草原分类体系中，选择的分类指标项目要明确，如在草原发生学分类体系中，主要采用气候、植被、地形等指标。在统一维度、不同等级的分类体系中，选择的分类指标项目也要明确，如在草原生产经营方向分类体系中，一级指标主要分牧业用或非农用，二级指标则分放牧草原、割草草原等指标。

四是可比性。在草原分类体系中，同一维度的分类指标只有在相同性质且相互可比的情况下，才能用于同一级别的分类。相反，如果同一分类等级上，以不同性质且无可比性的指标进行分类，将使同一级别草地的关系复杂化、无序化，从而失去草原分类的意义（胡自治，1996）。草原多维分类体系中，同一级别的分类指标应具有同质性和可比性，才能保证分类的科学意义。

（3）草原多维分类的结果

①发生学分类。我国通用的南北草办提出的植被–生境分类法也以草原发生学为指导，形成了类、组、型三级草地（原）分类体系，已被管理部门和学界广泛使用。该体系以气候和植被特征为主要指标将全国草原分为18类，其下以草地植物经济类群为主要指标划分11个组，之下又按植物群落组成（以主要层片的优势种命名）划分为800多个型。但在实践中，高级分类单位"类"数量较多，中级分类单位"组"一般不常使用，低级分类单位"型"又过于繁杂。而且，随着湿地被国家提升为一级地类后，原南北草办草地（原）分类系统中的"沼泽"类理应完全归于湿地范畴，常年淹水的沼泽应该调出原草原分类系统。因此，在充分考虑这些现存问题的情况下，对南北草办草地（原）分类系统做出相应调整，具体在"类"上面设"类组"作为一级分类单元，将原分类系统中的"类"适当调整作为二级分类单元，去掉原分类系统中的二级单位"组"，将原分类系统中的"型"做合并调整后作为三级分类单位。具体划分依据和结果如下。

一是类组，主要以植被类型为划分依据，将全国草原划分为草原、草甸、荒漠、灌草丛、稀树草原（彩图2）、人工（栽培）草地等6个类组（表1-3）。

二是类，主要以气候特征（热量）和植被基本特征为依据，充分考虑地形、土壤和经济因素，将全国草原划分为温性典型草原类、温性草甸草原类、温性荒漠草原类、高寒典型草原类、高寒荒漠草原类、高寒草甸草原类、高寒草甸类、暖性草丛类、暖性灌草丛类、热性草丛类、热性灌草丛类、温性荒漠类、温性草原化荒漠、高寒荒漠类、山地草甸类、低地草甸类、沼泽草甸类、干热稀树草原类和温性稀树草原类19类（彩图3），外加各类人工（栽培）草地（表1-3），一共20个类，其中面积较大的有高寒草甸类、高寒典型草原类、温性典型草原类、温性荒漠类、温性荒漠草原类等5类，占全国草原总面积的75.64%。

表1-3　草原发生学分类结果

一级分类单元		二级分类单元	
类组		类	
序号	名称	序号	名称
I	草原	1	温性草甸草原
		2	温性典型草原
		3	温性荒漠草原
		4	高寒草甸草原
		5	高寒典型草原
		6	高寒荒漠草原

（续）

一级分类单元		二级分类单元	
类组		类	
序号	名称	序号	名称
Ⅱ	草甸	7	高寒草甸
		8	低地草甸
		9	山地草甸
		10	沼泽草甸 *
Ⅲ	荒漠	11	温性荒漠
		12	温性草原化荒漠
		13	高寒荒漠
Ⅳ	灌草丛	14	暖性草丛
		15	暖性灌草丛
		16	热性草丛
		17	热性灌草丛
Ⅴ	稀树草原	18	温性稀树草原
		19	干热稀树草原
Ⅵ	人工（栽培）草地	20	人工（栽培）草地

＊注：沼泽草甸是指在地势低洼、土壤过湿的生境条件下，由湿中生多年生草本植被为主，并伴有一定数量湿生草本植物而组成的一种草地类型，与三调湿地地类中的沼泽草地相对应。

三是型，以植物群落主要层片的优势类群（属）为主要依据，结合生境条件和经济价值来划分。具体将原南北草办的草原分类系统中每个草地组内的草地型，按照优势种属一级的分类单位或生活型进行归并，如中禾草组不同草地型可以归为针茅属草地型、羊茅属草地型和披碱草属草地型等。对其进行归并后，将原分类系统中的813个草地型归结为285个草地型。

这一草原发生学分类体系是对原南北草办草地分类系统的改进和更新，不但传承了具有我国特色的植被-生境分类体系，使其较好地对接各个历史时期的草原分类结果，而且根据新的需求对原分类体系进行了优化整合，使其在实践中更符合草原发展的时代需求。

②经营程度分类。这一维度的分类体系是参照西欧普遍使用的农业经营分类法，根据草原的发生发展过程进行分类，参考《中华人民共和国森林法》中对森林按天然林、次生林和人工林分类的体系，将草原的一级分类划为天然草原、人工（栽培）草地和其他草地3个类组。在一级分类的基础上，二级分类根据草原的培育经营程度，将对应的各类组草原划分为14类（表1-4）。这一维度的分类体系不仅充分体现了人类活动在草原发生与发展过程中起的重要作用，而且也反映了草原管理或经营的集约化程度。因此，这一维度的分类体系具有重要的科学意义和实践价值。

表 1-4　草原经营程度分类结果

一级分类单元		二级分类单元	
类组		类	
序号	名称	序号	名称
I	天然草原	1	荒野地天然草原
		2	牧用地天然草原(天然牧草地)
		3	经施肥、灌溉、补播等措施改良的天然草原
		4	森林砍伐或火烧迹地形成的次生草地
		5	沼泽湿地退化形成的次生草地
		6	荒漠(石漠)化土地改良后形成的次生草地
		7	耕地撂荒后恢复形成的次生草地
		8	退耕还草等生态工程建设形成的草地
		9	极度退化天然草原人工重建恢复形成的草地
		10	工矿受损草原人工重建恢复形成的草地
II	人工(栽培)草地	11	种植牧草或饲料作物的草地
		12	城市绿地草坪
		13	运动场草坪
III	其他草地	14	未经营利用的草地

③功能用途分类。这一维度分类体系的一级分类根据草原的"三生"(生态、生产、生活)功能和用途,将我国草原划分为生态公益类草原、生产经营类草原和生活服务类、综合功能用途类草原等 4 个类组,二级分类根据草原的主导功能或利用方式,在每一类组下面又划分 15 类(表 1-5)。在全面收集获取全国草原经营程度信息的基础上,可以绘制这一分类系统的草原分类图。这一分类体系能充分表明草原保护、利用、经营的主体方向,因此也具有重要的科学意义和实践价值。

表 1-5　草原功能用途分类结果

一级分类单元		二级分类单元	
类组		类	
序号	名称	序号	名称
I	生态公益类草原	1	水土保持类草原
		2	防风固沙类草原
		3	水源涵养类草原
		4	固碳释氧类草原
		5	生物多样性维持类草原
		6	种质资源保存类草原
II	生产经营类草原	7	放牧利用类草原
		8	割(打)草利用类草原
		9	放牧和割(打)草兼用类草原

（续）

| 一级分类单元 | | 二级分类单元 | |
| 类组 | | 类 | |
序号	名称	序号	名称
Ⅲ	生活服务类草原	10	国防基地草原
		11	文化遗迹地草原
		12	科研示范用草原
		13	文化传播用草原
		14	生态旅游用草原
Ⅳ	综合功能用途类草原	15	兼有多种功能用途的草原

④产权属性分类。该分类体系的一级分类根据《中华人民共和国草原法》（以下简称《草原法》）中规定的所有权，将我国草原划分为国有草原和集体草原 2 个类组，二级分类根据草原的使用权（承包经营权）在每一类组下面又划分 11 类（表 1-6）。产权属性分类体系中，国有草原是指草原的所有权属于国家，由县级以上人民政府登记造册，并负责保护管理。集体草原是指草场的所有权属于事业单位或集体，由县级人民政府登记，核发并确认草原所有权。这一维度的草原分类体系充分反映了草原的所有权和经营使用权，可以通过草原产权主体的科学管理，实现草原资源和生态系统的保护、利用和恢复管理。因此，这一维度的分类体系具有重要的管理意义和实践价值。

表 1-6 草原产权属性分类结果

| 一级分类单元 | | 二级分类单元 | |
| 类组 | | 类 | |
序号	名称	序号	名称
Ⅰ	国有草原	1	承包到户的国有草原
		2	国有牧（草）场使用的国有草原
		3	寺庙等使用的国有草原
		4	国家公园等保护地使用的国有草原
		5	国防和科研等公益事业使用的国有草原
		6	未承包的国有草原
Ⅱ	集体草原	7	承包到户的集体草原
		8	承包到小组的集体草原
		9	国家公园等保护地使用的集体草原
		10	国防和科研等公益事业使用的集体草原
		11	未承包的集体草原

（4）草原多维分类的意义

新时代草原多维分类体系具有多元性、系统性、科学性、实用性、时代性等特点，可以为新时代草原资源的精准管理和山水林田湖草沙生命共同体的系统治理提供科学依据。首先，该分类体系充分考虑了草原的自然属性和社会经济特征，从草原的发生发展、经营程度、功能用途和产权特征等多个维度进行多元化分类，通过不同维度分类结果(包括分类结果图)的叠加分析得出多元化草原分类结果，满足草原多目标管理工作需求。

(三)草原分区

草原分区是根据草原的发生学特点(类型、分布等)及功能特征，结合行政边界的划分，将一定范围内的草原资源进行分区，以实现合理利用、科学监管和有效保护。草原分区的作用主要体现在：明确对国家和地区社会、经济和生态具有重要意义的草原及其分布区；指导国家和地区草原资源利用和开发的合理布局，推动草原社会经济与草原生态保护的协调、健康发展；为国家和地区草原生态保护修复及草原生态工程建设提供科学依据；为草原区制定社会发展规划、经济发展计划和生态环境保护规划提供科学依据；为国家和地区草原管理部门和决策部门提供分区施策的科学依据。

20世纪80年代以来，部分学者探索了中国草原的分区方案，主要有3类：一是1985年贾慎修等在全国首次草原资源调查的基础上，综合考虑地貌、土壤、植被等自然因素，提出草地资源区划方案，将全国草原分为7个区、29个亚区、74个小区，但该分区方案仅考虑草原的自然资源属性，未考虑草原的生态功能和行政边界。二是2004年王堃等提出的基于中国草原生态建设战略布局的9大草原生态功能分区，包括东北草甸草原生态功能区、北方典型草原生态功能区、西北荒漠草原生态功能区、北方农牧交错带生态功能区、黄土高原暖温性灌草丛草原生态功能区、青藏高寒草原生态功能区、北方平原农区草原生态功能区、南方热带亚热带草原生态功能区、其他草原生态功能区，尽管该分区方案一定程度上体现出草原的生态功能，但缺少更精细的二级或三级分区，难以实现精细化分区施策。三是2004年由洪绂曾等提出的基于草业可持续发展战略的5大草业体系分区，包括北方干旱半干旱草原区、青藏高原草原区、东北华北湿润半湿润草原区、南方草地区和城乡绿化区，尽管该分区方案体现出草原生态环境的区域性，但主要以草业经济类型特点进行可持续发展战略布局，并未充分考虑草原生态保护和修复的区域特点。

在生态文明建设的新时代，草原工作定位发生了重大转变。2015年9月颁布的《生态文明体制改革总体方案》中，明确指出"健全国家自然资源资产管理体制，完善主体功能区制度，建立空间规划体系、完善资源总量管理和全面节约制度"等要求，强调了草原资源的利用、保护和规划管理。2017年党的十九大报告明确草原作为重要的自然资源，与山、水、林、田、湖统一筹划管理，筑牢山水林田湖草生命共同体理念，强化了草原的保护、建设和利用管理。2018年国务院机构改革，设立国家林业和草原局，草原工作进入新的历史发展阶段，实现了从生产为主向生态为主、从林草矛盾向林草融合、从林草各自为政到山水林田湖草沙系统治理等几大转变。因此，草原分区体系也应该适应草原工作的转变，应对标《生态文明体制改革总体方案》中对草原资源管理体制、主体功能划分、空间规划等具体要求，提出兼顾草原多功能性的中国草原分区方案，厘清不同草原分区的主体功能及产业发展方向，为草原生态文明建设和山水林田湖草沙生命体系统治理提供科学支撑。在此背景下，董世魁等（2022）通过系统调研，提出兼具科学性、前瞻性和时代性的草原分区体系，明确了不同分区草原的主体功能、产业发展方向，为不同区域、不同类型和不同功能属性的草原差异化管理提供了科学依据。

1. 草原分区的原则

（1）生态地理单元分异原则

根据我国草原分布区的自然地理特征，遵循生态系统的系统性、自然地理单元的完整性（如青藏高原、蒙古高原）原则，提出以生态地理单元分异性作为草原分区的基本依据，不仅有利于实现人与自然和谐共生的理念，而且有利于实现山水林田湖草沙生命共同体的系统治理。

（2）主体功能优先原则

根据新时代草原管理强调生态功能优先、兼顾生产功能的目标，将草原的主体生态功能（如水源涵养、土壤保持）作为分区的主要依据，在具有多种生态系统服务功能的地域，以生态服务功能优先；在具有多种生态调节功能的地域，以生态调节功能优先，充分体现了良好的生态环境是最普惠的民生福祉。

（3）产业布局协调性原则

在坚持生态保护优先、绿色发展的基础上，兼顾社会经济条件、草原经营利用方向、产业发展战略、自然保护地建设等，保持草原分区与草业发展布局的一致性，充分反映了绿水青山就是金山银山的生态文明理念。

（4）历史传统相结合原则

由于草原具有较高的文化和历史价值，草原分区需充分考虑与历史传统相吻合或衔接，尽量保留文化传承价值较高的草原（如呼伦贝尔草原）的区域完整性，充分体现了生态文明建设中草原文化的传承价值。

（5）行政边界完整性原则

由于草原保护、利用、建设等政策、工程和项目都需借助行政或法制来实施，草原分区需充分考虑省界、市界和县界等行政区界的完整性，实现用严格的制度和法治保护草原生态环境。

2. 草原分区的方法

（1）分区指标及命名方式

一级指标（区）主要参考综合自然区划、中国生态区划和中国草地类型的相关成果，综合考虑自然地理单元、地形类型和草原类型等指标，确定大尺度草原分区方案，命名方式为"生态地理单元+地形特征"。二级指标(亚区)主要参考中国草地类型、中国草地资源区划、中国生态功能区划的相关成果,综合考虑草地类型、草原利用与管理历史传统和地区行政边界等因素,确定中尺度草原分区方案,命名方式为"地区行政区界+历史传统"。三级指标(小区)主要参考全国县级行政区划、中国草地类型的相关成果,综合考虑草地类型、草原利用与管理历史传统和地区行政边界等因素,确定小尺度草原分区方案,命名方式为"县级行政区界+历史传统"。

(2)分区主体功能厘定

借鉴全国生态功能区划方案,按各分区草原所在的空间将其主体功能归为生态功能、生产功能和社会功能三大类,生态功能包括水源涵养、生物多样性保护、土壤保持、防风固沙、洪水调蓄,生产功能包括草畜产品提供,社会功能包括草原文化传承和草原生态旅游。

(3)分区主导生态产业分析

根据新时代草原生态产业的分类,按各个分区草原的资源特性和区位优势,确定以生态修复产业、防沙治沙产业、生态草牧业、生态文化产业、草原碳汇和林草融合产业等新型产业为主导的发展方向。

3. 草原分区的结果

根据本书提出的草原分区原则和方法,将中国草原划分为内蒙古高原草原区、东北华北平原山地丘陵草原区、青藏高原草原区、西北山地盆地草原区、南方山地丘陵草原区等5个一级分区(彩图4)。5个一级分区不仅体现出全国草原分布的生态地理单元,而且反映了中国草地类型及其功能分异特征。在一级分区的基础上,划分出47个二级草原亚区(彩图4)。二级分区不仅考虑我国的草地类型及其功能差异,而且充分考虑草原分布的行政(市级)边界,便于草原的分区管理。在二级分区基础上,划分出2899个三级草原小区,三级分区为便于草原的分区管理,主要考虑草原分布的行政(县级)边界。

4. 不同分区草原的主体功能特征

根据问卷调查和专家打分结果5个一级草原区的主体功能以生态功能为主、生产功能为辅,其中,内蒙古高原草原区的主体功能为防风固沙、土壤保持和草畜产品提供,东北华北平原丘陵山地草原区的主体功能为水源涵养、土壤保持和防风固沙,青藏高原草原区的主体功能为水源涵养、生物多样性保护和土壤保持,西北山地盆地草原区的主体功能为生物多样性保护、防风固沙和水源涵养,南方山地丘陵草原区的主体功能为水源涵养、土壤保持和生物多样性保护。47个草原亚区的主体功能总体与其对应的一级分区相一致,部分草原亚区的主体功能具有一定的地域特殊性(表1-7)。2899个草原小区的主体功能与其对应的二级草原亚区相一致。

表 1-7　草原二级分区的主体功能

草原分区		主要草原类型	主体功能
一级分区（区）	二级分区（亚区）		
Ⅰ 内蒙古高原草原区	Ⅰ-1 呼伦贝尔草原亚区	温性草甸草原	水源涵养、草畜产品提供、生物多样性保护
	Ⅰ-2 科尔沁草原亚区	温性草原	防风固沙、土壤保持、水源涵养
	Ⅰ-3 锡林郭勒草原亚区	温性草原	防风固沙、草畜产品提供、土壤保持
	Ⅰ-4 乌兰察布草原亚区	温性荒漠草原	防风固沙、土壤保持、水源涵养
	Ⅰ-5 坝上草原亚区	温性草原	土壤保持、防风固沙、水源涵养
	Ⅰ-6 晋西北草原亚区	温性草原	土壤保持、防风固沙、水源涵养
	Ⅰ-7 鄂尔多斯草原亚区	温性荒漠草原	防风固沙、土壤保持、水源涵养
	Ⅰ-8 陕北草原亚区	温性草原	土壤保持、水源涵养、防风固沙
	Ⅰ-9 宁东北草原亚区	温性草原	土壤保持、水源涵养、草畜产品提供
Ⅱ 西北山地盆地草原区	Ⅱ-1 阿勒泰草原亚区	温性草原	生物多样性保护、水源涵养、防风固沙
	Ⅱ-2 准格尔盆地草原亚区	温性荒漠草原	防风固沙、生物多样性保护、土壤保持
	Ⅱ-3 伊犁草原亚区	温性草原	生物多样性保护、水源涵养、土壤保持
	Ⅱ-4 帕米尔草原亚区	高寒草原	生物多样性保护、水源涵养、土壤保持
	Ⅱ-5 塔里木盆地草原亚区	温性荒漠	防风固沙、生物多样性保护、土壤保持
	Ⅱ-6 天山草原亚区	山地草甸	生物多样性保护、水源涵养、土壤保持
	Ⅱ-7 东疆草原亚区	温性草原	生物多样性保护、土壤保持、防风固沙
	Ⅱ-8 河西走廊草原亚区	温性荒漠草原	防风固沙、土壤保持、生物多样性保护
	Ⅱ-9 阿拉善高原草原亚区	温性荒漠草原	防风固沙、生物多样性保护、土壤保持
Ⅲ 青藏高原草原区	Ⅲ-1 羌塘高原草原亚区	高寒荒漠草原	生物多样性保护、水源涵养、土壤保持
	Ⅲ-2 藏西南草原亚区	高寒草原	水源涵养、生物多样性保护、土壤保持
	Ⅲ-3 藏北草原亚区	高寒草原	水源涵养、生物多样性保护、土壤保持
	Ⅲ-4 藏东草原亚区	高寒草甸	水源涵养、生物多样性保护、土壤保持
	Ⅲ-5 三江源草原亚区	高寒草甸	水源涵养、生物多样性保护、土壤保持
	Ⅲ-6 柴达木盆地草原亚区	温性荒漠草原	防风固沙、生物多样性保护、土壤保持
	Ⅲ-7 祁连山草原亚区	高寒草甸	水源涵养、生物多样性保护、土壤保持
	Ⅲ-8 环青海湖草原亚区	温性草原	水源涵养、生物多样性保护、土壤保持
	Ⅲ-9 甘南草原亚区	高寒草甸	水源涵养、生物多样性保护、土壤保持
	Ⅲ-10 川西草原亚区	高寒草甸	水源涵养、生物多样性保护、土壤保持
	Ⅲ-11 滇西北草原亚区	高寒草甸	生物多样性保护、水源涵养、土壤保持

（续）

草原分区		主要草原类型	主体功能
一级分区（区）	二级分区（亚区）		
Ⅳ 东北华北平原山地丘陵草原区	Ⅳ-1 三江平原草原亚区	低地草甸	水源涵养、土壤保持、生物多样性保护
	Ⅳ-2 松嫩平原草原亚区	低地草甸	水源涵养、土壤保持、生物多样性保护
	Ⅳ-3 兴安林缘草原亚区	温性草甸草原	水源涵养、土壤保持、生物多样性保护
	Ⅳ-4 长白山山地丘陵草原亚区	温性草原	水源涵养、生物多样性保护、土壤保持
	Ⅳ-5 辽河平原丘陵低地草原亚区	低地草甸	水源涵养、土壤保持、生物多样性保护
	Ⅳ-6 黄河下游平原丘陵低地草原亚区	暖性（灌）草丛	水源涵养、草畜产品提供、生物多样性保持
	Ⅳ-7 华北平原山地低地草原亚区	暖性（灌）草丛	水源涵养、土壤保持、草畜产品提供
	Ⅳ-8 汾渭谷地草原亚区	暖性（灌）草丛	土壤保持、水源涵养、防风固沙
	Ⅳ-9 陇东丘陵沟壑草原亚区	温性草原	土壤保持、水源涵养、草畜产品提供
Ⅴ 南方山地丘陵草原区	Ⅴ-1 长江中下游草山草坡亚区	热性（灌）草丛	水源涵养、土壤保持、生物多样性保护
	Ⅴ-2 川陕渝草山草坡亚区	热性（灌）草丛	水源涵养、土壤保持、生物多样性保护
	Ⅴ-3 江南草山草坡亚区	热性（灌）草丛	水源涵养、土壤保持、生物多样性保护
	Ⅴ-4 贵州高原草原亚区	山地草甸	水源涵养、生物多样性保护、土壤保持
	Ⅴ-5 云南高原草原亚区	热性（灌）草丛	水源涵养、生物多样性保护、土壤保持
	Ⅴ-6 滇西南草山草坡亚区	热性（灌）草丛	水源涵养、土壤保持、生物多样性保护
	Ⅴ-7 华南草山草坡亚区	热性（灌）草丛	水源涵养、土壤保持、生物多样性保护
	Ⅴ-8 海南草山草坡亚区	热性（灌）草丛	生物多样性保护、水源涵养、土壤保持
	Ⅴ-9 台湾草山草坡亚区	热性（灌）草丛	—

5. 不同分区草原的主导生态产业

全国草原的生态产业发展方向主要以生态修复产业（国家、地方和企业主导的公益性产业）、生态草牧业（农牧民、农牧场和企业开展的草原畜牧业）为主，兼有生态文化产业（企业和农牧户经营的产业）和草原碳汇、林草融合产业等新型生态产业。其中，内蒙古高原草原区以草原生态修复产业、草原防沙治沙产业、生态草牧业、生态草种业、药用植物产业、草原生态文化产业、草原碳汇产业、林草融合产业为主，东北华北平原山地丘陵草原区主要以草原生态修复产业、生态草牧业、草原碳汇产业、生态草种业、林草融合产业为主，青藏高原草原区以草原生态修复产业、草原防沙治沙产业、草原生态保护产业、生态草牧业、草原碳汇产业、生态草种业、草原生态文化产业为主，西北山地盆地草原区主要以草原生态修复产业、草原防沙治沙产业、草原生态保护产业、生态草牧业、草原碳汇产业、生态草种业、草原生态文化产业为主，南方山地丘陵草原区以生态草牧业、草原碳汇产业、生态草种业、林草融合产业为主。47 个草原亚区和 2899 个草原小区的产业发展方向总体与其对应的一级分区一致（表 1-8）。

表1-8　不同草原分区的产业发展方向

草原一级分区(区)	产业发展方向	草原二级分区(亚区)	产业布局
Ⅰ 内蒙古高原草原区	草原生态修复产业、草原防沙治沙产业、生态草牧业、生态草种业、药用植物产业、草原生态文化产业、草原碳汇产业、林草融合产业	Ⅰ-1 呼伦贝尔草原亚区	草原防沙治沙产业、生态草牧业、草原碳汇产业、草原药用植物产业、草原生态文化产业、林草融合产业
		Ⅰ-2 科尔沁草原亚区	草原生态修复产业、草原防沙治沙产业、生态草牧业、草原碳汇产业、草原药用植物产业、草原生态文化产业、林草融合产业
		Ⅰ-3 锡林郭勒草原亚区	草原生态修复产业、草原防沙治沙产业、生态草牧业、草原碳汇产业、草原药用植物产业、草原生态文化产业
		Ⅰ-4 乌兰察布草原亚区	草原生态修复产业、草原防沙治沙产业、生态草牧业、草原碳汇产业、草原药用植物产业、草原生态文化产业
		Ⅰ-5 坝上草原亚区	草原生态修复产业、生态草牧业、草原碳汇产业、草原药用植物产业、生态草种业、草原生态文化产业
		Ⅰ-6 晋西北草原亚区	草原生态修复产业、生态草牧业、草原碳汇产业、草原药用植物产业、生态草种业
		Ⅰ-7 鄂尔多斯草原亚区	草原生态修复产业、草原防沙治沙产业、生态草牧业、草原碳汇产业、草原药用植物产业、生态草种业
		Ⅰ-8 陕北草原亚区	草原生态修复产业、草原防沙治沙产业、生态草牧业、草原碳汇产业、草原药用植物产业、生态草种业、林草融合产业
		Ⅰ-9 宁东北草原亚区	草原生态修复产业、草原防沙治沙产业、生态草牧业、草原碳汇产业、草原药用植物产业、生态草种业
Ⅱ 西北山地盆地草原区	草原生态修复产业、草原防沙治沙产业、草原生态保护产业、生态草牧业、草原碳汇产业、生态草种业、草原生态文化产业	Ⅱ-1 阿勒泰草原亚区	草原生态保护产业、生态草牧业、草原碳汇产业、草原药用植物产业、草原生态文化产业
		Ⅱ-2 准格尔盆地草原亚区	草原生态修复产业、草原防沙治沙产业、生态草牧业、草原碳汇产业、生态草种业
		Ⅱ-3 伊犁草原亚区	草原生态保护产业、生态草牧业、草原碳汇产业、草原药用植物产业、草原生态文化产业
		Ⅱ-4 帕米尔草原亚区	草原生态保护产业、生态草牧业、草原碳汇产业、草原药用植物产业、草原生态文化产业
		Ⅱ-5 塔里木盆地草原亚区	草原生态修复产业、草原防沙治沙产业、生态草牧业、草原碳汇产业、生态草种业
		Ⅱ-6 天山草原亚区	草原生态保护产业、生态草牧业、草原碳汇产业、草原药用植物产业、草原生态文化产业
		Ⅱ-7 东疆草原亚区	草原生态修复产业、草原防沙治沙产业、生态草牧业、草原碳汇产业、生态草种业
		Ⅱ-8 河西走廊草原亚区	草原生态修复产业、草原防沙治沙产业、生态草牧业、草原碳汇产业、生态草种业
		Ⅱ-9 阿拉善高原草原亚区	草原生态修复产业、草原防沙治沙产业、生态草牧业、草原碳汇产业、生态草种业、草原生态文化产业

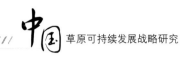

（续）

草原一级分区（区）	产业发展方向	草原二级分区（亚区）	产业布局
Ⅲ 青藏高原草原区	草原生态修复产业、草原生态保护产业、生态草牧业、草原碳汇产业、生态草种业、草原生态文化产业	Ⅲ-1 羌塘高原草原亚区	草原生态修复产业、草原生态保护产业、生态草牧业、草原碳汇产业、草原药用植物产业、草原生态文化产业
		Ⅲ-2 藏西南草原亚区	草原生态修复产业、生态草牧业、草原碳汇产业、草原药用植物产业、生态草种业、草原生态文化产业
		Ⅲ-3 藏北草原亚区	草原生态修复产业、草原生态保护产业、生态草牧业、草原碳汇产业、草原药用植物产业、草原生态文化产业
		Ⅲ-4 藏东草原亚区	草原生态修复产业、生态草牧业、草原碳汇产业、草原药用植物产业、生态草种业、草原生态文化产业、林草融合产业
		Ⅲ-5 三江源草原亚区	草原生态修复产业、草原生态保护产业、生态草牧业、草原碳汇产业、草原药用植物产业、生态草种业、草原生态文化产业
		Ⅲ-6 柴达木盆地草原亚区	草原生态修复产业、草原生态保护产业、生态草牧业、草原碳汇产业、草原药用植物产业、生态草种业
		Ⅲ-7 祁连山草原亚区	草原生态修复产业、草原生态保护产业、生态草牧业、草原碳汇产业、草原药用植物产业、草原生态文化产业
		Ⅲ-8 环青海湖草原亚区	草原生态修复产业、草原生态保护产业、生态草牧业、草原碳汇产业、草原药用植物产业、生态草种业、草原生态文化产业
		Ⅲ-9 甘南草原亚区	草原生态修复产业、生态草牧业、草原碳汇产业、草原药用植物产业、草原生态文化产业
		Ⅲ-10 川西草原亚区	草原生态修复产业、草原畜牧业、生态草牧业、草原碳汇产业、草原药用植物产业、生态草种业、草原生态文化产业
		Ⅲ-11 滇西北草原亚区	生态草牧业、草原碳汇产业、草原药用植物产业、生态草种业、草原生态文化产业、林草融合产业
Ⅳ 东北华北平原山地丘陵草原区	草原生态修复产业、生态草牧业、草原碳汇产业、生态草种业、林草融合产业	Ⅳ-1 三江平原草原亚区	草原生态修复产业、生态草牧业、草原碳汇产业、草原药用植物产业、草原生态文化产业
		Ⅳ-2 松嫩平原草原亚区	草原生态修复产业、生态草牧业、草原碳汇产业、草原药用植物产业、生态草种业、草原生态文化产业
		Ⅳ-3 兴安林缘草原亚区	草原生态修复产业、生态草牧业、草原碳汇产业、草原药用植物产业、林草融合产业
		Ⅳ-4 长白山山地丘陵草原亚区	草原生态修复产业、生态草牧业、草原碳汇产业、草原药用植物产业、林草融合产业
		Ⅳ-5 辽河平原丘陵低地草原亚区	草原生态修复产业、生态草牧业、草原碳汇产业、林草融合产业

（续）

草原一级分区（区）	产业发展方向	草原二级分区（亚区）	产业布局
Ⅳ 东北华北平原山地丘陵草原区	草原生态修复产业、生态草牧业、草原碳汇产业、生态草种业、林草融合产业	Ⅳ-6 黄河下游平原丘陵低地草原亚区	草原生态修复产业、生态草牧业、草原碳汇产业、生态草种业
		Ⅳ-7 华北平原山地低地草原亚区	草原生态修复产业、生态草牧业、草原碳汇产业、生态草种业
		Ⅳ-8 汾渭谷地草原亚区	草原生态修复产业、生态草牧业、草原碳汇产业、林草融合产业
		Ⅳ-9 陇东丘陵沟壑草原亚区	草原生态修复产业、生态草牧业、草原碳汇产业、林草融合产业
Ⅴ 南方山地丘陵草原区	生态草牧业、草原碳汇产业、生态草种业、林草融合产业	Ⅴ-1 长江中下游草山草坡亚区	生态草牧业、草原碳汇产业、生态草种业、林草融合产业
		Ⅴ-2 川陕渝草山草坡亚区	生态草牧业、草原碳汇产业、生态草种业、林草融合产业
		Ⅴ-3 江南草山草坡亚区	生态草牧业、草原碳汇产业、生态草种业、林草融合产业
		Ⅴ-4 贵州高原草原亚区	生态草牧业、草原碳汇产业、草原药用植物产业、林草融合产业
		Ⅴ-5 云南高原草原亚区	生态草牧业、草原碳汇产业、草原药用植物产业、林草融合产业
		Ⅴ-6 滇西南草山草坡亚区	生态草牧业、草原碳汇产业、草原药用植物产业、林草融合产业
		Ⅴ-7 华南草山草坡亚区	生态草牧业、草原碳汇产业、林草融合产业
		Ⅴ-8 海南草山草坡亚区	生态草牧业、草原碳汇产业、生态草种业、林草融合产业
		Ⅴ-9 台湾草山草坡亚区	生态草牧业、草原碳汇产业、林草融合产业

6. 新时代草原分区的重要意义

新时代草原分区方案立足草原工作从生产为主向生态为主的重大转变，对标《生态文明体制改革总体方案》中对草原资源管理体制、主体功能划分、空间规划等具体要求，提出兼顾草原多功能性的中国草原分区方案，具有重要意义和价值。

第一，综合性。本研究以草原分布区的地理位置、地形特征、气候特点、草地类型、生产经营和社会经济等多重因素作为划分依据，综合考虑草原的自然资源属性和多功能性，分区结果可指导草原的利用、保护、恢复和监测管理，也可为草原生态、草业生产、草原保护等专项分区（区划）提供基础。

第二，协调性。本研究以全国自然资源综合区划、全国生态区划、全国生态功能区划的分区方案为基础，提出 5 个草原区、47 个草原亚区和 2899 个草原小区的分区方案，本方案可以和森林、湿地、荒漠等自然资源和生态系统的区划相协调，更好地支撑山水林田湖草沙生命共同体的系统治理。同时，根据草地类型及其空间分布特点，将青藏高原、内蒙古高原和西北山地盆地等草原集中分布的三大生态地理单元单独分区，将东北华北农牧交错带及周边分为一区，将南方草山草坡分为一区，这与传统的农区牧区分界相吻合，便于不同分区产业的协调布局与发展。

第三，时代性。在生态文明建设日益加强的新时代，本研究遵循尊重自然、顺应自然、保护自然的生态文明理念，坚持生态优先与协调发展相结合、区域分异与整体优化相结合的原则，提出生态保护优先、兼顾绿色发展的草原分区方案，为全国草原生态保护修复与草业绿色发展的分区施策提供科学依据。

二、草原的功能和战略地位

草原是我国重要的生态系统和自然资源，也是边疆各族群众赖以生存的生产资料和生活家园，在保障国家生态安全、食品安全、边疆稳定、民族团结和促进经济社会可持续发展、农牧民增收等方面具有基础性、战略性作用。草原在生态文明建设中具有不可替代的重要地位，林草兴，则生态兴；生态兴，则文明兴。加强草原保护修复，提升草原资源的数量和质量，守住了绿水青山，也就守住了金山银山。

党的十八大以来，以习近平同志为核心的党中央将草原工作放在前所未有的重要位置。各级林草部门贯彻认真践行习近平生态文明思想，贯彻落实党中央、国务院决策部署，牢固树立和践行绿水青山就是金山银山的理念，高度重视草原管理工作。2018年党和国家新一轮机构改革，组建了国家林业和草原局，统筹森林、草原、荒漠、湿地监督管理，坚守生态保护红线，加快以国家公园为主体的自然保护地体系建设，组织生态保护和修复，开展造林绿化工作，退化草原逐步得到有效治理和修复，我国草原事业实现了长足发展。

党的二十大报告提出，推动绿色发展，促进人与自然和谐共生。提升生态系统多样性、稳定性、持续性，加快实施重要生态系统保护和修复重大工程，实施生物多样性保护重大工程，推行草原森林河流湖泊湿地休养生息。草原被放在推行五大生态系统休养生息的第一位，彰显了党中央对草原的高度重视，体现了草原生态系统的重要性和草原修复治理的迫切性，更是反映了草原在生态文明建设、美丽中国建设、乡村振兴等国家重大战略方面发挥的重要作用。

（一）草原的功能

草原具有涵养水源、保持水土、防风固沙、固碳释氧、调节气候、净化空气、维护生物多样性等重要功能，能够提供多样的、高价值的生态产品，可以概括有水库、钱库、粮库、碳库的重要功能和多重价值。

1."水库"功能

草原不仅是众多江河的发源地和水源涵养区，还孕育了数以千计的湖泊和冰川。草原具有强大的水土保持功能。草原植物抗逆性强，能适应恶劣的生态环境，是恢复植被、改善生态环境的先锋物种，是保持水土的"卫士"。草原植被贴地面生长，可以很好地覆盖地面，能够有效阻截降水，减少地面径流和水分蒸发，在防止水土流失和土地荒漠化方面有着不可替代的作用。

（1）草原是众多大江大河的发源地和水源涵养区

青藏高原是世界屋脊，被誉为"亚洲水塔"。黄河水量的80%、长江水量的30%、东北河流水量的50%以上均直接来源于草原地区。青藏高原水源涵养生态系统以高寒草甸为主，约占高原面积的60%。长江、黄河上中游流域面积251.6万 km^2，主要为天然草原植被覆盖，草原面积110.2万 km^2，占流域总面积的43.79%。据测算，青藏高原水资源量约为5.7万亿 m^3，占全国水资源总量的20%，是保障我国乃至东南亚国家水资源安全的重要战略基地。祁连山地处青藏、黄土两大高原和蒙新荒漠的交会处，丰富的草原资源孕育了黄河水系的庄浪河与大通河，以及石羊河、黑河、疏勒河三大内陆河。据统计，发源于祁连山地的大小河流有58条。内蒙古东部草原区河流湖泊众多，是松花江、嫩江、额尔古纳河等河流重要的水源涵养区，仅呼伦贝尔境内就有大小河流3000多条，其中流域面积在100 km^2 以上的河流就有550条，是我国东北、华北区域重要的水源上游地，对我国北方水生态安全有着重要影响。东北边陲，黑龙江、松花江和乌苏里江分别从北、东、西蜿蜒而来，造就了三江平原，孕育了松嫩羊草草原，这里有大小河流57条，分属黑龙江和乌苏里江两大水系。

（2）草原孕育了众多湖泊和冰川

青藏高寒草原区分布着数量最多的高原内陆湖群，湖泊星罗棋布，总面积达3万多 km^2，约占全国湖泊总面积的46%。仅西藏境内的湖泊总面积就超过2.4万 km^2，约占全国湖泊总面积的30%。内蒙古东部草原区分布着500多个湖泊，东北松嫩羊草草原上的湖泊也多达204个。这些湖泊与河流血脉相连，与草原相依相伴，共同维护着祖国北疆的水安全，为东北大粮仓提供了生态安全屏障。我国冰川储量约为5590亿 m^3，年平均冰川融水量为563亿 m^3，其中90%以上的冰川分布在草原地区。祁连山地区现有大小冰川2859条，总面积达1972.5 km^2，储水量811.2亿 m^3，年平均冰川融水量高达10亿 m^3。

2."钱库"功能

草原作为我国重要的生态系统类型，是生态、生产、生活"三生"空间的集合体，是绿水青山与金山银山合二为一的有机体，具有把绿水青山转化为金山银山的天然优势。草原资源的生态服务价值、经济价值、社会价值和文化价值都可以换算成"钱"，彰显金山银山的"钱库"作用。

（1）草原具有重要的生态服务价值

草原是以多年生草本植物为主要生产者的陆地自然生态系统，具有涵养水源、保持水土、防风固沙、固碳释氧、调节气候、净化空气、维护生物多样性等重要功能，能够提供多样的、高价值的生态产品。草原植物作为生态系统的初级生产者，通过光合作用，将太阳能和无机物转化为有机物，提供初级产品供草食动物消费，对维持生态系统物质循环和能量流动、维护生态系统良性循环发挥着基础性作用。2021年，全国天然草原鲜草总产量近6亿t，折合干草1.9亿t。内蒙古锡林郭勒盟天然打草场产草量18万t，按照每吨1000元计算，天然草原打草价值可达1.8亿元。据李建东、方精云主编的《中国草原的生态功能研究》，草原在提供初级生产、碳蓄积、气候条件、水源涵养、防风固沙、养分固持、环境净化、生物多样性保护等方面都具有强大的生态服务功能。据云南省林业和草原科学院核算，云南省草原生态系统生态效益总价值为每年4979.58亿元，相当于2019年全省国内生产总值（GDP）的21.44%。

（2）草原具有巨大的经济价值

草原资源是具有多功能性的可再生自然资源，其经济价值体现在草原畜牧业、野生动植物、草原生态旅游、能源资源等方面。牲畜采食饲草，将草转化为畜产品，供人类消费利用，农牧民通过饲养牲畜获取生活资料和经济收入。我国六大牧区牧业产值占农业总产值的50%左右，草原牧区的牛肉、羊肉、牛奶等总产量占比较高，羊毛、羊绒产量占全国总产量的60%以上。据测算，我国草原单位面积畜产品产值为每公顷770元，全国近40亿亩草地每年畜牧业产值可达2000多亿元。目前，我国草原单位面积畜产品产值仍然较低，仅相当于美国的1/4，澳大利亚的1/6和新西兰的1/8。但通过加强草原保护修复，我国草原在提高畜牧业生产价值方面具有巨大潜力。

（3）草原具有不可或缺的社会价值

我国草原主要分布在边疆少数民族地区，是众多少数民族群众生存繁衍最基本的生产资料和世代生活的家园。我国1.25亿少数民族人口中，有70%以上集中生活在草原区。长期以来，草原牧区经济社会发展相对滞后，是深度贫困人口的集中分布区，也是脱贫攻坚的重点和难点地区，草原牧区人均收入与农区人均收入差距不断扩大。党的十八大以来，国家不断加大草原保护修复力度，大力发展草原牧区基础设施建设，特别是实施草原生态保护补助奖励的惠牧政策，极大改善了草原牧区生产生活条件，增加了农牧民收入，实现了全面脱贫目标，为维护边疆和谐稳定、增进民族团结发挥了重要作用。

（4）草原具有独特的生态文化价值

我国草原分布广泛，从东到西横跨几千千米，从南到北跨越热带、亚热带、温带、高原寒带等自然地带，形成了千姿百态的草原类型、草原景观。千百年来，生活在草原上的蒙古族、藏族、哈萨克族等草原民族都形成了各自世代延续的草原文化。这些草原文化在与农耕文化碰撞、交会和融合过程中成为中华文化的一部分。草原生态旅游已成为全国旅游观光业发展的新增长点。

3. "粮库"功能

（1）草原是草食畜产品的重要生产基地

据农业农村部统计，2020年全国人均猪肉消费比例为52.6%，比2016年的62.8%下降了10.2个百分点；牛羊肉人均消费量从2016年的13.0%增加到2020年的16.3%，提高了3.3个百分点。由此可见，草食畜产品在居民食物结构中的比重不断提高，在保障食物安全中发挥着越来越重要的作用。《中国畜牧业年鉴》显示，我国牧区、半牧区牛羊肉供给量占比在全国范围内大幅增加：2020年，我国牧区、半牧区牛存栏量占全国牛存栏量的50%，比1998年提高了32.8个百分点；牛出栏量占全国牛出栏量的26.4%，比1998年提高了12.5个百分点；牛肉产量占全国牛肉产量的39%，比1998年提高了27.5个百分点。2020年，我国牧区、半牧区羊存栏量占全国羊存栏量的38.1%，比1998年提高了10.8个百分点；羊出栏量占全国羊出栏量的30.4%，比1998年提高了2.1个百分点；羊肉产量占全国羊肉产量的35.1%，比1998年提高了13.9个百分点。2020年，我国牧区、半牧区提供的奶产品产量占全国的20%左右。

（2）发展农区草业有利于保障食物安全

草原牧区提供的畜牧产品为满足我国畜产品需求增长发挥着越来越重要的作用。加强草原保护修复，提高草原生产力，提供更多优质牧草，促进草食畜牧业持续健康发展，对减少饲料和牛羊肉进口依赖、更好保障国家食物安全意义重大。

（3）草原是重要农作物和栽培牧草野生近缘种的基因库

我国草原是重要农作物和栽培牧草野生近缘种的基因库，我国草原上分布的植物种类多样，其中许多植物是小麦、水稻等农作物的野生近缘种。这些野生近缘种普遍具有抗旱、耐寒、耐瘠薄、抗虫、抗病等优良抗逆基因。有效保护和充分挖掘这些优良基因，用于改良和培育农作物新品种，有利于保障国家粮食安全。

4. "碳库"功能

（1）草原是我国仅次于森林的第二大碳库

据测算，我国草原碳总储量占我国陆地生态系统的16.7%，我国的草原生态系统碳储量占世界草原生态系统的8%左右。典型草原和草甸蓄积了全国草原有机碳的2/3。草原的碳汇功能主要集中在土壤层中，土壤碳库约占草原生态系统碳库总量的90%以上。我国草原碳汇潜力巨大，合理的草原政策和科学的草原保护修复措施能够显著提高草原增汇减排功能，在完成碳达峰和碳中和目标中发挥重要作用。

（2）草原固碳成本更低

草原固碳的成本是森林固碳的44%。从经济效益上来讲，草原的碳库功能更节约成本，良性循环的草原生态系统可以增加碳储量，带来更大的固碳效果，发挥更有效的碳汇功能。由于过度放牧等不合理的开发利用和气候变化等因素的影响，我国70%的天然草原发生了不同程度的退化。对于增汇而言，退化草原恢复具有极大的碳汇潜力和碳汇价值。

（3）草原生态修复是实现我国双碳目标的重要途径

优化草原管理方式是增强碳汇功能最有效的方法，具体措施主要包括降低放牧压力、围栏封育和人工种草等。2000年以来，我国开展了一系列草原生态修复工程项目，通过实施重点生态工程和草原保护建设工程，大幅提升草原固碳能力。我国从2011年起建立了草原生态保护补助奖励机制，以禁牧和草畜平衡政策为主要内容，目的在于降低放牧强度，恢复草原生产力，发挥生态功能。

据估算，目前通过实施种草改良4600万亩，落实38亿亩草原禁牧和草畜平衡，我国草原每年固碳能力可达1亿t。随着国家不断加大对草原生态修复的投入力度，草原固碳能力还将保持较长时间，为我国实现"双碳"目标作出新的贡献。

（二）草原的基础战略地位

草原作为重要的自然资源和"三生"（生态、生产、生活）空间的集合体，千百年来一直发挥着基础性和战略性的作用，草原的基础战略地位主要体现在以下十大方面。

1. 草原是我国重要的绿色生态安全屏障

我国天然草原主要分布在东北平原以西，以及沿内蒙古高原、经黄土高原至青藏高原东缘一线以西的广大干旱、半干旱、高寒地区。这个绵延4500km的绿色自然保护带，是我国构筑的生态安全战略"两屏三带"的主体部分，是中国大陆乃至许多亚洲国家很重要的生态屏障，在防风固沙、水土保持、水源涵养、固碳释氧、生物多样性保持等方面发挥了极其重要的生态功能。例如，我国的重要江河发源于草原地区，如黄河、长江、珠江等河流，黄河水量的80%，长江水量的30%，东北河流一半以上的水量直接源自草原。有研究表明，草原植被蒸腾少、耗水量低、抗性强，适于在干旱、风沙、土瘠条件下生长，当草原植被盖度为30%~50%时，近地面风速可降低50%，地面输沙量仅相当于流沙地段的1%；在相同条件下，草地土壤含水量较裸地高出90%以上；长草的坡地与裸露坡地相比，地表径流量可减少47%，冲刷量减少77%。

2. 草原是我国主要的陆地生态系统碳库

草原植物通过光合作用，吸收二氧化碳，并向大气释放氧气，植物凋落物和根系在土壤中形成主要的碳库。草原是全球陆地生态系统中仅次于森林的第二大碳库，而草原土壤是全球所有生态系统土壤的最大碳库。据测算，全球森林植被碳储量为$132 \times 10^9 \sim 457 \times 10^9$Tg，土壤碳储量约为$481 \times 10^9$Tg；草原植被碳储量为$71 \times 10^9 \sim 231 \times 10^9$Tg，土壤碳储量约为$579 \times 10^9$Tg；农田植被碳储量为$49 \times 10^9 \sim 142 \times 10^9$Tg，土壤碳储量约为$264 \times 10^9$Tg；其他生态系统的植被碳储量为$16 \times 10^9 \sim 72 \times 10^9$Tg，土壤碳储量约为$160 \times 10^9$Tg。我国陆地生态系统中森林、灌丛、草地和农田的碳储量分别占我国陆地生态系统总碳储量的38.9%、8.4%、32.1%和20.6%。健康草地通过植被和土壤固碳，可以发挥巨大的碳汇潜力，可以为我国"碳达峰、碳中和"目标的顺利实现发挥重要作用。

3. 草原是我国种质资源的天然储存库

我国是草原生物多样性最丰富的国家之一，植物种类占世界植物总数的10%以上。

我国天然草原有野生植物 1.5 万多种、野生动物 2000 多种，以及不计其数的微生物，这些是十分宝贵的种质资源。草原是培育和驯化草地植物新品种非常宝贵的基因库。调查显示，我国草原饲用植物有 6700 余种，分属 5 门 246 科 1545 属，约占我国植物总数的 25%，特有饲用植物 493 个种。草原野生珍稀濒危植物 83 个种，其中 51 种 3 变种列入《中国珍稀濒危植物保护名录》的 389 种中，占 13.9%。我国草原区野生动物 2000 多种，许多属于古北界中亚亚界蒙新区，数量少、种类珍奇，如羚羊、白唇鹿、野驴、野牦牛、马鹿、雪鸡等，其中 40 余种属国家一级保护野生动物，30 余种属国家二级保护野生动物。此外，草原上还有 250 多个放牧家畜品种，它们既是珍贵的遗传资源，也是重要的经济资源。

4. 草原是我国清洁能源发展的重要基地

我国草原面积辽阔，不仅有丰富的生物和土地资源，而且具有重要的风能、太阳能和地热等能源资源，可以为风力发电、光伏发电等清洁能源生产提供重要基地，在国家能源结构改革中发挥重要作用。另外，我国生物质资源极其丰富，共有 1500 余种植物可作为生物质燃料生产原料，草原拥有丰富、巨大发展潜力的生物质植物资源，积极发展草原生物质能源是必然趋势。目前，我国已在木质纤维素水解、代谢产物分离与纯化等关键技术上取得重要进展，生物质能源是仅次于煤炭、石油和天然气，为世界第四大能源消费品种，其消费总量位居六大可再生能源（太阳能、风能、地热能、水能、生物质能和海洋能）之首。草原生物质资源等潜在清洁能源的开发利用，必将保障我国的能源安全战略。

5. 草原是我国现代草业发展的基础资料

草原为畜牧业、食品加工、纺织、制药、化工及造纸等产业提供基本原料，同时也为旅游业、文化产业、康养产业、碳汇产业、生态修复产业等新业态提供基础资料。改革开放以来，我国以草原为基础的草业经济不断发展，形成了草牧业、草种业、草产品生产加工业、草坪业等主导草产业。全国相继建立了一批具有相当规模的草种基地，生产适应性强、生长表现良好的牧草种子，带动并促进了草种产业。草产品加工业快速发展，草产品加工企业已达 190 多个，年生产能力达 460 多万 t，草产品出口量逐年增加，成为外贸出口的新亮点。现代草牧业充分延伸了家庭经营的动物养殖产业链，还连接着屠宰加工等多种需求，可提高附加值，成为我国农村在家庭经营基础上形成集群经济的重要依托。在不同自然条件下的优良草种和畜种形成的产业链，使植物生产与动物生产相结合；将牧草和家畜充分引入大农业系统，农田与草地相结合，生态保护与生产发展相结合，保障现代草业的可持续发展。

6. 草原是我国食物安全的重要保障

草原可以充分保障国家食物安全，促进国民经济稳步发展。原因在于：第一，发展草地畜牧业可以增加肉奶等畜产品的供给，从而扩大食物来源，改善人们的食物结构，提高生活质量和水平，减少对粮食的依赖。第二，目前我国农药和化肥大量使用造成的污染问题较为严重，而大部分草畜产品是绿色有机的，质量和安全水平较高，有利于保证人们的身体健康，因此种植业和草牧业的结合是农业有机化和生态化的根本出路，也是我国现代农业发展的重要方向。第三，草地畜牧业是节粮型畜牧业，我国目前以生猪为主的耗粮型畜牧业每年耗粮约占全国粮食消耗量的1/3，若以草食家畜取代1/3的生猪，可节约耕地约1300万 hm^2，通过人畜分粮可大幅度增加饲料产量，实现土地资源的高效利用与安全食品的高效产出，提高国家食物安全的保障率。

7. 草原是我国牧区经济发展的生产资料

我国西部12省份的草原面积占全国草原总面积的80%以上，原592个国家级贫困县中，366个(60%以上)分布在西部草原地区。这些地区经济发展对草原的依赖度相当高，大力发展以草原为生产资料的畜牧业、加工业、草种业等传统草业是牧区脱贫致富、牧业高质量发展的重要选择。草原畜牧业是草原牧区的主导产业，牧区县和半牧区县畜牧业产值一般都占农业总产值的40%左右，有的高达80%以上，对繁荣牧区经济和推进社会进步具有重要意义。同时，发展以草原为依托基地的生态旅游业、生态文化产业、康养产业等新型草业，有利于改善这些地区的生态和人文环境，吸引社会投资，增强发展能力，助力乡村振兴。

8. 草原是我国民族地区社会安定的重要基础

我国草原大多分布在少数民族聚居区，1.2亿少数民族人口中70%以上集中生活在草原区，全国55个少数民族都在草原上有分布，全国659个少数民族县(旗)在草原地区的就有597个。草原哺育了一代又一代的游牧民族，先后有匈奴族、东胡族、鲜卑族、契丹族、蒙古族等依赖草原为生的民族，创造并发展了辉煌灿烂的草原文化；青藏高原是藏族文明的沃土，藏族人民在高寒的气候环境下，形成了淳朴善良、敢于吃苦的民族性格；裕固族、哈萨克族、鄂伦春族等少数民族对草原都有深厚的感情，养成了重视自然、爱护生灵、与大自然和谐相处的文明风尚。加强草原保护和建设，有利于改善草原生态和发展草原地区经济，可加快各民族共同富裕的步伐，增进民族团结和社会稳定。

9. 草原是我国边疆安全稳定的主引擎

我国草原大多位于边疆地区，具有"四区叠加"(边疆地区、生态屏障区、少数民族聚居区和贫困人口分布区相互叠加)的特点，边疆稳固是人民安居乐业不可或缺的前提，是社会长治久安不能离开的保障，是实现草原地区发展进步必须夯实的基础。边境草原牧区大部分民族群体属于跨国界而居的"跨境民族"或"跨界民族"，如新疆边境草原牧区与哈萨克斯坦、吉尔吉斯斯坦、塔吉克斯坦、阿富汗、巴基斯坦、印度、俄罗斯等国家相邻区域的哈萨克族、柯尔克孜(吉尔吉斯)族、塔吉克族、维吾尔族、塔塔尔族等，全国有34个民族跨境而居，总人口约为6600万人，这些跨境民族为加快发展我国与周边国家的经贸文化交流与合作奠定了良好的基础，也对维护边疆稳定发挥着不可替代的作用。草原"放牧戍边"是筑牢边疆安全的主要力量，在新疆西部漫长的边境线上，有1.4万余名常年在边境一线从事放牧生产的各族农牧民群众组成的义务护边员，和边防官兵一起在边境线上构筑起一道警民联防的铜墙铁壁。

10. 草原是我国重大战略实施的主阵地

我国草原分布面积广、功能强，但是地处边疆或偏远地区，自然条件较差，生态脆弱，一直以来都是我国重大战略实施的重要阵地，西部大开发、东北振兴、"一带一路"倡议、长江经济带发展、京津冀协同发展、黄河流域生态保护与高质量发展、乡村振兴等国家重大战略以草原地区为重点地区开展，对推动地区社会经济高质量发展和生态文明建设具有十分重要的意义，是实现美丽中国建设的根本保障。

（三）草原在新时代重大战略中的地位

从党的十八大开始，中国特色社会主义进入新时代。以习近平同志为核心的党中央全面谋划发展布局和方向，提出了生态文明建设、美丽中国建设、"一带一路"倡议、黄河流域生态保护与高质量发展、长江经济带发展等重大战略，草原在这些国家重大战略中占有举足轻重的地位。

1. 草原在生态文明建设战略中的地位

2012年11月，党的十八大报告从新的历史起点出发，做出"大力推进生态文明建设"的战略决策，系统论述了生态文明建设的重大成就、重要地位、重要目标，全面论述了生态文明建设的各方面内容，完整描绘了今后相当长一个时期我国生态文明建设的宏伟蓝图。党的十八大以来，以习近平同志为核心的党中央协调推进"五位一体"（经济建设、政治建设、文化建设、社会建设和生态文明建设五位一体）总体布局，牢固树立和贯彻落实创新、协调、绿色、开放、共享的发展理念，把生态文明建设摆上更加重要的战略位置，草原保护修复在生态文明建设中的作用日益受到重视。

2017年7月，中央全面深化改革领导小组第三十七次会议审议通过《建立国家公园体制总体方案》等重大事项，首次将"草"纳入山水林田湖草生命共同体，这是对草原生态地位的重要肯定，对推进草原生态文明建设具有里程碑式的重要意义。自然是生命之母，人与自然是生命共同体，人的命脉在田，田的命脉在水，水的命脉在山，山的命脉在土，土的命脉在林和草，这个生命共同体是人类生存发展的物质基础，草原在山水林田湖草生命共同体中具有不可替代的地位和作用。

2017年10月，党的十九大报告强调，人与自然是生命共同体，人类必须尊重自然、顺应自然、保护自然。建设生态文明是中华民族永续发展的千年大计。必须树立和践行绿水青山就是金山银山的理念，坚持节约资源和保护环境的基本国策，像对待生命一样对待生态环境，统筹山水林田湖草系统治理，实行最严格的生态环境保护制度，形成绿色发展方式和生活方式，坚定走生产发展、生活富裕、生态良好的文明发展道路，建设美丽中国，为人民创造良好生产生活环境，为全球生态安全做出贡献。坚持山水林田湖草是一个生命共同体的理念对生态文明建设提出了更高要求，草原在生态文明建设中的基础地位不容忽视。

森林和草原对国家生态安全具有基础性、战略性作用，林草兴则生态兴。党的十八大以来，我国坚持绿水青山就是金山银山的理念，全面加强生态文明建设，推进国土绿化，改善城乡人居环境，美丽中国正在不断变为现实。生态文明建设以自然为根，以林草为基，根本任务是协调好人与自然的关系以及与自然相关的人与人的关系。

2022年10月，党的二十大报告指出，要推进美丽中国建设，坚持山水林田湖草沙一体化保护和系统治理，统筹产业结构调整、污染治理、生态保护、应对气候变化，协同推进降碳、减污、扩绿、增长，推进生态优先、节约集约、绿色低碳发展。提升生态系统多样性、稳定性、持续性。加快实施重要生态系统保护和修复重大工程。推进以国家公园为主体的自然保护地体系建设。实施生物多样性保护重大工程。科学开展大规模国土绿化行动。推行草原森林河流湖泊湿地休养生息。党的二十大报告首次把草原放在五大生态系统之首，凸显了草原在生态文明建设中的重要地位。

要巩固和强化草原在生态文明建设中的战略地位，关键在于深入贯彻习近平总书记关于生态文明建设的一系列重要论述和指示要求，落实中央关于生态文明建设决策部署，持续深化草原生态文明体制改革。遵循"创新、协调、绿色、开放、共享"的发展理念，坚持"生产生态有机结合、生态优先"的基本方针，牢固树立保护为先、预防为主、制度管控和底线思维，按照《生态文明体制改革总体方案》的总体安排及《推进草原保护制度建设工作方案》要求，构建"权属明晰、保护有序、评价科学、利用合理、监管到位"的草原生态文明制度体系，促进草原实现休养生息、永续发展。

2. 草原在美丽中国建设战略中的地位

2012年11月，党的十八大报告指出，建设生态文明，是关系人民福祉、关乎民族未来的长远大计。面对资源约束趋紧、环境污染严重、生态系统退化的严峻形势，必须树立尊重自然、顺应自然、保护自然的生态文明理念，把生态文明建设放在突出地位，融入经济建设、政治建设、文化建设、社会建设各方面和全过程，努力建设美丽中国，实现中华民族永续发展。这是"美丽中国"首次作为执政理念提出，也是中国建设"五位一体"总体布局形成的重要依据。建设美丽中国，核心就是要按照生态文明要求，通过生态、经济、政治、文化及社会建设，实现生态良好、经济繁荣、政治和谐、人民幸福。

2015年10月，党的十八届五中全会上，"美丽中国"被纳入十三五规划，会议指出"坚持绿色富国、绿色惠民，为人民提供更多优质生态产品，推动形成绿色发展方式和生活方式……筑牢生态安全屏障，坚持生态优先、自然恢复为主，实施山水林田湖生态保护和修复工程……建立由空间规划、用途管制、领导干部自然资源资产离任审计、差异化绩效考核等构成的空间治理体系。"草原作为我国北方和西部地区的重要生态屏障和自然资源，在美丽中国建设战略中占有举足轻重的地位。

2017年10月，党的十九大报告指出，加快生态文明体制改革，建设美丽中国人与自然是生命共同体，人类必须尊重自然、顺应自然、保护自然。建设人与自然和谐共生的现代化，既要创造更多物质财富和精神财富以满足人民日益增长的美好生活需要，也要提供更多优质生态产品以满足人民日益增长的优美生态环境需要。实施重要生态系统保护和修复重大工程，优化生态安全屏障体系，构建生态廊道和生物多样性保护网络，提升生态系统质量和稳定性。开展国土绿化行动，推进荒漠化、石漠化、水土流失综合治理。健全耕地草原森林河流湖泊休养生息制度，建立市场化、多元化生态补偿机制必须坚持节约优先、保护优先、自然恢复为主的方针，形成节约资源和保护环境的空间格局、产业结构、生产方式、生活方式，还自然以宁静、和谐、美丽。草原在国土绿化、荒漠化和石漠化防治、水土流失治理、生态安全屏障建设、生物多样性保护、生态系统服务等方面，为美丽中国建设做出巨大贡献。

2022 年 10 月，党的二十大报告指出，从 2035 年到 21 世纪中叶把我国建成富强民主文明和谐美丽的社会主义现代化强国，并对推进美丽中国建设作出重大部署。坚持绿水青山就是金山银山的理念，坚持山水林田湖草沙一体化保护和系统治理，全方位、全地域、全过程加强生态环境保护，生态环境保护发生历史性、转折性、全局性变化，我们的祖国天更蓝、山更绿、水更清。建设美丽中国既是全面建设社会主义现代化国家的宏伟目标，又是人民群众对优美生态环境的热切期盼，也是生态文明建设成效的集中体现。草原作为山水林田湖草沙生命共同体的主要组成部分，在一体化保护和系统治理、美丽中国建设战略中的地位更加凸显。

美丽中国战略是在中国建设生态文明的关键时期提出的，二者紧密相连，体现了中国现阶段发展理念和发展思路的转变。草原对生态文明建设和美丽中国建设具有基础性和战略性的作用，草原是国土绿化、山水林田湖草沙生命共同体系统保护和治理、美丽乡村建设的主要阵地，是实现人与自然和谐共生的现代化的主要基地，是实现生态良好、经济繁荣、政治和谐、人民幸福的主要保障。因此，在生态文明和美丽中国建设中，要不断强化和巩固草原的战略地位。

3. 草原在"一带一路"倡议中的地位

2013 年 9 月和 10 月，我国先后提出亚欧国家共同建设"丝绸之路经济带"和"海上丝绸之路"的倡议。2013 年 11 月，党的十八届三中全会通过的《中共中央关于全面深化改革若干重大问题的决定》指出，抓紧规划建设丝绸之路经济带、21 世纪海上丝绸之路（简称"一带一路"）。"一带一路"倡议充分依靠中国与有关国家既有的双边、多边机制，借助既有的、行之有效的区域合作平台，促进中国和周边国家合作发展、共同发展。

在"一带一路"体系中，我国境内的丝绸之路通道主要包括 4 条：汉唐两京（长安和洛阳）经河西走廊至西域和东欧的丝绸之路主道、中国北方的草原丝绸之路、云南和西藏至南亚的西南丝绸之路、东南沿海至东南亚和非洲的海上丝绸之路。其中，草原丝绸之路独具特色，在历史及当今的国际合作和社会经济发展中都具有十分重要的作用。

草原丝绸之路的形成与自然生态环境有着密切的联系,在整个欧亚大陆的地理环境中,在北纬40°~50°的中纬度地区,东起蒙古高原,向西经过南西伯利亚和中亚北部,进入黑海北岸的南俄草原,直达喀尔巴阡山脉,横跨欧亚大草原主体区域。这条天然的草原文化大通道在历史上作为连接东西和南北重要交通要道,为地区的经济繁荣、商贸的交往和文化交流发挥了重要作用。进入21世纪,在全球化的推动下,跨地区跨边境的运输通道建设成为多国经济发展的中心,复兴草原丝绸之路成为热潮。

草原在复兴丝绸之路战略占有不可估量的作用和地位,复兴草原丝绸之路比其他丝绸之路更有优势,原因在于:第一,草原地区丰富的水草资源是人类赖以仰仗的基本条件,草原牧民的生产和生活资料可以提供有力的资源供给与生活保障;第二,草原牧区的商品交换和流通更加快捷与方便,具有波及面广,商品流通速度快、效率高的特点,可以有效推动国际贸易和社会经济发展;第三,草原属于开放系统,易于多元文化的交流与传播,文化的冲击力与普及面大,传播速度快,可以为国际交流和多边合作提供良好的环境;第四,草原是丝绸之路沿线国家草原民族赖以生存和发展的自然资源,保护和恢复草原、改善生态环境、促进生态文明建设的合作应该是最易引起共鸣、最易持久的合作领域。因此,草原在"一带一路"倡议实施中具有十分重要的战略地位。

4. 草原在京津冀协同发展战略中的地位

实现京津冀协同发展,是面向未来打造新的首都经济圈、推进区域发展体制机制创新的需要,是探索完善城市群布局和形态、为优化开发区域发展提供示范和样板的需要,是探索生态文明建设有效路径、促进人口经济资源环境相协调的需要,是实现京津冀优势互补、促进环渤海经济区发展、带动北方腹地发展的需要,是一个重大国家战略,要坚持优势互补、互利共赢、扎实推进,加快走出一条科学持续的协同发展路子来。

2018年11月,中共中央、国务院明确要求以疏解北京非首都功能为"牛鼻子"推动京津冀协同发展,调整区域经济结构和空间结构,推动河北雄安新区和北京城市副中心建设,探索超大城市、特大城市等人口经济密集地区有序疏解功能、有效治理"大城市病"的优化开发模式。京津冀协同发展的核心是京津冀三地作为一个整体协同发展,要以疏解非首都核心功能、解决北京"大城市病"为基本出发点,调整优化城市布局和空间结构,构建现代化交通网络系统,扩大环境容量生态空间,推进产业升级转移,推动公共服务共建共享,加快市场一体化进程,打造现代化新型首都圈,努力形成京津冀目标同向、措施一体、优势互补、互利共赢的协同发展新格局。

在京津冀协同发展战略中,河北省不仅承担疏解北京非首都功能的重任,而且还承担京津生态屏障和环境容量拓展的重任。河北省大面积的草原作为京津冀地区多条河流的发源地及北部风沙南侵的必经之地,在涵养水源、防风固沙、水土保持等方面具有十分重要的意义。河北省草原资源丰富,全省草原面积4266万亩,其中张家口、承德两地的草原 3358.4 万亩，占全省草原面积的 78.7%。为推进京津冀水源涵养功能区和生态环境支撑区建设，河北省大力实施草原生态保护和修复，2020 年张家口、承德草原生态修复均超过 30 万亩，规划到 2030 年，张家口、承德的中、重度退化草原治理率在 80% 以上，优良牧草比例超过 60%，草群平均高度 30cm 以上，草原综合植被盖度在 75% 以上，草原退化趋势得到彻底遏制，天然草原实现草畜平衡。草原保护修复为京津冀协同发展战略提供保障。

5. 草原在长江经济带发展战略中的地位

2014 年 9 月，国务院印发《关于依托黄金水道推动长江经济带发展的指导意见》（以下简称《意见》），部署将长江经济带建设成为具有全球影响力的内河经济带、东中西互动合作的协调发展带、沿海沿江沿边全面推进的对内对外开放带和生态文明建设的先行示范带。2016 年 9 月，《长江经济带发展规划纲要》正式印发，提出要大力保护长江生态环境，加快构建综合立体交通走廊，创新驱动产业转型升级，积极推进新型城镇化，努力构建全方位开放新格局，创新区域协调发展体制机制。推动长江经济带发展必须从中华民族长远利益考虑，走生态优先、绿色发展之路，把修复长江生态环境摆在压倒性位置，共抓大保护、不搞大开发。坚定不移贯彻新发展理念，推动长江经济带高质量发展，谱写生态优先绿色发展新篇章，打造区域协调发展新样板，构筑高水平对外开放新高地，塑造创新驱动发展新优势，绘就山水人城和谐相融新画卷，使长江经济带成为我国生态优先绿色发展主战场、畅通国内国际双循环主动脉、引领经济高质量发展主力军。

长江经济带覆盖上海、江苏、浙江、安徽、江西、湖北、湖南、重庆、四川、贵州、云南等 11 个省份，面积约 205.23 万 km²，占全国的 21.4%。按上、中、下游划分，下游地区包括上海、江苏、浙江、安徽 4 省份，面积约 35.03 万 km²，占长江经济带的 17.1%；中游地区包括江西、湖北、湖南 3 省份，面积约 56.46 万 km²，占长江经济带的 27.5%；上游地区包括重庆、四川、贵州、云南 4 省份，面积约 113.74 万 km²，占长江经济带的 55.4%。长江经济带的草原（草地）面积较少，全区占各类土地的 16.6%，占全国草地总面积的 5.1%，且基本分布在上游，中游和下游很少。尽管该区草原面积较少，但在水源涵养、水土保持、石漠化防治、高质量草牧业发展等方面发挥十分重要的作用。

长江经济带目前仍存在水土流失严重、石漠化问题突出、林草植被质量整体不高等生态环境问题，石漠化土地面积约 1 亿亩，占全国的 80%，恢复难度大。区域景观破碎化严重，水源涵养和水土保持及面源污染控制等功能不强，水土流失严重，面积达 3540 万 hm²。长江经济带的发展战略在牢固树立 "共抓大保护、不搞大开发" 的理念下，以《全国重要生态系统保护和修复重大工程总体规划（2021—2035 年）》（简称双重规划）为指导，以推动森林、河湖、草原、湿地生态系统的综合整治和自然恢复为重点，持续推进天然林保护、退耕退牧还林还草、退田还湖还湿、矿山生态修复，大力开展林草质量精准提升、河湖和湿地修复、石漠化综合治理等，持续推进山水林田湖草生命共同体系统治理，进一步增强区域水源涵养、水土保持等生态功能，加快打造长江绿色生态经济廊道。可见，在长江经济带发展战略中，草原均占有举足轻重的地位。

6. 草原在乡村振兴战略中的地位

2017 年 10 月，中共十九大报告首次提出实施乡村振兴战略，并将其确定为决胜全面建成小康社会需要坚定实施的七大战略之一。2018 年 1 月，中共中央、国务院发布《关于实施乡村振兴战略的意见》，提出乡村振兴的战略目标，即到 2020 年，乡村振兴取得重要进展，制度框架和政策体系基本形成；到 2035 年，乡村振兴取得决定性进展，农业农村现代化基本实现；到 2050 年，乡村全面振兴，农业强、农村美、农民富全面实现。2018 年 9 月，中共中央、国务院印发了《乡村振兴战略规划（2018-2022 年）》，并发出通知要求各地区各部门结合实际认真贯彻落实。2021 年 2 月，中共中央、国务院发布《关于全面推进乡村振兴加快农业农村现代化的意见》（2021 年中央一号文件），提出要坚持把解决好"三农"问题作为全党工作重中之重，把全面推进乡村振兴作为实现中华民族伟大复兴的一项重大任务，举全党全社会之力加快农业农村现代化，让广大农民过上更加美好的生活。2022 年 2 月，中共中央、国务院发布《关于做好 2022 年全面推进乡村振兴重点工作的意见》（2022 年中央一号文件），提出要牢牢守住保障国家粮食安全和不发生规模性返贫两条底线，突出年度性任务、针对性举措、实效性导向，充分发挥农村基层党组织领导作用，扎实有序做好乡村发展、乡村建设、乡村治理重点工作，推动乡村振兴取得新进展、农业农村现代化迈出新步伐。

草原牧区作为我国传统牧业生产区、少数民族聚居区、贫困人口集中区和草原文明发源地，具有实现乡村振兴的必要性和可行性。我国传统牧区包括北方草原区、青藏高寒草原区、东北华北草原区的农牧交错带部分，集中在北部、西北部和西南部地区的五大牧区，即内蒙古、新疆、西藏、青海和甘肃。我国现有 268 个牧区县和半牧区县，集中分布在北方草原区和青藏高原区。这些牧区县和半牧区县草原面积大、人口少，草原面积总计约 2.3 亿 hm^2，占国土面积的 24.6%，牧业人口只有 1106.9 万人，仅占我国人口总数的 0.8%，具有实施乡村振兴战略的绝对优势，在国家大力支持和草原牧区的努力下，完全能够实现产业兴旺、生态宜居、乡风文明、治理有效、生活富裕的乡村振兴总要求。因此，草原在国家实施的乡村振兴战略中将发挥十分重要的作用。

7. 草原在黄河流域生态保护和高质量发展战略中的地位

2019 年 9 月，我国将黄河流域生态保护和高质量发展上升为国家重大战略。2021 年 10 月，中共中央、国务院印发了《黄河流域生态保护和高质量发展规划纲要》，指出保护好黄河流域生态环境，促进沿黄地区经济高质量发展，是践行绿水青山就是金山银山理念、防范和化解生态安全风险、建设美丽中国的现实需要。

　　黄河流域经青海、四川、甘肃、宁夏、内蒙古、山西、陕西、河南、山东 9 省份，流域土地面积 375 万 km^2，占全国面积的 37.20%。黄河流域是我国重要的草原分布区和草业发展区，连接我国主要草原牧区、半农半牧区和北方农区，根据全国第一次草原普查，黄河流域 9 省份的天然草原面积 25.85 亿亩，占全国草地面积的 73.4%。根据自然资源部国土资源第二次调查结果，黄河流域 9 省份 481 个县(旗)，草地面积 9.3 亿亩。黄河流域是我国重要的生态屏障区，是我国草原生态保护修复和草牧业经济发展的核心区域。黄河上游草原区生态系统极为脆弱；加之自然和人为因素的综合影响，草原退化严重，鼠害严重，水源涵养功能下降，虽然发展草牧业基础较好，但草牧业产业链脱节，年总产值不高。黄河中游黄土高原生态区是典型的农牧交错带，具有草原资源的优势和农牧业结合的条件，但是由于特殊的黄土地貌特征，加之气候干旱、水资源匮乏等因素的影响，水土流失严重、沙化问题突出，草畜结合不紧密，草牧业发展水平低下。黄河下游黄淮海平原生态区天然草场面积较少，农区草牧业比较发达，但该区域存在自然灾害频发、土壤盐渍化面积大、水资源刚性约束紧、生态环境退化等问题。

　　从《黄河流域生态保护和高质量发展规划纲要》可以看出，草原在黄河流域生态保护和高质量发展战略中具有十分重要的地位。纲要强调指出，上游地区要全面保护三江源地区山水林田湖草沙生态要素，恢复生物多样性，实现生态良性循环发展；强化禁牧封育等措施，根据草原类型和退化原因，科学分类推进补播改良、鼠虫害、毒杂草等治理防治，实施黑土滩等退化草原综合治理，有效保护修复高寒草甸、草原等重要生态系统；开展草原资源环境承载能力综合评价，推动以草定畜、定牧、定耕，加大退耕还林还草、退牧还草、草原有害生物防控等工程实施力度，积极开展草种改良，科学治理玛曲、碌曲、红原、若尔盖等地区退化草原。中游地区，深入实施退耕还林还草、退牧还草、盐碱地治理等重大工程，开展光伏治沙试点，因地制宜建设乔灌草相结合的防护林体系；正确处理生产生活和生态环境的关系，着力减少过度放牧等人为活动对生态系统的影响和破坏；将具有重要生态功能的高山草甸、草原等生态系统纳入生态保护红线管控范围，强化保护和用途管制措施；在超载过牧地区开展减畜行动，研究制定高原牧区减畜补助政策；优化发展草食畜牧业、草产业和高附加值种植业，积极推广应用旱作农业新技术新模式；控制散养放牧规模，减轻草地利用强度；支持舍饲半舍饲养殖，合理开展人工种草，在条件适宜地区建设人工饲草料基地；巩固游牧民定居工程成果，通过禁牧休牧、划区轮牧以及发展生态、休闲、观光牧业等手段，引导牧民调整生产生活方式。下游地区，建设黄河下游绿色生态走廊，开展滩区生态环境综合整治(包括盐碱化草地改良)，促进生态保护与人口经济协调发展。

三、草原建设与管理成效

长期以来，对草原"重利用、轻保护，重索取、轻投入"，超载过牧等不合理利用，加之气候变化的影响，至 20 世纪末我国 90% 的草原出现不同程度的退化。进入 21 世纪，党和国家高度重视草原保护建设工作，实施了退牧还草、京津风沙源治理、农牧交错带已垦草原治理、退耕还林还草、西南岩溶地区石漠化综合治理、草原防火等一系列草原保护建设项目，初步遏制了草原生态持续恶化的势头。尤其是党的十八大以来，在习近平生态文明思想指引下，山水林田湖草沙系统治理、绿水青山就是金山银山的理念深入人心，草原牧区全面草原生态保护补助奖励政策，草原保护和修复力度大幅增加，草原生态越过低谷拐点，整体进入生态恢复期。

（一）草原管理体系更加完善

1. 草原法律法规逐渐完善

《草原法》于 1985 年 6 月颁布，为依法保护草原奠定了法制基础。2021 年 4 月 29 日，《草原法》的修订工作完成。截至目前，我国已初步形成由 1 部法律、1 部司法解释、1 部行政法规、13 部地方性法规、2 部部门规章和 11 部地方政府规章构成的草原法律法规体系。

2. 草原保护体系逐步健全

全国累计建成草原类自然保护区 41 个，面积 165.17 万 hm^2。2020 年，国家林业和草原局开展了国家草原自然公园建设试点，试点面积 14.7 万 hm^2。目前国家林业和草原局正有序组织开展国有草场建设试点，探索国有草原可持续发展模式，因地制宜发展现代草业、生态畜牧业和草原旅游业。

3. 草原保护修复制度深入落实

按照党中央、国务院决策部署，全国各级林草主管部门认真落实基本草原保护制度、草原承包经营制度、禁牧休牧和草畜平衡制度等草原保护制度。2020 年各地共划定基本草原面积近 2.53 亿 hm^2，全国草原禁牧和草畜平衡面积分别达到 0.8 亿 hm^2 和 1.7 亿 hm^2；草原承包经营面积约 2.9 亿 hm^2，约占全国可利用草原面积的 88.2%。

（二）草原保护修复工作顶层设计出台

党中央、国务院高度重视草原生态保护工作，在国务院机构改革中组建了国家林业和草原局，强化了草原保护修复工作，充分体现了统筹山水林田湖草沙系统治理的战略意图。2021 年 3 月，国务院办公厅印发了《关于加强草原保护修复的若干意见》，明确了新时代草原工作的指导思想、工作原则和主要目标，提出了加强草原保护修复和合理利用的 12 条政策举措和 4 项保障措施，明确了国务院相关部门任务分工，为推进草原生态保护修复工作夯实了基础。

1. 工作措施

(1)建立草原调查体系

完善草原调查制度，整合优化草原调查队伍，健全草原调查技术标准体系。在第三次全国国土调查基础上，适时组织开展草原资源专项调查，全面查清草原类型、权属、面积、分布、质量以及利用状况等底数，建立草原管理基本档案。

(2)健全草原监测评价体系

建立完善草原监测评价队伍、技术和标准体系。加强草原监测网络建设，充分利用遥感卫星等数据资源，构建空天地一体化草原监测网络，强化草原动态监测。健全草原监测评价数据汇交、定期发布和信息共享机制。加强草原统计，完善草原统计指标和方法。

(3)编制草原保护修复利用规划

按照因地制宜、分区施策的原则，依据国土空间规划，编制全国草原保护修复利用规划，明确草原功能分区、保护目标和管理措施。合理规划牧民定居点，防止出现定居点周边草原退化问题。地方各级人民政府要依据上一级规划，编制本行政区域草原保护修复利用规划并组织实施。

(4)加大草原保护力度

落实基本草原保护制度，把维护国家生态安全、保障草原畜牧业健康发展所需最基本、最重要的草原划定为基本草原，实施更加严格的保护和管理，确保基本草原面积不减少、质量不下降、用途不改变。严格落实生态保护红线制度和国土空间用途管制制度。加大执法监督力度，建立健全草原联合执法机制，严厉打击、坚决遏制各类非法挤占草原生态空间、乱开滥垦草原等行为。建立健全草原执法责任追究制度，严格落实草原生态环境损害赔偿制度。加强矿藏开采、工程建设等征占用草原审核审批管理，强化源头管控和事中事后监管。依法规范规模化养殖场等设施建设占用草原行为。完善落实禁牧休牧和草畜平衡制度，依法查处超载过牧和禁牧休牧期违规放牧行为。组织开展草畜平衡示范县建设，总结推广实现草畜平衡的经验和模式。

(5)完善草原自然保护地体系

整合优化建立草原类型自然保护地，实行整体保护、差别化管理。开展自然保护地自然资源确权登记，在自然保护地核心保护区，原则上禁止人为活动；在自然保护地一般控制区和草原自然公园，实行负面清单管理，规范生产生活和旅游等活动，增强草原生态系统的完整性和连通性，为野生动植物生存繁衍留下空间，有效保护生物多样性。

(6)加快推进草原生态修复

实施草原生态修复治理，加快退化草原植被和土壤恢复，提升草原生态功能和生产功能。在严重超载过牧地区，采取禁牧封育、免耕补播、松土施肥、鼠虫害防治等措施，促进草原植被恢复。对已垦草原，按照国务院批准的范围和规模，有计划地退耕还草。在水土条件适宜地区，实施退化草原生态修复，鼓励和支持人工草地建设，恢复提升草原生产能力，支持优质储备饲草基地建设，促进草原生态修复与草原畜牧业高质量发展有机融合。强化草原生物灾害监测预警，加强草原有害生物及外来入侵物种防治，不断提高绿色防治水平。完善草原火灾突发事件应急预案，加强草原火情监测预警和火灾防控。健全草原生态保护修复监管制度。

（7）统筹推进林草生态治理

按照山水林田湖草沙整体保护、系统修复、综合治理的要求和宜林则林、宜草则草、宜荒则荒的原则，统筹推进森林、草原保护修复和荒漠化治理。在干旱半干旱地区，坚持以水定绿，采取以草灌为主、林草结合方式恢复植被，增强生态系统稳定性。在林草交错地带，营造林草复合植被，避免过分强调集中连片和高密度造林。在森林区，适当保留林间和林缘草地，形成林地、草地镶嵌分布的复合生态系统。在草原区，对生态系统脆弱、生态区位重要的退化草原，加强生态修复和保护管理，巩固生态治理成果。研究设置林草覆盖率指标，用于考核评价各地生态建设成效。

（8）大力发展草种业

建立健全国家草种质资源保护利用体系，鼓励地方开展草种质资源普查，建立草种质资源库、资源圃及原生境保护为一体的保存体系，完善草种质资源收集保存、评价鉴定、创新利用和信息共享的技术体系。加强优良草种特别是优质乡土草种选育、扩繁、储备和推广利用，不断提高草种自给率，满足草原生态修复用种需要。完善草品种审定制度，加强草种质量监管。

（9）合理利用草原资源

牧区要以实现草畜平衡为目标，优化畜群结构，控制放牧牲畜数量，提高科学饲养和放牧管理水平，减轻天然草原放牧压力。半农半牧区要因地制宜建设多年生人工草地，发展适度规模经营。农区要结合退耕还草、草田轮作等工作，大力发展人工草地，提高饲草供给能力，发展规模化、标准化养殖。加快转变传统草原畜牧业生产方式，优化牧区、半农半牧区和农区资源配置，推行"牧区繁育、农区育肥"等生产模式，提高资源利用效率。发展现代草业，支持草产品加工业发展，建立完善草产品质量标准体系。强化农牧民培训，提升科学保护、合理利用草原的能力水平。

（10）完善草原承包经营制度

加快推进草原确权登记颁证。牧区半牧区要着重解决草原承包地块四至不清、证地不符、交叉重叠等问题。草原面积较小、零星分布地区，要因地制宜采取灵活多样方式落实完善草原承包经营制度，明确责任主体。加强草原承包经营管理，明确所有权、使用权，稳定承包权，放活经营权。规范草原经营权流转，引导鼓励按照放牧系统单元实行合作经营，提高草原合理经营利用水平。在落实草原承包经营制度和规范经营权流转时，要充分考虑草原生态系统的完整性，防止草原碎片化。

(11)稳妥推进国有草原资源有偿使用制度改革

合理确定国有草原有偿使用范围。由农村集体经济组织成员实行家庭或者联户承包经营使用的国有草原，不纳入有偿使用范围，但需要明确使用者保护草原的义务。应签订协议明确国有草原所有权代理行使主体和使用权人并落实双方权利义务。探索创新国有草原所有者权益的有效实现形式，国有草原所有权代理行使主体以租金、特许经营费、经营收益分红等方式收取有偿使用费，并建立收益分配机制。将有偿使用情况纳入年度国有资产报告。

(12)推动草原地区绿色发展

科学推进草原资源多功能利用，加快发展绿色低碳产业，努力拓宽农牧民增收渠道。充分发挥草原生态和文化功能，打造一批草原旅游景区、度假地和精品旅游线路，推动草原旅游和生态康养产业发展。引导支持草原地区低收入人口通过参与草原保护修复增加收入。

(三)草原生态修复工程项目成效显著

2000年以来，我国加快了草原生态修复工程建设，累计投入中央财政资金2000多亿元，在草原地区陆续实施了京津风沙源治理、草原生态保护补助奖励、退耕还林还草、退牧还草等20多个重大生态工程(项目)。其中，自2003年开始实施的退牧还草工程是草原生态建设的主体工程，截至2020年已累计投入资金300亿元，有力促进了草原生态恢复，推动了草原保护制度落实，加快了草牧业生产方式转变，增加了农牧民收入。2011年以来，国家在内蒙古、新疆(含新疆建设兵团)、西藏等13个主要草原牧区省份实施了两轮草原生态保护补助奖励政策，累计投入资金1700多亿元。2019年国家开始在以上13个省份设立草原生态修复资金，每年投入资金33亿元，用于草原生态修复、草种繁育、生物灾害防治和草原防火隔离带建设等。2020年对100多个草原生态保护修复工程县的地面监测结果表明，工程区内植被逐步恢复，生态环境明显改善。与非工程区相比，工程区内草原植被盖度平均提高15.2%，植被高度平均增加67.3%，单位面积鲜草产量平均提高69.2%。

(四)草原保护修复科技支撑能力持续增强

近年来，国家持续加大对人工草地建设、草产品加工、草品种培育等方面的科技支持，大力加强草原和草业学科建设。草原科技支撑平台建设加快，新建成草原长期科研基地7个，草原野外生态定位观测站10个，草原工程技术研究中心10个，草原重点实验室1个。截止2023年，全国共有31所职业技术院校、农林高校或综合性大学设立草业科学本科专业，16所高校单独成立了与草原和草业相关的学院，草原科技支撑能力逐步提高。此外，我国成立了国家林业和草原局第一届草品种审定委员会，2021

年审定通过了 14 个国家级草品种。

(五) 草原生态保护恢复总体成效显著

调查结果显示，2020 年全国完成种草改良面积 4245 万亩，全国天然草原鲜草总产量 11.13 亿 t，较 2015 年提高 0.85 亿 t，较 2011 年提高 1.11 亿 t；全国草原综合植被盖度达到 56.1%，较 2015 年提高了 2.1 个百分点，较 2011 年提高了 5.1 个百分点；全国重点天然草原平均牲畜超载率下降到 10.1%，较 2015 年下降 3.4 个百分点，比 2011 年下降 17.9 个百分点。2015—2020 年累计查处非法开垦草原、征占用草原、滥采乱挖野生植物等破坏草原案件 5 万余起。草原生态功能得到恢复和增强，局部地区草原生态环境明显改善。草原防风固沙、涵养水源、保持水土、固碳释氧、调节气候、美化环境、维护生物多样性等生态功能得到恢复和增强，全国草原生态环境持续恶化势头得到明显遏制。

四、草原现状、趋势与对策

进入 21 世纪以来，在草原生态治理工程和相关政策的保障下，我国草原从 90% 以上都处于不同程度的退化状态转为 70% 的草原处于不同程度的退化状态，表明我国草原的生态状况持续向好，生产能力稳步提升。但当前草原生态脆弱的形势依然严峻，草原保护修复任务还十分艰巨。受自然、地理、历史和人类活动等多重因素的共同影响，人草畜矛盾依旧存在，草原生态可持续发展仍面临一系列的困难和问题。

(一) 我国草原现状

1. 草原生态环境依然脆弱

当前草原保护修复任务还十分艰巨。受自然、地理、历史和人类活动等多重因素的共同影响，人草畜矛盾依旧存在，草原生态可持续发展仍面临一系列的困难和问题。草原地区自然条件较为严酷，降雨少、蒸发量大、积温低，青藏高原部分地区黑土滩问题严重，部分典型草原仍存在退化的风险，草原鼠虫害、火灾、旱灾等灾害频发。已经修复恢复的草原虽然植被有所增加，但植被群落结构还不够合理，草原生态系统仍然不够稳定，地下土壤修复需要更长时间，草原生态安全仍是国家生态安全的薄弱环节。

2. 草原生态修复的任务十分繁重

目前我国仍有 70% 的草原处于退化状态，其中中度、重度退化草原占到一半以上。全国有约 15 亿亩中度、重度退化草原亟待修复治理。《国务院办公厅关于加强草原保护修复的若干意见》(国办发〔2021〕7 号) 明确提出，"到 2035 年退化草原得到有效治理和修复"，每年需要治理修复中度、重度退化草原约 1 亿亩，如期实现草原生态修复治理目标任务十分艰巨。

3. 草原生态保护修复资金投入严重不足

草原生态保护建设工程建设标准低，退化草原综合治理等一些十分迫切的建设内容缺乏资金支持，退化草原急需的乡土草种繁育、生态保护修复的技术缺少必要投入。草原保护修复财政投入不足，草原生态保护补偿机制不健全。

4. 草原生态保护与经济发展的矛盾仍然突出

长期以来，我国草原牧区畜牧业一直严重依赖天然草原，导致天然草原长期处于超载过牧状态，各牧区实际载畜量一直显著高于草原的载畜能力。这是前期草原牧民普遍重视草原的生产功能，而忽视其生态功能，导致二者配置不合理造成。从生态经济学角度看，以追求畜牧业产值为核心而忽略其他生态功能的草原畜牧业是得不偿失的。在"生态优先，绿色发展"的大背景下，草原生态与生产功能的合理配置变得尤为关键。目前的天然草原应以恢复与保护为主，以充分发挥草原防风固沙、涵养水源、固碳释氧等生态功能；在此基础上，科学合理地利用草原，发挥其生产功能。

（二）草原发展趋势

2021 年 3 月，国务院办公厅制定的《关于加强草原保护修复的若干意见》指出，到 2025 年，草原保护修复制度体系基本建立，草畜矛盾明显缓解，草原退化趋势得到根本遏制，草原综合植被盖度稳定在 57% 左右，草原生态状况持续改善。到 2035 年，草原保护修复制度体系更加完善，基本实现草畜平衡，退化草原得到有效治理和修复，草原综合植被盖度稳定在 60% 左右，草原生态功能和生产功能显著提升，在美丽中国建设中的作用彰显。到 21 世纪中叶，退化草原得到全面治理和修复，草原生态系统实现良性循环，形成人与自然和谐共生的新格局。这一纲领性文件为我国草原的生态可持续发展提出了清晰的时间表和总目标，未来草原生态可持续发展主要从以下四方面开展。

1. 完善草原保护修复制度，推进草原治理体系和能力现代化

按照节约优先、保护优先、自然恢复为主的方针，进一步加强草原保护管理，推进草原生态修复，促进草原合理利用，改善草原生态状况。草原保护修复制度的建设是进行草原保护修复和实现草原地区绿色发展的前提，推行草原保护修复利用规划、加大草原保护力度、完善草原自然保护地体系，针对退化草原开展分区分类区域化、差异化生态修复，合理开展草原划区轮牧制度，推进草原治理体系和能力现代化。合理利用草原资源，推动草原地区绿色发展。

2. 合理配置天然草原的生态功能与生产功能

牧区要以实现草畜平衡为目标，优化畜群结构，控制放牧牲畜数量，提高科学饲养和放牧管理水平，减轻天然草原放牧压力。半农半牧区要因地制宜建设多年生人工草地，发展适度规模经营。农区要结合退耕还草，天然草原应以恢复与保护为主，充分发挥草原防风固沙、涵养水源、固碳释氧等生态功能；在此基础上，科学合理地利用草原，发挥其生产功能。大力发展生态草牧业，从根本上解决草畜矛盾；退化天然草原进行保护和恢复，对生态状况良好的天然草原进行适度利用，实现其生态与生产功能的双提升。

3. 统筹推进林草生态治理

按照山水林田湖草沙整体保护、系统修复、综合治理的要求和宜林则林、宜草则草、宜荒则荒的原则，统筹推进森林、草原保护修复和荒漠化治理。在干旱半干旱地区，坚持以水定绿，采取以草灌为主、林草结合方式恢复植被，增强生态系统稳定性。在林草交错地带，营造林草复合植被，避免过分强调集中连片和高密度造林。在森林区，适当保留林间和林缘草地，形成林地、草地镶嵌分布的复合生态系统。在草原区，对生态系统脆弱、生态区位重要的退化草原，加强生态修复和保护管理，巩固生态治理成果。

4. 提高草原生态监测手段和方法创新性

为保持草原生态监测评价工作的科学性、技术方法的准确性和先进性，应该对现有草原生态监测评价方法和手段进行修改完善，保证草原生态保护修复监测体系的系统性和创新性，开展科学、规范和统一的草原生态修复监测评价工作。

(三) 草原保护修复的必要性

党的十八大以来，在习近平生态文明思想指引下，在党中央领导下，草原保护修复工作取得显著成效，草原生态持续恶化的状况得到初步遏制，部分地区草原生态明显恢复。但当前我国草原生态系统整体仍较脆弱，保护修复力度不够、利用管理水平不高、科技支撑能力不足、草原资源底数不清等问题依然突出，草原生态形势依然严峻，需要进一步加强草原保护修复，加快推进生态文明建设，提升草原在保持水土、涵养水源、防止荒漠化、应对气候变化、维护生物多样性、草业发展等方面的重要功能，对维护国家生态安全，促进草原地区绿色可持续发展，实现建设美丽中国宏伟目标，具有重要战略意义。

1. 充分认识草原生态保护修复的紧迫性

(1) 草原肩负生态文明建设的主体责任

草原是我国重要的生态系统和自然资源，承担着防风固沙、涵养水源、保持水土、吸尘降霾、固碳释氧、调节气候、美化环境、维护生物多样性等重要生态功能，草原生态状况的好坏，直接关系到国家整体的生态安全。

(2) 草原生态保护修复工作十分紧迫

尽管我国的草原生态保护修复工作取得了一定成效，但从总体上看，我国草原生态局部改善、总体恶化的趋势尚未根本扭转，绝大部分草原存在不同程度的退化、沙化、石漠化、盐渍化等现象，草原毒害草滋生蔓延，草原鼠虫害等生物灾害频发多发。由于各种征占用行为，全国草原面积持续萎缩，草原生态系统亟须采取有效的措施大力开展保护修复。

（3）草原生态保护修复是促进地区社会经济发展的需要

草原是北方和西部地区农牧民群众赖以生存和社会经济发展的生产资料，良好的草原生态环境是保障农牧区经济社会健康发展、巩固脱贫成果、推进乡村振兴的根本保证。推动牧区经济发展和乡村振兴、维护边疆少数民族地区稳定，从根本上要依靠良好的草原生态环境，依托草原生态保护修复项目，大力发展草原特色经济，走生态产业型、产业生态型发展之路。

2. 明确草原生态保护修复的主要任务

草原生态修复必须坚持节约优先、保护优先、自然恢复为主的基本方针，瞄准存在的主要问题，突出重点任务。

（1）遏制草原退化趋势

以草畜平衡为基本抓手，大力开展以草定畜，全面落实禁牧、休牧、轮牧等制度。大力开展草原改良，积极实施补播、施肥、除杂、灌溉、松土、鼠虫害治理、植被重建等综合农艺手段。加快草原畜牧业由粗放生产型、数量增长型，向质量效益型转变，提升草原生产效率。遵循以水定草的原则，加快人工草地建设，提高饲草料供给能力。

（2）确保草原面积不减少

全面落实草原征占用管理制度，特别要加强对生态红线内草原、基本草原征占用管理，实行严格的审核审批制度。坚持把节约草原资源放在优先位置，引导项目合理选址，严格遵循项目建设不占、少占、短占草原的基本原则。实施征占用草原项目立项预审制度，实行草原征占用总量控制。坚决制止和打击在草原上滥采乱挖野生植物资源等破坏草原植被的行为。

（3）确保草原性质不改变

确保草原用途不改变，严格禁止将草原转变为其他农用地，在农业综合开发、耕地占补平衡、土地整理过程中，不得占用草原。严格规范临时占用，把好临时占用草原选址关，临时占用草原不得超过2年。不得随意改变草原边界、范围，不得擅自将基本草原转变为非基本草原。合理划定草原禁牧区、非禁牧区，不得随意调整范围、面积、禁牧时间，不得随意将禁牧区转变为非禁牧区。

（4）推进退化及受损草原植被恢复

把科学完善的植被恢复方案作为允许开发的前提，建立植被恢复保证金制度，确保技术、资金、管理到位。加强对征占用地点、边界、植被恢复措施落实情况等全程监管。组织开展植被恢复基础技术攻关研究，严格科学选种草种，高度重视本土草种的选育和种植。积极探索政府组织和监管、农牧民参与、第三方承担的生态修复新机制。

3. 夯实草原生态保护修复的重要基础

草原生态修复是一项政策性、技术性、实践性很强的系统工程，必须有政策、制度、组织、措施的有力保障，必须有多部门、多领域、多行业的大力支持和参与，形成共同推进工作的合力。

（1）提高全民草原生态保护意识

把草原生态保护修复教育纳入国民教育体系和干部教育培训体系，充分发挥新闻媒体作用，强化草原资源国情宣传，普及相关法规、科学知识等，引导全社会像重视生命一样重视草原，像保护耕地一样保护草原，像重视种树一样重视种草。推动设立"草原保护日"，不断激发全民爱草、护草、重草的情感。大力开展种树种草相结合的国土绿化行动。

（2）增强草原生态保护修复的针对性

根据草原生态现状、气候特点、利用情况，因地制宜、分类施策，采取有针对性的修复措施。一是管住草原。对严重退化区、生态脆弱区的草原，实行"区域性"连片禁止放牧，以自然恢复为主。二是改良草原。对水热、土壤、植被条件较好、交通便利的部分天然草原，实施补播、施肥、除杂等综合农艺措施。三是建设草原。遵循以水定草的原则，在适宜地区开展人工饲草料基地建设。四是用好草原。对草原生态状况相对较好的区域，加强基础设施建设，积极发展草原畜牧业。

（3）科学谋划草原生态修复重大工程

一是实施北方草原生态修复工程。针对北方天然退化草原，着重加强草原围栏、草原改良、鼠虫害及毒害草防治、黑土滩治理、人工草地、灌溉工程、防火防灾、牧民定居以及转变草原畜牧业生产方式等设施建设。二是实施南方草地改良建设工程。对南方天然草地、林间草地、退耕地、水源涵养地等实施改良，建成一批植被优良、保土保水能力强的改良草地，构建林草结合的立体生态屏障。三是实施已损草原植被恢复工程。重点针对已垦草原区、沙化草原区、矿藏开采区以及工程建设区周边等开展植被恢复。四是实施草畜平衡示范工程。选取基础条件较好，有代表性的草原区，重点打造一批草畜平衡示范县（旗）。五是实施草原保护支撑体系建设工程。加强草原生态修复技术攻关体系、草原监督管理体系、草种繁育体系、草原科技推广体系、草原防灾减灾体系、草原监测预警体系等建设，夯实草原植被修复基础。

（4）不断完善草原保护政策

加快草原承包确权进程，实现草原地块、面积、合同、证书"四到户"，规范承包经营权流转。不断扩大生态保护补助奖励资金规模和覆盖面，探索建立多元化补偿机制，增加对重点草原生态功能区转移支付，建立草原生态保护修复先进县（市、区）奖励制度，开展跨地区横向补偿。制定出台《基本草原保护条例》《国有草场管理条例》和《草原自然公园条例》，采取严格的草原保护措施。

（5）全面加强草原监督管理

不断充实和加强草原监督管理机构队伍，尤其要加强基层队伍建设，充实草原管护公益岗位。开展草原资源调查和草原生态状况动态监测，建立草原生态修复大数据库，加快国土空间规划和生态保护红线划定工作，推进编制草原资源资产负债表，全面落实生态文明建设目标评价考核。加大对违法征占用草原、违法审批等行为的查处力度，严厉打击各类破坏草原的违法行为。贯彻落实生态环境损害责任追究和生态环境损害赔偿等重要制度。

五、草原可持续发展的总体战略

针对我国目前草原生态"局部改善、总体恶化"尚未得到有效控制的现状，必须从战略角度进一步加强草原生态保护修复工作，以习近平新时代中国特色社会主义思想为指导，深入贯彻习近平生态文明思想，坚持绿水青山就是金山银山、山水林田湖草沙是一个生命共同体，按照节约优先、保护优先、自然恢复为主的方针，以完善草原保护修复制度、推进草原治理体系和治理能力现代化为主线，加强草原保护管理，推进草原生态修复，促进草原合理利用，改善草原生态状况，推动草原地区绿色发展，为建设生态文明和美丽中国奠定重要基础。

（一）战略整体布局

1. 工作原则

（1）坚持尊重自然，保护优先

遵循顺应生态系统演替规律和内在机理，促进草原休养生息，维护自然生态系统安全稳定。宜林则林、宜草则草，林草有机结合。把保护草原生态放在更加突出的位置，全面维护和提升草原生态功能。

（2）坚持系统治理，分区施策

采取综合措施全面保护、系统修复草原生态系统，同时注重因地制宜、突出重点，增强草原保护修复的系统性、针对性、长效性。

（3）坚持科学利用，绿色发展

正确处理保护与利用的关系，在保护好草原生态的基础上，科学利用草原资源，促进草原地区绿色发展和农牧民增收。

（4）坚持政府主导，全民参与

明确地方各级人民政府保护修复草原的主导地位，落实林（草）长制，充分发挥农牧民的主体作用，积极引导全社会参与草原保护修复。

2. 主要目标

近期目标：到2025年，草原保护修复制度体系基本建立，草畜矛盾明显缓解，草原退化趋势得到根本遏制，草原综合植被盖度稳定在57%左右，草原生态状况持续

改善。

中期目标：到 2035 年，草原保护修复制度体系更加完善，基本实现草畜平衡，退化草原得到有效治理和修复，草原综合植被盖度稳定在 60% 左右，草原生态功能和生产功能显著提升，在美丽中国建设中的作用彰显。

远期目标：到 21 世纪中叶，退化草原得到全面治理和修复，草原生态系统实现良性循环，形成人与自然和谐共生的新格局。

3. 工作思路

(1) 分区治理，重点突破

根据我国草原区域分布规律及生态问题的差异性，实行"分区治理、分类施策"的草原生态保护修复战略，从单点生态保护修复转向系统性区域生态保护修复，从单项的植被恢复转向生态系统全要素恢复，重点突破不同草原区生态保护修复的"卡脖子"问题。

(2) 科技引领，提高水平

通过国家科技计划，支持草原科技创新，开展草原保护修复重大问题研究，尽快在退化草原修复治理、生态系统重建、生态服务价值评估、智慧草原建设等方面取得突破，着力解决草原保护修复科技支撑能力不足问题。加强草品种选育、草种生产、退化草原植被恢复、人工草地建设、草原有害生物防治等关键技术和装备研发推广，构建产学研推用协调机制，提高草原生态保护科技成果转化效率。

(3) 生态产业化，实现可持续发展

生态生产力是草业绿色发展的主要资本，在治理草原生态的同时，也要兼顾产业化发展，以保证草原生态保护修复的可持续发展。紧密结合中共中央办公厅《关于建立健全生态产品价值实现机制的意见》，立足新发展阶段、贯彻新发展理念、构建新发展格局，坚持绿水青山就是金山银山，坚持保护生态环境就是保护生产力、改善生态环境就是发展生产力，以体制机制改革创新为核心，推进草原生态产业化和草业产业生态化，加快完善政府主导、企业和社会各界参与、市场化运作、可持续的草原生态产品价值实现路径。

(二)区域布局及发展方向

依据新时代草原分区结果，综合研判不同区域草原面临的具体问题，提出了"内蒙古高原草原区休养生息为主、西北山地盆地草原区修复治理为主、东北华北平原山地丘陵草原区绿色发展为主、青藏高原草原区生态保护为主、南方山地丘陵草原区合理利用为主"的差异化生态保护修复策略及草业绿色发展方向。

1. 内蒙古高原草原区

(1) 区域特点及主要生态问题

该区域草原"三化"现象严重，生态环境非常脆弱。受自然条件、发展阶段、经济布局、产业结构等因素影响，人口、资源与环境矛盾依然突出。长期以来，由于大量开垦种植，滥挖乱采，重利用轻管护建设，超载过牧严重，鼠虫害频繁发生，导致草原退化、沙化、盐碱化严重，植被覆盖度大幅度下降，水土流失和风沙危害日趋严重，区域水蚀风蚀交错，水土流失严重，水土流失面积占土地总面积的 56.7%，然而目前退化草原治理率尚未达到退化面积的 30%。目前，草原生态保护修复的主要制约因素包括修复草种资源的短缺和草原生态修复技术体系不完善，草业绿色发展方面产业布局不合理，产业规模较小，生态产品价值的实现途径不健全。

（2）草原生态可持续发展方向

积极培育开发野生乡土草种，通过全基因组选择育种等生物育种技术与方法体系的研究，持续创建新种质，培育、推广抗旱、耐寒的乡土草种，支撑草原生态修复。发展划区轮牧技术，减轻天然草原放牧压力。加强草原改良技术、土壤种子库激活技术和土壤肥力提升技术，促使草原植被自然恢复，提高草原生产能力。全面落实草原生态保护补助奖励政策，推进国有草场建设，创新监督管理机制。以草原资源为基础，加大传统草产业的提质增效，实现草种业和草原畜牧业的高质量发展；以草原生态保护修复工程为依托，发展治沙产业、草原生态修复产业；以草原自然公园群和特色草原景观资源为依托，打造草原生态旅游业、生态文化产业等新型绿色产业。

2. 西北山地盆地草原区

（1）区域特点及主要生态问题

本区属于干旱的荒漠与荒漠草原地带，区内气候干旱，风沙大，自然环境条件严酷，生态环境极为脆弱，是我国沙尘暴源发、多发地区，由于干旱少雨等自然因素，以及过度放牧和滥挖乱采甘草、麻黄、发菜及薪柴等人为因素，本区草原成为我国退化沙化最为严重的地区。由于过度开采地下水，致使地下水位下降，绿洲草原不断沙化、萎缩，使得草原生态环境持续恶化，草畜矛盾日益突出。本区草原生态保护修复的难点是缺乏强抗旱、耐盐碱的草种，缺乏抗旱固沙植被营建技术、生物结皮应用技术等。

（2）草原生态可持续发展方向

通过远缘杂交、全基因组选择育种等生物育种技术与方法，加快抗旱草种的培育。坚持以水而定、量水而行、科学绿化，重点加快退化、沙化、盐碱化草原修复治理，提升飞播种草技术，发展近自然植物群落构建技术，提升种子高产繁育技术。全面落实草原生态保护补助奖励政策，严格落实禁牧和草畜平衡，减轻天然草原放牧压力。推进国有草场建设，巩固生态保护修复成果。以草原资源为基础，加大传统草产业的提质增效，实现草种业和草原畜牧业的高质量发展；以草原生态保护修复工程为依托，发展草原生态保护产业、治沙产业；以特色草原景观资源为依托，打造草原生态旅游业、生态文化产业等新型特色产业。

3. 青藏高原草原区

（1）区域特点及主要生态问题

青藏高原草原自然生态系统脆弱，草本植物生长期短，产草量低，每公顷天然草原载畜量仅为 0.2~1.2 个羊单位。长期以来由于超载过牧，不合理利用，加之干旱以及人为因素影响，植被覆盖度大幅度降低，草原鼠虫害严重，土地沙化加剧，70% 以上的草原面临不同程度的退化威胁，区域内沙化土地面积合计 3412 万 hm^2，占全国沙化土地面积的 19.78%，高寒草甸、高寒草原生态系统的自我修复能力差，存在边治理边退化、鼠虫害、毒草害反弹等现象。尤其是黑土滩和黑土坡退化草地仍广泛分布，仅西藏和青海的"黑土"型极重度退化草原面积就达 1100 万 hm^2，严重威胁草原生态的整体安全。青藏高原区退化草原的修复难点主要在于：乡土生态草种缺乏、生态修复治理模式集成较弱、标准体系不够完善、资金投入仍然不足。

（2）草原生态可持续发展方向

通过驯化野生草种、标记辅助选择、综合抗性提升的遗传与栽培等技术，培育高抗寒、抗旱型草种。建立严格的草原保护修复制度，推进草原自然保护地建设，发展近自然植物群落构建技术和土壤种子库激活技术，强化禁牧和草畜平衡落实，修复草原生态系统，提高草原的水源涵养能力，维护江河源头安全，保护生物多样性，改善农牧民生产生活条件。大力实施草原生态保护补助奖励政策，加强沙化土地与水土流失综合治理，加大对"黑土滩"等退化草原的修复治理力度，有效遏制草原鼠虫害、毒草害等灾害。建设国有草场，巩固保护修复成果，强化草原多功能性。以草原资源为基础，加大传统草产业的提质增效，实现草种业和草原畜牧业的高质量发展；以草原生态保护修复工程为依托，发展草原生态保护产业、生态修复产业；以特色草原景观资源为依托，打造草原生态旅游业、生态文化产业等新型特色产业。

4. 东北华北平原山地丘陵草原区

（1）区域特点及主要生态问题

本区域地貌类型多样，分布着松嫩平原、三江平原、黄淮海平原、鲁中低地丘陵、黄土高原，是我国重要的天然生态屏障和畜牧业基地。近年来，受过度放牧、开垦、矿区开发等影响，草地退化严重。区域内草原土地沙化、盐渍化现象突出，其中东北草原区盐碱化面积 371 万 hm^2，占土地总面积 5.05%。水资源利用不合理，造成土地干旱化、河流断流、湖水干涸。过量开采地下水，水位下降，土地旱生化，生产力也不断下降，原生物种逐渐退化消失，近 20 年来该区域草原退化对当地畜牧业等的发展产生了巨大负面影响。该区域的草原生态保护生态修复难点为沙化、盐碱化草地生态修复植物品种的缺乏和水资源利用效率提升技术储备不足。

（2）草原生态可持续发展方向

通过特异种质及功能基因挖掘、草种综合抗性提升的遗传与栽培生理等研究技术，培育耐干旱、耐盐碱或盐生植物品种。积极发展草种产业，提升种子高产繁育技术，推行土壤肥力提升技术，大力推广人工种草，实现草原绿色发展，拓宽农牧民增收渠道，采取退牧还草、禁牧休牧、划区轮牧、草原改良等措施，实施草原生态保护补助奖励政策，完善草原灾害防控基础设施。加强草原监督管理，遏制乱开滥垦、乱采滥挖等违法行为。建设国有草场，巩固生态修复成果。以天然草原和人工草地资源为基础，加大传统草产业的提质增效，实现草种业、草原畜牧业的高质量发展；以草原生态保护修复工程为依托，发展草原生态保护产业、生态修复产业；积极发展草地农业，拓展草原旅游康养业。

5. 南方山地丘陵草原区

(1) 区域特点及主要生态问题

该区位于我国南部，境内有云贵高原、东南丘陵、湘鄂低山丘陵和长江中下游、珠江三角洲平原等，山地丘陵面积占到 70% 以上，是我国南部农牧交错带的重要分布区，也是长江经济带主要区域。本区域草原植被质量整体较高，但草资源开发利用不足，垦草种地问题突出。部分地区为喀斯特地貌，生态环境脆弱，植被覆盖率低，受可溶性碳酸盐岩特殊地质条件制约，成土极为缓慢，土层薄且不连续，水文过程响应迅速。此类地区人口密度较大，是全国均值的 1.5 倍左右。由于人口压力较大，农业活动强度也相对较高，对区域内石漠化的形成与发展起到了促进作用。主要体现在，水土流失严重，面积达 3540 万 hm^2；石漠化面积约 1000 万 hm^2，占全国石漠化总面积的 80%；矿产开发对生态破坏较为严重；重大有害生物灾害频发、危害严重。本区草原生态修复的难点在于：缺乏人工种草、草地改良和植被养护技术，水土流失防控与肥力提升技术，综合集成的草原生态保护修复模式。

(2) 草原生态可持续发展方向

通过草种质创制、新品种选育及种子(苗)高效繁育研究，培育耐热、耐酸、耐盐碱等优良植物品种。加强人工草地建植技术和补播改良技术，提升草原资源开发利用技术，加强重要野生动植物及其栖息地草原保护修复，进一步增强区域水源涵养、水土保持等生态功能，逐步提升草原生态系统稳定性和生态服务功能，推动长江绿色生态廊道建设。鼓励和支持国有草场建设，建设林草生态融合，产业融合，提升生态产品开发技术。健全草种业体系，发展种子(苗)高产繁育技术，推动草地农业与草坪草产业发展，大力发展草原康养休闲产业。

(三) 草原治理体系构建

建设生态文明，重在建章立制，必须把制度建设作为推进生态文明建设的重中之重。要健全生态保护和修复制度，完善生态环境治理体系。统筹山水林田湖草沙一体化保护和修复，加强森林、草原、河流、湖泊、湿地、海洋等自然系统保护。加强对重要生态系统的保护和永续利用，构建以国家公园为主体的自然保护地体系，健全国家公园保护制度。加强长江、黄河等大江大河生态保护和系统治理。开展大规模国土绿化行动，加快水土流失和荒漠化、石漠化综合治理，保护生物多样性，筑牢生态安全屏障。要认真贯彻落实习近平生态文明思想，统筹山水林田湖草沙冰一体化保护与系统治理，找准草原定位，全方位推进林草融合发展，着力构建草原监测评价、草原保护、草原生态修复、草原执法监管、现代草业、支撑保障等六大草原治理体系，不断提升草原治理水平。

1. 草原调查监测评价体系

（1）构建思路

充分发挥既有草原调查监测队伍作用，运用成熟方法成果，在继承发扬的基础上大胆探索创新，以深入推进林草融合为契机，充分借鉴森林资源调查监测的有益经验做法，通过转移、嫁接、融合、提高的办法，全面提升我国草原调查监测评价能力，构建内容全面、基础扎实、方法科学、运行顺畅的草原调查监测体系，搞清草原底数和动态变化趋势规律，为科学指导草原保护修复和合理利用提供坚实基础和支撑。

（2）主要任务及内容

根据草原资源、生态和植被特点，以及草原管理工作需求，开展草原资源调查、草原生态评价、年度性草原动态监测、专项应急性监测等方面的任务（表1-9）。

表1-9　草原调查监测评价体系主要任务及内容

主要任务	主要内容
草原资源调查	将草地性质、权属、性状等情况信息固化实化、地理信息上图和数据化。与森林资源一张图结合，整合形成林草资源一张图
草原生态评价	重点对阶段性时期内草原生态状况和发展变化趋势做出分析判断，对草原是否健康，草原退化及其程度、面积、分布，草原生态服务功能等，进行定量定性评价
年度性草原动态监测	重点对草原即时性变化进行动态跟踪监测，包括物候期生长期植被生长荣枯变化、自然生物灾害发生、生态修复和工程项目建设、草原放牧利用和草畜关系等，满足草原日常管理服务需求
专项应急性监测	根据草原管理实际需要，围绕社会热点、领导批示、重大灾情等，开展专项监测、应急性监测、临时性监测、区域性监测任务，为某一具体工作提供数据图件的信息支撑

（3）体系构建

构建完善草原类型区划、数据指标、样地场地设施、技术方法、质量控制、标准规范、数据库和软件平台、组织管理等八大体系（表1-10）。

表1-10　草原监测评价体系

主要体系	体系内容
草原类型区划体系	草原类型区划是开展草原调查监测评价工作的重要依据和基础，必须系统性地对我国草原进行分类、分级、分区，形成符合我国草原管理特点的草原类型区划体系
数据指标体系	草原调查监测评价指标，是数据获取、过程分析、结果展示的重要内容和载体。各类草原调查监测评价的指标合集，共同构成数据指标体系
样地场地设施体系	建设布局均衡、数量适当、结构合理的草原调查监测常规样地、草原固定监测点、草原生态长期定位观测站，共同构成样地场地设施体系

（续）

主要体系	体系内容
技术方法体系	采用地面监测和"3S"技术相结合的技术路线方法，充分运用计算机、信息、通讯、无人机、视频监控智能识别、大数据、人工智能等新兴技术，开展草原调查监测工作。同时，不同环节、不同指标、不同任务，采用的技术方法又有所不同。不同技术方法的组合配套，构成草原调查监测的技术方法体系
质量控制体系	开展全国草原调查监测评价，是一项系统性工程，涉及全国各地、不同层次的机构和人员，必须要从制度机制、人员素质水平、监督检查等方面建立一套质量控制体系
标准规范体系	把草原调查监测评价内容任务和全过程、全要素及技术方法手段等进行书面化、成果化、规范化，形成成套技术标准，成为行业共同遵循的标准
数据库和软件平台体系	借助计算机技术，开发数据库和软件平台，提高数据安全和管理效率。对不同时期、不同单位开发的数据库和平台进行优化整合协同，建立草原调查监测数据库和软件平台体系
组织管理体系	全国草原调查监测工作由国家林业和草原局统一部署，逐步建立以国家队为主导、地方队伍为骨干、市场队伍为补充、高校院所为技术支撑的草原调查监测组织体系

2. 草原生态保护体系

根据草原的定位、重要程度、保护利用强度不同，将全国草原划分为生态保护红线内草原、基本草原、国有草场内草原等不同空间类型，实行差别化管控措施，构建草原保护体系（表1-11）。加大草原生态保护建设政策支持力度，加强保护制度建设，在《草原法》的基础上，制定配套的法律法规，逐步完善草原保护管理体制。

表1-11　草原生态保护体系

类别	保护内容	保护模式
生态保护红线内草原	自然保护地内草原	推进《中华人民共和国自然保护地法》《中华人民共和国国家公园法》制定，按照《中华人民共和国自然保护区条例》《国家级自然公园管理办法（试行）》，以及自然公园现有的管理办法及条例严格保护管理自然保护地范围内的草原
	其他生态保护红线内草原	按《生态保护红线管理办法》规定执行
基本草原	具有特殊生态功能的草原、重要放牧场、打草场等区域	推进《基本草原保护条例》制定，严格管制征占用基本草原
国有草场内草原	生态脆弱、区位重要、集中连片的退化草原和荒漠化草原	尽快制定出台《国有草场管理办法》保护草原，规范合理利用方式
人工草地	生态功能极为重要的人工草地	划入生态保护红线，按照生态保护红线管理相关规定予以严格保护
	部分生态功能重要，服务于畜牧业生产的人工草地	划入基本草原，按照基本草原保护管理的相关规定进行保护
	其他人工草地	按照《草原法》进行管理

（续）

类别	保护内容	保护模式
城镇草地（城市草坪）	一般城镇草地（城市草坪）	将城市草坪保护、管理与利用纳入《草原法》管理范畴，明确城市草坪和城镇草地在类型上就是草原
	涵养水源、保持水土、美化环境等生态效益突出，及用作科研、教学实验的特殊城镇草地（城市草坪）	纳入基本草原，按照基本草原保护管理的相关规定进行保护
其他草地	具有极其重要生态功能和科研价值的其他草地	纳入生态保护红线，按照生态保护红线管理相关规定予以严格保护，或划为基本草原，按照基本草原保护管理的相关规定进行保护
	其他草地	按照《草原法》等法律法规严格保护管理

3. 草原生态修复体系

草原生态修复项目少、单一，针对性不强，修复成效不明显，修复成果缺乏展示展现，成果难以巩固持久。为了做好草原生态修复工作，完成草原生态修复任务，加快恢复退化草原生态系统，亟须制定一套完整的修复体系。

（1）构建思路

以习近平生态文明思想为指导，立足不同区域自然条件和草原退化状况等客观实际，坚持"节约优先、保护优先、自然恢复为主"的方针，科学布局和组织实施草原生态保护修复重大工程，着力提高草原生态系统自我修复能力，改善草原生态系统质量，稳步提升草原的生态功能和生产能力。

对重度退化草原，采取免耕补播、人工种草等方式，引入先锋植物和乡土草种，减少地表裸露，增加植被覆盖，丰富生物多样性，进行草原植被系统重建。对中度退化草原，采取施肥、松土、切根、灌溉等培肥地力改善水土的措施，促进草原原生植被生长，恢复草原生态环境。对轻度退化草原，采取围栏封育的措施，减少人为对草原的干扰破坏，依靠草原自然修复力，促进草原植被恢复。在水土条件适宜地区，支持建设放牧型多年生人工草地，大幅提升优质牧草生产供给能力，减轻天然草原的放牧压力，促进天然草原休养生息。

将生态系统中具有典型性和代表性、区域生态地位重要、生物多样性丰富的草原，建设为草原自然公园，严控各类人为活动对草原生态环境的影响。对生态脆弱、区位重要的退化、荒漠化和放牧利用价值不高的草原，由国家投资建设国有草场，进行规模化修复治理并管理，恢复草原良好生态，巩固生态文明建设成果。开展乡村城镇种草、河湖堤岸种草，充分发挥种草在国土绿化和保持水土中的作用。开展草原监管、草原生物灾害防治和乡土草种繁育等体系建设，提升草原生态修复能力。

（2）体系构建

明确草原生态修复主要任务，摸清草原退化情况，组织实施工程项目，开展工程效益评估，加强修复成果管护。根据草原退化情况，采取设置草原围栏、草原改良、人工种草等生态修复措施，构建生态评价体系、工程措施体系、政策保障体系等生态修复体系（图1-2）。

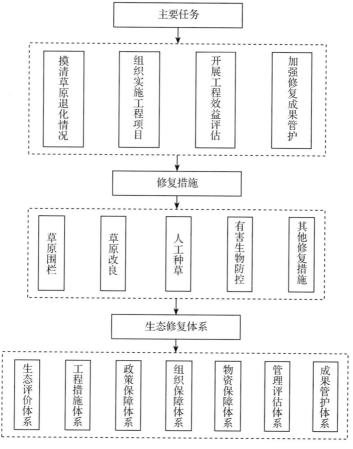

图1-2 草原生态修复体系

①生态评价体系。开展草原退化基况专项调查，明确草原退化面积和位置，划分退化等级（重度、中度、轻度），形成草原退化分布图，为开展生态修复治理提供依据，使各项修复措施精准落实到山头地块，实现精细化修复治理。

②工程措施体系。针对我国草原退化的实际情况，应开展重度退化草原生态修复工程、退牧还草工程、草原生态质量精准提升工程、草原自然公园建设工程、国有草原建设工程、乡村种草绿化示范工程、河湖堤岸草带建设工程、草原生态保护修复支撑工程等草原生态修复工程（表1-12）。

表1-12 草原生态修复工程体系

工程名称	工程内容
重度退化草原生态修复工程	针对重度退化草原，通过种植当地乡土草种，进行草原植被系统重建，恢复草原生态系统

（续）

工程名称	工程内容
退牧还草工程	针对因超载过牧造成的轻度退化草原，采取围栏封育的方式，使受损草原得到休养生息，增加草原生物量，自然恢复草原植被
草原生态质量精准提升工程	选择具有改良潜力的轻中度退化草原，通过采取免耕补播、培肥地力等措施，恢复优质牧草比例，提升草原生态质量和生产能力
草原自然公园建设工程	在全国积极开展草原自然公园建设，构建以草原自然公园为主体的新型草原生态保护与可持续发展模式
国有草场建设工程	将国有单位的草原、未进行集体承包的国有草原、由政府投资为主通过规模化治沙后形成的草原、承包期满后收回的草原，建为国有草场，由政府投资为主并统一管理
乡村种草绿化示范工程	以美丽乡村建设为契机，在乡村、城镇周围开展种草绿化，通过示范工程打造绿色生态的草地景观，着力改善人居环境，满足人民群众对生态产品的需求
河湖堤岸草带建设工程	在长江、黄河等大江大河和重要湖泊的堤岸，采取人工种草的方式，开展防洪固岸草带建设，加固河流堤坝，改善河流沿岸生态景观
草原生态保护修复支撑工程	为了建立和完善生态保护与修复重大支撑体系，重点开展草原监管体系、草原生物灾害防治和乡土草种繁育等建设，提升草原生态修复能力

③政策保障体系。国家对草原生态修复给予资金和政策支持。国家财政设立草原生态修复治理补助，用于退化草原生态修复治理、草种繁育、草原边境防火隔离带建设、草原有害生物防治等相关内容。开展草原生态修复金融创新政策研究，制定鼓励社会资本开展草原生态修复的政策措施，鼓励和引导社会资本进入草原生态修复领域。

④组织保障体系。全国草原生态修复工作由国家林业和草原局统一部署，草原司具体负责，地方林业和草原行政主管部门负责组织实施本行政区域草原生态修复实施工作。国家林业和草原局直属调查规划单位分区指导草原生态修复并开展修复成效评价，有关科研院所承担生态修复技术支撑服务任务。

⑤物资保障体系。建立种质资源、育种、草种生产等草种育繁推一体化体系，解决草种业的各个环节脱节、乡土草种缺乏等问题。开展科技攻关，研发适合草原地区生态修复的机械设备，建立草原生态修复机械设备研发试验推广体系，为大规模开展草原生态修复打下物质基础。

⑥管理评估体系。开展草原围栏、草原改良、人工种草等各项草原生态修复措施的标准规范研究，明确各项措施的技术要求，形成草原生态修复技术标准规范体系。开展草原生态修复工程项目管理，编制草原生态修复工程项目管理信息系统，开展种草改良任务"上图入库"工作。开展草原生态修复工程项目督导检查工作，依托国家林业和草原局直属调查规划单位等对工程项目效益进行评估，了解项目实施情况。

⑦成果管护体系。创新管理机制，制定相关政策，依托草原自然公园和国有草场建设，落实草原生态修复成果管护责任，对修复好的草原进行严格管理。加强草原监督执法力度，将草原生态修复工程项目区作为草原执法重点区域，严格落实草畜平衡和草原休牧措施，保护草原生态修复取得的成果。

4. 草原执法监管体系

机构改革后，草原监管机构队伍大幅减少，草原执法能力大幅下降，对有效开展草原执法监管工作，提升执法监督能力现代化，实现草原资源保护和永续利用产生了重大影响。为了切实履行草原资源监管责任，依法保护草原资源，有效遏制破坏草原的违法行为，不断提升草原执法监管能力，亟须构建草原执法监管体系。

（1）构建思路

按照党中央、国务院关于生态文明建设的决策部署，充分调动整合现有草原监管力量，切实推动森林、草原和国家公园融合发展，着力构建纵横协同、上下联动、运行高效、全域覆盖、公众参与的草原执法监管体系，为草原资源保护和生态修复治理提供监管保障。

（2）主要任务及内容

通过专题研究和实践推动，努力构建适应草原资源保护新形势、新要求和新任务的草原执法监督体系。明确新型草原执法监督体系的主要内容，健全完善草原执法监管依据，以各地推进林长制实施为契机，通过切实落实草原资源监管责任，推进基层草原站（所）智能化、标准化建设，加强草原管护员队伍建设，构建常态化执法监管、协同处置违法行为、重大事件应急处置、草原资源保护工作约谈、草原资源保护宣传培训等措施、手段，逐步建立并不断完善系统规范、运行高效的草原执法监管体系。

①健全完善草原执法监管依据。在《草原法》修订完成的基础上，加快《草畜平衡管理办法》修改工作进程，尽快解决现有草原概念定义范围不清楚、行政处罚依据不充分、行政处罚偏轻，以及部分监管领域尚无监管和处罚的法律条款依据等问题，重点解决现行《草原法》对南方草地管理的针对性不够强、有关规定不够明确具体、缺乏可操作性等方面的问题。鼓励和指导南方各省级草原管理部门，加快推进配套法规规章建设，制定出台地方性草地管理法规规章，增强南方草地保护建设利用的有效监管。各地也要配合《草原法》，积极推动地方立法，制定和完善配套法规规章，扎实推进草原法律法规体系建设，为草原资源开发利用保护监管提供充分的法律依据。

②落实草原资源保护主体责任。贯彻落实《关于全面推行林长制的意见》《关于加强草原保护修复的若干意见》，着力深化草原资源监管体制改革，理顺中央和地方之间在草原监管方面的职责。督促地方党委政府重视草原工作，在草原主要省份分级设立市、县、乡和村级草长或林（草）长，科学确定草长责任区域，严格落实地方政府的草原资源监管主体责任，正确处理草原资源保护和科学合理利用的关系，有效破解当前影响制约草原管理工作开展的难题和瓶颈，守住草原生态安全的边界。

③全面加强草原资源监管工作。以维护草原生态环境安全和强化草原资源保护为根本目标，坚决扛起草原资源保护的政治责任，守好草原生态安全底线。切实落实森林、草原和国家公园融合发展机制，瞄准草原监管薄弱环节补齐短板，构建完善多部门联合协作的草原监管执法体系，加大执法监督力度，整体提升草原资源保护能力和

水平。督促指导各地草原主管部门切实履行监管职责，层层传导压力，严守生态红线，切实加大涉草违法犯罪打击力度，常态化组织开展行业性、季节性、地域性专项执法行动，始终保持高压态势。特别是要强化重点生态区、生态脆弱区等重要区位及领导批示指示、社会关注度高的违法案件的查处，严厉打击草原违法违规行为，依法依规保护草原。

（3）体系构建

构建常态化执法监督、协同处置草原违法行为、应急处置重大事项、探索开展草原资源保护工作约谈、草原资源保护宣传培训、稳定壮大基层草原执法监管力量六大体系，提升草原执法监管能力（表1-13）。

表1-13 草原执法监管体系

体系名称	体系内容
常态化执法监督体系	坚持把查处草原违法行为作为加强草原资源监管的核心任务，以组织开展年度草原执法专项行动为抓手，重点打击非法开垦草原、非法占用使用草原、非法采集草原野生植物，特别是因矿产开发等工程建设严重破坏草原的各种违法行为。严格草原征占用审核管理，加大对草原禁牧休牧和草畜平衡的监管，推进禁牧和草畜平衡制度落实。不断完善草原行政执法与刑事司法衔接，加大案件挂牌督办力度，及时通报和曝光具有教育警示作用的草原犯罪案件
草原违法行为协同处置体系	推进林草深度融合，调动整合林草行政执法力量，充分发挥国家林业和草原局驻各地专员办草原资源监督保护职能，强化其对草原资源保护利用的监督力度，建立完善草原违法案件联合调查处置制度，对重要案情信息及时沟通，重要进展及时通报，重要行动共同组织，重要案件共同处置，重要经验共同分享，重要情况及时上报。建立完善的跨地区案情信息送达协助机制、跨地区有关情况调查核实协助机制、跨地区重大突发事件协同处置机制
重大事项应急处置体系	对党中央、国务院的重大决策部署，习近平总书记和中央领导同志的重要批示指示，以及各级领导批示和媒体曝光、社会关注的重大草原违法违规问题，要迅速反应，建立应急联动处置重大事项工作机制。对相关情况和案情线索，明确具体负责人员和办结时限，及时建立台账，并按照属地负责原则，与国家林业和草原局驻当地专员办和省级草原管理部门联系，及时开展案情调查，客观、准确地形成调查报告和处置意见，不断提高涉草突发事件防范应对和及时处置能力
草原资源保护工作约谈体系	借鉴生态环境、安全生产和林业资源保护约谈的经验，研究提出实施草原资源保护工作约谈的政策法律法规依据、约谈形式、约谈情形和对象、约谈结果处置意见等。针对重点区域和监管工作中发现的突出问题，适时对草原资源保护工作开展不利、草原生态环境受破坏的省级草原管理部门负责人员，以及地市、县级地方人民政府主要领导进行约谈，通过提醒、警示、批评等方式，指出存在问题，提出改进意见，促进各地切实提高认识，完善草原监管机制，督促草原保护制度落到实处。在此基础上，建立完善草原资源保护工作约谈制度
草原资源保护宣传培训体系	认真落实谁执法谁普法的普法责任制，坚持每年组织开展草原普法宣传月活动，不断创新普法宣传方式，把普法融入草原行政、监督执法和服务管理的各环节、全过程。积极推进草原执法监管人员能力提升建设，坚持开展草原资源保护和执法监督培训，提升监管人员履职能力。积极指导地方加快建立与草原监管实际需要相适应的草原资源保护分级培训制度，对地方各级草原管理人员和草管员开展定期业务培训，提升草原监管能力和水平
基层草原执法监管力量强化体系	稳定基层草原机构和人员，理顺管理职能，有效充实草原执法监督机构人员力量，加强草原技术推广的队伍建设，提升基层草原部门的公共服务能力。通过探索和推动草原基层站所标准化规范化和智慧草原建设试点工作，推动提高基层站所的基础设施、装备配备、服务水平，进一步促进基层站所机构规范化建设，切实提升草原执法监管效率。加快建立一支与草原监管实际需要相适应，牧民为主、专兼结合、管理规范、保障有力的草原管护员队伍，不断提升草原监管的精细化水平

5. 现代草业体系

草业是与农业、林业同等重要的产业。早在 20 世纪 80 年代，钱学森教授就提出利用现代科学技术发展知识密集型草业是草产业发展的必由之路。草原利用好了，草业兴旺发达起来，对国家的贡献不亚于农业。目前我国草业产业规模较小，产值较低，链条不长，没有形成完整的产业体系。现代草业是基于生态文明建设的时代背景，以现代科技促进草业高质量发展的产业，是草原生态建设产业化、产业发展生态化的必由之路。因此，亟须构建现代草业体系。

（1）建设高质量草原畜牧业

草原畜牧业是我国牧区的传统产业，又是最具有优势的支柱产业。发展草原畜牧业，应以提高效益为中心，走集约化、产业化之路。按照市场经济体制和机制的要求，打破传统、粗放的经营方式，实现区域化布局、专业化生产、集约化经营、社会化服务、企业化管理。培育龙头家庭牧场，实现市场牵龙头、龙头带基地、基地连牧户的模式，逐步形成强强联合、以强带弱的现代化企业管理体系，发展一批贸工牧、产供销、牧科教等多种形式一体化生产的经营实体，促进我国草原畜牧业生产集团化、产业化。

（2）大力发展草种业

建立健全国家草种质资源保护利用体系，开展草种质资源普查，建立草种质资源库、资源圃及原生境保护为一体的保存体系和评价鉴定、创新利用和信息共享的技术体系。加强优良草种，特别是优质乡土草种选育、扩繁和推广利用，不断提高草种自给率，满足草原生态修复及草坪业建植用种需要。鼓励牧草品种选育者与良种繁育企业对接，打造适应我国草种业生产特点的牧草种子分散生产、集中收购的灵活生产模式。建立草种储备制度，完善草品种审定制度，加强草种质量监管。

（3）积极推进饲草种植业

根据草牧业发展和当地水热资源条件，确定饲草种植发展方向，因地制宜推进饲草种植业。按照自然地理条件和资源承载力，推进优质苜蓿生产区、优质羊草生产区、优质燕麦生产区等生产区建设。在"镰刀弯"地区和农牧交错带，深入开展草牧业试验试点。农区要结合退耕还草、草田轮作等方式，大力发展人工草地，提高饲草供给能力。优化牧区、半农半牧区和农区资源配置，推行牧区繁育、农区育肥的生产模式，提高资源利用效率。

（4）稳步推进草产品加工业

深入挖掘草本植物药用及营养功能、食用功能、饲料添加剂和精油提取等特色功能。加强叶蛋白提取、膳食纤维加工以及食品添加物、医药原料、工业原料、农药原料的生产利用等精深加工技术的研究。发挥各地区优势，合理规划布局，形成牧草种子和牧草生产加工基地和绿色有机食品生产加工区。积极发展草产品加工，推动我国草业形成相对完整产业链，构建兼有社会、经济、生态和文化多功能的草业产业群，提高市场竞争力。

（5）加快发展草坪业

将草坪业作为国土绿化的重要产业来抓，努力提高城市环境绿化质量。强化低耗水、耐瘠薄草坪草育种和良种繁育工作，努力提高草坪草种国产化率。加强对草坪专用肥、专用农药及相关机械产品的研究开发，提高市场竞争力。加大草坪基础理论研究，因地制宜，适地适草，提高科研成果转化率。加强草坪病虫害防治等基础技术研究，建立完善的草坪养护管理技术规范。制定行业标准，明确不同地区、不同类型的草坪建植、管理技术规程，推动草坪业市场健康发展。

（6）高质量发展草原药用植物产业

根据中药材市场需求情况，推动建立当归、甘草、五味子等中药材生产基地，实现重要草原中药材种植规模化、市场化，降低对天然草原中药材的需求。挖掘民族医药文化，积极发展民族医药，建立蒙药、藏药、彝药、苗药、韩药等药用植物基地。应用现代生物技术手段，对珍稀、濒危的药用植物进行快速繁殖，以提高该类药用植物的产量，满足市场需求。

（7）大力发展草原旅游业

在加强草原保护、保持生态系统健康稳定的情况下，充分挖掘草原资源和草原民族民俗文化优势，积极推进草原旅游业发展，满足人民日益增长的优质生态产品的需要。深入开展草原自然公园建设，并以其为抓手在有效加强草原保护的基础上，科学合理利用草原资源，适度开展生态旅游，处理好保护与利用、生态效益与经济效益之间的关系，实现生态、社会、经济效益的有机统一。同时依托草原自然公园平台，打造一批精品草原旅游景区、度假地和旅游线路，推动草原旅游业和草原生态休闲观光产业发展。

（8）大力发展草原特色产业

开发草原健康食品、能源植物、编织等具有草原特色的产品，逐步形成草原地区特色产业（表1-14）。

表1-14　草原特色产业体系

草原特色产业	产业发展思路
草原健康食品产业	依托草原地区优质优良生态环境，加强良种繁育，发展绿色畜产品养殖基地。鼓励企业、科研单位、个人积极参与野生生物资源的保护与建设，建立多元机制，实现产业化经营
能源植物开发产业	深入开展研究，挖掘并开发利用好具有生产和转化生物燃料如乙醇、生物柴油等生物能源的草本植物
造纸产业	深入挖掘和开发一些生长速度快、生产力高、纤维较为发达的草本植物，发展特色造纸业
编织产业	深入挖掘和开发一些分布广泛，可用于作为编织材料的草本植物，并利用这些植物材料发展编织业
草原野生花卉产业	深入挖掘草原野生花卉植物，进行有计划的开发和保护

(四)战略措施

1. 保障措施

(1)提升科技支撑能力

通过国家科技计划，支持草原科技创新，开展草原生态保护修复重大问题研究，尽快在退化草原修复治理、生态系统重建、生态服务价值评估、智慧草原建设等方面取得突破，着力解决草原生态可持续发展科技支撑能力不足问题。加强草品种选育、草种生产、退化草原植被恢复、人工草地建设、草原有害生物防治等关键技术和装备研发推广。建立健全草原保护修复技术标准体系。加强草原学科建设和高素质专业人才培养。加强草原重点实验室、长期科研基地、定位观测站、创新联盟等平台建设，构建产学研推用协调机制，提高草原科技成果转化效率。加强草原生态保护修复国际合作与交流，积极参与全球生态治理(唐芳林等，2021)。

(2)完善法律法规体系

加快推动草原法修改，研究制定基本草原保护相关规定，推动地方性法规制修订，健全草原保护修复制度体系。加大草原法律法规贯彻实施力度，建立健全违法举报、案件督办等机制，依法打击各类破坏草原的违法行为。完善草原行政执法与刑事司法衔接机制，依法惩治破坏草原的犯罪行为。

(3)加大政策支持力度

建立健全草原生态保护修复财政投入保障机制，加大中央财政对重点生态功能区转移支付力度。健全草原生态保护补偿机制。地方各级人民政府要把草原保护修复及相关基础设施建设纳入基本建设规划，加大投入力度，完善补助政策。探索开展草原生态价值评估和资产核算。鼓励金融机构创设适合草原特点的金融产品，强化金融支持。鼓励地方探索开展草原政策性保险试点。鼓励社会资本设立草原保护基金，参与草原生态保护修复。

(4)加强管理队伍建设

进一步整合加强、稳定壮大基层草原管理和技术推广队伍，提升监督管理和公共服务能力。重点草原地区要强化草原监管执法，加强执法人员培训，提升执法监督能力。加强草原管护员队伍建设管理，充分发挥作用。支持社会化服务组织发展，充分发挥草原专业学会、协会等社会组织在政策咨询、信息服务、科技推广、行业自律等方面的作用。

2. 组织领导

(1)加强对草原生态保护修复工作的领导

地方各级人民政府要进一步提高认识，切实把草原生态保护修复工作摆在重要位置，加强组织领导，周密安排部署，确保取得实效。省级人民政府对本行政区域草原保护修复工作负总责，实行市(地、州、盟)、县(市、区、旗)人民政府目标责任制。

要把草原承包经营、基本草原保护、草畜平衡、禁牧休牧等制度落实情况纳入地方各级人民政府年度目标考核，细化考核指标，压实地方责任。

（2）落实草原管理相关部门责任

各有关部门要根据职责分工，认真做好草原生态保护修复相关工作。各级林业和草原主管部门要适应生态文明体制改革新形势，进一步转变职能，切实加强对草原生态保护修复工作的管理、服务和监督，及时研究解决重大问题。

（3）引导全社会关心支持草原事业发展

深入开展草原普法宣传和科普活动，广泛宣传草原的重要生态、经济、社会和文化功能，不断增强全社会关心关爱草原和依法保护草原的意识，夯实加强草原保护修复的群众基础。充分发挥种草护草在国土绿化中的重要作用，积极动员社会组织和群众参与推动草原生态可持续发展战略。

专题 1
草原生态保护战略

■专题负责人：李春杰　郭正刚　纪宝明

■主要编写人员：王铁梅　董世魁　平晓燕

　　　　　　　肖海军　林长存　李耀明

　　　　　　　张　静　庞晓攀　齐昊昊

　　　　　　　王玲玲

一、草原生态保护的概念与内涵

(一) 草原生态保护的概念

随着人类社会经济增长，不同国家或地区会面临资源约束、环境破坏或污染、生态系统退化等问题，国家层面或地方政府一般会出台一系列政策，以期改善已恶化的环境或保护面临风险的生态环境，从而实现国家或地区的可持续发展，此时生态保护概念应运而生。生态保护是指针对人为活动造成的自然生态系统退化、破坏甚至消失所采取的保护和修复活动，旨在修复或恢复受损的自然生态系统，本质上是人类通过主观活动而实现人和自然和谐共处的一种策略。生态保护的概念分为广义和狭义两种。狭义生态保护指各个类型和层次的保护和建设活动，主要包括保存、保护、培育、保育、恢复及修复、改良或改造、重建、更新、新建等活动(沈国舫，2014)。广义生态保护指人类为解决现实的或潜在的生态问题，协调人类活动与生态环境的关系，保障各生态系统可持续发展而采取的生态保护、恢复与建设的各种行为的总称(沈国舫，2015)。

我国不同发展历史时期，国家出台了相应的生态保护策略，说明生态保护具有与时俱进的特征。虽然我国高度重视生态环境保护与建设工作，但不同历史时期的生态环境保护或建设重点有所不同，特别是改革开放以来生态环境保护与建设力度持续加强，但中国人均资源相对偏低，地区间分配不均，区域气候特征和基况各具特色，目前我国生态环境整体恶化的趋势有所改善，但生态环境脆弱区的生态问题依然严重。我国目前生态保护主要是国家和社会为避免区域生态环境免遭人类活动的不利影响，实现区域内生物有机体之间及其与外界环境之间和谐共处，制定的一系列保护环境的政策(施志源，2020)。从整体上分为两个层面，国家层面上生态保护的宗旨是实现环境友好、资源持续利用的战略目标，而区域层面上则是针对因经济发展模式粗放和政策执行不力所形成的生态环境退化区的修复。

草原生态保护是指针对某一区域内草原面临的核心生态问题，人们通过修复、补播、重建、禁牧、改良放牧制度等不同活动的有机配置，提升区域内草原生态服务功能所有活动的总称。其本质是基于草原水源涵养、水分调节、水土保持、初级生产、气候调节、生物多样保护、牧业生产、牧民生计维持和牧区文化传承等固有功能的基础上，人们采取针对性措施，解决某一区域内草原现有的或者潜在的生态问题，以期防止和减少人类活动对草原生态系统的负面影响，从而实现人类与草原关系的和谐，保障草原可持续发展(董世魁，2022)。草原生态保护不仅包括法律和政策等要素，而且包括科技等要素，更包括认知要素。法律和政策要素主要是草原管理者或所有者根据自身的战略需求，制定草原保护相关的法律和政策，具有纲领性约束特征。科技要求主要包括采用成熟草原保护技术的推广和应用，以及先进技术的中试和试点，其具有与时俱进的特征。认知要素主要是通过宣教、示范等手段，向人类，特别是草原分布区的居住者，宣传草原所有者或管理者制定的相关法律和政策，以及采用新技术的优点，整体提高人们对草原生态保护重要性的认知程度，形成爱护草原、守护草原的氛围。

我国草原历史发展进程中伴随人口压力剧增，相对粗放的经济增长方式始终与我国草原利用如影随形，从而让我国90%的草原基本处于不同程度的退化之中，草原和农牧交错区是土地荒漠化最为严重的地区，严重威胁着我国生态和食物的安全（白永飞，2020）。进入新时代后，我国重新定位草原的主体功能，从原来的畜牧业生产资料逐渐转向生态屏障建设，国家层面的管理部门从农业农村部（原农业部）畜牧司草原处转向国家林业和草原局（原国家林业局）草原管理司，以期保护修复退化草原，提升草原生态功能，至此草原生态保护成为我国生态屏障和生态文明建设的首要任务（董世魁，2022）。目前我国已进入新时期高质量发展的阶段，这对我国草原生态保护提出了更高、更广泛的需求。国家战略上将草原纳入山水林田湖草沙生命共同体的组分，从认知层面上需要将草原生态保护和建设纳入区域乃至国家整体统筹发展中，整体助力于区域生态系统功能提升。因此，我国今后的草原退化治理、区域草原功能提升，不仅要考虑草原子系统的健康，而且要考虑与其他子系统的兼容性（侯鹏，2021）。

（二）草原生态保护的价值

1. 保障国土生态安全的重要基础

草原是我国面积最大的陆地生态系统，也是我国的主体生态系统之一。北方草原生态系统结构与功能特征是在晚第三纪以来的季风气候条件下演化形成的，是长期适应地质历史变迁的产物，对大陆性干旱、半干旱气候具有高度适应性。由多年生草本植物组成的草原植被，既是第一性生产者，草食动物的生物能源，又是良好的土地覆被。草原土壤发育完整，构成了地球生物化学物质的动态储备库。因此，维持草原生态系统的能量转化和物质循环，保持生物更新再生的机制，可以实现山水林田湖草沙生命共同体的健康运行。

我国草原主要分布在北方降水量多在400mm以下的地区，草原生态系统是该区其他任何生态系统都不可替代的主体生态系统。据近40年的气象资料分析，草原区降水变率达46%~95%，多雨年与少雨年年降水量相差2.6~3.5倍，如典型草原地带的丰雨年，降水量可达400mm以上，干旱年不到200mm，冬夏的热量差异也很大。草原生物群落就是与这种气候条件协同演化的产物，草原生物在长期选择过程中形成了高度适应草原气候环境的自组织功能，气候不利的年份生物种群间相互补偿，实现其最高生产能力。多年来，超负荷地利用草原不仅突破了草原生态系统自组织功能和水、土、生物循环再生机制的低限，甚至超越了丰年的高限，导致草原不断的退化，草原生产和生态功能严重受损，甚至成为我国沙尘暴的发源区，严重威胁到我国及周边邻国的生态安全。

我国草原是主要大江大河的发源地，黄河水量的80%、长江水量的30%来源于草原，草原因其根系细密且主要分布于土壤表层，比裸露地和森林具有更高的渗透率，其涵养土壤水分、防止水土流失的能力明显高于灌丛和森林，是农田的40~100倍。在我国草原生态系统还具有重要的社会功能，这是由于我国的天然草原多分布在边疆与少数民族聚居的地区。长期以来，各少数民族在辽阔的草原居住、生存、繁衍，世世代代创造了少数民族的文化，发展了地区经济，对我国民族大家庭的稳定、繁荣与发展发挥了重要作用。此外，草原丰富而独具特色的景观，还是我国发展生态观光旅游的重要基地，因此对草原的多功能性要给予充分的重视。

2. 中华民族永续发展的重要支撑

广袤的大草原在中华民族的历史长河中一直占据着我国秀美山川的主体部分，哺育了一代又一代的游牧民族，成为民族经济和文化的摇篮。草原文化尊重自然规律、爱护和保护人类赖以生存的环境、最大限度地合理利用资源、保持经济和社会的可持续发展。在蒙古高原上，牧民的游牧生活经历了长期的历史过程，这是民族文化的历史性创造，她蕴涵着深邃的生态意识，具有高度的历史合理性和必然性，是人与自然和谐共生的集中体现和智慧结晶。千百年来，"离离原上草，一岁一枯荣。野火烧不尽，春风吹又生。"的诗句，形象地描绘了人与自然和谐的草原生产生态场景。草原生态系统提供的畜产品完整地构成了草原民族衣、食、住、行的基本物质保障。牛羊肉、乳提供了完全营养的高蛋白食品，毛绒皮革是制作服装、居住(蒙古包)、交通工具、生产生活用品的重要材料，牛马又是役用、军用的动力资源，畜粪也成为生活中的燃料能源。草原所提供的生产力与人民的生活方式的紧密结合，是人类经营农业发展历史的飞跃，也是草原民族文明发展和构建和谐社会的重要保障。

3. 实现生态文明的重要途径

草原是人类早期文明的发源地，从智人时期开始人类就驯化利用草原动植物，萌发了放牧业和早期农业，孕育了"五谷丰登、六畜兴旺"的农业文明。中国是草原大国，千百年来，草原主要作为生产资料来利用，在草地农业与耕地农业的演替中，在游牧民族与中原民族交流迁徙与融合发展中，积淀了源远流长的中华文明。草原民族的生态理念主要植根于社会生活体系的各个方面，这也是生态文明建设的主要内容：一是生产体系，游牧(现代放牧)是草原适宜性生产利用的有效方式，这种草地利用方式根据草原生态环境，按四季轮牧，协调平衡人-草原-家畜的关系，这种生产方式的流动性、灵活性、适应性和稳定性体现了生态文明建设的基本思想；二是生活体系，草原民族"逐水草而迁徙"的游牧生活方式，使草原民族形成简约的理念，不奢侈，不浪费，一物多用，物尽其用，游牧生活中的衣、食、住、行都体现了草原生活的简约性和适应性，草原民族这种独特的理念与行为准则，不仅使草原民族能够在观念上敬畏自然、崇尚自然，而且从生活方式到生产方式都同自然生态息息相关，融为一体，使之能够在知行合一上得到升华，这也是生态文明建设的主要思想；三是道德伦理体系，草原民族在生产、生活中，不仅形成了对家庭和社会的伦理观念，包括"忠孝"和"友爱"的社会伦理文化，而且还形成了"敬畏自然"的生态伦理文化，包括对山、水、野生动物等自然万物的"禁忌"，这是生态文明建设可以借鉴的教育体系；四是精神文化体系，草原民族在绘画、雕刻、刺绣、舞蹈、音乐、说唱、手工等多个艺术文化领域内都以歌颂自然、热爱自然、保护自然为主题，这也是生态文明建设内容中"生态文化建设"的主要内容；五是制度保障体系，草原民族在游牧生产和生活中，形成了各种习俗、乡规、民约和法规，严禁破坏草原生态的行为，把保护环境的理念牢牢地建立在各种软硬约束力之上，这为生态文明建设的制度保障提供了借鉴。

4. 经济社会可持续发展的重要保障

草原是国民经济稳步发展的重要保障，肩负着改善生态环境和促进经济发展的双重使命，草地生产是农业生产中不可缺少的一个环节，是植物性生产向动物性生产转移，延长农业产业链条，发展现代有机绿色农业的基础和必然，是保证国家食物安全，提高人民生活水平，实现国民经济可持续发展的基础。依托草原资源产生的草业是农业现代化的重要标志，其内涵广泛，包括草原畜牧业、饲草业、草种业、草原旅游业等，在广大的草原牧区、传统农耕区、城市与郊区等各种空间以多种形式存在。全国天然草原载畜能力达 2.58 亿羊单位。在未来相当长的一段时间里，对中国社会的思考和决策都不得不考虑人口、生态资源困境对社会发展的强制约束。中国目前有 13 亿人口，占世界人口的 1/5，人均可耕地面积不足世界平均水平的 1/3，长期以来的传统观念又将单纯的谷物生产等同食物生产，而将饲草料生产以及动物性产品的生产与之割裂开来，影响对食物安全问题的合理布局。以草原为基本生产资料的牧业，可为人类提供大量的肉、皮、乳、毛、绒，改善人类生活条件，对我国食物安全体系的建设意义重大。

我国的草原区与沙漠区相接壤，是阻挡荒漠化和沙化南侵的最后一道屏障，是隔离西北部沙漠区和东南部农区之间的巨大屏障，如果保护利用不当，极易导致草原退化、沙化和盐碱化，草原生态功能下降，不仅起不到风沙屏障的作用，反而成为最大的沙源区，威胁到农耕地区的农业生产。我国西北部的草原作为重要的绿色生态屏障，一直发挥着紧锁沙龙，阻止沙漠前移的重要作用，默默地守候着我国东南半壁的农、林、水产各业。在东部农区，单一粮食生产的抗灾能力弱，对自然和经济条件发生变化的缓冲性能低，通过草田轮作、草畜结合、三元种植布局等措施可以实现农林牧业的可持续发展。通过藏粮于草，植物性生产部分向动物性生产转移，可使灾害减少，衰减生产水平的震荡，避免经济效益大幅起落，起到"安全阀"的作用，维持农业系统的高水平稳定运转。

草原生态系统不仅具有重要的物质生产功能，与森林、农田共同构成地球上三个重要的绿色物质来源，而且草地生态系统碳循环的作用也越来越受到关注，草原、森林与海洋业已被列为地球的三大碳库。草原是碳储存的重要地区，草原在应对气候变化、减少碳排放方面具有极其重要的作用。综合各方面研究成果，我国草原是仅次于森林的第二大陆地生态系统碳汇，在碳达峰、碳中和中发挥重要的作用，草原生态保护是实现双碳目标的重要途径。

二、草原生态系统的结构与功能

草原生态系统是以各种草本植物为主体的生物群落与其环境构成的功能统一体（任继周，2012）。根据中国草地分类系统，我国天然草地划分为 18 个大类，据此可以将我国草原生态系统分为 18 类（廖国藩，1996）。其中，广泛分布于我国北方的温性草原、低地草甸、山地草甸、高寒草原、高寒草甸和温性荒漠等类型，占全国天然草地总面积的 85% 以上，构成了我国天然草地的主体（表 2-1，彩图 1）。

（一）草原生态系统分布与结构

1. 高寒草甸生态系统

高寒草甸指在高原（或高山）亚寒带及寒带寒冷而又湿润的气候条件下，由耐寒（喜寒、抗寒）性多年生、中生草本植物为主或兼有中生高寒灌丛的草原类型（王堃，2005）。我国境内高寒草甸连片分布区主要包括青藏高原东部、帕米尔高原、天山、阿尔泰山、祁连山等高大山地的高山带，以及零星分布于太白山、小五台山和贺兰山山地的上部。不同地区高寒草甸分布的海拔存在较大差异，西藏地区一般多分布于海拔4200m 以上地区，青海高原多分布于 3800~4800m 的山地上部，天山北坡和阿尔泰山分布的海拔下限分别为 2700m 和 2300m，四川西北部则集中分布在 3800~4600m 的山地和丘陵地带，甘肃甘南则分布于 3600~4000m。

高寒草甸的植物群落结构的主要特征：植物种类多而饲用植物少，一般不超过10种；草群低矮而覆盖度大，草层分化不明显，一般只有一层，平均高度为 5~15cm，大量伴生植物基生叶非常发达，形成垫状或莲座状，覆盖度大，一般多在 80%~90%；植物根系发达，许多优势植物因具有短根茎而在土壤上层形成紧实而又富有弹性的草结皮层，这种结构既可以抗御外界恶劣环境条件，又可以为牧草地上部分生长发育储存足够营养物质，因此具有较强耐牧性（廖国藩，1996）。

2. 高寒草原生态系统

高寒草原指在高山和青藏高原寒冷干旱的气候条件下，由抗寒耐旱的多年生草本植物或小半灌木为主所组成的草原类型，植物生活型主要有落叶灌木、小半灌木、丛生禾草、根茎禾草、多年生杂类草和一年生植物。高寒草原主要分布于青藏高原的羌塘高原、青南高原西部、藏南高原，以及西部温带干旱区大山的垂直带。青藏高原北部集中于海拔 3000~4500m，西藏中西部的 4300~5000m，以及阿尔泰山的 2400m 以上地带。高寒草原具有明显高原地带性分布特征，气候干寒，冬季多风，夏季比较湿润。

高寒草原植物群落结构的主要特征：植物种类组成相对单调，每平方米植物种的饱和度大约为 40 种，有时只有 5 种左右，中旱生植物约占总种数的 60% 以上；植物稀疏且低矮，盖度一般为 20%~30%，高者达 50%~60%，低者仅 10% 左右，生物产量偏低，一般 5 月下旬至 6 月上旬开始萌发返青，9 月中下旬地上部分即大部分枯黄；草层高度为 5~15cm，高者达 20~40cm；有毒植物较少，常以伴生种出现，但退化严重的局部地区，其可以成为优势种或主要伴生种，但其盖度一般小于 5%（廖国藩，1996）。

3. 高寒草甸草原生态系统

高寒草甸草原指在寒冷、干旱、土壤水分较好条件下，由耐寒的中旱生草本植物为优势种组成的草原类型，高寒草甸草原既有高寒草原的植物种，又有高寒草甸的植物种，常见于高山（高原）亚寒带、寒带、半湿润、半干旱地区的地带性草地，主要分布于西藏自治区、青海省和甘肃省境内的高原面、宽谷、河流高阶地、冰碛台地、湖盆外缘及山体中上部，海拔为 4000~4500m。

高寒草甸草原植物群落结构的主要特征：植物种类丰富，伴生种数最多，每平方米植物种类饱和度一般为 25~40 种，有些地方超过 50 种，其中禾草和莎草比例较大，两者生物量占总生物量的比例达 35% 以上，但豆科牧草极少，一般不足 3%；植物群落盖度为 30%~50%；草层普遍低矮，一般高度介于 3~10cm；植物生长较稀疏，耐牧性差，大部分适宜牲畜暖季放牧利用，只有平缓宽谷及居民点附近的地段，适宜牲畜冷季放牧利用（董世魁，2018）。

4. 高寒荒漠草原生态系统

高寒荒漠草原指在高原（高山）亚寒带、寒带寒冷干旱气候条件下，由强旱生多年生草本植物和小半灌木组成的草原类型。高寒荒漠草原是高寒草原与高寒荒漠的过渡类型，主要分布于西藏自治区、新疆维吾尔自治区和甘肃省境内，常见于海拔 3800~4000m 的帕米尔高原半阴坡和半阳坡，4500~5300m 昆仑山的高原湖泊外缘、山间谷地、洪积扇、高原面及高山地。

高寒荒漠草原植物群落结构的主要特征：植物群落组分极为简单，每平方米内的植物种数变化很大，少则 1 种，多达 10 种左右；草地植物低矮稀疏，盖度一般为 10%~30%；草层高度介于 5~10cm（董世魁，2020）。

5. 高寒荒漠生态系统

高寒荒漠指在寒冷和极端干旱的高原或高山亚寒带气候条件下，由超旱生垫状半灌木、垫状或莲座状草本植物为主的草原类型。高寒荒漠是世界上分布海拔最高，且最干旱的草原，主要分布于我国西藏自治区、新疆维吾尔自治区与青海省的交界处的内陆高原和高山带，常见于海拔 4600~5400m 的羌塘高原和可可西里高原湖盆区，

4500m 以上的昆仑山、喀喇昆仑山的宽谷和缓坡，4000~4500m 的帕米尔高原山原和谷地，3800~4300m 的祁连山西段高山带阳坡，以及 4200~4700m 的阿尔金山阳坡和山间谷地。

高寒荒漠植物群落结构的主要特征：植物组成简单，每平方米内植物种数一般不会超过 5 种；植物生长稀疏，盖度约为 10% 左右，最高不超过 20%；植物群落结构简单，层次分化不明显，草层低矮，草层高度大于 5~10cm；植物多呈垫状或莲座状，叶片密被茸毛或肉质化(廖国藩，1996)。

6. 山地草甸生态系统

山地草甸指分布在中山上段的缓坡、山脊之间或林间地段的以多年生中生性草本植物为主的草原类型。山地草甸包括中低山山地草甸和亚高山草甸两个亚类，是一种隐域性草原类型，主要分布于内蒙古、四川、云南、西藏、甘肃、新疆。

山地草甸植物群落结构的主要特征：空间层次明显，杂类草和常见疏灌丛层为上层，而禾本科和莎草科植物为下层；植物组分复杂，种类较多，一般每平方米内植物种数介于 40~70 种，优势能够达到 80 种以上；中低山山地草甸亚类的草层高度在 50~85cm，而亚高山草甸亚类的草层高度一般在 10~30cm；中低山山地草甸亚类的盖度多为 85%~90%，而亚高山草甸亚类的盖度为 50%~60%；中低山山地草甸亚类的生物量为每公顷 1800~3000kg，而亚高山草甸亚类的生物量为每公顷 1100~1700kg(许鹏，2000)。

7. 低地草甸生态系统

低地草甸指由地形条件导致的水分补给、形成局部土壤水分丰富的中生环境而发育形成的草原类型，属隐域性植被，主要是河流泛滥、潜水、汇集的地表径流超出于当地由气候决定的水分供应所致。包括低湿地草甸、低地盐化草甸、滩涂盐生草甸、低地沼泽化草甸四个亚类。主要分布于内蒙古、辽宁、黑龙江、山东、甘肃、青海、新疆等地。

低地草甸植物群落结构的主要特征：植物种类组成复杂，不同地区土壤水分条件和盐碱化程度差异很大，每平方米植物种数最低大约 10 种，最高可达 50 种；草层高度为 20~80cm，盖度在 30%~90%，每公顷生物量为 80~3000kg(廖国藩，1996)。

8. 温性草甸草原生态系统

温性草甸草原指在温带半湿润气候下发育形成的草原类型，以中旱生或广旱生的多年生禾本科和部分杂类草植物为主，经常出现在年降水量 350~400(500)mm、≥ 10℃年积温在 1800~2200℃ 的地区。温性草甸草原主要分布于内蒙古、吉林、黑龙江、新疆等，大约位于北黄土高原南部，临夏-渭源-秦安-平凉-庆阳-华池一线的东部地区。同时，祁连山中东段山地草原向山地草甸过渡地带亦有不连续分布。

温性草甸草原植物群落结构的主要特征：植物群落分层相对明显，上层以铁杆蒿为主，下层有长芒草(*Stipa bungeana*)、大针茅(*Stipa grandis*)、隐子草(*Cleistogenes se-*

rotina）等丛生禾草为主；种的饱和度为每平方米内有 15~28 种植物；草层较高，为 30~50cm，盖度在 60%~80%；平均产草量鲜重约为每公顷 2880kg，其中禾草占 20% 左右，其他占 80%（赵忠，2010）。

9. 温性草原生态系统

温性草原指在温带半湿润半干旱气候条件下发育形成的，以典型旱生的多年生丛生禾草占绝对优势地位的草原类型。中国境内的温性草原是欧亚大陆草原的重要组成部分，分布范围广，集中分布于内蒙古、新疆、甘肃、青海、西藏、陕西、宁夏、山西、河北等地，其中内蒙古分布范围最广、面积最大。温性草原类可划分为平原丘陵草原、山地草原、沙地草原等三个亚类。

温性草原植物群落结构的主要特征：植物群落层次分化明显，一般为两层，针茅属植物为第一层，杂类草为第二层，而以芨芨草（*Achnatherum splendens*）为优势种的植物群落则分化为三个层次，芨芨草为上层，针茅属为中层，其他植物为下层；植物组分相对复杂，不同地区物种饱和度存在差异，一般为每平方米 8~30 种；草层高度一般为 20~60cm，芨芨草最高可达 150cm；植被盖度一般为 35%~60%（辛玉春，2014）。

10. 温性荒漠草原生态系统

温性荒漠草原指在温带湿润度为 0.13~0.3，年降水量 150~250mm 的干旱地区，以多年生旱生丛生小禾草草原成分为主，并有一定数量旱生和强旱生小半灌木、半灌木荒漠成分参与组成的草原类型。温性荒漠草原主要分布于内蒙古、甘肃、宁夏、青海和新疆。

温性荒漠草原植物群落结构的主要特征：温性荒漠草原物种贫乏，结构简单，一般每平方米物种饱和度在 10 种以下；草层高度一般在 10~30cm，覆盖度为 15%~40%（许鹏，1993；廖国藩，1996）。

11. 温性草原化荒漠生态系统

温性草原化荒漠指分布于温带、湿润度 0.10~0.13、年降水量 100~150mm 的干旱地区，以强旱生半灌木和灌木荒漠成分为主，又有一定旱生草本成分参与组成的草原类型。主要分布于内蒙古、甘肃、宁夏、新疆。

温性草原化荒漠植物群落结构的主要特征：植物丰富度低于温性草原，一般每平方米植物物种数为 3~13 种；草层高度为 10~20cm，灌木出现时其高度可达 70cm，此时层化现象明显；植物群落盖度多在 20%~25%，有时能高达 37%（许鹏，1993；廖国藩，1996）。

12. 温性荒漠生态系统

温性荒漠发育于温带，湿润度小于 0.1，年降水量小于 100mm 的极干旱地区，以超旱生灌木和半灌木为优势种，一年生植物参与的草原类型。主要分布于新疆准噶尔盆地、伊犁谷地、博乐谷地、塔城盆地，内蒙古西部，甘肃河西走廊，以及青海的柴达木盆地、茶卡盆地和共和盆地。

温性荒漠植物群落结构的主要特征：温性荒漠植物群落层化结构与多年生草本有关，当生境内生长多年生草本时，形成分层结构，其中灌木为上层，草本为下层，当生境内没有多年生草本时，则呈现为简单的单层结构；植物物种数相对较低，每平方米植物物种数为2~10种；灌木高度一般为60~90cm，半灌木层高度一般为10~60cm，草层高度一般为10~40cm；植被盖度在10%~30%（许鹏，1993；廖国藩，1996）。

13. 暖性草丛生态系统

暖性草丛指在暖温带落叶阔叶林区域（或山地暖温带）湿润度>1.0、年降水量大于600cm的森林区，因森林被连续破坏后其乔木不能短时间内自然恢复，而形成的由次生喜暖的多年生中生草本植物为主的稳定草原类型。暖性草丛类主要分布于河南、山西和陕西的南部。

暖性草丛的植物群落结构的主要特征：草地植物组成丰富，杂类草成分多，但结构简单，每平方米植物物种数为8~15种；草层高度一般为60~80cm；植被盖度一般60%~70%，有时能够超过85%，每公顷生物量为1100~3000kg（许鹏，2000）。

14. 暖性灌草丛生态系统

暖性灌草丛指在暖温带（或山地暖温带）湿润度>1.0、年降水量大于600cm的森林区，当森林植被遭受破坏后原有植被短期内无法自然恢复，但形成的以次生喜暖的多年生中生或中旱生草本植物为主，并保留有一定数量原有的乔木、灌木，而组成的草原类型。暖性灌草丛是隐域性草原类型，主要广泛分布于暖温带地区东南部湿润或半湿润地带和亚热带山地海拔1000~2500m的山地垂直带。

暖性灌草丛植物群落结构的主要特征：植物群落结构层次分明，分为灌木层（或乔木层）和草本层；植物群落组分随地点而有明显的变化，一般每平方米植物种数为4~17种；灌木层高度一般1m以上，草层高度一般为20~30cm；植物群落盖度一般为50%~90%，生物量每公顷1200~2500kg（许鹏，2000）。

15. 热性草丛生态系统

热性草丛指在我国亚热带、热带湿润度>1.0、年降水量>700mm的森林区，森林植被经烧荒、放牧和水土侵蚀等因素连年不断破坏后，或者耕地多年撂荒后，形成的由次生热性多年生中生或中旱生草本植物为优势种，其间散生少量乔木、灌木的草原类型。热性草丛草原广泛分布于亚热带常绿或落叶阔叶林区或热地季雨林区。

热性草丛的植物群落结构的主要特征：植物群落结构层化现象相对明显，禾草组高度一般为30~80cm，而杂草类的矮禾草组高度一般在30cm以下；草地植物组成极为丰富，植物种数为每平方米一般为10~20种，有些地方能够超过20种；草层盖度为60%~90%，生物量每公顷1600~3500kg（许鹏，2000）。

16. 热性灌草丛生态系统

热性灌草丛指在热带和亚热带湿润度>1.0、年降水量>700mm的森林区，由于原来的森林植被受到严重的砍伐或烧荒破坏后，由次生热性多年生中生或中旱生草本为主，并保留有一定数量原有植被中的乔灌木，植被相对稳定的草原类型。热性灌草丛的稳定性要比热性草丛差，其分布自然条件和分布范围与热性草丛具有一定程度的吻合，常见于秦岭、淮河以南的广大的热带和亚热带地区。

热性灌草丛的植物群落结构的主要特征：植物群落结有时具有层化现象，但植物空间位置相对不固定，其中乔木、灌木和高禾草的平均高度为 80~250cm，最高可达400cm，中禾草平均高度 30~80cm，矮禾草一般在 30cm 以下；植物群落组分复杂，多变，不同地点变化较大，略高于热性草丛；盖度多为 70%~90%，生物量可达每公顷1400~3000kg(许鹏，2000)。

17. 干热稀树灌草丛生态系统

干热稀树灌草丛指在热带地区和具有热带干热气候的亚热带河谷底部极端干热的气候条件下，由森林植被破坏后而次生形成的草原类型。大部分分布在西南低纬度地区的干热河谷底部，如云南的元江、澜沧江、怒江，四川的金沙江、雅砻江等纵深切割的峡谷。干热稀树灌草丛的群落结构近似热性灌草丛，群落外貌又近似稀树草原，但成因不同于热性灌草丛和稀树草原。

干热稀树灌草丛植物群落的结构的主要特征：植物群落结具有层化现象，乔木和灌木为上层，高大禾草为中层，其他草本为下层；植物种数为每平方米一般 8~22 种；草层高度在 60~80cm，乔木树种一般高 3~7m；植被盖度多为 70%~90%，草本生物量每公顷 1000~2000kg(许鹏，2000)。

18. 沼泽草地生态系统

沼泽指发育于排水不良的平原洼地、山间谷地，河流源头，湖泊边缘等地形部位，在季节性积水或常年积水的条件下，形成以多年生湿生或沼生植物为优势种的隐域性草原类型。沼泽分布十分广泛，不受地带性气候的限制，其形成发育主要受地表积水和地下水的影响。在暖季多雨和冷季低温的低洼地、河流一级阶地、湖泊周围、泉水汇集处，均会形成沼泽。

沼泽草地植物群落结构的主要特征：不同地点植物种类数变化较大，一般每平方米植物种为 5~13 种，有些地方能够高达 20 种；草层生长茂密，覆盖度高，多在80%~100%；禾草为主的植物群落高度多在 100cm 以上，莎草类为主者高度在 50~80cm，生物量每公顷 1500~5000kg(贾慎修，1995；许鹏，2000)。

(二)中国草原生态系统的主要功能

草原生态系统的功能指生态系统各组分(如物质库)的大小及其过程(如物质循环、能量流动)的速率，包括初级生产力、碳固持、水源涵养、防风固沙、生物多样性维持等，其核心内涵是生态系统的服务功能(白永飞等，2020)。草原生态系统服务功能是指生态系统及其生态过程所形成与维持的、人类赖以生存的环境条件和效用，是指通过生态系统的功能直接或间接得到的产品和服务(姜立鹏等，2007)。1997 年 Costanza

等人提出生态系统服务功能价值评估的理论体系，并将全球各类生态系统的服务功能分为 17 类，包括气体调节、气候调节、干扰调节、水调节、水供给、土壤形成与维持、侵蚀控制、养分循环、废物处理、授粉、基因资源、避难场所、生物控制、原材料生产、食物生产、休闲娱乐、文化等。2004 年联合国千年生态系统评估将这 17 类生态系统服务功能归为四大类，即支持服务功能、供给服务功能、调节服务功能和文化服务功能。胡自治等（2004）根据 Costanza 等人（1997）的生态功能分类系统，系统总结了我国草原生态系统的服务功能。

1. 气体调节功能

草原生态系统服务具有调节大气成分的重要功能，主要包括保持 CO_2/O_2 平衡、维持 O_3 的数量以防紫外线、降低 SO_x 和其他有害气体水平的作用等。其中，最重要的气体调节功能是保持 CO_2/O_2 平衡。草原生态系统的动物、植物和微生物在其生命代谢过程中都要与大气进行气体交换，通过呼吸作用从大气中吸收 O_2，放出 CO_2，只有植物在进行光合作用时吸收 CO_2，放出 O_2。动物尤其是人类的正常生命活动需要一个相对固定的 O_2/CO_2 值的环境。草原生态系统中的绿色植物在生物生产中同时调节着大气中 O_2 和 CO_2 的量，保证生命活动的基本大气成分条件，因此，草原生态系统的气体调节功能对人类来说是极其重要的。

2. 气候调节功能

草原和森林一样，可以对温度、降水、湿度、蒸发及其他由生物媒介的全球及地区性气候要素进行调节。植物在生长过程中，从土壤吸收水分，通过叶面蒸腾，把水蒸气释放到大气中，提高环境的湿度、云量和降水，减缓地表温度的变幅，增加水循环的速度，从而影响太阳辐射和大气中的热交换，起到调节气候的作用。此外，草原生态系统中的绿色植物和土壤生物还把碳贮存在其组织中，有助于减缓大气中 CO_2 的积累和温室效应的增强，起到调节气候的作用。白永飞等（2020）主持完成的中国科学院战略性先导科技专项"生态系统固碳现状、速率、机制和潜力"（简称"碳专项"）课题"中国草地生态系统的固碳现状、变化和机制"的研究结果表明中国草地总碳储量为 28.95 Pg C，其中植被碳库储量为 1.82 Pg C（约占 8%），土壤有机碳库储量为 27.13 Pg C（约占 92%）。其中，内蒙古、新疆、青海和西藏 4 个省份草原分布面积最广，碳储量最大，分别为 6.80、6.13、5.68 和 5.40 Pg C，合计占我国草地总碳储量的 60%。其次是四川、黑龙江、云南和甘肃，碳储量分别为 2.97、2.28、1.70 和 1.46 Pg C，贡献了全国草原碳储量的 21%。我国草原植被平均固碳速率为 250 tC/（$hm^2 \cdot a$），年固碳量为 1215 Tg C，其中高寒草原植被年固碳量为 734 Tg C，温性草原植被为 182 Tg C，暖性和热性草丛/灌草丛为 56 Tg C，隐域性草甸类草地等为 233 Tg C。草原面积大的省份年净固碳量也高，西藏、青海、四川、内蒙古和新疆分别占全国草地年固碳量的 34%、20%、12%、9% 和 9%。

3. 干扰调节

干扰调节是指生态系统对环境波动的容量、衰减和综合的反应，例如，沙尘防治、洪水控制、干旱恢复等受植被结构控制的环境变化的反应。在降水不多的温带地区，草层的截流量可达到总降水量的 25%。植被破坏会改变局部地区的水分循环过程，大大减少对降水的蓄积和调节功能，造成一系列生态环境恶化问题，江河源草地植被破坏引起长江洪水和黄河断流就是最明显的事例。

沙尘暴作为严重的生态环境问题和危害极大的气象灾害，早已引起全球性的注意。沙尘暴的产生其根本原因就是严重破坏了草原、荒漠尤其是草原的植被，土壤裸露，形成沙尘源，再加上频繁的大风将沙尘从空中吹向很远的地方而造成大面积的严重灾害。治理风沙要以保护和建立以草灌为主、草灌乔相结合的植被为主。风沙地区的干旱草原植被，通过降尘、枯枝落叶、分泌物、苔藓地衣等的作用，地面逐渐形成结皮，流沙成土过程加强，地表日益变得紧密，抗风沙能力就会增强。草原植被是由旱生的植物群落形成的，对干旱的干扰具有很强的适应性，它可以在长期的干旱之后重新恢复生机而不死亡。例如，我国北方的草原植被经常要遭受春旱，有时到七八月才有第一次降水，降水之后草地即返青生长，这种抗旱能力是森林和农田所不及的。

沼泽草地的草根层和泥炭层具有很高的持水能力，有助于一定区域水的稳定性；巨大的水面有利于调节气候，增加空气的湿度，防止环境趋于干旱、形成旱灾。

4. 水调节

草原的水调节服务主要是水文调节和水源涵养。草原植物和土壤可以吸收和阻截降水，延缓径流的流速，渗入土中的水通过无数的小通道继续下渗转变成地下水，构成地下径流，逐渐补给江河的水流，起到了水源涵养的作用。据研究，具有大量苔藓的高寒灌丛草甸，植物的截流、持水量和土壤的吸收水分能力很强，在融冰期不断有水渗出，表现了很高的水源涵养能力（张德罡，2003）。据估算，我国草地 1980—2000 年平均水源涵养量为 $1.1617 \times 10^{11} m^3$/年，2000—2010 年平均年水源涵养量为 $1.1838 \times 10^{11} m^3$/年（白永飞等，2020）。

5. 水供给

草原的生草土具有较高的持水能力，可以形成巨大的蓄水库，能够削减洪峰的形成和规模，为江河和溪流提供水源。我国大江大河大都发源于草原地区，黄河水量的 50%、长江水量的 30%、东北诸河 50% 以上的数量都直接来源于草原。甘肃省玛曲县面积 1.02 万 km^2，82.27% 的土地是高寒草甸和高寒沼泽，是黄河上游重要的水源补充地，黄河在玛曲入境时流量为 38.91 亿 m^3/年，流过 433km 长的第一曲出境时，流量达到 147 亿 m^3/年，由此可见草原有巨大的水资源供应能力。

6. 土壤形成与维持

草原在土壤形成和维持土壤功能上的作用，是在生态系统内促进岩石风化和有机质积累，保持水土，防止土壤风蚀和水蚀，保持和提高土壤的生态功能。岩石在生物作用下的风化称为生物风化。岩石上的微生物都产生 CO_2，硝化细菌产生硝酸，硫细菌产生硫酸，这些微生物的代谢产物导致岩石风化。在低温干燥的草原区，生物风化具有重要的意义。例如，蓝绿藻、地衣使岩石表面变为疏松，成为成土母质，随着有植物生长和有机质的积累，成土母质逐渐成为土壤。草原植被的根系和凋落物给土壤增加有机质，形成团粒，改善土壤结构，增强成土作用，提高土壤肥力，使土壤向良性的方向发展。

草原土壤微生物和土壤动物是土壤的改良者。在良好的保护和科学的利用条件下，草原植物、土壤动物和微生物的遗体和排泄物可以使土壤有机质不断积累，提高有机质含量。土壤微生物和土壤动物是草地生态系统中的分解者，它们使有机质粉碎、腐烂和分解，成为植物可利用的矿质化状态。典型草原和草甸土壤的有机质一般高于森林土壤。草地土壤有机质的不断积累和分解，使草地不同土壤类型的理化条件相应地达到最优，肥力相应地达到最高，生态功能相应地达到最强。

7. 养分循环

草原生态系统内养分的循环包括氮、磷和其他元素及养分的获取、贮存和内循环等。草原生态系统中生命活动所必需的元素有 30~40 种，这些元素进入土壤后，土壤中带负电荷的颗粒可以吸附交换性的这些营养元素并将它们贮存起来，以供植物不断吸收利用；反过来说，如果没有土壤微粒，营养物质将很快流失。与此同时，土壤还作为人工施肥的缓冲介质，将营养物质离子吸附在土壤中，供植物在需要时释放。

草地生态系统由于有家畜的放牧、粪尿排泄物、草畜产品和活畜的运出等特殊的影响，它们能够改变元素循环的途径和养分因分解而释放的元素比率，通过长循环的途径使元素返回草地。在长循环中家畜通过采食、咀嚼、消化，将植物体粉碎、变小，使其容易分解，加速物质循环的速率。如果没有草食动物的采食或采食很少，植物的养分就直接淋溶到土壤中，或以死的植物有机物经过分解，使元素以短循环的途径回到土壤中。

8. 侵蚀控制

草原具有控制侵蚀的重要生态服务功能，水土流失控制是黄土高原和云贵高原草原的主要生态功能，防风固沙是干旱与半干旱草原提供的重要生态功能。孙建等（2019）利用修正的通用土壤流失方程估算 1984—2013 年青藏高原草原的防风固沙量为 $2.72×10^7$ t/年；孙文义等（2014）估算黄土高原草原 1990—2010 年防风固沙量为 $7.7×10^9$ t/年；王洋洋等（2019）利用 RWEQ 模型估算的宁夏草原 2000—2015 年防风固沙量为 $7.298×10^6 \sim 4.120×10^7$ t/年；江凌等（2016）对内蒙古草地的防风固沙量估算值为 $5.758×10^9$ t/年。

9. 废物处理

草原生态系统可以将过量的养分、化合物去除或降解，从而解除毒性，控制和消除污染。草原植物和微生物在自然生长过程中，能够吸附周围空气中或水中的悬浮颗粒和有机与无机化合物，并把它们吸收、分解、同化或者排出。动物则通过采食对活的或死的有机物进行机械的粉碎和生物化学的消化分解。草原生物在生态系统中进行新陈代谢，通过摄食、吸收、分解、组合，并伴随着氧化、还原作用，使化学元素进行不断的各种各样的化合和分解。在不断的这种作用过程中，改变了外来物质的性状、构造，保证了物质的循环利用，有效地防止了生态系统内部的或外来的物质过度积累所形成的污染。同样，有害物质经过空气、水和土壤中的生物的吸收和降解后，得以消除或减少，从而控制和消除环境的污染。

10. 授粉和传种

自然界中大多数显花植物需要动物传粉才能受精、结实和繁衍后代，促进种群的繁荣。70%的草原植物需要动物传粉；如果没有动物的传粉不仅会导致牧草大幅度减产，还会导致一些物种的灭绝。何亚平等（2004）的研究表明，青藏高原高寒草甸的麻花艽不具有无融合繁殖及克隆繁殖的能力，昆虫的传粉保证了它的有性繁殖和生存。植物不仅需要动物授粉，而且有些植物还需要动物帮助传播和扩散种子，有些种类甚至必须有一些动物的活动才能完成种子的扩散。草地放牧的奶牛每天排出的粪便中有车前种子8.5万粒，母菊属植物种子19.8万粒，奶牛及其牛粪堆成为这两者植物种子的集散地。动物在为植物传粉传种的同时，也取得了自身生长繁殖所需的食物和营养，在长期的这种互惠作用中，植物和动物一方的进化需要和促使另一方的适应，因此，植物与传粉传种动物之间形成了协同进化的关系。

11. 基因资源（生物多样性）

生物多样性是生态系统提供产品与服务的基础和源泉，是维持生态系统稳定性的基本条件。草原生物多样性可以直接提供产品，如牧草、药用植物、家畜、旅游资源。据估计，我国草原植物15000余种、动物2000余种，丰富的生物多样性资源构成了我国野生动植物资源基因库，特别是耐旱、耐寒、耐盐、食用、药用、景观、工业用植物最重要的基因库，是筛选、培育生态草、牧草、草坪草和观赏草的基本材料，是作物抗性育种的优异基因来源。草原植物作为主要栽培作物和草种的野生亲缘种，具有重要科学研究价值，比如小麦的亲缘种冰草、偃麦草和披碱草，紫花苜蓿的亲缘种黄花苜蓿等。草原动物中有250余种动物是家畜如马、牛、羊、骆驼、驴等，提供了肉、奶、毛、皮等动物产品。藏羚羊、野牦牛、黄羊、普氏野马、野骆驼等则是我国草原上特有的野生动物资源，其中不少为国家重点保护野生动物。野生动物具有非常高的观赏价值，可在草原旅游、草原自然公园建设等方面，作为生态产品为人们带来较高效益。草原微生物资源十分丰富，据不完全统计，$1m^2$的土壤中，可能有几十万个微生物，将有益微生物开发为菌肥，可改良农田和肥料，提高土壤肥力。冬虫夏草、蘑菇等草原特色微生物的培养，也将为人们带来良好收益。

12. 生存和避难场所

草原为植物提供从炎热到寒冷、从干旱到潮湿的生境，是生存条件幅度最大的植物生境和动物栖息地。草地还为一些迁移动物，如藏羚羊、黑颈鹤、天鹅、大雁，提供特殊要求的育雏地和越冬场所。此外，山地草原特别是高山草原为那些丧失了在平地、低地生境和栖息地的植物和动物提供了避难或庇护场所，使那些濒危的植物和动物免于灭绝。

13. 生物控制

草原生态系统中作为生产者的各种草本植物，主要通过食物与作为消费者的大小不同的植食性、肉食性动物发生关系，这种关系以食物链和食物网的形式将各种植物与动物、动物与动物联系成为一个整体。食物网把生物与生物、生物与周围的环境成分连接成一个网状结构，网络上的各个环节彼此牵连，相互依赖，维护了生态系统的平衡。例如，当草原上的鼠类由于传染病的流行而大量死亡后，看来依靠鼠类为生的鹰类只能面临饥饿的危机，但这却是暂时的现象，因为鼠类的数量减少之后，草原就会繁茂起来，给兔类提供了良好的繁殖环境。野兔大量增加给鹰类提供了新的食物源，鼠类被捕食的危险减少之后，就会逐渐恢复到原有的数量，使草原重新达到原有的状态和平衡。

14. 原材料生产

草原生态系统提供了大量植物性和动物性原材料，如燃料、医药、纤维、皮毛和其他工业原料等。我国草原生态系统中的乔木、灌木、半灌木、草类和放牧家畜的粪便是生物质能源，常被直接用作燃料，这些生物质燃料占当地燃料消耗的 30%~50%。草地生态系统中的许多植物是重要的药物来源，我国有记载的药用植物在 5000 种以上，常用的约为 1700 种，绝大多数来自草原。草原上的灌木和草本植物提供了大量的植物性纤维，草原上放牧饲养的绵羊、山羊和牦牛为人类提供了最大量的动物性纤维。

15. 食物生产

草原生态系统给家畜和野生动物提供了种类最多、适口性好的植物性饲料。我国的草原上约有饲用植物 6352 种，约占全国植物总种数的 26%，为马、牛、羊等放牧家畜提供了优良的饲料。此外，还通过牧养家畜将饲用植物转化为大量的肉、奶等优质动物性食物。

16. 游憩和娱乐

草原游憩和娱乐包含观光旅游、度假休闲、科考探险三大部分。在草原上人们可以观光、疗养、漫步、骑乘、开车、爬山、游泳、划船、漂流、滑雪、滑冰、狩猎、钓鱼、观赏野生动物、探险、考察、参观宗教和庆典等多种游憩和娱乐活动（胡自治，2000）。草原具有美妙绮丽的自然风光、独特奇异的风俗人情，还有碧蓝的天空、灿烂的阳光、清新的空气、无垠的绿地。青藏高原高寒草原的藏羚羊、蒙古高原的草原那达慕、新疆山地草原的姑娘追等丰富多彩的自然和人文景观，带给人们极大的精神享受。

17. 文化艺术

自然生态环境深刻地影响着美学趋向、艺术创造和宗教信仰。在漫长的文化发展过程中，草原独特的自然环境、动植物特点和生产条件，塑造了各游牧民族的特定习俗，生产、生活方式以及性格特征等，从而形成各具特色的地方文化和民族文化。生活在青藏高原的藏族人民，他们在高寒草原的环境下，形成了淳朴善良、乐天吃苦的民族性格；他们以放牧为生，对草原有着深厚的感情，对草原很少挖掘，也不随便攀折一草一木；他们在长期的放牧生产和藏传佛教传播影响的过程中，不滥猎野生动物，不捕食鱼类，养成了珍视自然、爱护生灵，与大自然和谐共处的生态伦理道德。青藏高寒草原的自然环境也深刻地影响着藏族人民的美学趋向和艺术创造，在与佛教思想的自然结合下，他们创造了独具特色的包括建筑、雕塑、绘画、音乐、舞蹈和运动等在内的文化和艺术。与藏族文明一样，我国其他草原民族的文化也同样具有这些特征。

(三)中国草原生态系统的服务价值

生态系统服务价值评估是制定区域生态环境保护、生态经济核算和生态补偿决策、开展生态功能区划、保护和恢复自然生态系统的重要依据和基础。自 1997 年 Costanza 等首次对全球主要生态系统类型开展服务价值评估以来，我国学者对草原生态系统服务价值开展了大量相关研究工作，从草地生态系统的总服务价值、各类草地生态系统的服务价值、草地生态系统不同服务功能的价值以及不同区域草地生态系统的服务价值等多个维度进行了系统分析。

1. 草原生态系统服务的总价值

我国草原生态系统服务的总价值由于核算方法、测定指标和草地资源本底不同，得出的草地生态服务功能价值估测结果不尽相同(白永飞等，2020)。

2000 年，陈仲新和张新时最早根据 Costanza 等(1997)的方法估算了我国各类陆地生态系统的服务价值，得出草地生态系统的自然资本和服务的综合价值为 1009.16 亿美元(折合 8697.68 亿元人民币)，约为我国陆地生态系统服务总值的 15.50%；如果加上沼泽(草地)的生态服务价值，则为 4114.49 亿美元(以 2000 年美元兑人民币汇率折合 35461.68 亿元人民币)，占我国陆地生态系统总价值的 63.21%。

2001 年，谢高地等参照 Costanza 等(1997)提出的方法，在草地生物量订正的基础上，对全国草地生态服务功能价值进行了估算(表 2-1)，结果表明，全国草地生态系统(包括沼泽、荒漠在内)的自然资本和服务平均综合价值为 1497.9 亿美元(以 2001 年美元兑人民币汇率折合 12402.6 亿元人民币)。

表 2-1 中国不同类型草地生态系统的服务价值及占比

草地类型	每年每公顷草地生态服务功能价值(排序)			每年各类草地总态服务服务功能价值(排序)				
	谢高地等(2001)		姜立鹏等(2007)	谢高地等(2001)			姜立鹏等(2007)	
	美元	元人民币	元人民币	亿美元	亿元人民币	比例(%)	亿元人民币	比例(%)
温性草甸草原	302.2(9)	2502.2(9)	724994(6)	43.9(8)	363.5(8)	2.9(8)	1141.7(5)	6.7(5)

（续）

草地类型	每年每公顷草地生态服务功能价值（排序）		每年各类草地总态服务服务功能价值（排序）				
	谢高地等（2001）	姜立鹏等（2007）	谢高地等（2001）			姜立鹏等（2007）	
	美元	元人民币	元人民币	亿美元	亿元人民币	比例（%）	亿元人民币	比例（%）
温性典型草原	183.4（10）	1518.6（10）	481788（11）	75.4（6）	624.3（6）	5.0（6）	2020.7（3）	11.9（3）
温性荒漠草原	93.8（13）	776.7（13）	372308（12）	17.8（13）	147.4（13）	1.2（13）	696.4（9）	4.1（9）
高寒草甸草原	63.3（15）	524.1（15）	218615（14）	4.3（16）	35.6（16）	0.3（16）	148.3（14）	0.9（14）
高寒典型草原	58.6（16）	485.2（16）	181651（16）	24.4（11）	202（11）	1.6（11）	854.2（8）	5.0（8）
高寒荒漠草原	40.2（17）	332.9（17）	56202（18）	3.8（17）	31.5（17）	0.3（17）	58.7（18）	0.3（18）
温性草原化荒漠	95.9（12）	794.1（12）	268594（13）	10.2（14）	84.5（14）	0.7（14）	245.0（12）	1.4（12）
温性荒漠	67.9（14）	562.2（14）	188780（15）	30.6（10）	253.4（10）	2.0（10）	866.2（7）	5.1（7）
高寒荒漠	24.1（18）	199.5（18）	89952（17）	1.8（18）	14.9（17）	0.1（17）	60.6（17）	0.4（17）
暖性草丛	338.9（8）	2806.1（8）	875214（5）	22.6（12）	187.1（12）	1.5（12）	488.2（11）	2.8（11）
暖性灌草丛	364.9（5）	3021.4（5）	931399（4）	42.4（9）	351.0（9）	2.8（9）	565.94（10）	3.3（10）
热性草丛	545.1（3）	4513.4（3）	952986（3）	77.6（5）	642.5（5）	5.2（5）	1060.8（6）	6.2（6）
热性灌草丛	521.2（4）	4314.7（4）	716233（7）	91.5（3）	757.6（3）	6.1（3）	2824.4（2）	16.6（2）
干热稀树灌草丛	560.8（2）	4643.4（2）	990259（1）	4.8（15）	39.7（15）	0.3（15）	62.5（16）	0.4（16）
低地草甸	356.8（6）	2954.3（6）	—	90.0（4）	745.2（4）	6.0（4）	208.8（13）	1.2（13）
山地草甸	339.9（7）	2814.4（7）	968586（2）	56.8（7）	470.3（7）	3.8（7）	1568.1（4）	9.2（4）
高寒草甸	181.9（11）	1506.1（11）	605936（9）	115.9（2）	959.7（2）	7.7（2）	4059.9（1）	23.8（1）
沼泽	27282.9（1）	225902.4（1）	665549（8）	784.1（1）	6492.3（1）	52.0（1）	104.1（15）	0.6（15）
改良草地	—	—	565651（10）	—	—	—	15.8（19）	0.1（19）
合计	—	—	—	1497.9	12402.6	100	17050.3	100

注：“—”表示该研究无此项数据。

　　2004 年，赵同谦等运用影子价格、替代工程等方法探讨了草地生态系统的间接服务价值，选取侵蚀控制、截留降水、土壤碳累积、废弃物降解、营养物质循环和生境提供 6 类功能进行了评价（表 2-1），得出我国草地生态系统的 6 类服务功能的间接价值为 8803.01 亿元人民币。

　　2007 年，姜立鹏等利用遥感反演技术，提出了基于净初级生产力和植被覆盖率的草地生态系统服务价值估算方法，选取有机物质生产（物质生产）、维持 CO_2 和 O_2 平衡（气体调节）、营养物质循环（养分循环）、对环境污染的净化作用（废物处理）、土壤侵蚀控制（侵蚀控制）和涵养水源（水供给）等 6 类功能进行评价（表 2-1），结果表明，我国草地生态系统 6 类服务功能的综合价值达 17050.3 亿元人民币。

2. 各类草原生态系统的服务价值

　　我国各类草原生态系统的服务功能价值取决于单位面积生态服务功能大小及其分

布面积，同时也取决于生态系统服务价值的核算方法。总体而言，高寒草甸和温性草原因分布面积较大，热性灌草丛和热性草丛因单位面积生态系统服务价值较高，导致这几类生态系统的总生态服务价值较高，位居全国各类草地生态系统的前列。

据谢高地等（2001）利用 Costanza 等（1997）提出的方法进行各类生态系统服务价值的评估，结果表明，尽管沼泽的面积仅占全国各类草地总面积的 0.73%（居倒数第 2 位），但其单位面积的生态服务价值位居各类草地生态系统之首，每年高达 27282.9 美元（以 2001 年美元兑人民币汇率折合 225902.4 元人民币），因而生态服务总价值每年高达 784.1 亿美元（以 2001 年美元兑人民币汇率折合 6492.3 亿元人民币），占全国草地生态系统总服务价值的 52.34%，排名第 1。温性草原和高寒草甸的单位面积生态服务价值不高，但是面积较大，导致其生态服务总价值较高；热性草丛、热性灌草丛和低地草甸的面积不大，但是单位面积生态服务价值，导致其生态服务总价值较高，因此这几类生态系统的总服务价值在全国草地生态生态系统服务价值的占比为 5.03% ~ 7.74%。其余类型草地生态系统或因面积较小或因单位面积服务价值较低，导致其总服务价值在全国草地生态生态系统服务价值的占比均在 5% 以下（表 2-1）。

据姜立鹏等（2007）利用基于遥感反演的净初级生产力和植被覆盖率的各类草地生态系统服务价值估算结果表明，尽管高寒草甸的单位面积生态系统服务价值不高，单位面积每年提供的服务价值为 605936 元人民币，居全国各类草地生态系统第 9 位，但其面积占全国各类草地总面积的首位（16.22%），每年高达 4059.9 亿元人民币，其总生态服务价值在全国草地生态生态系统服务价值的占比高达 23.8%，位居第 1。温性典型草原单位面积生态系统服务价值不高（每年 372308 元人民币，居各类草地第 12 位），但是分布面积较大（10.46%，居各类草地第 4 位），导致其总生态服务价值较高；热性灌草丛单位面积生态系统服务价值较高（每年 931399 元人民币，居各类草地第 4 位）不高，分布面积居中（4.44%，居各类草地第 7 位），导致其总生态服务价值较高；因此这两类生态系统的总服务价值在全国草地生态生态系统服务价值的占比 10% 以上。干热稀树灌草丛的单位面积生态系统服务价值居全国各类草地生态系统首位（每公顷的生态服务价值为 990259 元人民币），但是其分布面积占全国各类草地总面积的末位（0.22%），导致其总生态服务价值在全国草地生态生态系统服务价值的占比仅为 0.4%，位居第 16 位（表 2-1）。

3. 中国草原的各类生态服务价值

我国草原的各类生态服务价值的估测结果因测定指标、核算方法、草地资源本底不同而不同。

谢高地等（2001）基于 Costanza 等（1997）提出的 17 类生态系统服务项目，估算了中国草原生态系统服务各项目的价值和占比（表 2-2）。结果表明，我国草地生态系统提供的各类服务中，废物处理的价值最高，占服务总价值的 31.78%，为每年 476.0 亿美元（以 2001 年美元兑人民币汇率折合 3919.4 亿元人民币）；干扰调节、水供应、食物生产次之，侵蚀控制再次之，其余的服务价值均低于5%；气候调节、养分循环和基因资源的价值等本底数据缺乏，没有给出相应的结果。

赵同谦等（2004）评估了我国草地生态系统的侵蚀控制、截留降水（水供应）、土壤碳累积（气候调节）、废弃物降解、营养物质循环和生境提供（栖息地）等6类功能的价值，结果表明，以土壤固碳为主的气候调节功能的价值最高，为6576.06亿元人民币，占6类服务功能总价值的74.69%，养分循环和水调节次之，其余三类的服务价值均低于5%（表2-2）。

表2-2　中国草原生态系统各类服务的价值及占比

生态服务项目	每年中国草地的各类生态服务价值（排序）				
	谢高地等（2001）			赵同谦等（2004）	
	亿美元	亿元人民币	比例（%）	亿元人民币	比例（%）
气体调节	27.5(10)	226.4(10)	1.84(10)	—	—
气候调节	—	—	—	6575.06(1)	74.69(1)
干扰调节	240.71(2)	1982.0(2)	6.07(2)	—	—
水调节	9.6(12)	79.0(12)	0.64(12)	692.0(3)	7.86(3)
水供应	210.5(3)	1733.2(3)	13.45(3)	—	—
侵蚀控制	84.4(5)	694.9(5)	5.66(5)	228.21(6)	2.59(6)
土壤形成	2.9(14)	23.8(14)	0.20(14)	—	—
养分循环	—	—	—	832.62(2)	9.46(2)
废物处理	476.0(1)	3919.4(1)	31.78(1)	228.35(5)	2.59(5)
传粉	73.1(6)	601.9(6)	4.88(6)	—	—
生物控制	67.3(7)	554.1(7)	4.49(7)	—	—
栖息地	16.1(11)	132.6(11)	1.08(11)	246.77(4)	2.81(4)
食物生产	209.6(4)	1725.8(4)	13.99(4)	—	—
原材料生产	5.6(13)	46.1(13)	0.38(13)	—	—
基因资源	—	—	—	—	—
娱乐	36.3(9)	298.9(9)	2.42(9)	—	—
文化	46.7(8)	384.5(8)	3.12(8)	—	—
合计	1497.9	12402.6	100	8803.01	100

注："—"表示该研究无此项数据。

4. 中国不同区域草原生态系统总服务价值

由于生态系统和生态系统服务类型的空间分布异质性，各类草原因地理区域不同和本身各项自然经济特点不同，不同区域的生态系统服务价值有巨大差异。

据谢高地等（2001）基于Costanza等（1997）提出的17类生态系统服务项目，分别估算了全国6大区的草地生态系统服务价值，结果表明（表2-3），东北温带半湿润草甸草原和草甸区草地生态系统单位面积每年提供的服务价值为1474.3美元（折合12139.4元人民币），区域草地生态系统每年提供的总服务价值为 553.88 亿美元（折合 4560.65 亿元人民币）；蒙宁甘温带半干旱草原和荒漠草原区草地生态系统单位面积每年提供的服务价值为 142.4 美元（折合 1172.5 元人民币），区域草地生态系统每年提供的总服务价值为 100.15 亿美元（折合 824.64 亿元人民币）；西北温带干旱荒漠和山地草原区草地生态系统单位面积每年提供的服务价值为 212.9 美元（折合 1753.0 元人民币），区域草地生态系统每年提供的总服务价值为 192.36 亿美元（折合 1583.89 亿元人民币）；华北暖温带半湿润半干旱暖性灌草丛区草地生态系统单位面积每年提供的服务价值为 433.7 美元（折合 3571.1 元人民币），区域草地生态系统每年提供的总服务价值为 42.47 亿美元（折合 349.70 亿元人民币）；东南亚热带、热带湿润热性灌草丛区草地生态系统单位面积每年提供的服务价值为 522.7 美元（折合 4303.9 元人民币），区域草地生态系统每年提供的总服务价值为 86.41 亿美元（折合 711.50 亿元人民币）；西南亚热带湿润热性灌草丛区草地生态系统单位面积每年提供的服务价值为 567.4 美元（折合 4671.9 元人民币），区域草地生态系统每年提供的总服务价值为 144.42 亿美元（折合 942.13 亿元人民币）；青藏高原高寒草甸和高寒草原区草地生态系统单位面积每年提供的服务价值为 212.8 美元（折合 1752.2 元人民币），区域草地生态系统每年提供的总服务价值为 269.29 亿美元（折合 2217.33 亿元人民币）。

表2-3 中国不同区域草地生态系统总服务价值

生态服务项目	东北温带半湿润区		蒙宁甘温带半干旱区		西北温带、暖温带干旱区		华北暖温带半湿润半干旱区		东南热带、亚热带湿润区		西南亚热带湿润区		青藏高原高寒区	
	亿美元	亿元人民币	亿美元	亿元人民币	亿美元	亿元人民币	亿美元	亿元人民币	亿美元	亿元人民币	亿美元	亿元人民币	亿美元	亿元人民币
气体管理	6.98	57.47	2.53	20.83	4.09	33.68	1.05	8.65	2.44	20.09	3.68	30.30	5.73	47.18
气候管理	—	—	—	—	—	—	—	—	—	—	—	—	—	—
干扰管理	138.93	1143.95	5.36	44.13	22.28	183.45	2.59	21.33	0.59	4.86	7.20	59.28	31.16	256.57
水管理	1.70	14.00	1.03	8.48	1.55	12.76	0.43	3.54	1.04	8.56	1.51	12.43	2.1	17.29
水供应	116.32	957.78	4.49	36.97	18.65	153.56	2.17	17.87	0.49	4.03	6.03	49.65	26.09	214.83
侵蚀控制	12.04	99.14	9.83	80.94	14.24	117.25	4.04	33.27	10.04	82.67	14.37	118.32	19.94	164.19
土壤形成	0.41	3.38	0.34	2.80	0.49	4.03	0.14	1.15	0.35	2.88	0.49	4.03	0.69	5.68
养分循环	—	—	—	—	—	—	—	—	—	—	—	—	—	—
废物处理	163.98	1350.21	34.42	695.11	63.21	520.47	14.52	119.56	30.67	252.54	49.76	409.72	88.50	728.71
授粉	10.38	85.47	8.47	69.74	12.27	101.03	3.48	28.65	8.66	71.31	12.39	102.02	17.19	141.54
生物控制	9.55	78.63	7.79	1.82	11.29	92.96	3.21	26.43	7.97	65.63	11.40	93.87	15.82	130.26
栖息地	9.31	76.66	0.36	2.96	1.49	12.27	0.17	1.40	0.04	0.33	0.48	3.95	2.09	16.96
食物生产	35.66	293.62	23.01	189.46	34.15	281.19	9.49	78.14	23.24	191.36	33.62	276.83	47.83	11.19
原材料	3.24	26.68	0.13	1.07	0.52	4.28	0.06	0.49	0.01	0.08	0.17	1.40	0.73	6.01
基因资源	—	—	—	—	—	—	—	—	—	—	—	—	—	—

（续）

生态服务项目	东北温带半湿润区		蒙宁甘温带半干旱区		西北温带、暖温带干旱区		华北暖温带半湿润半干旱区		东南热带、亚热带湿润区		西南亚热带湿润区		青藏高原高寒区	
	亿美元	亿元人民币	亿美元	亿元人民币	亿美元	亿元人民币	亿美元	亿元人民币	亿美元	亿元人民币	亿美元	亿元人民币	亿美元	亿元人民币
娱乐	18.40	151.51	1.36	11.20	3.79	31.21	0.61	5.02	0.77	6.34	1.90	15.64	5.32	43.80
文化	26.97	6.31	1.04	8.56	4.32	1.01	0.50	0.12	0.11	0.91	1.39	11.36	6.05	49.82
合计	553.88	4560.65	100.15	824.64	192.36	1583.89	42.47	349.70	86.41	711.50	144.42	942.13	269.29	2217.33

注："—"表示该研究无此项数据。

（四）草原生态系统保护与利用状况

1. 高寒草甸生态系统

高寒草甸生态系统是高原特色畜牧业生产的物质资料，也是我国生态安全屏障的重要载体，发挥着气候调节、水源涵养、土壤形成与保护、生物多样性维持等多种生态功能（刘兴元，2012）。高寒草甸面积 63720549hm²，其中可利用草地面积为 58834182hm²，全年总载畜量为 6013.15 万个羊单位（杜青林，2006）。然而，高寒草甸分布区气候寒冷，牧草生长期短，生态系统结构简单，响应气候变化和人类活动敏感（赵新全等，1999）。自然因素和人类不合理经营下，其主要生态功能受损，威胁着生态安全和区域食物安全（赵新全，2009）。与 20 世纪 80 年代相比，草地初级生物量降低一半以上。高寒草甸退化时其可食牧草产量仅为未退化时的 13.2%（马玉寿等，2003）。伴着高寒草甸退化，土壤营养物质流失严重，轻度退化地段损失土壤腐殖质 7122kg/hm²、氮素 3110kg/hm²；中度退化地段损失土壤腐殖质 21.366kg/hm²、氮素 915kg/hm²；重度地段损失土壤腐殖质 40358kg/hm²、氮素 1760kg/hm²。因此，退化高寒草甸生态保护修复是保障高原特色畜牧业生态屏障战略建设的根本保障。

2. 高寒草原生态系统

高寒草原生态系统是高原特色畜牧业生产的物质资料，也是我国生态安全屏障的重要载体，也发挥着气候调节、固碳释氧、土壤形成与保护、生物多样性维持等多种生态功能，对提升高原生态系统结构完整性和功能稳定性具有极其重要的作用（关凤峻，2021）。高寒草原面积 41623171hm²，占全国草地总面积的 10.6%，理论载畜量 1029.25 万个羊单位（董世魁等，2018）。高寒草原的利用状况和主要问题现状与高寒草甸相似。因此，强化高寒草原生态保护是生态屏障战略建设的主要内容。

3. 高寒草甸草原生态系统

高寒草甸草原处于高寒草甸和高寒草原的过渡地带，是全国重要生态系统，亦属于青藏高原生态屏障区的重要组分，发挥着重要的生态和生产功能。高寒草甸草原面积 6865734hm²，占全国草地总面积的 1.75%，理论载畜量 169.5 万个羊单位。我国境内主要分布于西藏自治区，大约 5586000hm²，占全国高寒草甸草原面积的 81.36%（杜青林，2006）。高寒草甸草原的利用状况及现存问题与高寒草甸类相似，需要通过草原生态保护而提升其功能，主要通过加强退化高寒草原草甸修复，实施草畜平衡、草原禁牧轮牧，恢复退化草原生态（白永飞，2020）。

4. 高寒荒漠草原生态系统

高寒荒漠化草原的主要功能是维持区域生态系统功能的完整性和稳定性，并发挥畜牧业生产的功能（董世魁，2022）。高寒荒漠草原虽然物种稀少，但蕴藏着大量珍贵稀缺的基因资源，且一旦破坏难以恢复。高寒荒漠草原生产力低，平均产草量为195kg/hm^2，其中禾本科和莎草科牧草占总产量的40%~60%，其他科属占的比重极小，平均6.1hm^{2}的草地可饲养1个羊单位，面积9566006hm^2，占全国草地总面积的2.44%，理论载畜量为127.1471万个羊单位（杜青林，2006）。西藏自治区境内分布面积最大，大约8678715hm^2，占全国高寒荒漠草原总面积的90.72%，其余分布在新疆和甘肃（廖国藩，1996）。高寒荒漠草原植被低矮稀疏，远离居民点，虽然利用较轻，但大面积缺水，也面临超载过牧、生态退化的问题。因此，需要建立自然保护区的方式，减轻放牧等人为干扰，利用自然恢复能力逐渐提升其生态功能和生产功能，实现草原生态保护的目标（董世魁等，2018）。

5. 高寒荒漠生态系统

高寒荒漠不仅是青藏高原生态安全屏障的重要组成部分，也是保障我国生态安全的核心区域，更是藏西北羌塘高原荒漠生物多样性维护的核心地带（牛泽鹏，2020）。高寒荒漠一旦破坏，即成为裸地，很难恢复（廖国藩，1996）。高寒荒漠面积7527763hm^2，占全国草地总面积的1.92%，年需2.73~12.62hm^{2}的草地才能养1个羊单位，理论载畜量为60.3万个羊单位（杜青林，2006）。西藏自治区的高寒荒漠分布面积最大，新疆维吾尔自治区次之，青海省面积最小。高寒荒漠分布区交通不便，绝大部分为无人区，放牧利用较轻，目前生态系统结构和组成保存比较完整，栖息着藏羚羊、黑颈鹤、藏野驴等国家重点保护的珍稀动物，还栖息着黄羊、狐狸、旱獭等野生经济动物资源。

6. 山地草甸生态系统

山地草甸是生态畜牧业发展的物质基础，往往是大江大河低海拔的主要集水区，也是高原生物多样性最集中的地区，其主要功能是生产资料供给、生物多样性保护、水土保持和水源涵养等功能（刘玉祯，2021）。山地草甸的禾草居多，生产量高，多属优良等级草地，面积18136000hm^2，理论载畜量共计2981万个羊单位（杜青林，2006）。山地草甸一般多作为夏季或夏秋季放牧利用，华北和西南区也有作为春季及全年放牧利用，青藏高原高寒多用作牦畜越冬的冬春放牧场，而山地平缓或宽谷地地区多作为天然割草地和兼用草地利用（廖国藩，1996）。目前，山地草甸利用较为合理，未出现超载过牧导致的大面积退化问题。

7. 低地草甸生态系统

低地草甸和林地、农田呈镶嵌分布，土壤肥力较好，有些地区已经被垦殖为农田，有些地区被造林(白耀华,2001)。草层生长繁茂、产量高、草质好、适口性强,为各类家畜喜食,特别是牛的优良放牧地,有些地区因地势平坦具备割草地的特征,全国现有面积27693000hm²,理论载畜量915.77万个羊单位(杜青林,2006)。受开垦、过度放牧等不合理利用的影响,部分地区低地草甸盐碱化和沙化问题较为严重,需要通过土壤改良等措施进行修复。

8. 温性草甸草原生态系统

温性草甸草原主要功能是放牧和割草,其富含碳水化合物,适于放牧牛,细毛羊、半细毛羊和毛肉兼用羊,是重要的草地畜牧业生产基地,生物多样性丰富,能生产大量的食用菌、山野菜和中药材,具有较高的生产价值。温性草甸草原是东北地区的重要生态屏障,承担水源涵养、水土保持、防风固沙和生物多样性维护等功能,具有十分重要的生态价值(聂莹莹,2020)。温性草甸草原面积12996264hm²,理论载畜量1676.52万个羊单位(杜青林,2006)。目前,温性草甸草原利用较为合理,未出现大面积退化问题。

9. 温性草原生态系统

温性草原主要分布于我国北方,是毗邻我国沙尘暴源区,因此温性草原的主要功能是提供初级生产资料,防风固沙,提供农牧民优质的生活环境,供给休闲旅游场所。温性草原面积41100000hm²,占全国草地总面积的10%左右,优等和良等草地合计占70%左右,年需1.49hm²的草地才能养1个羊单位,理论载畜量为2959.2万个羊单位(杜青林,2006)。温性草原因良好的水热和土壤条件,有些地区已经被开垦为耕地,有些地区被农牧民建立为居民点或城镇,有些地区的温性草原因过度放牧而处于退化之中,如内蒙古的典型草原(李愈哲,2013)。温性草原生态保护的策略主要是建立合理放牧强度,严格控制牲畜数量,合理利用草地资源,实现利用和保护、建设和发展并举,保障可持续发展。

10. 温性荒漠草原生态系统

温性荒漠草原主要分布于干旱地区,草层高度、盖度及生物量均明显低于温性草原,但温性荒漠草原的主要功能和温性草原基本一致,主要提供畜牧业生产功能,是细毛羊的冬春放牧场,也是山羊、骆驼的四季放牧地(廖国藩,1996)。温性荒漠草原是我国北方地区沙尘暴的天然屏障,阻止风沙向居民点和城市肆虐,部分温性荒漠草原分布于江河上游,具有强大的水源涵养能力,在调蓄江河径流,尤其是内陆河流域径流调节的功能十分重要。温性荒漠草原面积45060000hm²,理论载畜量1802.4万个羊单位(杜青林,2006)。温性荒漠草原在内陆地区常见于盐碱化地区,受开垦、过度放牧等不合理利用的影响,盐碱化和沙化问题较为严重,需要通过土壤改良等措施进行修复。

11. 温性草原化荒漠生态系统

温性草原化荒漠介于温性草原和温性荒漠之间,比温性草原干旱,但比温性荒漠相对水分充裕一点，因为温性草原化荒漠的主要功能和温性荒漠基本一致。温性草原化荒漠是骆驼、绒山羊、裘皮羊、高山细毛羊的生产基地；温性草原化荒漠盛产名贵中药材和食材，譬如内蒙古西部和宁夏的温性草原化荒漠就是发菜盛产区。温性草原化荒漠面积 9554011hm²(杜青林，2006)，内蒙古分布面积最大。但因滥挖药材、滥搂发菜，温性草原化荒漠已经处于大面积退化和沙化状态。严格草原执法，杜绝滥挖药材、滥挖发菜，是维系温性草原化荒漠功能，实现草原生态保护的主要方式(任小玢，2022)。

12. 温性荒漠生态系统

温性荒漠在北方地区分布广泛，是春秋冬牧场，也是我国沙尘暴形成的重点源区，更是我国干旱区生态系统稳定发展的主要保障，部分温性荒漠往往毗邻农区，成为建立家畜配种和产羔的理想之地，部分温性荒漠也是很多野果资源和中药材如枸杞的重要产地。温性荒漠面积 35968040hm²，占全国草地总面积10.24%，载畜能力很低(杜青林，2006)。然而，温性荒漠生态系统十分脆弱，若遭受破坏后很难恢复。目前，部分温性荒漠因过度放牧和开发利用出现退化和沙化现象，应该强化畜牧业基地建设管控，严格控制中药材樵采和野果资源的开发利用。

13. 暖性草丛生态系统

暖性草丛主要分布在暖温带产粮区，基本镶嵌于不易垦殖的坡地。暖性草丛的主要功能是补充农区的饲养业、涵养水源、保持水土等。暖性草丛生境优越，干草产量高，草质优良，家畜均喜食，宜于家畜冷季放牧利用。有些地区的暖性草丛可以刈牧兼用，是牛、绵羊、山羊的主要放牧地。暖性草丛面积 5936132hm²，理论载畜量3926.01 万个羊单位(杜青林，2006)。部分地区的暖性草丛因超载过牧退化严重，载畜能力下降，植被盖度降低甚至地表裸露，水土流失严重(许鹏，2000)。因此，需对退化暖性草丛修复，控制放牧强度，但严禁封育反而导致暖性草丛出现灌丛化退化状态。

14. 暖性灌草丛生态系统

暖性灌草丛主要分布于山沟谷和坡地等局部地段，主要功能是水源涵养和土壤保持，也可用于作冷季放牧或全年放牧，主要饲养老、弱、幼畜(白永飞等，2020)。暖性灌草丛的主要饲用成分是禾草，但生长末期的营养价值降低，纤维化程度高，需早期利用，同时暖性灌草丛灌木较多，不适宜机械刈割，山羊利用尤佳(廖国藩，1996)。暖性灌草丛面积 10537512hm²，理论载畜量 5226.94 万个羊单位(杜青林，2006)。目前，暖性灌草丛利用频率高、强度大，大部分暖性灌草丛呈现轻微退化现象，需要建立合理利用制度，避免过度利用，从而实现草原生态保护的目标。

15. 热性草丛生态系统

热性草丛主要分布于南方山地，主要功能以水土保持为主和畜牧业生产为主。虽然热性草丛的植物在营养期时草质柔软，鲜嫩，牛、羊均喜食，但开花结实后草质粗硬，营养价值降低，各类家畜均不愿采食。热性草丛常用作放牧利用，少数则用作割草，适宜黄牛和山羊。热性草丛草地面积 12715264hm²，理论载畜量 8409.57 万个羊单位（杜青林，2006）。目前，热性草丛因过度利用呈现轻微退化现象，其生态保护应该注重水土保持能力的提升。

16. 热性灌草丛生态系统

热性灌草丛是南方的主要草地资源之一，也是当地农用役畜的主要饲草来源，有调节气候、培肥地力等功能。热性灌草丛植株较高大，牧草易老化，适口性差，主要用于放牧山羊。目前利用频率较高，利用强度过大，已经普遍严重退化，需要减轻热性灌草丛利用强度，最好采用刚性措施实施年际轮休，实现热性灌草丛生态保护保护修复。

17. 干热稀树灌草丛生态系统

干热稀树灌草丛主要分布于热带干旱地区或干热河谷地带，主要作为热带、亚热带的经济植物生产，产胶潜力大，同时为各种动物提供适宜生境。放牧利用率较低，基本作为夏季辅助牧场，尤其是夏秋前放牧山羊和黄牛（廖国藩，1996）。目前，由于过度开垦或放牧，部分地区的干热稀树灌草丛退化严重，需要减小利用强度，促进干热稀树灌草生态保护修复。

18. 沼泽草地生态系统

沼泽的主要功能是涵养水源、固碳增汇、调节气候、净化环境，有时提供建筑材料（如芦苇）。同时，沼泽蕴含着丰富的动植物资源，是纤维织物、药用植物、蜜源植物的天然宝库，更是珍贵鸟类、鱼类栖息、繁殖和育肥的良好场所。沼泽草地可以放牧马和牛等家畜，一般用于冬季放牧。沼泽草地中的莎草科和禾本科牧草用于青贮或调制干草（廖国藩，1996）。由于过度开发利用，我国沼泽草地普遍存在退化现象，严重威胁其生态和生产功能的正常发挥，需要以自然保护区的方式保护重点区域的沼泽草地，有些区域采用人工调水的方式恢复沼泽草地。

三、草原生态保护的战略意义

生态保护是维持生态系统结构和功能、保障生态系统完整性和稳定性、提高生态系统服务价值、促进生态产品价值实现的主要途径。我国草原生态系统具有类型多、分布广、功能全、价值高等特点，但是由于过度利用，草原生态系统的结构、功能和价值受到损害，亟须保护修复。

（一）草原生态保护的历史使命

20 世纪末，我国约有 90% 的天然草地处于不同程度的退化之中，其中严重退化草地占 60% 以上。20 世纪 60~80 年代大面积的优质草场被开垦为农田，这是我国草原退化、生态功能和生态系统服务功能降低的最主要原因。2021 年第三次全国国土调查公布的我国草地面积约 40 亿亩，比 20 世纪 80 年代第一次全国草地资源调查的 60 亿亩整整减少了 20 亿亩，其原因主要与两次调查的技术标准差异有关，也跟长期过度放牧、草地开垦为农田、气候变化、国家投入不足和牧区政策偏差导致我国草原大面积减少和退化密切相关。

为改善我国草原生态问题，2000—2010 年，国家逐渐改变草原利用的核心目标，从单一的经济生产目标，转向生产与生态并重的策略，重点启动了一批草原生态重点建设项目，譬如京津风沙源治理，退牧还林还草，以期改善和保护重点区域乃至全国范围内的草原生态（白永飞，2020）。2002 年修订的《草原法》，将草原禁牧、草畜平衡、基本草原保护等内容以法律形式确认，从而以期约束人们的生产和生活行为。国家草原生态保护工程的实施，有效遏制了天然草原退化态势，部分生态区域内退化草原得到一定程度恢复。2011 年《国务院关于促进牧区又快又好发展的若干意见》提出草原牧区发展要"生产生态有机结合、生态优先"的基本方针，从而确定了草原的生态保护目标（白永飞，2020）。2021 年我国再次修订了《草原法》，强调了草原生态保护、草原承包经营制度的规范和管理，加大对违法行为的处罚力度，以及草原资源的监管和管理，以期促进草原资源的合理利用。

虽然自 2001 年我国确立了草原生态保护的重要目标，但重要草原生态工程建设项目实施时遇到了新形势、新问题、新情况。第一，生态脆弱区生态工程的建设主要聚焦于植被恢复，没有充分考虑修复植物系统与全球变化的关系，这有可能导致新修复的植物系统应对全球变化时，具有不稳定性（贺金生，2020）。第二，草原生态保护的重要性尚未深入全民心中，目前农牧民依然存在重经济、轻环境，重利用、轻保护，重索取、轻投入的思想，草原生态保护理念没有入心入脑，没有走心，从而形成表面上草原生态保护深入人心，但人们没有将自己的生产和生活行动约束于草原生态保护的框架之内（张自和，2018）。第三，利用草原的违法案件仍时有发生，依然需要强化保护草原的力度。第四，原有的草原保护认知和草原利用技术需要重新认知，譬如我国原来的草原鼠虫防治理念服务于畜牧业生产，而目前需要服务于生态功能提升，这就需要认知草原生态保护中的理念和技术（郭正刚，2014）。

面对我国草原生态保护中出现的新形势、新问题、新情况，草原生态保护应该采用整体布局，优化生态保护策略。第一，需要按照山水林田湖草沙系统治理的理念，无论哪个区域，应该将现有工程建设、草原生态保护补助奖励等项目，整体融入区域整体发展的布局，改变以往分离实施但彼此关联的局面，将草原生态保护纳入区域治理的综合系统。第二，重视完成草原生态保护项目后续时效性的监管，鉴于我国草原生态工程项目实施和完成现状，应该强化项目完成后的监管和持续投入，而不是项目实施验收完成后无人管理的状态。第三，强化全国人民对草原生态保护重要性的认知水平，采用多种手段和方式，特别是借助新媒体和网络技术，常态化宣传，真正提高普通民众对草原生态保护重要性的认知。第四，强化技术创新和技术孵化，增强科技在草原生态保护中的支撑作用。技术方面应该从不同的层面着眼，充分研究已有的成熟技术与目前草原主体功能的兼容性；然后强化引进新技术的中试，特别是引进技术推广的适宜范围和自然环境约束条件；最后，根据国家和区域的重大需求，提升自主技术创新水平，为未来草原生态保护可能遇到的问题提供技术储备。

(二) 草原保护和利用的关系

《国务院办公厅关于加强草原保护修复的若干意见》强调新时期草原保护修复的工作原则之一就是坚持科学利用，绿色发展。正确处理保护与利用的关系，在保护好草原生态的基础上，科学利用草原资源，促进草原地区绿色发展和农牧民增收。因此，正确处理好草原保护和利用的关系是推动草原绿色发展，建设生态文明和美丽中国的重要基础。

强调草原保护修复，并不是不利用，而是在保护草原生态系统的基础上，更好地利用草原，发挥草原的多种功能。草原是重要的生态资源也是生产资料，既具有生态功能，也有生产功能。草原是重要的畜牧业生产基地，是牧区和半牧区牧民的主要收入来源，要在保护好草原生态的基础上，促进草原地区绿色发展和农牧民增收。

因此，草原管理要实现草原保护为前提，草原可持续利用为目标，藏富于草，藏粮于草，大力发展草业；加快建设草种业，大力发展草牧业，推进饲草种植业，积极发展草产品加工业，扎实推进草坪产业；稳步发展草原旅游产业，实现草原地区绿色低碳高质量发展。

由于过去长期受人为因素的影响，重利用轻建设，使丰富的草原资源没有得到充分发挥。新中国成立以来，牧区牛羊牲畜由 2916 万头发展到 2021 年的 40324 万头（9817 万头牛和 30507 万只羊），增加了 10 倍多，但是草原基本建设差，并有所破坏。一部分缺水草场没有开发利用，已开发利用的草场则超载过牧，靠天养畜，牲畜"夏饱、秋肥、冬瘦、春死"的恶性状况依然存在，严重地影响了畜牧业生产的发展。

在草地保护和利用的关系中，以放牧系统单元为基础来管理草原自然公园是实现草原生态可持续利用的有效途径。放牧系统单元具有生产、生活和生态等"三生"功能。过去一段时间内，我国草原不合理的管理和利用方式导致放牧系统单元的草地、畜群、人居关系逐渐失衡，造成"三生"功能下降，出现了草地退化、牧业衰退、牧民返贫等一系列环境与社会问题：草地条块化分割降低了放牧系统单元的移动性、灵活性和保护性，造成了部分草地因超载过牧或利用不足而发生退化的现象。草畜分散化经营降低了放牧系统单元的适应性和多样化，造成草畜产品在市场竞争中处于弱势地位。人居个体化生产减弱了放牧系统单元的传统知识利用和共同支持作用，造成牧户应对自然灾害等风险的能力下降。

因此，我国国家草原自然公园体制建设，需要从人居、草地和畜群的整体性和系统性来优化放牧系统单元体系，形成生态、社会和经济效益显著提升的放牧系统单元优化模式，解决草原不合理管理和利用带来的环境、经济和社会问题(董世魁等，2020)。

(三)新时代草原生态保护的战略意义

目前，我国整体社会发展已经进入了新时代，社会发展的主要矛盾发生了明显的变化，这势必引导国家对草原的需求做适应性调整。因此，对草原生态保护内涵的理解也应该与时俱进，需要取其精华，剔除糟粕。新时代草原生态保护是全国生态和环境保护的重要组成部分，也是我国生态文明建设和山川秀美的主阵地，更是我国多元民族文化传承的载体。因此，草原生态保护事关我国国民经济与社会发展，为其赋予了更深厚的时代内涵和战略价值。

1. 草原生态保护战略重要性的再认识

草原生态保护能够助力美丽中国的建设。我国今后的社会主要矛盾是人民日益增长的美好生活需要和不平衡不充分的发展之间的矛盾，而草原大多分布在边区、山区、老区和少数民族地区。虽然边区、山区、老区和少数民族地区契机于国家精准扶贫，整体上已经实现脱贫，但整体上人均收入依然相对较低。草原是边区、山区、老区和少数民族地区的最大可更新优势资源，也是这些地区居住者巩固精准扶贫成果，实现乡村振兴的核心物质资料，更是农村充分发展，缩小城市和农村差距的支柱。全国部分地区已经根据我国社会的主要矛盾，积极探索草原分布区发展的新模式，提出了适度收缩、集中发展的策略，譬如内蒙古阿拉善盟实行集中转移战略，将生态恶劣区的牧民整体搬迁，实现草原近自然恢复，改善了搬迁牧民的生活环境，提高了其收入。鄂尔多斯市则实施收缩转移战略，将大量农牧业人口向城镇、园区和移民区集中转移。因此，草原生态保护不仅能够重构生态型畜牧业，充分实现乡村地区的充分发展，而且能够改善边区、山区、老区和少数民族地区的生态环境，助力美丽中国建设(张丽君，2013)。

草原生态保护是中华民族传承多元文化不可缺少的组分。"四个自信"是实现中华民族伟大复兴中国梦的精神动力，而文化自信则是坚定"四个自信"心理认同的基础。我国在文化自觉过程中，先后形成了"精忠报国"的爱国情怀、"先忧后乐"的民本思想、"自强不息"的奋斗精神、"居安思危"的忧患意识、"革故鼎新"的创新精神、"民惟邦本"的治国理念，目前已经进入文化自信时期。文化自信是主体对自身文化的认同、肯定和坚守。草原文化是我国历史长河中农牧民不断汲取先进文化，剔除糟粕后所保留的精髓，具有独特性，这种独特性又衍生出其稀缺性和不可代替性的特点。草原文化是中国民族文化的重要组成部分，其随着社会的发展而不断完善，其"崇尚自然、践行包容、恪守信义"，弘扬"吃苦耐劳、一往无前"的精神，目前已经能初步形成铸魂文化、励志文化、党建文化、职业文化、书香文化、传统文化、安全文化为核心内容的框架体系，这些文化不仅是中华民族文化的重要组成部分，而且是草原分布区牧民认同中华一家亲的基础。然而，草原文化长期传承和发展的基础是草原生态系统的健康，当草原生态系统崩溃时，草原文化就会面临消失的风险。因此，草原生态保护是我国繁荣文化事业，保持多元文化，开发草原旅游业不可缺少的环节（任继周，2012）。

草原生态保护是我国实现"双碳"目标的保障。为应对气候变化对人类生存的挑战，我国作为负责任的大国，主动承担自己的义务，向世界庄严承诺，未来一段时间内社会经济采用绿色发展的道路，颁布了《2030年前碳达峰行动方案》《中国应对气候变化的政策与行动》，明确提出中国将在2030年前实现"碳达峰"，碳排放量达到峰值后不再增加；2060年前实现"碳中和"，排放的碳和吸收的碳达到相等。草原的碳汇功能非常强大，与森林、海洋并称为地球的三大碳库。草原生态保护是提高我国陆地生态系统固碳能力，减少碳排放量的重要途径之一。因此，草原生态保护是抑制温室效应，我国实现"双碳"目标的保障措施之一。

2. 我国草原生态保护战略必要性的再认识

由于自然环境和地理区位决定了我国北方草原区社会经济发展相对滞后，人民生活水平依然处于全国最低状态。为实现全国共同富裕的目标，我国自2000年开始实施西部大开发战略，而西部大开发的主题目标也随着国家整体战略而实时微调，其整体的目标是加快中西部地区发展，关系经济发展、民族团结、社会稳定，关系地区协调发展和最终实现共同富裕。2001—2010年，聚焦于调整结构，加强基础设施建设，完善市场体制，培育特色产业增长点，实现西部地区生态环境恶化趋势得到初步遏制，经济增长速度达到全国平均增长水平。2010—2030年，巩固提高基础设施，培育高附加值的特色产业，经济产业化、市场化、生态化，区域专业布局全面提质增效，实现生态环境恶化趋势整体转好，经济增长大幅度跃进。2031—2050年，实现部分地区率先融入国内国际现代化经济体系，着力加快边远山区、落后农牧区开发，普遍提高西部人民的生产、生活水平，全面缩小差距。新时代的西部大开发已融入我国"一带一路"倡议、"黄河流域高质量发展"战略、乡村振兴、美丽中国建设等国家重大战略。因此，草原生态保护也将发挥国家重大战略的重要支撑作用。

我国立足于构筑长远的、可持续的发展蓝图，提升国家影响力和控制力，聚集未来人口和产业、生态和粮食安全的保障，从国家战略高度提出了全国主体功能区规划。全国主体功能区规划着力解决粮食安全保障压力、修复和提升受损生态系统功能、调控资源开发强度、合理配置空间结构和提高土地利用效率、统筹城乡和区域协同发展（白永飞，2020）。其中生态安全战略格局中明确提出了"两屏三带"，无论是青藏高原生态屏障和黄土高原-川滇生态屏障，还是东北森林带、北方防沙带和南方丘陵山地带，均有大面积草原，或者草山草坡。然而分布于"两屏三带"中的草原，目前面临农林面积萎缩、沙漠化和石漠化严重的困境，不仅加剧水土流失，而且影响草原调蓄河流径流的能力。因此，草原生态保护是贯彻和落实全国主体功能规划区的需要。

3. 我国草原生态保护战略可行性的再认识

长期以来，我国在畜牧业生产中重视草原的生产功能，忽视其生态功能，导致生产功能过度利用，草原超载过牧、滥挖、滥垦等问题十分突出。研究表明，过度放牧使植被覆盖度和初级生产力降低、生物多样性减少、土壤养分和水分保持能力下降、土壤侵蚀和水土流失加剧，从而严重影响了草地生态系统功能的正常发挥，严重威胁着我国北方及其周边地区的生态安全。然而，我国针对过度放牧导致草原大面积退化的问题，部分地区实施了全面禁牧封育的措施。禁牧封育短期内助力了退化草原恢复，但长期禁牧封育所带来的弊端十分明显。禁牧直接将人-家畜-草原系统分割，直接简单演变为人-草原的关系。这就需要重新审视放牧与草原的关系，创造出适于新时代的草原放牧制度和模式，实现维持草地健康，获取以动物产品为载体的经济效益(任继周，2012)。

自然因素中，气候变暖、干旱和虫鼠害等也加速了草原退化。草原鼠虫害不仅消耗牧草，而且加剧草原持续恶化，因此我国一直采用灭杀鼠虫害的方法，以维持草原生产。草地鼠虫害防控具有明显的中国特色，源于草原是畜牧业生产的物质资料这一核心认知。然而，我国现在已经成为世界第二大经济体，全国已经实现全面脱贫，且动物产品的供给主体已经逐渐从草原牧区向农区转变，这要求我国重新认知鼠虫在草原生态系统中的作用，确定鼠虫危害的生态阈值，从而为草原生态保护提供理论依据(郭正刚，2014)。

四、草原生态保护成就与问题

(一)中国草原生态保护发展历史

自春秋战国到秦汉时期，匈奴在北方草原崛起，建立了统一的强大政权。西晋以后，北方草原民族向中原内地迁移并建立政权，进入了"五胡十六国"时期。东晋时期，鲜卑逐渐壮大，入主中原，建立了北魏政权。五代之际，契丹统一北方，建立了辽政权。此后女真人在北方崛起，推翻了辽、北宋政权，建立了大金政权。在元、清两朝，蒙古族、满族不仅统一了北方草原地区，而且建立了包括长城内外的疆域空前广阔的统一政权，巩固了统一的多民族国家。在整个历史进程中，"逐水草而居"的草原文化不断参与中华文化的构建与发展，使中华文化成为一个多元一体、丰富耀眼的文化体系。在草原和农耕文化的政权更替中，我国草原生态保护始终处于嬗变之中，嬗变时间间隔少则几十年，多则几百年，基本表现为游牧民族占据统治地位时，草原生态保护相对较好，而当农耕民族占据统治地位时，草原生态保护相对较差。

自中华人民共和国成立以来，我国草原经营管理主要经历了人民公社集体利用和家庭承包两种制度。

人民公社彻底消除了封建农奴制度，草原归集体所有，牧民成为草地和家畜的主人，其生产积极性倍增，一定程度上解放了牧区生产力，有力推动了牧区经济的发展。虽然家畜数量逐渐增加，但总体数量相对较少，家畜仍然在草原承载力范围内，人与地的关系相对和谐（侯扶江，2016）。人民公社时期，因草原和牲畜完全公有，牧民集体劳动，统一核算，统一分配，但多劳多得的分配格局被打破，牧民生产积极性受挫，草原生态保护积极性不高。

草原家庭承包制度时期，形成以家庭为经营单位，统一分配制度被取消，牧户在自家承包的草地上自由放牧，刺激了牧民生产积极性，体现了社会主义多劳多得的分配原则，解放了牧区生产力，推动了牧区经济快速发展，人民生活日益提高。然而以经济建设为中心的战略，以及家庭承包制自身的制度缺陷，已经逐渐开始出现弊端。第一，以家庭为单位的草原承包模式，不利于家畜大范围游走，从而使其采食选择性的范围和植物种类减少，家畜有可能无法获取某种特殊的元素。如果这种元素是家畜正常生长发育所需，则影响家畜的正常生长。第二，虽然草原区可能存在纵横交错的河流湖泊，但家庭为单元的草原利用模式会伴随着修建星罗棋布的饮水点，而这些饮水点目前已经成为草地退化的源点。家庭为单位的草原利用模式因牧户拥有草地面积较小而不利于草地牧后休养生息，影响草地再生。第三，家庭为单位草原利用模式采用农区经济发展的理念，基本以单位面积土地经济产值为主要衡量指标，而忽略了草原利用时以家畜为资产的理念。第四，家庭承包草原利用模式初期有助于草原生态保护，承包者小心翼翼地爱护自家承包的草原，但随着国家经济发展策略以及人们以经济收入为主的衡量标准，家庭承包草原逐渐不利于草原生态保护（董世魁，2020）。牧民依靠放牧增加收入会驱动草原逐渐超载，最终迫使草原严重退化，其肩负的生态和生产功能更逐渐受损，派生的系列生态问题日趋加重，沙尘暴肆虐，黄河断流，牧民大面积贫困严重，威胁国家整体发展。

新中国成立后草原生态保护大致经历了四个历史时期。

第一时期是以生产为主的利用阶段。这一阶段历时较长，自新中国成立至20世纪末。受气候变化、超载过牧开垦破坏等因素影响，这一阶段也成为我国草原严重退化的时期。到20世纪末，全国草原出现不同程度退化，草原生态服务功能大幅降低，北方沙尘浮尘灾害频发，严重威胁国家生态安全。

第二时期是生产与生态保护并重的阶段。自2000年至2010年，历时10年。这一阶段国家启动了京津风沙源治理、退牧还草等一系列草原生态保护与建设工程，通过围栏封育和补播改良等措施，保护和修复草原生态。通过《草原法》2003年的修订实施，草原禁牧、草畜平衡、基本草原保护等草原生态保护重大制度以法律形式得到确立。

第三阶段是以生态优先的阶段。以2011年国务院印发的《国务院关于促进牧区又快又好发展的若干意见》为标志明确提出草原牧区发展"生产生态有机结合、生态优先"的基本方针，草原生态保护地位得以进一步明确和提升。同年，国家在主要草原牧区省份全面建立草原生态保护补助奖励机制。这一时期草原生态文明体制初步建立，生态优先的草原建设基本方针成为新常态。

第四阶段是以草原生态文明高速发展的阶段。以党的十九大为起点，以国务院办公厅印发《关于加强草原保护修复的若干意见》为标志，这一时期，明确以完善草原保护修复制度、推进草原治理体系和治理能力现代化为主线，加强草原保护管理，推进草原生态修复，促进草原合理利用，改善草原生态状况，推动草原地区绿色发展，为推进生态文明建设和建设美丽中国奠定重要基础。制定修订《草原法》等相关法律法规，组织实施草原生态补偿制度、林（草）长制等制度。创建草原自然公园，完善草原自然保护地体系，持续开展大规模国土绿化行动，加大生态系统保护和修复力度，加强生物多样性保护，推动划定生态保护红线，开展一系列根本性、开创性、长远性工作。推动形成节约资源和保护环境的空间格局、产业结构、生产方式、生活方式。

（二）中国草原生态保护成就

1. 建立了较完备的法律法规体系

1985 年《草原法》颁布实施标志着我国草原管理进入了有法可依的新阶段。2000 年以后政府制定了一系列对草原管理有重要影响的法律法规、政策文件和发展规划。目前草原管理已初步形成 1 部法律、1 部司法解释、1 部行政法规、13 部省级地方性法规、5 部农业农村部规章和 10 余部地方政府规章组成的草原法律法规体系。1 部法律即《草原法》，是我国实施草原管理的根本性法律，1 部司法解释即《最高人民法院关于审理破坏草原资源刑事案件应用法律若干问题的解释》，1 部行政法规即《草原防火条例》，4 部农业农村部规章即《甘草和麻黄草采集管理办法》《草畜平衡管理办法》《草种管理办法》《草原征占用审核审批管理办法》。此外，自 2003 年以来内蒙古、黑龙江、四川、宁夏、西藏、甘肃、青海、陕西、新疆等 9 个省份先后颁布了 13 部地方性法规。

2013—2017 年，全国共立案查处违反禁牧休牧和草畜平衡规定、非法征占用草原以及乱开滥垦草原等破坏草原案件 8.2 万起，其中向司法机关移送涉嫌犯罪案件 2400 余起。全国草原执法管理体系不断发展，基层草原生态管护员队伍已发展到 20 万人以上。

2. 建立了草原生态补偿机制

2011 年以来，我国在内蒙古、西藏、新疆等 13 个主要草原牧区省份，组织实施草原生态保护补助奖励政策，对牧民开展草原禁牧、实施草畜平衡措施给予一定的奖励补贴。目前的补贴标准是禁牧草原每年每亩 7.5 元、草畜平衡草原每年每亩 2.5 元。8 年来，国家累计投入草原生态保护补助奖励资金 1326 余亿元。草原生态补奖政策的实施，调动了广大草原地区农牧民自觉保护草原、维护草原生态安全的积极性，也显著增加了收入，实现了减畜不减收目标。

3. 完善了草原自然保护地体系

自然保护地是由政府依法划定或确认，对重要的自然生态系统、自然遗迹、自然景观及其所承载的自然资源、生态功能和文化价值实施长期保护的陆域或海域。自然保护地是生态建设的核心载体、中华民族的宝贵财富、美丽中国的重要象征，在维护国家生态安全中居于首要地位。自新中国成立至今的 70 多年中，中国的自然保护地体系从零开始逐步完善，形成了具有中国特色的自然保护地体系。2019 年 6 月，中共中央办公厅、国务院办公厅印发《关于建立以国家公园为主体的自然保护地体系的指导意见》，就构建科学合理的自然保护地体系、建立统一规范高效的管理体制、创新自然保护地建设发展机制、加强自然保护地生态环境监督考核及保障措施等问题，提出了明确的指导意见，是我国自然保护地体系建设的一份纲领性文件。该文件提出要按照山水林田湖草是一个生命共同体的理念，创新自然保护地管理体制机制，并特别强调要实施自然保护地统一设置、分级管理、分类保护、分区管控，形成以国家公园为主体、自然保护区为基础、各类自然公园(包括风景名胜区、森林公园、地质公园、自然文化遗产、湿地公园、沙漠公园、水产种质资源保护区、海洋公园、海洋特别保护区、草原公园、自然保护小区等)为补充的自然保护地体系。

我国正加快构建以国家公园为主体的草原自然保护地体系，目前纳入自然保护地的草地面积 7042.06 万 hm²，占草地总面积的 26.62%。其中，纳入国家公园保护的面积 1167.09 万 hm²，占 16.57%；纳入自然保护区保护的面积 5441.03 万 hm²，占 77.26%；纳入自然公园保护的面积 433.94 万 hm²，占 6.17%(表 2-4)。全国共有各级草原类自然保护区 41 个，涉及典型草原生态系统、珍稀野生动植物、生物多样性保护及荒漠化防治等，其中国家级 4 个、省级 12 个。国家草原自然公园作为自然保护地体系的重要补充，2020 年首次设立 39 处试点，2021 年共有 17 处国家草原自然公园(试点)总体规划通过省级评审。

表 2-4　草地生态空间各级各类保护地及其占比

保护地类型	国家级		地方级		合计	
	草地面积(万 hm²)	比例(%)	草地面积(万 hm²)	比例(%)	草地面积(万 hm²)	比例(%)
国家公园	1167.09	20.73	0.00	0.00	1167.09	16.57
自然保护区	4205.00	74.70	1263.03	87.51	5441.03	77.26
草原自然公园	257.47	4.57	176.47	12.49	433.94	6.17
合计	5629.56	100	1412.50	100	7042.06	100

资料来源：2021 年全国草原监测报告。

(1)国家公园建设

国家公园是指由国家批准设立并主导管理，以保护具有国家代表性的自然生态系统为主要目的，实现自然资源科学保护和合理利用的特定陆地或海洋区域。其建设要求为边界清晰、保护范围大、生态过程完整，具有全球价值、国家象征，国民认同度高。中国自 2015 年以来开展国家公园体制试点工作，在理顺管理体制、创新运营机制、加强生态保护等方面取得实质性进展，2020 年基本完成三江源、东北虎豹、大熊猫、祁连山、湖北神农架、福建武夷山、浙江钱江源、湖南南山、北京长城和云南普达措国家公园体制试点任务，为建立国家公园体制打下了良好基础。2021 年在联合国《生物多样性公约》缔约方大会第 15 次会议上，中国政府宣布正式设立武夷山国家公园、海南热带雨林国家公园、东北虎豹国家公园、大熊猫国家公园、三江源国家公园为首批 5 个国家公园。

首批设立的 5 个国家公园共有草地面积 1425.75 万 hm^2，草原综合植被盖度 54.39%，平均单位面积鲜草产量 2564.00kg/hm^2，鲜草总产量 3655.64 万 t。三江源国家公园地处长江、黄河和澜沧江的源头地区，草地面积 1410.10 万 hm^2，主要草原类型包括高寒草甸类、高寒草原类、高寒草甸草原 9 个大类，占三江源国家公园草地总面积的 98.37%，草原综合植被盖度 54.11%，平均单位面积鲜草产量 2508.40kg/hm^2，鲜草总产量 3537.11 万 t。大熊猫国家公园地跨四川、陕西、甘肃三省，草地面积 15.42 万 hm^2，草原类型包括高寒草甸类、山地草甸类等 9 个大类，占大熊猫国家公园草地总面积的 93.52%，草原综合植被盖度 79.84%，平均单位面积鲜草产量 7577.92kg/hm^2，鲜草总产量 116.83 万 t。东北虎豹国家公园地跨吉林和黑龙江两省，草地面积 0.20 万 hm^2，草原类型包括暖性草丛、低地草甸类、暖性灌草丛、山地草甸类 4 个大类，草原综合植被盖度 83.35%，平均单位面积鲜草产量 6707.53kg/hm^2，鲜草总产量 1.34 万 t。海南热带雨林国家公园草地面积 0.02 万 hm^2，草原类型包括热性草丛、暖性灌草丛、热性灌草丛 3 个大类，草原综合植被盖度 95.02%，平均单位面积鲜草产量 11715.18kg/hm^2，鲜草总产量 0.20 万 t。武夷山国家公园地处福建省，草地面积 0.02 万 hm^2，草原类型包括山地草甸类、暖性灌草丛、热性草丛、热性灌草丛等 4 个大类，草原综合植被盖度 79.20%，平均单位面积鲜草产量 9957.88kg/hm^2，鲜草总产量 0.16 万 t。这些国家公园的建设为我国重点区域、特殊类型、具有重要功能的草原生态系统的严格保护提供了坚实基础。

（2）自然保护区建设

自然保护区是指保护典型的自然生态系统、珍稀濒危野生动植物种的天然集中分布区、有特殊意义的自然遗迹的区域，具有较大面积，确保主要保护对象安全，维持和恢复珍稀濒危野生动植物种群数量及赖以生存的栖息环境。截至 2018 年年底，我国共建立各种类型、不同级别的自然保护区 2750 个，总面积 147.33 万 km^2（其中自然保护区陆地面积约 142.88 万 km^2），陆域自然保护区面积占陆地国土面积 14.88%。其中，国家级自然保护区 446 个，面积 96.95 万 km^2，占全国保护区总面积的 65.8%，占陆地国土面积的 9.97%。截至 2020 年，在全国已建成的 1.18 万个自然保护地中，草原类型的自然保护区仅有 41 个，面积仅占全国草原的 0.6% 左右，保护草原面积约 0.24 万 km^2，分别占全国自然保护区总数的 0.33% 和面积的 0.16%，远低于各类自然保护地占国土陆域面积的比例，而且省级以上保护区偏少（表 2-5），这与我国草原大国的地位极不相称。

表 2-5 我国主要草原类自然保护区简况

序号	名 称	所在地	级别	面积（hm²）	主要保护对象
1	河北省红松洼草原国家级自然保护区	围场满族蒙古族自治县	国家	7300	亚高山草甸
2	甘肃省安西极旱荒漠国家级自然保护区	瓜州县	国家	800000	荒漠戈壁生态系统及野生动植物
3	黑龙江省月牙湖自然保护区	虎林市	省级	5130	小叶樟为主的草甸草原生态系统
4	宁夏回族自治区云雾山自然保护区	固原市	省级	4000	黄土高原长芒草草原生态系统
5	吉林省腰井子羊草草原自然保护区	长岭县	省级	23800	羊草及羊草草甸草原
6	山西五台山自然保护区	五台县	省级	3333	亚高山草原草甸生态系统
7	新疆维吾尔自治区新源山地草甸类草地自然保护区	新源县	省级	65300	山地草甸生态系统、野生牧草近缘种
8	新疆维吾尔自治区奇台荒漠类草地自然保护区	奇台县	省级	38600	平原荒漠生态系统及牧草资源
9	新疆维吾尔自治区金塔斯山地草原自然保护区	福海县	省级	56700	山地草原生态系统及牧草资源
10	山东省垦利区大汶流草原自然保护区	垦利区	省级	58000	野大豆及湿草地生态系统
11	四川省螺髻山自然保护区	西昌市	省级	22965	亚高山山地草甸生态系统及白唇鹿等野生动物
12	辽宁省康平县北部草地生态系统自然保护区	康平县	省级	23260	低湿地草甸和草甸草原生态系统

（3）自然公园建设

草原自然公园是指具有较为典型的草原生态系统特征、有较高的生态保护和合理利用示范价值，以生态保护和草原科学利用示范为主要目的，兼具生态旅游、科研监测、宣教展示功能的特定区域。根据管理层级不同，草原自然公园分为国家级草原自然公园和地方级草原自然公园两大类。草原自然公园是全面加强草原保护、创新草原利用方式，是除国家公园和自然保护区外、草原自然保护体系的重要组成部分，也是开展生态旅游、科普宣教等保护与合理利用示范的主要区域。

2019 年 9 月，为加强草原保护，发展草原旅游，传承草原文化，规范草原合理利用，促进完善以国家公园为主体的自然保护地体系，推动草原自然公园建设，国家林业和草原局草原管理司会同自然保护地司根据《中共中央办公厅、国务院办公厅印发〈关于建立以国家公园为主体的自然保护地体系的指导意见〉的通知》，开启国家草原自然公园创建工作。2020 年 8 月 29 日，国家林业和草原局公布了内蒙古自治区敕勒川等 39 处全国首批国家草原自然公园试点建设名单，将资源具有典型性和代表性，区域生态地位重要，生物多样性丰富，景观优美，以及草原民族民俗历史文化特色鲜明的草原纳入国家草原自然公园试点建设，这标志着我国国家草原自然公园建设正式开启。此次确定的 39 处国家草原自然公园试点面积 0.15 万 km²，涵盖温性草原、温性草甸草原、高寒草原等类型，涉及 11 个省份和新疆生产建设兵团、黑龙江省农垦总局，区域生态地位重要，代表性强，民族民俗文化特色鲜明。

(三)中国草原生态保护的问题

1. 草原生态系统十分脆弱

国内草原主要分布在青藏高原、北方干旱半干旱地区，自然环境十分严酷，草原生态系统一旦遭受破坏，恢复十分困难。受长期不合理开发利用和全球气候变化双重影响，草原生态系统退化问题十分突出。草原虫害、鼠害、病害、毒害草是草原上频繁发生、危害严重的生物灾害，年均危害面积达 15.7 亿亩。其中，虫害年均危害 3.4 亿亩、鼠害 5.8 亿亩、病害 0.7 亿亩、毒害草 5.8 亿亩。频繁发生的草原生物灾害不仅加剧了草原退化程度，而且每年因生物灾害造成的鲜草损失达 471 亿 kg，直接经济损失近 100 亿元。

2. 草原保护与开发利用矛盾依然突出

一些地方乱开滥垦草原、非法采挖草原野生植物等行为时有发生，草原超载过牧问题还未得到根本解决。同时，草原保护与开发利用矛盾依然突出。以农牧交错带草原为例，据统计，目前我国农牧交错带已垦草原面积 5000 多万亩，其中，弃耕的草原面积 2000 多万亩。在已垦草原上种植农作物，谷物生产广种薄收、收效甚微，被垦草原很快弃耕，草原畜牧业失去立地发展基础，生产受到制约，农牧业两败俱伤，原本脆弱的草原生态环境遭受严重破坏。

3. 草原生态保护工作底子薄、基础差

草原资源详细情况不清、权属不明问题突出。草原科研力量薄弱，科技支撑能力不强。基层草原管理队伍和力量不足，与承担的草原保护管理任务不相适应。由于草原工作长期处于从属地位，存在草原底数不清、调查监测指标体系不够完善、基层机构和队伍薄弱、科技体系不健全、草原保护修复投入不够等问题，使得草原生态系统质量不高、草产业不发达、草种业发展滞后，与美丽中国建设的要求不相适应。

5. 草原生态保护投入严重不足

草原生态保护工程建设标准低，退化草原综合治理等一些十分迫切的建设内容缺乏资金支持，治理退化草原急需的乡土草种繁育缺少必要投入。对草原生态修复技术的研究开发相对不足，对于脆弱生态区不同生态条件、不同经济社会发展水平，缺乏有针对性的集成技术及标准体系。国家生态工程较多，工程建设内容、资金管理模式较单一，涉及林业、农业、水利、发展和改革等部门，形成了多头管理，各自为战，缺乏综合管理，部门之间缺乏有效配合，治理成效有限，资金使用效率较低。草原生

态建设工程资金投入以政府为主，没有形成第三方治理的市场化运行机制，草原生态保护相关资源的配置效能尚未充分发挥出来。

五、中国草原生态保护战略布局

（一）指导思想

以习近平新时代中国特色社会主义思想为指导，全面贯彻党的十九大精神，坚持绿水青山就是金山银山、山水林田湖草沙是一个生命共同体，按照节约优先、保护优先、自然恢复为主的方针，以完善草原保护修复制度为主线，加强草原保护管理，促进草原合理利用，改善草原生态状况，推动草原地区绿色发展，为建设生态文明和美丽中国奠定重要基础。

（二）基本原则

1. 坚持尊重自然，保护优先

草原生态保护应遵循生态系统演替规律和内在机理，以自然恢复为主体，促进草原休养生息，维护自然生态系统安全稳定。宜林则林、宜草则草，林草有机结合。把保护草原生态放在更加突出的位置，全面维护和提升草原生态功能。

2. 坚持系统保护，分区施策

针对我国草原生态环境总体改善，但部分草原区恶化尚未得到有效控制的现状，采取综合措施全面保护草原生态系统，同时注重因地制宜、突出重点，增强草原生态保护的系统性、针对性、长效性。应根据我国草原分布规律及区域特征，将我国草原划分为内蒙古高原草原区、华北东北平原丘陵草原区、西北山地盆地草原区、青藏高原草原区和南方山地丘陵草原区等5大区域，根据每个区域的草原类型及其生态状况，开展针对性的保护措施。

3. 坚持科学利用，促进草原区绿色发展

正确处理草原保护与利用的关系，在保护好草原生态的基础上，实现草原生态环境的好转，科学合理地利用草原资源，促进草原地区绿色发展和农牧民增收。特别要重视对大面积潜在荒漠化地区的草原采取积极有效的保护措施，如温性草甸草原、高寒草原中的尚未退化或轻度退化的草地，在维持草原生态屏障的前提下，实现草原区的绿色发展。在保护草原生态环境的同时，也要兼顾其产业化发展，以维护草原区农牧民生产、生活和生态的可持续发展，使生态效益、经济效益、社会效益得到和谐发展。

4. 坚持政府主导，全民参与草原保护

明确地方各级人民政府保护草原的主导地位，落实林（草）长制，草原生态保护体

系的构建必须充分调动各方积极性和能动性，充分发挥农牧民的主体作用，积极引导全社会参与草原保护。

（三）战略目标

1. 短期目标

到 2025 年，草原保护制度体系基本建立，构建全国草原生态监测预警网络和保护体系，草原生态状况持续改善，草畜矛盾明显缓解，草原退化趋势得到根本遏制，全国 60% 以上的草原生态系统的结构和功能得到有效保护，90% 以上的草原生态系统的服务价值得到显著提升，在美丽中国建设中的作用彰显。

2. 中期目标

到 2035 年，草原保护制度体系更加完善，全国草原生态监测预警网络和保护体系全面建成，草原生态状况全面改善，基本实现草畜平衡，草原退化趋势全面扭转，草原生态功能和生产功能显著提升，草原生态文明建设初步实现。

3. 长期目标

到 21 世纪中叶，草原生态保护体系发挥较好的作用，草原生态系统实现良性循环，草原生态、生活和生产功能得到充足的保障，形成人与自然和谐共生的新格局，草原地区实现绿色发展。

六、草原生态保护战略措施

根据《中共中央、国务院关于建立国土空间规划体系并监督实施的若干意见》和《全国重要生态系统保护和修复重大工程总体规划（2021—2035 年）》的总体战略布局，以国家重点生态功能区、生态保护红线、国家级自然保护地和国家草原公园等为重点，采取多种措施，全面加强我国草原的生态保护。具体的战略措施如下。

（一）加大草原生态保护力度

1. 明确草原保护理念

我国草原生态保护与发展在理念上要坚持系统性、整体性、保护性和创新性相统一。我国草原严酷的自然环境、脆弱的生态系统、有限的自然资源、独特的人文和生产方式，决定了该区域的发展要共抓大保护，不搞大开发，应发挥本土特色优势，做精做优，实现区域生态保护与产业协同发展双赢。在草原生态保护思路上要坚决贯彻习近平关于生态文明建设的新思想，以乡村振兴为纲领，坚持政府引导、农牧民为主体、合作组织为平台、企业主导、能人带动、市场运作、规划引领、科技支撑和社会参与的发展原则。草原生态保护与产业发展需要政府搭台引导，以农牧民为主体，以提升农牧民能力为关键，激发农牧民的内生动力和积极性。

2. 完善草原保护支持政策

建立健全草畜平衡、禁牧休牧轮牧、人工种草等草原生态保护制度，积极推进出台草原保护、草原畜牧业发展和牧区农牧民增收的支持政策。完善和落实草原生态补偿机制。科学提出草原生态补偿的补偿内容、补偿标准、补偿主体、补贴对象和补偿方式，在主要牧区开展生态补偿试点。

完善草原生态保护的相关法律法规是保护草原生态环境的关键一步。我国对草原生态环境保护越来越重视，相关法律法规也应尽快完善。要进一步细化草原生态保护机制，对破坏草原生态环境的行为，如过度放牧、过度开垦等，制定详细的惩罚机制，严阵以待，以法律约束人们的行为，确保草原生态环境不受破坏。同时，完善草原生态保护补偿机制，通过补助正向激励农牧业生产经营者保护生态。

3. 加快制定草原保护纲要

草原保护需要强化顶层设计，科学编制草原保护建设规划，以科技为支撑，强化主推技术、主导草种、主要模式的凝练和推广应用，拓展产业链，将从事放牧养殖的一部分农牧民转移到产品加工、物流、营销、草原旅游业上来，减轻草原环境承载压力。加快实施《全国草原保护建设利用总体规划》，加紧编制《全国草原保护建设利用总体规划实施大纲》。应加快落实国务院《全国生态环境保护纲要》和《关于落实科学发展观加强环境保护的决定》的要求，依据《全国生态功能区划》和《全国生态脆弱区保护规划纲要》，尽快实现涉草的相关建设内容和规划目标。

（二）完善草原保护措施

1. 完善草原生态保护补助奖励措施

草原生态保护补助奖励政策是保护草原生态环境，保障牧民生产生活，建设生态文明的重要举措。禁牧补助、草畜平衡奖励等草原生态补偿政策对于保障牧民生计有重要的作用。未来应建立完善的草原生态补偿法律制度，切实贯彻草原生态保护、保障牧民生计的草原生态补偿立法目的；其次，健全草原生态保护补奖政策的基本制度，规范草原生态保护补偿项目，健全生态补奖项目和范围、补奖方式、补奖资金来源、补奖对象、补奖标准等基本要素。扩大草原生态补奖范围，实行多元化的补偿方式，建立"草原生态补偿基金"，多渠道筹集补奖金，扩大补奖对象范围，科学评估补奖标准，实施差异化补奖标准；最后，要完善草原生态保护补奖的配套制度，加强禁牧和草畜平衡的监管，积极吸收牧民参与生态治理和监管，全面落实草原确权登记工作、提高草原资源监测能力，完善禁牧和草畜平衡管理制度。

2. 优化草原承包制度

积极推进草原确权和基本草原划定工作，依法发放草原所有权证和使用权证。建立以政府为主导的草原承包工作领导机制和相关部门分工合作、草原部门具体实施的

工作机制，加快推进和完善草原承包工作。加强草原承包确权登记等配套制度。借助
3S 技术和空间信息技术等新技术和手段，落实补奖机制和草原承包经营确权登记工作，
对草原产权制度进行改革，确保牧民利益的实现，提高农牧民保护草原生态环境的积
极性。制定后续产业发展配套政策，提升农牧区经济活力快速发展。建设国有草场，
实现草原畜牧业规模化、专业化及标准化经营，提升草原畜牧业劳动生产率、草地产
出率和资源利用率，降低畜产品生产成本，解放劳动力，强化科技服务，提升科学养
殖和经营水平，使草原畜牧业生产方式由数量型向质量效益型转变，推进草原畜牧业
高质量发展。

3. 完善禁牧和草畜平衡管理

草畜平衡的管理方式为实现草原保护和草原利用之间的协调。由于现行草畜平衡
标准主要以承包草地面积作为计算载畜量的依据，实践中通过草地流转和购买饲草料
等其他来源增加饲草料供应则由于缺少监督考核手段，存在很大的不确定性，很难被
纳入载畜量核定标准。在法律和政策文本中原本的草畜双向动态平衡管理(减畜或增加
饲草料总量)在实践中变为以草地面积定畜的单方面减畜。未来需要完善禁牧和草畜平
衡制度，明确禁牧期限，解禁规定，制定相应的标准与评价体系。建立以利益平衡为
导向的禁牧补偿制度机制，为了不影响牧民的生计，实行禁牧与草畜平衡的同时也必
须落实草原生态保护补助奖励政策。

4. 加强草原有害生物防治

一是做好有害生物危害的监测和分析，制定科学合理的防治方案。目前，在有害
生物危害监测方面，我国已积极推广应用现代化技术手段。可以基于"3S"技术，构建
完善的监测系统，对获得的数据信息展开全面分析，明确防治思路，及时开展防治工
作。二是积极推广应用绿色防治技术，将无人机和超低量喷雾技术，与生物农药相互
配合，实现高效防治，达到减量和低毒的效果，做到全面高效防治。三是建立草原生
物灾害监测队伍和监测网络，开展草原虫、鼠害、毒害草、牧草病害等监测，采取科
学的手段和有效的治理措施。四是引导和鼓励牧民积极参与草原生物灾害防治工作，
为后续开展退化草原生态修复积累宝贵经验，并形成新的草原生产力。

(三)合理利用草原，实现草原绿色发展

1. 抓好草原生态保护，夯实绿色发展基础

一是尽快摸清草原资源家底。结合第三次国土资源调查，组织开展全国范围的草
原资源普查和基况调查工作，摸清我国草原的分布面积、草地类型、草地质量等基本
信息。二是积极实施草原生态保护补助奖励政策，进一步完善草原禁牧和草畜平衡管
理办法，真正实现草畜平衡和草原资源的合理利用，实现草原保护与利用间的平衡。
三是加快推进草原执法监督体系建设，始终保持高压态势，依法严厉打击滥垦乱挖破
坏草原生态环境的违法行为。草原生态监测及预警开展我国草原资源健康状况调查与

评价。根据生态保护和生产利用的要求，将一些具有重要生态功能和经济功能（即优质、优良草场）的草原划为基本草原，并实行特别的保护措施。尽快编制全国草原利用与生态治理图，为国家宏观控制草原保育与合理利用提供依据。

2. 加强草原资源监测和预警能力建设

在稳步推进国家级草原固定监测点建设的同时，规划设置数量适宜、分布合理的省级、县级草原固定监测点；加强草原管理部门监测预警能力建设，将地面路线监测、定位监测和遥感监测相结合，及时掌握草原动态变化情况并作出分析研判；健全信息发布平台，强化信息预警并提出应对措施，积极引导农牧民做好饲草料储备、畜群结构调整、牲畜出栏和草原灾害防治等工作，不断提高草原科学管理和风险应对能力；抓紧开展草原本底调查，摸清基本状况，为评估草原生态保护补助奖励政策实施效果、完善草原扶持政策、加强草原监督执法等提供科学依据。逐步建立一批国家级草原定位监测站，建立草原生产、生态定位监测站，持续开展草原定位观测和资料数据收集工作，对区域性草原的生产、生态发展变化进行长年监测，根据其健康状况采用科学的利用保护措施。

3. 创新草原保护发展机制

在保护草原生态环境的基础上，充分发挥草原的生物多样性维持、草地畜牧业基础、草原文化传承、草地自然景观、动植物资源承载、社会稳定和谐等多功能性，坚持生态优先、草畜平衡、合理放牧、保护与利用协调并举，开展特色草牧业产品加工，开发动植物资源产品。在具备条件的地区，与国家公园体制、草原文化遗产融合联动，建设最美草原，为社会提供优美的生态环境、优秀的草原文化、优质的农牧产品。国家公园是现阶段人类探索人与自然和谐相处最有效的保护体制，能在保护中发展，在发展中保护文化遗产是一个地区的天然品牌，在草原旅游与特色草产业发展上具有独一无二的优势和品牌效应，以典型草原县为单位申报草原文化遗产，为三产融合发展打基础。

4. 推进林草体制融合发展

促进林草体制融合发展，权衡兼顾系统性的利益最大化原则，统筹兼顾，协调发展。在发展中保护，在保护中发展。推动林业和草原高质量发展，坚持林草资源生态保护，促进资源保护与产业协调发展，国家要加大有关人才的培养力度，在西北地区的一些高校中重点培养人才，建立实验室，鼓励人才投身草原生态保护工作，研究林草体制融合发展的有关规律。在林草体制融合发展过程中，要将林业建设与草业建设结合起来，将退耕还林和退耕还草工作统筹结合起来，同时，要科学分析，因地制宜，坚持科学地系统地看待问题，统筹兼顾，处理好林地、湿地、草地之间的关系，促进林业、草业、畜牧业等各种产业共生共赢，相互促进，在保护草原生态环境的同时，实现草原资源的高效利用。

（四）加强队伍建设，提升民众参与度

1. 加强队伍建设，加大科技支撑

国家草原管理部门要加强队伍建设，设置草原管理、执法监督、技术推广等机构队伍，确保草原保护与发展工作有机构、有人员、有装备、有经费。重点加强基层草原队伍建设，强化业务培训，着力提升草原管理和技术推广能力。加强重点实验室、长期科研基地、定位观测站、成果转化基地等草原科研平台建设，充分发挥高校、科研院所、行业协会、学术团体等科技力量，围绕草原资源监测、草原生态治理、鼠虫等灾害防治、优良草种选育等方面开展技术研究，强化新品种、新技术、新设备引入的技术中试基地建设，推进科技成果孵化，提高转化效率。从行业管理部门和基层一线提出草原保护与建设实际技术问题需求，以解决生态保护与建设中的急需科技问题。

2. 提高民众草原保护意识

草原保护是一项长期的工作，不仅需要草原生态保护相关部门的工作人员的努力，更需要民众对草原生态保护的重要性具有一定的认识，敬畏草原，投身到草原生态保护的实践中去。要加强对新媒体技术的发展和利用，宣传保护草原生态，提高全社会的草原生态保护意识，教育人们爱草原、敬草原，不断促进人与自然和谐共生。提升民众的草原保护意识，自觉加入草原保护和管理的行动中。

3. 加大草原保护执法监督力度

加快推进各级草原监理机构建设，并尽快改善各级草原监理机构执法监督装备条件，加大草原执法人员培训力度，加大草原大案要案的查处力度，提高草原违法案件的警示作用。严守生态保护红线，全面落实基本草原保护制度、草畜平衡制度和禁牧休牧制度，严格草原征占用审批手续，严肃查处擅自改变草原用途、非法批准征占用草原和未经批准征占用草原的违法案件等，草原生态治理体系不断完善。应加强草原执法力度，秉公执法，不断提高草原执法规范化水平。科学合理利用草原资源，严厉打击超载放牧(养畜)行为。

专题 2
草原生态修复战略

■ 专题负责人：白小明　尚占环　周华坤

■ 主要编写人员：董世魁　沈　豪　杨珏婕

　　　　　　　　蒲小鹏　杨　洁　王文银

　　　　　　　　刘培培　党志强　李宏林

　　　　　　　　马　丽　张中华

一、草原生态修复的概念与内涵

(一) 草原生态修复的概念及内涵

生态修复是指利用自然的自我修复能力在适当的人工措施辅助下恢复其良好的生态功能，如保持水土、调节小气候、维护生物多样性等。草原生态修复是针对被破坏的草原生态系统对其特定类型植被、土壤理化性质等进行修复。草原生态修复显然不是指退化或受损草原完全恢复其原始状态，而是指其草原生态服务功能的不断恢复及提升。

草原生态修复的内涵是以自然自我修复为主，通过减少或排除草原上的干扰、破坏因素，以及实施人为辅助措施，帮助结构和功能受损或破坏的草原生态系统自然恢复能力提升，促进其逐渐实现自然恢复。草原生态修复过程也不是一个完全的自然过程，科学合理的人工辅助措施有利于促进自然修复，并使草原生态系统向良性化发展。大多数草地生态系统并非由单一退化原因而引发的退化，而是以上多种退化因素综合作用导致的结果。因此，对于退化草原的生态修复需要针对不同区域、不同退化原因及退化程度来选择适宜的退化草原修复措施。因此，在采取修复措施时考虑当地的气候、土壤及退化原因十分必要。

强调草原保护修复与合理利用有机结合，是在保护草原生态系统的基础上，更好地合理利用草原，发挥草原的多种功能，维持草原生态系统活力。现阶段，我国草原是重要的生态资源也是我国草原牧区的重要生产资料，是草原牧民的重要生活依靠和经济来源。因此，正确处理草原保护修复与合理利用关系，在保护好草原生态的基础上，科学利用草原资源，促进草原绿色发展和农牧民生活改善。

(二) 草原生态修复的必要性

草原生态修复是我国生态文明建设的重点任务。半个世纪以来，由于气候变化，草原过度利用，造成严重的草原退化问题，显著降低了草原的生态、经济、社会和文化服务功能，对国家生态安全、边疆稳定、民族团结、社会可持续发展、农牧民增收等造成了严重威胁。我国草原土壤碳储量约占全球土壤有机碳储量的 9.7% ~ 22.5%。按照每公顷草地每年可固碳 1.5t 计算，我国草地资源每年总固碳量约为 6 亿 t，可抵消我国全年碳排放量的 30%。目前我国草原仍有 70% 处于退化状态，草原生态修复碳汇潜力巨大，对我国实现"双碳"目标具有重大意义。

党的十八大以来，在习近平生态文明思想指引下，各地区、各部门认真贯彻落实党中央、国务院决策部署，积极探索统筹山水林田湖草沙一体化保护和修复，持续推进各项重点生态工程建设。各地不断强化草原保护修复，初步遏制了草原总体退化趋势，部分地区草原生态状况明显好转。但目前草原退化形势依然严峻，一些地方非法开垦草原、占用草原、采挖草原野生植物等行为时有发生，草原超载过牧未得到根本解决。2021 年全国草原监测结果表明，健康草地 3418.82 万 hm²，占全国草地总面积的 12.89%；亚健康草地 10348.22 万 hm²，占全国草地总面积的 39.03%；不健康草地 9958.18 万 hm²，占全国草地总面积的 37.56%；极不健康草地 2788.40 万 hm²，占全国草地总面积的 10.52%。我国各草原区面临不同生态问题，生态修复面临巨大挑战。

2021 年 3 月 12 日，国务院办公厅印发了《关于加强草原保护修复的若干意见》，提出要以完善草原保护修复制度、推进草原治理体系和治理能力现代化为主线，加强草原保护管理，推进草原生态修复，促进草原合理利用，改善草原生态状况，推动草原地区绿色发展，为建设生态文明和美丽中国奠定重要基础，标志着草原进入加强保护修复的新阶段。针对草原工作存在的问题，从加强草原基础工作、加大保护力度、推进生态修复、合理利用草原等方面提出了工作措施，指明了未来一定时期草原工作的方向，也为完善草原法律制度体系提供了实践经验。

近些年，全球变化、过度放牧、农田开垦、鼠虫害、土壤沙化、土壤酸化、土地盐碱化等仍在加剧着我国草原生态退化，我国草原生态服务功能仍然面临严峻的衰退威胁。加强我国草原生态修复，推行草原休养生息，维持草畜平衡，促进草原生态系统健康稳定，提升我国草原保持水土、涵养水源、防止荒漠化、应对气候变化、维护生物多样性等生态功能，对维护国家生态安全，满足人民日益增长的优美生态环境需要，实现建设美丽中国宏伟目标，具有重要的战略意义。因此，草原生态修复是我国生态文明建设的重要战略组成部分。

(三)草原生态修复工作进展

草原生态修复研究与实践起源于 20 世纪初的欧美国家。20 世纪 50 年代以来，退化草原生态恢复工作更加受到重视，欧美发达国家已初步建立起以科学技术为支撑的现代化草原恢复体系(董世魁等，2020)。我国的草原生态修复实践工作始于 1978 年，其发展过程大体可以分为三个阶段：

第一阶段为从改革开放到 21 世纪初，这一阶段投资规模很小，1978—1984 年中央财政草原基本建设投资平均每年不到 2000 万元，1995 年启动牧区开发示范工程项目，投资增加到 7000 多万元，主要开展草原基础设施建设。

第二阶段为 21 世纪初 2000—2010 年的 10 年建设期，这个时期国家对草原保护恢复的投入大幅度增加，共启动了 15 个项目，包括天然草原植被恢复与建设工程、种子基地建设工程、草原围栏、退牧还草工程、无鼠害示范区、草原虫灾补助、草原防火、京津风沙源治理工程、育草基金、草原飞播、草原监测、牧草保种、游牧民定居工程和岩溶地区石漠化综合治理试点工程等一批重大草原工程建设项目，总投资约 216.39

亿元，全面开展草原生态保护和修复。

第三个阶段从 2011 年至今，以国家启动草原生态保护补助奖励机制为代表，对草原工程建设项目支持力度和投资强度空前加大，草原工程建设机制创新不断深入完善。2010—2020 年的 10 年期间，草原工程建设项目增加了 10 项，除草原生态保护补助奖励机制之外，启动的重要草原生态工程还包括边境防火隔离带补助资金、三江源生态建设工程、国家公园建设工程、西藏生态安全屏障保护与建设工程、西藏草原生态保护补助奖励机制试点、草种质量安全监管、南方现代草地畜牧业发展、已垦草原治理、现代种业提升工程和草原鼠害防治等，总投资近 2000 亿元。特别是党的十八大以来，中央推行的一系列草原建设方针政策、工程项目和财政资金用于草原保护建设，有力促进了草原生态修复，加快了草牧业生产方式转变，提高了农牧民收入，促进了脱贫攻坚和乡村振兴。

二、草原生态状况动态变化

（一）中国草原生态状况的变化时段

1. 第一阶段（1949—1984 年）

新中国成立至 1985 年《草原法》出台之前为第一阶段，这一时期主要表现为人口骤增的压力和过度利用使得草原生态平衡遭到严重破坏。这一时期是以生产为主的利用阶段，草原长期处于责、权、利分离的状态。长期以来，由于片面强调草原生产功能，忽视其生态功能，导致草原超载过牧、滥挖、滥垦等问题十分突出，特别是 20 世纪 60~80 年代大面积的优质草场被开垦为农田，造成我国草原严重退化、生态功能和生态系统服务功能降低。此外，气候变暖、干旱和虫鼠害等也加速了草原退化，这一阶段也成为我国草原严重退化的时期。据 1975 年资料记载，当时全国草原的退化面积共计 7.6 亿亩，占可利用草原面积的 22.89%。此后我国草原退化态势加剧，到 20 世纪末，全国 90% 的草原出现不同程度退化，草原生态服务功能大幅降低，严重威胁国家生态安全。

2. 第二阶段（1985—2012 年）

《草原法》出台至党的十八大召开为第二阶段，这一阶段主要表现为我国草原管理步入法制化轨道。1985 年《草原法》颁布实施，标志着我国草原管理进入了有法可依的新阶段，对依法加强草原保护、建设和管理利用，保护和改善生态环境，发挥了积极的作用。2000 年以后，政府制定了一系列对草原管理有重要影响的法律法规、政策文件和发展规划。先后实施了京津风沙源治理工程、退牧还草工程、草原生态保护补助奖励政策等，草原生态明显改善。2003 年，通过《草原法》的修订实施，草原禁牧、草畜平衡、基本草原保护等草原生态保护重大制度以法律形式得到确立。然而，我国草原"总体恶化、局部改善""治理速度赶不上退化速度"的状况并没有得到根本转变。

3. 第三阶段 (2013 年至今)

党的十八大至今，在以习近平同志为核心的党中央坚强领导下，林草系统全面加强生态保护修复。草原生态保护与建设进入新时代，草原生态持续改善，草原质量稳步提升。以 2011 年国务院印发的《国务院关于促进牧区又快又好发展的若干意见》，明确提出草原牧区发展"生产生态有机结合、生态优先"的基本方针为标志，草原生态保护地位得以进一步明确和提升。同年，国家在主要草原牧区省份全面建立草原生态保护补助奖励机制。这一时期草原生态文明体制初步建立，生态优先的草原建设基本方针成为新常态。

截至目前，我国草原生态保护现状有所改善，天然草原理论载畜量总体增加，天然草原平均牲畜超载率明显下降，全国草原综合植被盖度总体呈上升趋势，天然草原产草量总体保持增长，草原鼠害面积仍比较严重，虫害危害面积有所下降。草原违法案件数量略有下降，但草原违法案件破坏草原面积仍未有明显减少。草原火灾案发次数呈下降趋势，草原火灾受害面积仍比较大。

(二) 中国草原主要生态功能动态变化

1. 净初级生产力

长时间序列上，全国草原净初级生产力总体上呈增长趋势，但不同地区的增加速率有所不同。1982—2011 年草原净初级生产力年均为 $245.52 \times 10^{12} \mathrm{gC}/$年，呈现从西南到东北逐渐增加的分布特征，2011—2020 年整体呈现增加趋势。我国草原净初级生产力的积累主要集中在生长季 4 ~ 10 月，但不同草地类型开始和停止增长的月份不尽相同。全国草原净初级生产力在时间上的变化主要由自然因素变化引起，但在一些区域人类活动 (尤其是超载过牧引起的草地退化) 加剧了分布格局的改变。

2. 水源涵养

我国草原水源涵养功能保有率以提升为主，主要原因是各区草地植被覆盖度有所增加。20 世纪 80 年代末至 2000 年，我国草原年平均水源涵养量为 $1.1617 \times 10^{11} \mathrm{m}^3/$年；2000—2010 年，草原年平均水源涵养量为 $1.1838 \times 10^{11} \mathrm{m}^3/$年，增加了 $0.0221 \times 10^{11} \mathrm{m}^3/$年。内蒙古呼伦贝尔市西部和锡林郭勒盟西南部、四川盆地周边、云南、贵州等地草原水源涵养服务功能有所下降。青藏高原区和黄土高原区草原水源涵养服务功能提升明显，其中黄土区水源涵养服务功能保有率升幅达 12.09%，体现了退耕还草工程的实施在黄土高原地区取得了明显的生态成效。生态工程的实施对我国草原水源涵养服务功能的恢复与提升发挥了积极作用，这种作用在黄土区表现得尤为明显。

3. 防风固沙

防风固沙服务功能保有率的分布特征与草原覆盖度的分布特征基本一致；朱趁趁采用 RWEQ 定量评估了内蒙古荒漠草原 2000 年和 2017 年的固沙量，发现内蒙古荒漠草原的防风固沙服务表现出明显的空间异质性，不同土地利用类型提供的防风固沙服务有所差异，其中高覆盖度草地的固沙量相对较高。在气候暖干化背景下，受京津风沙源治理工程实施的影响，以微度和轻度侵蚀为主的草原覆盖度减小区转为以微度和轻度侵蚀为主的覆盖度增加区，轻度和中度以上侵蚀为主的草原覆盖度减小区转为基本持衡区。

4. 生物多样性维持

20 世纪 80 年代到 21 世纪初，持续严重过牧导致我国草原生物多样性下降，并且毒害草明显增多。全球气候变化再加上不合理的利用，草原区域野生动植物栖息地的丧失，如狼、黄羊、蒙古驴等宝贵的野生动物在我国部分温性草原区消失。党的十八大以来，我国草原保护修复力度加大，草原生物多样性水平有所恢复。但是，退化草原的生物多样性恢复需要较漫长时间，诸多研究表明退化草原恢复后的生物多样性仍难以恢复到原生草地状态。

三、草原生态修复的战略意义

（一）保障国家生态安全

草原在我国国土的特殊生态地理位置决定了草原对我国生态安全的重要性。我国草原主要位于西部和北部的边疆区域，是我国水源的涵养区、水土流失关键区、防风固沙屏障区，对保障我国东部森林农田区的生态安全、生产安全有着不可替代的作用。草原生态环境也是草原民族文化的重要载体，草原文化是草原生态环境得以保护的重要武器。实施草原生态修复战略，统筹山水林田湖草沙系统治理，加大草原保护力度，构筑生态安全屏障，是我国生态安全的重要保障，而且也有重要的传统文化保护价值。实施草原生态修复战略，是符合战略定位、体现本地优势特色，以生态优先、绿色发展为导向的高质量发展的内在要求，是实现中华民族伟大复兴的重要一步，是民族团结和边疆长治久安的有力保证。

（二）提升草原生态功能

草本植物既是陆地上绿色植被的先锋，又是"保持水土、防风固沙"的卫士。草原植物贴地面生长，既可以增加下垫面的粗糙程度，降低近地表风速，从而可以减少风蚀作用的强度，其根系也能深深地植入土壤中，牢牢地将土壤固定，形成厚厚的草皮层，对防止水土流失、减少地面径流量具有显著作用。草原生态修复后对水土保持、水源涵养和生态环境的改善具有非常重要的作用。我国的草原生态系统修复战略，注重生态系统载体的巩固完善和生态环境保护修复，加强草原自然保护区、国家公园和动物栖息地等保护地体系建设，为保护生物多样性提供了场所和空间。

我国草原总碳储量仅次于森林，是第二大陆地生态系统碳汇，在碳达峰、碳中和中发挥重要作用。我国实施包括天然林保护工程、退耕还林工程、退耕还草工程等在内的重大生态工程贡献了中国陆地生态系统固碳总量的 36.8%（7.4×10^{8}t）。国土绿化"十三五"规划主要任务全面完成后，全国草原综合植被覆盖度达到 56.10%，使得草原生态系统结构和功能相对完整，对固碳释氧、缓冲气候变化影响等方面发挥了积极作用。因此，做好退化草地的管理与修复，牢固树立和践行绿水青山就是金山银山的理念，坚持节约优先、保护优先、自然恢复为主的方针，尊重自然地理地带性、重视经济社会发展规律，积极推进草原生态修复战略的实施，可以为二氧化碳减排做出巨大贡献。

（三）应对气候变化

我国草原处于干旱半干旱、高寒地区，是全球气候变化敏感区域。草原退化造成了草原生态系统适应气候变化能力降低，更加不利于草原区域应对气候变化。在干旱、高寒区域，草原植被本身已经长期适应了恶劣的气候环境，是地球上抗逆性最强的植被，对气候变化更为适应。一旦草地遭到破坏，生态系统的能量传输发生障碍，整个生态系统将随之遭受破坏。在应对气候变化的过程中，高覆盖度的草原可以发挥其降低太阳热辐射和稳定碳库的作用。退化草原生态修复，能够保护我国的草原生态环境，同时在应对气候变化中发挥重要的作用。

（四）改善生态环境

草原生态修复能够起到净化环境和美化环境的作用。修复后的草原有更高光合效率，产生更多氧气，一般草地每小时可吸收二氧化碳 1.5g/m^2。恢复后健康的草原对空气中尘埃的净化作用增强，能有效吸收大气中的尘埃和一些有害气体。很多草类植物能把氨、硫化氢合成为蛋白质，能把有害的硝酸盐氧化成有用的盐类，能增强抗二氧化硫污染的能力。健康的草原还具有更强的减缓噪声、释放负氧离子的作用。恢复后健康的草原具有良好的土壤构成及保育功能，使土壤维持相对稳定的结构，促进土壤团粒形成和改良土壤结构，有利于植物和微生物生长发育，形成良好的草原生态环境。

（五）实现草原牧区可持续发展

我国的草原生产了全国 19.5% 的牛肉、35.1% 的羊肉和 13.0% 的牛奶，是草原牧区居民重要的生活来源。草原退化问题严重制约了草原牧区的可持续发展，特别是严重影响着草原牧区居民的生产、生活发展，十分不利于草原牧区可持续发展。实施草原生态修复后，促进了草原健康的畜牧业生产能力，保证了草原畜牧业的可持续发展能力。在草原生态修复的基础上，主导发展草原生态畜牧业，完成传统畜牧业转型升级，促进牧民增收，为打赢脱贫攻坚战和治边固疆提供支撑。通过实施退化草原生态治理与畜牧业协同发展模式，有利于当地牧民脱贫攻坚进程和国家乡村振兴战略的实施。

草原生态修复项目的实施，提高了牧区农牧民的生活水平，通过生态补偿、退化草地恢复、少量高产高效人工草地建植、退牧还草等措施，解决了草原家畜所需要的优质牧草，从根本上解决草畜矛盾，提高了草原牧区居民收入和生活水平。北京大学的评估表明，我国从2011年开始实施草原生态保护补助奖励政策，实施范围从第一期（2011—2015年）的8省份拓展到第二期（2016—2020年）的13个省份，中央财政投入也相应地从773.6亿元增加到938亿元，这是到目前为止世界范围内覆盖面积最广、惠及人数最多、投入资金力度最大的草原生态项目。草原生态修复项目减轻了天然草原放牧压力，实现草原生态与生产功能的双提升，促进草原牧区的社会可持续发展。

(六)促进草原牧区生态文明建设

草原生态修复是生态文明建设的主要任务和基本要求，是建设美丽中国的重要途径。党的十九大报告中明确提出"坚持山水林田湖草是一个生命共同体"理念，将我国最大的陆地生态系统——草原纳入生命共同体中，这是对草原生态地位的重要肯定，对推进草原生态文明建设具有里程碑式的重要意义。党的二十大报告以"推动绿色发展，促进人与自然和谐共生"为主题，更是强调了绿色发展，提升生态系统多样性、稳定性、持续性。要加大生态系统保护力度，加强生态修复，构筑生态安全屏障。这将极大地促进草原生态保护修复工作。新时代大力推进生态文明建设，草原的生态服务功能需求逐渐超过了其生产功能，保护修复草原生态、重现绿水青山成为草原工作的首要任务。当前，我国生态文明发展正处于重要的历史阶段，草原生态修复建设面临着新的机遇和挑战。

草原生态修复工作直接关系我国社会主义和谐社会建设的成效。在保护好草原生态的基础上，科学利用草原资源，促进草原地区绿色发展和农牧民增收，积极引导全社会参与草原保护修复。我国草原生态修复战略的实施，在草原地区加大了国家支持力度，加快了牧区生态文明、产业振兴、文化发展，促进了我国牧区全面振兴，引导草原牧区农牧民走上了以生态优先、绿色发展为导向的高质量发展新路。

四、草原生态修复成就与问题

（一）草原生态修复成就

1. 草原生态修复保障体系基本建立

（1）政策保障体系基本建立

1985 年 6 月 18 日第六届全国人民代表大会常务委员会第十一次会议通过了《草原法》，标志着我国草原工作进入法治化轨道。2021 年 4 月 29 日第十三届全国人民代表大会常务委员会第二十八次会议对《草原法》进行了第三次修正。《草原法》的贯彻实施，推动我国草原实现了历史性变革，对于保护修复和科学利用草原，加快生态文明和美丽中国建设，发挥了十分重要的作用。新修订的《草原法》颁布实施以来，各地积极推进地方性配套法规规章制度修订工作。国务院、相关部门出台了一系列政策和意见，包括《国务院关于进一步做好退耕还林还草试点工作的若干意见》《国务院关于加强草原保护与建设的若干意见》《国务院办公厅关于健全生态保护补偿机制的意见》等，为草原生态修复提供了有力的政策支撑。

2018 年机构改革后，林草资源统一由新组建的国家林业和草原局负责管理，有效解决了长期以来存在的林草矛盾，草原工作实现了从生产为主向生态为主的转变，实现了从林草矛盾向林草融合转变，实现了从造林绿化向国土绿化转变，实现了从各自为政向山水林田湖草沙系统治理及林业草原国家公园"三位一体"统筹推进转变。草原地位空前提高，林草融合进一步加深，各级林草部门统筹山水林田湖草沙一体化治理，推进林业草原国家公园"三位一体"融合发展。2021 年 3 月，国务院办公厅印发了《关于加强草原保护修复的若干意见》明确了新时代草原保护修复的指导思想、工作原则和主要目标，提出了一系列加强草原保护修复和合理利用的政策措施。18 个省份陆续出台本地贯彻落实意见，把保护草原生态放到更加突出的位置，建立健全草原保护修复制度体系，加强草原保护管理，推进草原生态修复，促进草原合理利用。

（2）技术支撑体系持续加强

草原生态修复需要先进的科技支撑，经过长期建设和发展，我国草原科技支撑体系不断加强，草原科技支撑平台建设步伐加快。部分省份组织国内、省内草原专家组建专家库或专家团队，整合各方面科技和智库力量，完善科技创新平台，强化技术创新和推广，提升草原保护修复科技水平。

各地在推进草原生态修复中，形成了强有力研发—示范—推广的技术链，探索了一系列成功的"研用推"模式。例如，青海省"黑土滩"退化高寒草地生态修复和综合治理技术体系取得了显著的成效；河北省提出的"三个转变"模式即修复区域从单一分散向集中连片转变、草种选择由单种牧草向草灌结合转变、治理方式由单纯围栏向围封补播和飞播牧草等多项技术综合配套转变的草原修复措施，取得了很好的成效；宁夏采取"五结合"模式即禁牧与舍饲养殖结合、封沙育林与退牧还草结合、自然修复与工程治理结合、防沙治沙与产业发展结合、人工修复与自然恢复相结合的措施，持续推进荒漠草原生态修复。

（3）工程项目持续发力

自2000年以来，国家先后实施退牧还草、草原生态补奖、京津风沙源治理、农牧交错带已垦草原治理工程、岩溶地区石漠化治理、草原鼠虫害治理等多个草原生态修复治理工程，草原生态状况得到明显改善。

退牧还草工程于2003年全面开展，主要通过草原围栏、退化草原改良、建设人工饲草地、治理石漠化草地等措施，保护草原生态环境、改善牧区民生。退牧还草第一期工程实施后，草地恢复效果显著，草地鲜草总量、载畜能力、植被盖度等逐步增加，家畜超载率降低，草原植被状况明显改善。退牧还草第二期工程通过草原围栏、退化草原改良、人工饲草地建设、黑土滩治理、毒害草治理等工程，推进禁牧休牧划区轮牧和草畜平衡措施，减轻天然草原放牧压力，加快恢复草原植被，推进草原畜牧业生产方式转变，促进草原生态和畜牧业协调发展。

草原生态保护补助奖励政策于2011年在内蒙古、新疆、西藏、青海、四川、甘肃、宁夏和云南8个主要草原牧区省份及新疆生产建设兵团实施，主要内容包括禁牧补助、草畜平衡奖励、牧草良种补贴、畜牧品种改良补贴等。目标是"两保一促进"，即"保护草原生态、保障牛羊肉等特色畜产品供给、促进牧民增收"。2016年开始实施第二轮草原生态补奖政策，2021年开始实施第三轮草原生态补奖政策。截至目前，该政策覆盖13个省份，657个县（团场、农场），38.2亿亩草原得到休养生息，通过各项补贴和绩效评价奖励以及地方财政配套资金或整合其他项目资金，推动了草原畜牧业生产方式转型升级和草原生态有效恢复。

京津风沙源治理工程于2000年在北京、河北、山西、内蒙古、陕西等5省份实施，其目的在于改善和优化京津及周边地区生态环境状况、减轻风沙危害。2013年开始实施京津风沙源治理二期工程。该工程通过人工饲草基地、围栏封育、飞播牧草、草种基地、牲畜棚圈、青贮窖、贮草棚等建设内容，遏制沙化土地扩展趋势，明显改善草原生态环境，基本建成京津地区绿色生态屏障，进一步减轻京津地区风沙危害，促进我国北方草原资源得到合理利用，全面实现草畜平衡，推动草原畜牧业转型升级。

岩溶地区石漠化综合治理工程于2008—2017年在湖北、湖南、广西、重庆、四川、云南、贵州等7省份实施，是国家致力于综合治理西南岩溶地区石漠化状况实施的重大生态工程，主要以多年生人工草地、草种基地、青贮窖等建设内容，着力恢复南方山地草地植被，全面提升我国南方草山草坡的自然生态服务功能，大力推进草食畜牧业可持续发展。

农牧交错带已垦草原治理工程于 2016—2018 年在河北、山西、内蒙古、甘肃、宁夏和新疆等 6 省份实施，治理已垦草原 1750 万亩，主要通过建植多年生人工草地，引导配套建设饲草贮藏库、推广应用饲草播种加工贮运机械等措施，提高治理区植被覆盖率和饲草生产、储备、利用能力，保护和恢复草原生态，促进农业结构优化，实现当地生态、生产、生活"三生"共赢和可持续发展。

草原鼠害防治工程于 2001 年实施，全国畜牧总站依托中央财政草原鼠害防治专项，启动了"草原鼠害绿色防控技术应用与示范"项目，有关省、市和县级草原技术推广机构参与了项目实施工作。项目期间，中央财政共投入资金 45000 万元，累计推广应用绿色防控技术防治草原鼠害 118366 万亩，全国草原鼠害绿色防控比例达到 93%，危害面积初期下降 36%。病虫害防治生态工程于 2002 年实施，全国畜牧总站(原全国畜牧兽医总站)启动了"草原虫害生物防控综合配套技术推广应用"项目，集成创新推广了草原虫害生物防控综合配套技术体系。草原有害生物防治生态工程的实施，为草原生物多样性保护和绿色畜牧业生产提供了保障。

（4）监测评价体系不断完善

草原生态监测设施建设是评估草原生态修复成效的重要支撑。目前我国已初步建立了"国家–地方"的草原生态监测网络。根据原农业部草原监理中心组织编制的《国家级草原固定监测点建设规划》，全国范围内建设国家级草原固定监测点 376 个，截至目前已建成国家级固定监测点 200 余个。各省份根据需求，已陆续开展了省级草原固定监测点建设工作，如云南省建立了 20 个省级草原固定监测点、24 个常规监测点和 2 个草原水土流失监测点，甘肃省建立了草原固定监测站(点)1154 个、草原鼠虫害测报站 17 个，新疆生产建设兵团建立了 37 个固定草原监测点等。

党的十八大以来，国家林业和草原局积极构建新时代草原监测评价体系，全面启动林草生态综合监测草原监测评价，完成外业监测样地 2.9 万个，全面部署草原基况监测，建立草原基础数据档案图库，构建"全国草原一张图"，全面提高草原精细化管理水平。为准确掌握和评价年度草原生态变化趋势，各级林草部门深入开展草原监测工作，收集了 2.7 万个非工程样地样方数据、5000 个工程效益样方数据、7000 余份入户调查数据，为草原生态修复成效科学评价奠定了坚实的基础。2021 年国家林业和草原局印发了《全国草原监测评价工作指南》，2020—2021 年连续举办全国草原监测评价和执法监督培训班，对新时代草原监测工作进行全面部署，提高了草原生态修复成效监测评价工作能力。

在草原生态恢复监测评价技术方面，采用空天地一体化(即地面监测、遥感、无人机监测相结合)的方法，对草原生态状况进行周期性观测与评价，应用大数据、云计算、物联网等新兴技术，实现对各种信息数据的高效率收集、高效处理、深入挖掘。利用高光谱无人遥感技术、卫星监测、无人机巡护、智能视频监控、机器学习、热成像智能识别等技术手段，开展草原火灾防控、草原有害生物防控、沙尘暴防控、野生动植物疫源疫病防控监测评价工作。新时代草原监测评价体系贯彻林业草原国家公园"三位一体"的发展思路，抢抓人工智能发展机遇，深入贯彻《国务院关于印发〈新一代人工智能发展规划〉的通知》精神，深化智慧化引领，全面推动人工智能技术在草原生态修复战略的应用。

（5）监督管理体系逐步完善

为确保国家层面的草原生态修复项目、工程很好地落实，国家建立了较完善的项目监督管理体系。例如，2004 年、2011 年实施的退牧还草、草原生态保护补助奖励政策，都通过有力监管，促进了项目实施，提升了草原生态修复成效。2021 年开始，国家继续实施第三轮草原生态保护补助奖励政策，补助标准保持不变，政策覆盖草原面积进一步扩大，草原生态保护修复监管政策内容进一步完善。全国草原保护修复需要进一步加强草原执法监管，依法打击各类破坏草原的违法行为，不断强化执法监督，依法查处非法开垦、非法占用草原以及乱采滥挖草原野生植物等违法案件，减少草原退化风险，增大退化草原生态修复工程的监管力度。

在国家管理体制层面，2018 年国务院机构改革，草原定位发生重大变化，草原监管职责转到新组建的国家林业和草原局，设立草原管理司，草原工作进入新的历史发展阶段。草原职能划转充分体现了中央对草原生态保护工作的高度重视和统筹山水林田湖草沙系统治理的战略意图。草原在生态文明建设中的作用和地位得到越来越广泛的认可，草原工作顶层设计初步完成，基础工作正在夯实，新时代林草治理体系正在形成，草原生态保护修复管理工作不断强化。

为进一步改善草地生态、实现草地资源可持续利用和保护修复协调发展，2020 年8 月国家林业和草原局发布了《内蒙古自治区敕勒川等 39 处全国首批国家草原自然公园试点建设名单》，这标志着我国国家草原自然公园的建设正式开启。首批草原自然公园试点建设面积 220 万亩，涉及 11 个省份和新疆生产建设兵团，国家草原自然公园以生态保护和草原科学利用示范为主要目的，兼具生态旅游、保护修复、科研监测、宣教展示等功能。国家草原自然公园建立为实现草原生态保护修复与生产生活的有机结合奠定了坚实的基础。

2021 年 1 月中共中央办公厅、国务院办公厅印发了《关于全面推行林长制的意见》，大力推行林（草）长制，压实地方党委政府主体责任和属地责任，落实部门责任，加大草原监管力度，统筹研究，整体部署，协同推进。林（草）长制草原考核指标，包括草原修复利用工作安排部署情况、草原保护修复利用规划编制情况、草原承包经营、基本草原保护、草畜平衡、禁牧休牧制度落实情况、草原调查监测、草原违法案件查处、草原保护修复工程实施情况、草原生态保护补助奖励政策落实情况等定性考核指标，也包含草原综合植被盖度、林草覆盖率等定量考核指标，通过多指标、多目标系统考核可以起到草原生态修复良好的监管作用。

2021 年 3 月国务院办公厅印发了《关于加强草原保护修复的若干意见》，提出了加强草原保护修复的指导思想、基本原则、总体目标和具体措施。同年，国家林业和草原局开始编制《全国草原生态保护修复和草业发展中长期规划》和草原相关"十四五"规划，立足草原在生态建设和绿色发展中的重要地位，坚持新时代草原工作节约优先、保护优先、自然恢复为主的方针，以完善草原保护修复制度、推进草原治理体系和治理能力现代化为主线，加强草原保护管理，推进草原生态修复，促进草原合理利用，改善草原生态状况，推动草原地区绿色发展。

2. 草原生态修复与可持续利用技术不断完善

（1）多样化草原生态修复技术已经推行

我国天然草原类型多样、利用方式和退化程度不同，生态修复技术也应该因地制宜，类型多样。在多年科学研究与实践积累下，形成了多样化的草原生态修复技术，为不同区域、不同退化类型、不同退化程度的草原生态修复提供了科技支撑。

目前，全国应用较成熟的草原生态修复技术有以下8种。①围栏封育：一种成本较低、人为干扰较少的草原生态近自然修复技术。②飞播种草：利用飞机在空中以一定高度和速度将牧草种子撒到经规划设计的地块上，其优点是投资少、面积广、速度快。③浅耕翻：植被自然恢复的一种方法，翻耕深度控制在15~20cm，其优点是调节土壤空气状况，疏松土层，划破原有草皮，增加土壤通透性，促进植被更新和养分循环，提高草原活力。④免耕补播：利用先进的免耕机械在松土的同时直接播种，可避免表土外翻，减少土壤水分蒸发和有机质损失，这项修复技术已经成为普遍采用的植被修复补播措施。⑤人工草地建植：主要是对难以自然恢复的重度、极度退化草地通过建植人工草地，并加强人工草地管理的方式治理退化草原，可以快速增加退化草地的植被盖度，解决草畜矛盾。⑥毒害草治理：主要通过生物技术包括天敌引入、生物药剂的使用，清除草地毒害草，促进草原植被恢复。⑦沙化草原草方格沙障技术：通过建植草方格沙障，阻止沙丘流动，起到防风固沙效果，提高沙层的含水量，促进沙地植物存活，形成稳定植被。⑧盐碱化草原绿色修复技术：主要通过培育耐盐碱植物，并配以绿肥植物，降低土壤盐碱度，提高土壤肥力。目前，还逐渐发展了人工智能等技术应用于草原生态修复。

（2）多元化草原生态修复模式初步形成

2021年在国家林业和草原局草原管理司的组织下，编写出版了《退化草原生态修复主要技术模式》，系统梳理了我国不同退化类型的各类草原生态修复的理论、技术、方法和模式，筛选经多年实践证明行之有效、可推广、可复制、可应用的退化草原生态修复范例。按照我国草原五大分区即内蒙古高原草原区、西北山地盆地草原区、青藏高原草原区、东北华北平原山地丘陵草原区、南方山地丘陵草原区，形成"分区、分类"的退化草原生态修复主要模式。

内蒙古高原草原区退化草原生态修复模式主要包括敕勒川受损草原生态修复模式、乌珠穆沁风蚀沙化草原生态修复模式、苏尼特草原退耕地植被重建模式、乌拉盖河流域盐渍化草原生态修复模式、浑善达克沙地(沙化草原)生态修复模式、毛乌素沙地生态修复模式。西北山地盆地草原区退化草原生态修复模式主要包括黄河刘家峡库区林草复合生态修复模式。青藏高原草原区退化草原生态修复模式主要包括三江源区黑土滩(山)型退化草原生态修复模式、环青海湖区沙化草原生态修复模式、甘南退化沼泽草甸生态修复模式、若尔盖高原沙化草原生态修复模式。东北华北平原山地丘陵草原区退化草原生态修复模式主要包括东北松嫩平原盐碱化草原生态修复模式、黄土丘陵区水土流失型草地生态修复模式、山西丘陵山地退化灌草丛生态修复模式。南方山地丘陵草原区退化草原生态修复模式主要包括西南岩溶地区石漠化草地生态修复模式、湖南地区南山牧场退化草地生态修复模式、东南地区风电场溜渣坡近灌丛化草地生态修复模式。这些主要模式均为各草原分区内科学先进、成熟有效、针对性较强的代表性成果,可以科学、有效地指导我国草原生态修复工作。

(3)草原生态修复集成示范工程初显效益

我国在退化草地生态系统中已经总结出科学、可行、易操作、效果良好的生态修复技术集成,并通过区域实施,取得了显著的生态效益、经济效益和社会效益示范。经过多年的草原生态修复利用技术实践、摸索,实现了草原综合利用技术均衡化,整合经验与理论,为草原恢复保护、可持续利用提供了重要保障。在草原生态修复示范中遵循"生态优先、绿色发展"的原则。在内蒙古、东北、新疆、甘肃、青海、西藏、四川等地形成了可以广泛应用推广的生态修复示范工程。

3. 草原生态修复成效

(1)草原水土保持效果明显提升

国家先后实施的一系列草原生态修复工程,使草原植被得到了较快的恢复,有效遏制了草原的退化和荒漠化的趋势,减轻了水土流失,加快了水土流失的治理速度。2011—2018 年,三江源、阴山北麓、阿尔金山、呼伦贝尔、天山北麓、塔里木河等 6个以草原分布为主的国家水土流失重点防治区域,水土流失面积减少了 4.6 万 km²,减幅 6.6%,强烈及以上强度侵蚀面积减少了 17.9 万 km²,占水土流失总面积比重下降 25%。青海省自 2005 年以来三江源水源涵养能力稳步提升,水资源量持续增加。2005—2012 年实施三江源生态保护和建设一期工程,三江源地区多年平均水资源总量约为 512 亿 m³。2013—2020 年实施三江源生态保护和建设二期工程后,三江源地区多年平均水资源总量增加到约 523 亿 m³,比 1956—2000 年多年平均水资源量增加约 95亿 m³。黄土高原区域自 2000 年以来 97.7% 的区域植被覆盖率提高,使 76.2% 的区域涵养水量增加。其中,陕西中北部、山西中北部等地平均每年涵养水量增加 2mm 以上。黄土高原 95% 的区域土壤保持量呈增加趋势,陕西北部、山西大部、甘肃东部等地土壤保持量平均每年每公顷增加 1t 以上。

(2)草原生物多样性保护成效显著

草原生态保护修复工程使得许多濒危野生动植物种群稳中有升,重点保护野生动物数量稳中有增，部分实现野外回归，生存环境不断改善，生物多样性恢复加快。在我国草原区域，藏羚羊数量已从 20 世纪八九十年代的不足 7 万只增加至目前的约 30 万只，曾近灭绝的普氏野马、麋鹿等也重新建立了野外种群，帕米尔高原上再现成群的盘羊，黄河源区激增的藏野驴种群数量，青藏高原持续增加的雪豹和黑颈鹤种群数量，不断扩增的虫草、甘草、肉苁蓉、雪莲等珍稀生物种群数量，表明草原生态修复对生物多样性保护起到了重要贡献。

（3）草原综合植被覆盖度显著增加

"十三五"以来，全国草原综合植被盖度由 2015 年 54% 上升至 2020 年 56.10%，多个草原大省草原综合植被覆盖度改善明显，西藏由 42.3% 提高到 47.14%，内蒙古提升了 4 个百分点，青海提升至 57.4%。与非工程区相比，工程区内草原植被盖度平均提高 15%，植被高度平均增加 48.1%，单位面积鲜草产量平均提高 85%，草原生态状况改善效果十分明显。

（4）草原碳汇能力明显提升

我国草原生态修复工程显著提升了草原碳汇潜力。以围栏、补播、改良等措施保护建设 $1hm^2$ 天然草原，投入资金约 1000 元，能固碳 5t。我国于 2004 年起实施的退牧还草工程对碳汇的贡献达 117.8 Tg，其实施显著增加了全国的生态系统碳汇。围栏封育、建植人工植被和退耕还草等生态恢复措施可分别提高三江源地区退化草地碳储量 37.1%、15.9% 和 11.5%；草原鼠虫害危害面积持续减少，减少了碳汇损失。

4. 不同草原区的生态修复成效

（1）内蒙古高原草原区

内蒙古高原草原区范围包括内蒙古中部和东部、河北坝上高原、晋西北、陕北和宁东北草原分布区。自 2000 年以来，内蒙古自治区先后实施了草原生态保护修复工程，包括退耕还林还草、退牧还草、京津风沙源治理、已垦草原植被恢复、草原生态保护补助奖励项目等，基本实现了草原牧区生态修复工程全覆盖，草原生态保护修复效果显著。党的十八大以来，累计完成草原重点生态工程建设 5700 多万亩，广泛应用于水土保持、防风固沙、荒漠化治理、改良土壤等方面，也成为脱贫致富的有效途径。"十三五"期间，全区年均草地改良 180 万亩，建设规模不断扩大，质量明显提高。由单纯围封天然草场向围封补播、飞播牧草等多项技术综合配套发展，已形成了稳定的打草场和放牧场。通过几大工程项目建设，草原生态环境得到显著改善。以退牧还草工程为例，工程区植被高度、盖度、产量分别达到 25cm、70%、93kg/亩（干草），较工程区外分别提高 61%、24%、52%。内蒙古草原牧区农牧民生产生活方式和观念也发生转变，禁牧、休牧、划区轮牧和舍饲圈养等科学饲养方式逐年增多，以草定畜、草畜平衡比例明显提高。生产、生活、生态有机结合，生态优先，合理利用，草原生态保护修复与草原可持续生产协同并进。

"十三五"期间，宁夏回族自治区依法加强草原保护生态修复和管理，狠抓草原生态修复薄弱环节，实施禁牧封育，促进草原生态恢复，启动"大美草原守护行动"，目前，全区草原植被综合盖度达 56.5%，连续 9 年保持在 50% 以上，2020 年，宁夏 2 处草原自然公园入选首批国家草原自然公园建设试点。草原防沙治沙取得新成绩，"十三五"期间，宁夏完成荒漠草原区荒漠化治理 687.6 万亩。

（2）西北山地盆地草原区

西北山地盆地草原区范围包括新疆全部、阿拉善高原内蒙古片区、宁夏片区和甘肃片区、甘肃河西走廊草原分布区。"十三五"前（2015 年）与"十三五"末期（2019 年）退牧还草工程区内外对比分析显示，工程区内草原植被持续改善，其盖度、高度、产量均有较大提高。2015 年工程区内草原植被盖度为 55.62%，工程区外为 46.34%，工程区内比工程区外高 9.28 个百分点。2019 年工程区内草原植被盖度为 58.95%，工程区外为 49.65%，工程区内比工程区外提高 9.30 个百分点。2015 年工程区内草原植被平均高度为 22.50 cm，工程区外为 12.81 cm，工程区内比工程区外高 9.69 cm。2019 年工程区内草原植被平均高度为 27.90 cm，工程区外为 16.75 cm，工程区内比工程区外提高 11.15 cm，草原植被平均高度增加明显。2015 年工程区内草原植被鲜草单产为 2440.31kg/hm²，工程区外为 1146.79kg/hm²，工程区内比工程区外增加 1293.52kg/hm²。2019 年工程区内草原植被鲜草单产为 3063.99kg/hm²，工程区外为 1350.79kg/hm²，工程区内比工程区外增加 1713.20kg/hm²。

2019 年，新疆草原保护与修复工程累计种草面积 130672hm²（196 万亩），其中建设人工草地 93043hm²（139.6 万亩），补播种草 37629hm²（56.4 万亩）；草原改良面积 68334hm²（102.5 万亩）；草原管护面积 34718730hm²（65578.1 万亩），其中禁牧面积 9925549hm²（14888.3 万亩），草畜平衡面积 33793181hm²（50689.8 万亩）。目前，依托这些国家重点工程，新疆累计治理沙化土地 2837.56 万亩，完成国家下达任务的 126%，沙化土地扩张趋势持续减缓。在荒漠草原植被保护上，新疆加强封禁保护区建设，通过固沙压沙、围栏保护、人工管护等措施减少人为活动和牲畜破坏，促进植被自然恢复。全区已设立封禁保护区 43 个、面积 809 万亩，其中"十三五"期间新增封禁保护区 25 个、面积 424.7 万亩。"十四五"期间，新疆将继续大力推进规模化防沙治沙，加大荒漠植被保护力度，全面巩固以草原生态修复为主的生态工程实施效果。

（3）青藏高原草原区

青藏高原草原区范围包括青海、西藏、甘南地区、祁连山甘肃片区、川西地区、滇西北地区草原分布区。西藏自治区林业和草原局数据显示，"十三五"期间累计投入生态保护与建设资金 202.3 亿元，大力实施防沙治沙、退耕退牧、还林还草、重要湿地保护与恢复、自然保护区建设等重点生态保护修复工程，草原综合植被盖度由 42.3% 提高到 47.14%。

青海省是青藏高原第二大草原分布区。"十三五"期间，青海共建成草原封育围栏 3293.30 万亩，补播改良 918.17 万亩，治理"黑土滩"退化草地 797.81 万亩，治理沙化退化草地 83.07 万亩，建设人工草地 135.32 万亩，全省草原综合植被盖度达到 57.4%，比 2011 年提高了 3.2 个百分点，高于全国平均 1.6 个百分点，草原植被盖度保持稳定及趋于好转的草原面积占 86.85%。青海全省草原退化趋势得到遏制，草原生态环境持续好转。

(4) 东北华北平原山地丘陵草原区

东北华北平原山地丘陵草原区范围包括黑龙江西部、吉林西部和中部、辽宁西部和中部、山东北部、河北、北京、黄土高原地区(甘肃、陕西、山西片区)的草原分布区。东北地区呼伦贝尔草原、松嫩平原草原、科尔沁草原等三大草原的生态修复为我国北方防风固沙屏障构筑做出了重要贡献。党的十八大以来，统筹山水林田湖草沙一体化系统保护和修复工程，对退化、沙化、盐碱化草原进行生态保护修复，草原生态状况呈现逐步好转的态势，吉林和黑龙江草原综合植被盖度达到 71%。2012 年以来，松嫩平原草原生态系统得到有效修复，草原综合植被盖度稳定在 67% 以上。2004 年以来，内蒙古呼伦贝尔市持续推进退牧还草工程，共完成呼伦贝尔草原退牧还草任务 447.84 万亩。2020 年呼伦贝尔草原植被平均覆盖度 75.2%，连续 5 年稳定在 70% 以上。科尔沁沙地是全国面积最大的沙地，在全国四大沙地中率先实现了整体治理速度大于退化速度的良性逆转，实现了向"整体遏制、局部好转"的转变。据全国第五次荒漠化和沙化监测数据显示，当地沙尘天气近 5 年平均每年出现 9.4 次，较上一个监测期减少了 20.3%，沙区土壤风蚀量下降 33%，地表释尘量下降约 37%，其中植被增加的贡献率达 20%。

(5) 南方山地丘陵草原区

南方山地丘陵草原区主要分布在我国秦岭-淮河一线以南的草山草坡区，在河南、江苏、上海、浙江、安徽、福建、江西、湖南、湖北、广东、广西、海南、重庆、四川、贵州和云南等地均有草原分布。"十三五"以来，四川省坚持生态优先、绿色发展的理念，努力推进草原保护修复，着力改善草原生态环境，取得明显成效。据统计，"十三五"期间，四川省天然草原综合植被盖度 85.6%，比 2012 年提高 3.5 个百分点，比全国平均水平高出 30 个百分点，草原生产功能和生态功能稳步提升。"十三五"期间，四川省治理严重退化草原 7684 万亩，建设天然草原退牧还草围栏 1231 万亩，退化草原改良 905.5 万亩，人工饲草地建设 172 万亩，实施退耕还草工程 14.6 万亩，"黑土滩"退化草地治理 26 万亩，毒害草治理 20 万亩，灭鼠灭虫 5315 万亩。2020 年，全省天然草原综合植被盖度达到 85.8%，比 2015 年提高 1.3 个百分点，高于全国平均水平近 30 个百分点。草原生态修复工程项目的实施，显著提升了草原生态和生产功能。

(二) 草原生态修复面临的问题

1. 草原生态修复工程项目持续性不强

(1) 草地生态修复工程目标不明确

在规划设计上，草原生态修复工程是由多部门依据自身情况提出并分别规划实施的，缺乏整体上统筹规划。受到部门特点等因素的限制，使得同一生态建设区的生态工程之间及不同生态建设区间的生态工程之间缺乏有机结合，严重削弱了生态工程建设的整体效益。以退耕还林还草工程为例，由于退耕还林还草政策出台和推进过快，前期缺乏充分的科学论证，工程实施后没有出台退耕还草方面一个科学、有序的总体规划。相关部门在制定政策时，没有结合地区草原治理工作方面的实际情况，也没有按照因地制宜原则，缺乏有效治理计划，进而导致治理工作开展不够全面和有效。

在思路方法上，目前的草原生态治理政策综合性、整体性、全局性特点不强，还存在"头痛医头，脚痛医脚""走一步、看一步"的倾向，政策预期和项目前景不明确。即在草原生态恢复建设时，项目内容严重不平衡。例如，在有的退牧还草工程中，人力和物力资源消耗巨大，仅围栏这一项工作就会耗费掉大量资金，在推进其他项目进展时捉襟见肘，阻碍草原整体生态恢复建设进程等。生态工程基本以局部草原生态系统结构恢复重建为主，对区域草原生态系统服务功能的提升重视不够，局部生态恢复与区域协调发展结合不紧密，导致草原生态修复工程的实施未能发挥出最大的生态与经济效益。

(2)草原生态修复工程缺乏持久性

草原生态修复是一项长期的根本性生态建设工程，需要有区域性整体规划与长期维持的具体安排。当前草原生态修复缺乏长期、可依据的治理制度，从而使草原生态治理效果并不理想。国家对草地生态修复的投入，从宏观上实现了草原生态保护的目标。但是，单纯依赖政府主导的项目或工程，也存在一系列的矛盾和问题，主要体现在生态保护的长期性和项目阶段性之间的矛盾、生态保护修复的长期公益性与牧民生产生活的短期经济性之间的矛盾、生态修复技术的持久性和草地退化类型差异性的矛盾、投资主体的单一性和多元性之间的协调问题，这些矛盾造成草原生态修复中出现多次治理、反复退化等突出问题。退牧还草工程、草原生态保护补助奖励政策等草原生态修复工程项目在实际实施过程中，由于受到技术性问题带来的影响，导致草场得不到长期有效管理，部分牧民为了维持自身生产和生活需求，没能长期维持草畜平衡，短期减畜后又增加牲畜数量，使草原负担有所加重，进而影响草原生态恢复和可持续发展。

(3)配套政策和资金支持不足

在草原生态恢复工程项目的实施过程中，需要完善的规章制度、法律条例来约束相关人员的行为。全国草原生态保护修复工程的调查显示，相关政策措施缺位或没有得到有效落实。这主要是由于草原生态保护修复工作涉及多个部门(农业农村、林草、生态环保、发改、财政等)，这些部门在草原生态保护修复方面并没有制定专项的管理条例，而且各部门之间缺乏有效的协调配合，难以高质量完成草原生态保护修复工作。例如，草原生态补助奖励政策的实施过程中，农牧民的补奖发放由农业农村部门负责，生态保护修复成效监管由林草部门负责，容易造成林草监管部门难以督促农牧民提高生态修复的质量。在制订政策与项目时，往往优先考虑草原生态功能的提升，忽视了农牧民对草原生产和生活的需求，以致政策和项目常得不到农牧民群众的有效支持。

草原生态修复补偿机制完善与否，会对草原生态治理工作的质量产生直接影响。在实际工作过程中，由于草原生态治理补偿机制在实施、管理方面缺乏完善，部分补偿条款规定不清、叙述不明，导致一些既有利于当地牧民创收，又有利于草原生态治理的政策得不到充分落实。另外，集体或国家对于部分草原缺乏明确的所有权界定，从而使农牧民得不到基本的合法权益保障，如无法得到相应的保护及补偿，进而使农牧民逐渐丧失了对草原生态治理的主动性。有些地区草原生态建设方面的法律体系比较薄弱，尤其是对牧民的补偿政策法规不能有效落实，从而损害了一些牧民的合法权益。牧民是草原生态恢复与可持续发展政策实施的主体，但是如果没有相应的法律保障，则很容易影响草原牧民的生态恢复建设的积极性，从而使草原生态恢复的可持续发展受到影响。

草原生态修复投资严重偏低，无法保障生态修复工程的有效实施。退牧还草工程：中央补助标准为围栏建设青藏高原区30元/亩，其他地区25元/亩；退化草原改良60元/亩；人工种草200元/亩；黑土滩治理180元/亩；毒害草治理140元/亩；舍饲棚圈6000元/户。退耕还林还草工程项目：中央补助标准为退耕还林种苗造林费400元/亩、退耕还草种苗种草费150元/亩。与高标准农田每年每亩1500元的补助投资相比，草原生态修复的中央补助资金投入严重不足。草原牧区都处于欠发达和深度贫困地区，地方财政困难，牧民自筹资金能力差，退牧还草的配套项目（人工草地建设和草地改良等）无法落实，很大程度上影响了工程实施的效果。

（4）与社会发展项目衔接不够

草原生态修复工作具有明显的公益性、外部性、受盈利能力低、项目风险多等影响；加之市场化投入机制、生态保护补偿机制仍不够完善，缺乏激励社会资本投入生态保护修复的有效政策和措施，生态产品价值实现缺乏有效途径，社会资本进入意愿不强。目前，草原生态治理企业参与少，牧民投入不多，工程建设仍主要以政府投入为主，投资渠道较为单一，资金投入整体不足。同时，草原生态工程建设的重点区域多为老、少、边、穷地区，由于自身财力不足，不同程度地存在"等、靠、要"思想，生态保护与经济发展之间的矛盾突出，使得草原生态修复工作任务复杂而艰巨。目前，草原生态修复忽视了与区域社会经济发展和脱贫等现实问题的有机结合。如果不考虑草原生态修复工程与区域社会经济发展的协调互动，草原生态修复的最终目标将难以真正实现。因此，根据区域社会经济和自然环境特点，建立既满足区域生态保护需求又促进区域经济可持续发展的生态修复模式，引导社会资本、农牧民参与草原生态修复工作，对推进全国退化草原修复和治理具有重要意义。

2. 草原生态修复技术模式系统性不强

（1）生态修复用种材料缺乏

用于草原生态修复的乡土草种的严重缺乏是我国草原生态修复材料缺乏的主要问

题之一。虽然我国作为草业大国，拥有非常丰富的种质资源，同时在繁育推广、良种基地建设、良种产业优化发展等方面有了长足发展，但在乡土草种的培育和推广利用中远远达不到草业强国的标准，利用草种资源培育新品种的数量远远不及发达国家，生态修复用种常依赖于进口草种。然而，进口草种虽然质量好，但也存在适应性差、越冬性差以及病虫害多发等问题，远不能作为生态修复用的种子材料。此外，对国外种子的适用性了解不足可能会引发生态安全等问题。

生态修复草种基地建设和产种能力薄弱是我国草原生态修复材料缺乏的重要原因。虽然近几年我国开始建设大量的草种基地，然而仍然面临着基地建设不足和产种能力弱的问题。例如，产量低和价格波动大等使得草种基地逐渐失去了生产能力。同时，虽然在草种质资源保护利用方面已经开展了多年工作，但与我们的发展需求还有较大的差距。例如，收集保存的种质基因不够丰富，即便是收集保存种质资源库的草种也出现只收集、不鉴定、不推广、不利用等问题。

生态修复用种培育和生产缺乏政策与项目支撑也是导致我国草原生态修复草种材料缺乏的另一重要原因。目前，我国的草种资源保护和良种选育研发都倾向于牧草，而专门用于生态修复的优良草种资源的挖掘、收集和选育项目较少。虽然牧草种质资源能够为牧民放牧提供优良饲草，然而对气候和养分要求苛刻的牧草在草原修复过程中面临着适应性差、持久力低、容易衰退等问题，无法有效支撑草原生态修复。

（2）生态修复技术先进性不足

尽管我国已经研发了多样化的生态修复技术，但是我国草原生态修复技术的先进性不足，理论研究与工程实践存在一定程度的脱节现象，造成草原生态修复技术的系统性和长效性不足，存在修复效率低、修复时间长、人力财力消耗过大、目标单一、与传统知识融合度不高及具体化、现代化、信息化和智能化等先进技术利用率不高等问题。我国的草原恢复技术缺乏时效性、整体性和系统性，没有做到退化草地的分级分类"对症下药"，造成了目前修复技术效率低。例如，免耕补播可在短时间内借助机械（如飞机播种）快速恢复退化草地植物物种多样性，已成为国内外最主要的草地生态恢复技术，国外对免耕补播技术的研究相对较早，但近些年该技术的应用有下降趋势。

我国的草原修复技术还面临着现代化程度较低的问题。对于退化程度较轻的草地，仍然以围封禁牧、轮牧、休牧等减轻放牧强度的技术进行恢复。对于退化程度较重的草地则选择人工播种的恢复方式进行，但此类技术则面临着恢复时间长、人力财力消耗高等问题。同时，在复杂地形区域无法使用大型机器进行播种，但无人机和直升机播种等现代化技术普及利用率低。此外，我国草原修复技术还面临着在技术推广和实践时很难被当地牧民接纳、采用和再推广，进而造成草地恢复进程慢等问题。

（3）草原生态修复模式不完善

尽管我国已经初步形成了多元化的草原生态修复模式，但仍缺乏适于不同尺度推广应用的精细化草原生态修复模式。由国家林业和草原局组织编写的《退化草原生态修复主要技术模式》一书中，仅总结了全国草原 5 个一级分区即内蒙古高原草原区、西北山地盆地草原区、青藏高原草原区、东北华北平原山地丘陵草原区、南方山地丘陵草原区的 17 个模式，在全国草原 47 个二级分区（主要以市为单位）和 2899 个三级分区（主要以县为单位）尺度上仍没有可推广、可复制的技术模式，无法指导我国退化草原"分区、分类、分级"的精细化生态修复。另外，目前的退化草原生态修复模式主要以技术为主，缺乏对社会经济因素的综合考虑。尽管各地政府开始在草地恢复和牧民生计之间寻找平衡，尝试构建了生态合作社等一系列社区参与式的草原恢复模式，然而由于缺乏管理经验、牧民的文化程度较低以及与牧民传统的放牧方式冲突等原因，导致目前社区参与式的草原生态修复模式仍然不成熟。

以生态合作社为基础的草原生态修复模式在一些地方推广实施，一定程度上也减轻了放牧压力，但此方式仍处于初期的探索阶段。由于经营管理模式的不同，目前合作社和合作社之间的差距仍然较大。有的草原牧区即便是建立了合作社，也存在无人管理、无人合伙的问题。同时合作社由于缺乏管理经验，无法很好地将合作社的放牧管理与产品出口以及经济效益相结合。

草原生态修复模式的创新实践中，使用遥感、无人机和地面调查以及互联网、大数据、地理信息等现代技术，结合当地农牧民群众进行参与式草原监测和恢复的模式在许多国家取得了成功。我国部分地区尝试将智慧牧场应用于草原生态修复场景中，但是我国牧民文化程度较低，对于信息化、智能化草场管理和草原恢复技术的操作使用还存在一定困难。

草原生态修复的体制、机制实践中，我国仍依靠政府主导、牧民参与的模式开展大范围生态修复工程。然而，该模式在短期内可能可以起到较好的作用，但长期来看仍然存在"等、靠、要""短期效益为主、长期效益不足"等较多问题，无法形成长期、稳定的多元化草原生态修复模式。

（4）草原生态修复效果长期监测评估不足

草原生态修复效果的界定往往基于长期的研究经验和积累。从全球 149 个案例的分析结果来看，草原生态修复项目长期跟踪评估所界定长期的时间范围是 20~50 年，或者更长时间。对于草原生态修复的监测和评估对象，生物多样性、植被覆盖度、土壤碳库是位列前三的恢复目标，其他还包括生产力、昆虫群落、土壤微生物、土壤氮库、目标物种、植物群落结构、土壤种子库、土壤湿度、饲用牧草等恢复目标。以生物多样性为目标的生态修复实践，更侧重于长期的生态系统管理，其成效在于长期监测评价，案例研究表明，澳大利亚开垦草地弃耕后的生物多样性恢复至少需要 80 年（尚占环等，2017）。北美斯太普草原弃耕后的生物多样性恢复需要 50 多年，欧洲草地氮添加控制实验中草本植物多样性恢复至少需要 70 年时间。

对于不同生态修复技术的作用效果，也需要开展长期的监测评估。欧美国家对于火烧、人工种草等草原生态修复技术都有长期的监测评估研究。例如，美国的林缘草地火烧恢复研究持续了 4 年，美国高羊茅草地火烧恢复研究持续了 5 年，美国灌木入侵草地火烧恢复研究持续了 7 年，澳大利亚南澳草地火烧恢复研究持续了 10 年，瑞典干草原的火烧恢复研究持续了 15 年(尚占环等，2017)。相对而言，目前在我国实施的多数退化草地恢复技术都以短期评估为主，难以反映生态修复技术的真实效果，需要长期跟踪及再评估，才能获得对草原生态修复技术的正确认识。

3. 修复后草原资源利用水平较低

(1) 修复后草原难以实现合理利用

修复后草原如何合理利用决定着草原能否实现可持续管理。目前一个突出问题是，修复后草原难以保证合理利用，使得草原生态修复后又重蹈覆辙，甚至很快又"再次退化"，根本上说这是没有成功的生态修复，因为没有结合社会经济层面对草原进行全方位的保护修复，只是实施了片面的生态修复技术措施，缺乏从社会经济管理层面获得持续修复保护的保证。草原生态修复如何让农牧民参与其中，使农牧民确保保护草原，切实合理利用草原是重要措施。一个重要问题是，多年来科学的轮牧措施根本上仍未得到很好推广和实施。同时研究提出的一些可持续利用措施难以被牧民理解掌握，难以方便应用。因此，修复后的草原需要制定合理利用管理办法，同时要研究出便于农牧民实施能接受的技术途径。

(2) 农牧结合发展缓慢

草畜平衡是草原保护修复工作可持续的重要保障。当前草原畜牧业实际载畜量居高难下，通过农牧结合减轻转移草原上家畜承载力是重要途径，能切实减轻草原家畜承载力，促进草原生态修复可持续性。目前，草原牧区农牧结合发展缓慢，主要原因有：①政策扶持力度不够。政府支持少导致资金周转不灵，仍是当前农牧民牲畜收购和引入以及流通的最大制约因素。②技术保障不力，难以形成产业链。农区畜牧业服务体系不健全，缺乏系统、科学和规范的技术指导，科技含量不高，难以大规模生产、产业化、基地化进程缓慢。基础设施薄弱，自我发展后劲不足。③肥育牛羊规模化程度不高，饲料配方和饲养管理精准化程度不足。④可用的经验和模式不多且推广示范不够。⑤市场开发不足，专业化，规模化严重不足。由于农牧耦合发展速度缓慢，质量不高，影响了草原生态修复成效的发挥。

(3) 人工草地建设缓慢

生态置换工程通过建设人工草地实现牧区牲畜向农区转移，使人工草地需承担主要的生产功能，利用人工饲草代替天然草地牧草，减轻天然草地载畜压力。但是，目前我国人工草地规模小、产量低、品质差，主要原因：①技术不足，当前国内优质乡土草种的选育、扩繁、储备和推广手段不成熟导致优良草种缺乏，难以满足草原生态修复用种需要；缺乏牧草良种良法配套的栽培技术。②管理不足，导致人工草地因稳定性较差而迅速退化。③体系不完善，牧草产品加工体系不完善，产业链条缺失。④牧民接受的专业培训少，且缺少专业的草原技术人员和相关管理人员，技术推广困难。

（4）草原放牧管理与草原生态修复结合不足

适宜合理的草原放牧管理能够促进高质量的草原生态修复，目前我国草原放牧管理需要进一步完善发展，配合草原生态修复工作。主要问题表现为种间不协调，即草种与畜种间不协调；牧草生产的季节性与家畜营养需求失衡；家畜的饲养主要抗风险能力差、效益低。而且传统放牧方式冬季补饲成本高、围栏造价高、实用性差等，且过分强调草畜牧食系统，忽视了放牧单元中的人居因子，使放牧系统单元逐步失衡，脆弱性增强。草原放牧管理与草原生态保护修复、生态补偿政策需要很好地结合。根据草原修复后情况监测，精准调整家畜放牧率及放牧时间以便维持草地健康，但目前此技术还未广泛运用。以大数据、物联网为代表的信息技术已成功应用于国外发达国家的智慧放牧管理，而我国放牧管理中的智能化技术应用还有待加强。

4. 公众对草原生态修复认识不足

（1）草原使用者对草原生态修复认识不足

草原使用者对草原生态修复的认识不足，对草原资源的掠夺开发利用是草原生态修复的障碍。农牧民仍然认为草原是取之不尽、用之不竭的自然资源，忽略草原的承载力，忽视对草原的保护和建设，导致对草原资源的过度索取，使用者投入管理不足。企业对草原违法过度开发致使草原退化问题仍然严重，草原违法案件时有发生，对野生动植物的破坏和非法利用草原的案件仍然不少。农牧民对草原的各种法律法规和各级政府部门的宣传教育内容了解得不够全面深入。

（2）全社会对草原生态修复认识不足

虽然我国是全球第一草原大国，但是草原管理依然薄弱。2018年根据《深化党和国家机构改革方案》，草原监督管理职责划归国家林业和草原局，从顶层强化了草原管理机构，但基层草原行政管理机构明显弱化，普遍存在监管机构压缩、职能弱化、人员不足的问题。长期以来，草原生态系统的重要性和功能作用还没有引起公众广泛重视，草原保护修复跟草原大国的地位极不匹配，草原大而不强。在生态文明和美丽中国建设评估指标体系中，缺乏草原面积数量控制指标和考核指标。对草原具有水库、钱库、粮库、碳库的重要功能认识不够，"重林轻草、重农轻牧"的现象依然存在。相关部门对牧区半牧区草原生产、保护和修复方面的知识和法律法规宣传教育的覆盖面不够广，宣传形式和方法创新不足，宣传的内容不够通俗易懂和灵活多样，缺乏实际的、因地制宜的宣传理念，无法让公众认识到草原保护修复的重要性。

五、中国草原生态修复战略布局

(一)总体指导思想和原则

按照《国务院办公厅关于加强草原保护修复的若干意见》:"党的十八大以来,草原保护修复工作取得显著成效,草原生态持续恶化的状况得到初步遏制,部分地区草原生态明显恢复。但当前我国草原生态系统整体仍较脆弱,保护修复力度不够、利用管理水平不高、科技支撑能力不足、草原资源底数不清等问题依然突出,草原生态形势依然严峻。但当前我国草原生态系统整体仍较脆弱,保护修复力度不够、利用管理水平不高、科技支撑能力不足、草原资源底数不清等问题依然突出,草原生态形势依然严峻。"确定了我国草原保护修复的总体指导思想。

1. 指导思想

以习近平新时代中国特色社会主义思想为指导,全面贯彻党的十九大和二十大精神,深入贯彻习近平生态文明思想,坚持绿水青山就是金山银山、山水林田湖草沙是一个生命共同体,按照节约优先、保护优先、自然恢复为主的方针,以完善草原保护修复制度、推进草原治理体系和治理能力现代化为主线,加强草原保护管理,推进草原生态修复,促进草原合理利用,改善草原生态状况,推动草原地区绿色发展,为建设生态文明和美丽中国奠定重要基础。尤其是党的二十大提出推动绿色发展,促进人与自然和谐共生,尊重自然、顺应自然、保护自然,以及"提升生态系统多样性、稳定性、持续性",为我国新时期草原生态保护修复提供了科学的指导思想。

2. 工作原则

(1)坚持尊重自然,保护优先

遵循顺应生态系统演替规律和内在机理,促进草原休养生息,维护自然生态系统安全稳定。宜林则林、宜草则草,林草有机结合。把保护草原生态放在更加突出的位置,全面维护和提升草原生态功能。

(2)坚持系统治理,分区施策

采取综合措施全面保护、系统修复草原生态系统,同时注重因地制宜、突出重点,增强草原保护修复的系统性、针对性、长效性。

(3)坚持科学利用,绿色发展

正确处理保护与利用的关系,在保护好草原生态的基础上,科学利用草原资源,促进草原地区绿色发展和农牧民增收。

(4)坚持政府主导,全民参与

明确地方各级人民政府保护修复草原的主导地位,落实林(草)长制,充分发挥农牧民的主体作用，积极引导全社会参与草原保护修复。

(二)战略目标

1. 短期目标

到 2025 年，退牧还草、退耕还草、草原生态保护和修复等工程持续实施，草原生态保护补助奖励等政策继续深入细化，草原生态系统质量有所改善，草原生态功能逐步恢复，全国草原植被综合盖度提高到 60% 左右，重点天然草原牲畜超载率下降到 10% 以下，全国荒漠化和沙化面积、石漠化面积持续减少，区域水土资源条件得到明显改善，中度和重度退化草地面积持续下降，草原生态保护和修复能力增强。

2. 中期目标

到 2035 年，草原生态质量精准提升工程等草原生态修复体系更加完善，退化草原基本得到修复，草原综合植被盖度稳定在 60% 以上，主要天然草原牧区实现基本的草畜平衡，草原生态功能和生产功能显著提升，在美丽中国建设中的作用彰显。

3. 长期目标

到 2050 年，草原生态修复工程发挥较好的作用，退化草原得到修复，草原生态功能得到提升，草原生态系统实现良性循环，草原生态、生活和生产功能得到充足的保障，形成人与自然和谐共生的新格局，草原地区实现绿色发展。

(三)空间战略布局

我国草原面积辽阔，不同区域之间在气候、海拔、土壤和利用方式方面都存在着巨大差异，因此生态修复布局要做好因地制宜，分区施策，整体推进与差异化发展相结合。整体而言，依据草原分布特征和区域特点，将我国草原生态修复按 5 大分区进行精准施策(彩图 5)，分区分类修复。

1. 内蒙古高原草原区

(1)基本情况和问题

该区草原是我国北方乃至全国生态安全屏障区。草原类型以温性草原为主，动物植物资源丰富，特色家畜较多，草原面积大。但是，该区草原承载力低，生态十分脆弱，受降雨限制严重，同时干旱气候加重草原退化沙化。该区草原问题主要表现在草原退化、沙化面积较大，草原质量不高，远低于全国平均水平；地下水下降严重，对草原健康威胁严重，草原动植物自然栖息地受扰，野生物种减少，外来有害生物入侵严重，生物多样性受损；风沙危害严重，退化沙化面积占 60% 左右；草原承载力下降，超载过牧问题突出，草原毒害草增加；矿产资源开采对草原生态系统破坏问题突出。

(2)主攻方向

该区草原生态修复任务艰巨，主要为沙化草地生态修复、毒害草草地治理以及人为破坏草地修复和受损草原修复等方面。因此，该区草原生态修复主攻方向：一是深入强化退牧还草，采取封育、轮牧休牧禁牧措施降低草原载畜量，切实采用减畜、半舍饲和舍饲减少家畜放牧压力，恢复草原植被。二是沙化草地治理分区分类施策，主要以沙地草原水资源空间配置为依据，推行按水资源空间丰歉程度开展分区分类修复，做到以水治草的沙化草地生态修复。三是工矿、农耕破坏草原的生态修复，该区过去工矿开采活动对草原破坏较严重，生态修复效果不理想，短期修复行为较多，应加大矿地草原生态修复，并切实保障被破坏草原的长期修复成效，坚决避免再次破坏；将农田破坏草原问题列入草原生态修复工作中，改变以往简单退耕的做法。四是加强干旱草原牧区自然灾害防灾抗灾能力，该区雪灾旱灾以及鼠虫灾害较多，对草原生态修复成效威胁严重，应该加强防灾抗灾能力建设，并切实提高农牧民生活质量，减少对草原生计的依赖程度。

（3）目标任务

2025年实现退化、沙化草原生态修复工程示范工作全面覆盖，重点在京津风沙源区开展以沙化草地生态修复为核心的山水林田湖草沙一体化治理工程，草原综合植被盖度达到45%左右；草原放牧超载率下降到20%以下；沙化草地得到全面封育，水源涵养区草原得到全面保护。

2035年退化沙化草地生态修复成效全面提升，草原生态功能全面好转，实现草畜平衡，草原综合植被盖度达到45%以上，部分荒漠转变为草原，牧民的生活得到显著改善，草原生物多样性、水土保持功能显著提升，新增草原国家公园2~3个。所有矿区破坏的草原得到全面修复，宜草不宜耕的土地全面得到退耕和修复。

2050年水土保持、防风固沙功能全面实现生态屏障功能，并形成良好的人与自然和谐的草原文化生活，草原原真性生态系统和景观得到恢复，全面根除草原退化现象，沙漠周边建立起草原绿色屏障，沙漠不再扩张。牧民的生活水平、条件得以全面提升改善，草原畜牧业、草原生态旅游业、草原生态文化产业等得到全面发展。草原雪灾、旱灾防御能力得到很好提升，雪灾旱灾很少影响草原畜牧业。

2. 西北山地盆地草原区

（1）基本情况和问题

该区复杂的地形地貌和多样的气候条件，形成了各具特色的草原类型，在全国很有代表性。受人类活动与气候变化等因素的影响，草原出现不同程度的退化，绿洲功能受损严重。草原放牧家畜超载较严重，牧民对草原生产依赖较为严重。全面加强该区草原生态保护修复管理，是发挥重大生态、经济与社会功能的自然条件基础和现实需要。该区山地、绿洲、荒漠形成复合系统，整体上草原保护修复依赖于该复合系统功能，而绿洲是生产功能集中区，因此该区草原生态修复应该在整个区域注重绿洲保护与可持续发展。

（2）主攻方向

该区草原生态修复主要任务包括荒漠化草原保护修复、退化山地草甸生态修复、绿洲高产草地持续建设、盐碱化草地治理以及草原鼠虫害防治等。主要措施应该包括加大力度实施退牧还草，退化草原生态修复，沙化荒漠化治理，绿洲饲草产业高效高质量发展，以及草原公园建设等。一是退牧还草工作应该进一步加强，切实降低草原载畜量，转移草原生产压力，实施轮牧休牧禁牧等有效措施，使退化草原得到休养生息。二是继续加大沙化荒漠化草原防沙治沙工程，减弱沙地侵蚀草原、侵蚀绿洲。三是轻中度退化草原封育修复，重度以上草原加强人工修复，发展乡土草种产业支撑草原生态修复。四是绿洲高产高效人工草地建设，减轻草原放牧压力，加强自然灾害防御设施建设，特别是雪灾防灾抗灾。五是加快建设草原公园建设，提高草原生物多样性、草原生态系统保护力度。

（3）目标任务

针对草原生态修复任务，重点开展草原资源专项调查、草原资源监测评价、草原保护建设利用规划编制、草原监督管理、草原保护制度落实、草原保护修复治理、草原防灾减灾能力提升等14项重点任务。

到2025年，草原生态修复在该区各级政府工作中成为主要任务，加快推进"政府主导、部门联动、全民参与"的草原保护修复机制建设。草原综合植被盖度达到42.8%。

到2035年，草原综合植被盖度稳定在42.8%以上，草原生态功能和生产功能显著提升。

到2050年，退化草原得到全面治理和修复。

3. 青藏高原草原区

（1）基本情况和问题

青藏高原区实施的草原生态保护修复工程虽然取得了一些成效，但依旧面临"旧账"未还、又欠"新账"的问题，生态保护修复任务十分艰巨，既是攻坚战、也是持久战。受全球气候变化和人类活动共同影响，该区域面临冰川消融、草地退化、土地沙化、生物多样性受损等生态问题，高原生态系统不稳定。该区超过70%的草原存在不同程度的退化问题，西藏自治区和青海省"黑土滩"极度退化草原面积达1100万hm^2，草原鼠害严重。

（2）主攻方向

推动青藏高原草原生态系统自然修复，封育修复中轻度退化草地，加大"黑土滩"极度退化草地生态修复工作。一是退牧还草和减畜工作，切实长期落实到位，做到真正减畜，让草原休养生息。二是高寒草甸、草原分区分类分级的生态修复工作，青藏高原退化草地生态修复难度大，应该切实以科学为指导分类施策，以自然修复为主，人工修复为辅，轻中度退化草地封育修复，"黑土滩"极度退化草地实施低干扰人工辅助措施，主要是免耕补播+禁牧封育+鼠虫害防控。三是放牧制度调控和人工草地建设，轮牧休牧禁牧结合，推进返青期休牧综合配套措施，合作化草场放牧体系模式发展，农牧结合，加大人工草地建设，实现草畜平衡，切实降低天然草原放牧压力。四是结合国家公园建设，加快草原国家重点生态功能保护修复，建立健全草原国家公园建设，探索建立家畜和野生动物和谐共存的管理模式。五是草原防灾减灾体系建设，切实起到有灾防灾无灾促生产的作用，提高牧民生计效益。六是加大对草原破坏活动的管理，加大草原工矿地生态修复力度。

（3）目标任务

西藏地区到 2025 年，草原保护修复制度体系基本建立，天然草原总面积稳定在 12 亿亩，修复退化草原 3000 万亩以上，退化草原面积控制在草原总面积的 25% 以内，草原生态修复示范区建设初具规模，草原生态状况逐步改善，草原综合植被盖度达到 50%。到 2035 年，草原保护修复制度体系更趋完善，管理利用水平大幅提高，退化草原面积控制在草原总面积的 15% 以内，草原综合植被盖度保持在 50% 以上，草原生态功能和生产能力明显提升，在国家生态安全屏障建设中的作用进一步彰显。到 2050 年，退化草原得到全面治理和修复，草原生态系统实现良性循环，草原保护与利用实现协调发展，形成人与自然和谐共生新格局。

青海地区到 2025 年全省草原总体退化趋势基本遏制，综合植被盖度达到 58.5%，草原退化趋势得到有效遏制，草原生态状况持续改善。到 2035 年，草原生态综合服务功能显著提升，综合植被盖度稳定在 60% 左右，退化草原得到有效治理和修复，草原生态功能和生产功能显著提升。到 2050 年，实现草畜平衡和草原资源科学合理利用，草原生态系统实现良性循环，草原保护与利用实现协调发展，人与自然和谐共生的新格局全面形成。

四川地区到 2025 年，全省草原保护修复制度体系基本建立，草畜矛盾明显缓解，草原退化趋势得到有效遏制，草原综合植被盖度稳定在 83% 左右，草原生态状况持续改善。到 2035 年，全省草原保护修复制度体系更加完善，基本实现草畜平衡，退化草原得到有效治理和修复，草原综合植被盖度稳定在 85% 左右，草原生态功能和生产功能显著提升。到 2050 年，实现草原资源利用科学合理，草原生态系统实现良性循环，山水林田湖草沙系统治理全面实现，人与自然和谐共生格局全面形成。

4. 东北华北平原山地丘陵草原区

（1）基本情况和问题

该区草原对保障我国粮食主产区的农牧业生产以及京津冀城市群和东三省工业基地的环境安全至关重要。该区自然降水条件相对较好，草地植被生物物种丰富度高、初级生产力潜力巨大。由于长期开发或不合理利用，该区草地生态系统结构逐渐不稳定，生态服务功能退化加剧。例如，受过度放牧、农业开垦、矿区开发等影响，呼伦贝尔草原和松嫩平原西部地区草原退化十分严重，80% 的草地呈现沙化、盐碱化趋势，盐碱化面积超过 2/3，其中 1/4 属中、重度退化，已修复的草原亟须巩固成果。

（2）主攻方向

以该区退化、沙化、盐碱化和水土流失严重的草原为主要修复对象，重点实施退耕还草、退牧还草、沙化草原治理、盐碱化草地修复、促进自然修复等修复措施。同时，开展草原生态修复用草种研发、草原防灾减灾工程建设、草原公园建设等工程，为长期草原保护修复提供乡土草种材料和保障。一是加大退牧还草力度，采取轮牧休牧禁牧和减畜措施，配套补播改良、围栏封育等切实降低草原载畜量，继续加强草原休养生息，促进草原自然修复。二是沙化盐碱化草地修复，主要通过围栏封育禁牧，配套人工草地、舍饲促进家畜退出严重沙化盐碱化草原，并使用轻干扰人工修复措施治理沙化盐碱化草原。三是草原防灾减灾，加强草原自然灾害监测预警、防灾储备物质库等基础设施建设，提高抵御自然灾害的能力，保障草原封育修复成效。四是草原公园建设，合理规划草原公园布局和建设，在重点区域促进草原修复和保护，恢复具有代表性和典型性草原的原真系统和景观。五是草原修复用草种产业，发展5~10种优势乡土草种产业，提升对草原生态修复支撑能力。

（3）目标任务

到2025年，全面实施退化草原生态修复工程示范工作，重点区域退牧还草，沙化盐碱化草地生态修复工程全面覆盖，草原放牧家畜超载率下降到10%以下；轻中度退化草地全面得到封育，沙化、盐碱化和水土流失等重度以上退化草地实施生态修复工程。

到2035年，退化、沙化、盐碱化、水土流失草原得到全面治理，恢复到轻中度以上水平，重点区域草原综合植被盖度达到75%以上，退耕退牧还草重点区域草原综合植被盖度达到70%，草原无超载现象，牧民生活得到显著改善，草原碳库、生物多样性和水土保持功能得到显著提升，支撑草原生态修复的乡土草种产业健康发展，成为重要的生态型产业，建设草原公园5~8个。

到2050年，退化沙化盐碱化草原得到全面修复，实现健康的草原生态功能，牧民生产生活得到全面保障和显著改善，形成人与自然和谐的草原新格局，全面实现草原绿色发展。

5. 南方山地丘陵草原区

（1）基本情况和问题

该区草原主要分布在南方草山草坡区，集中连片分布的草原面积较小，但对生物多样性维持、水土保持具有十分重要的作用。该区草原存在的主要问题为草山草坡植被退化、水土流失严重。山地开垦耕作严重破坏山地草地，很难修复，同时天然林没有得到充分修复，难以和草地共同起到水土保持作用。草山草坡放牧压力较高，农牧民依赖于草山草坡畜牧业的生计较为严重。

（2）主攻任务

该区草原生态修复的主要任务是围绕石漠化治理工作，林草技术模式应该结合使用。强化石漠化分类治理，对重度以上石漠化区域，以封山育林育草为主，增加林草植被；对中度石漠化区域，适度开展植树造林、人工种草和草地改良，调整种植业结构；轻度石漠化区域，推广生态经济型综合治理模式，在恢复林草植被的同时发展林业经济和草食畜牧业。加强草原生态保护修复和草原防火防灾，强化山地草甸等南方典型草地类型的保护。开展多年生人工草地建设、草地改良和围栏等草原建设。落实草畜平衡制度，切实减轻草原承载压力。重点建设草山草坡生态修复示范区。强化基本草原管理，确保基本草原质量不下降。加大草原执法监督力度，保护和巩固草原生态建设成果。开展草原资源有偿使用制度改革调研，推进国有草原资源有偿使用制度改革，强化国有草原资源有偿使用监管。

（3）目标任务

到 2025 年，南方草山草坡生态保护修复制度体系基本建立，草山草坡退化趋势得到根本遏制，生态状况明显改善，云南区域草原综合植被盖度达到 80%，贵州区域原综合植被盖度达到 90% 左右。

到 2035 年，南方草山草坡保护修复制度体系更加完善，基本实现草畜平衡，退化南方草山草坡得到有效治理和修复，南方草山草坡生态功能和生产功能显著提升，草地综合植被盖度稳定提升 5%。

到 2050 年，退化南方草山草坡得到全面治理和修复，南方草山草坡生态系统实现良性循环，形成人与自然和谐共生的新格局。

六、草原生态修复战略措施

我国草原生态修复战略措施主要包括政策保障措施、科技支撑、人才资金保障、制度保障以及重点项目工程示范等措施。这些措施是我国草原生态修复工作和成效长期性的重要保障，有效保障我国到 21 世纪中叶退化草原得到全面治理和修复，草原生态系统实现良性循环，形成人与自然和谐共生的新格局，实现草原区域绿色可持续发展和草原生态文明建设的目标。

（一）政策保障措施

在我国生态文明建设中草原生态修复是关键任务，政策制度缺失或失效是我国生态环境工作难以获得可持续性的重要问题，这在我国从古至今都有重要体现。因此，必须强化草原生态修复政策和制度的保障，才能避免过去草原生态问题的再现。总体而言，目前我国草原生态修复工作应该和草原保护、草地畜牧业、草原使用等政策制度紧密结合，配合协作才能使草原生态修复工作和成效获得可持续性。除了要指定草原生态修复基本管理法规外，应该严格落实基本草原保护制度、严格落实草畜平衡和禁牧休牧制度、严格落实生态保护红线和国土空间用途管制制度、严格落实草原征占用审核审批制度、严格落实草原执法监督制度、完善国有草原资源有偿使用制度、健全草原生态保护修复监管制度、完善草原确权承包经营等规章制度。进一步完善草原保护修复制度、强化执法监督，切实将草原资源作为国家重要资源进行法制化保护。国务院办公厅《关于加强草原保护修复的若干意见》明确了草原生态保护修复制度建设内容。各省份根据该意见已经制定了本省份草原生态保护修复制度和法制建设指导意见，并进一步深入落实这些政策和法制建设内容。

落实基本草原保护制度，把维护国家生态安全、保障草原畜牧业健康发展所需最基本、最重要的草原划定为基本草原，实施更加严格的保护和管理，确保基本草原面积不减少、质量不下降、用途不改变。严格落实生态保护红线制度和国土空间用途管制制度。加大执法监督力度，建立健全草原联合执法机制，严厉打击、坚决遏制各类非法挤占草原生态空间、乱开滥垦草原等行为。建立健全草原执法责任追究制度，严格落实草原生态环境损害赔偿制度。加强矿藏开采、工程建设等征占用草原审核审批管理，强化破坏源头管控和事中事后监管。依法规范规模化养殖场等设施建设占用草原行为。完善落实禁牧休牧和草畜平衡制度，依法查处超载过牧和禁牧休牧期违规放牧行为。组织开展草畜平衡示范县建设，总结推广实现草畜平衡的经验和模式。

整合优化建立草原类型自然保护地，实行整体保护、差别化管理。开展自然保护地自然资源确权登记，在自然保护地核心保护区，原则上禁止人为活动；在自然保护地一般控制区和草原自然公园，实行负面清单管理，规范生产生活和旅游等活动，增强草原生态系统的完整性和连通性，为野生动植物生存繁衍留下空间，有效保护生物多样性。

完善草原承包经营制度，加快推进草原确权登记颁证。牧区半牧区要着重解决草原承包地块四至不清、证地不符、交叉重叠等问题。草原面积较小、零星分布地区，要因地制宜采取灵活多样方式落实完善草原承包经营制度，明确责任主体。加强草原承包经营管理，明确所有权、使用权，稳定承包权，放活经营权。规范草原经营权流转，引导鼓励按照放牧系统单元实行合作经营，提高草原合理经营利用水平。在落实草原承包经营制度和规范经营权流转时，要充分考虑草原生态系统的完整性，防止草原碎片化。

稳妥推进国有草原资源有偿使用制度改革。合理确定国有草原有偿使用范围。由农村集体经济组织成员实行家庭或者联户承包经营使用的国有草原，不纳入有偿使用范围，但需要明确使用者保护草原的义务。应签订协议明确国有草原所有权代理行使主体和使用权人并落实双方权利义务。探索创新国有草原所有者权益的有效实现形式，国有草原所有权代理行使主体以租金、特许经营费、经营收益分红等方式收取有偿使用费，并建立收益分配机制。将有偿使用情况纳入年度国有资产报告。

完善法律法规体系。加快推动草原法修改，研究制定基本草原保护相关规定，推动地方性法规制度修订，健全草原保护修复制度体系。加大草原法律法规贯彻实施力度，建立健全违法举报、案件督办等机制，依法打击各类破坏草原的违法行为。完善草原行政执法与刑事司法衔接机制，依法惩治破坏草原的犯罪行为。

加大政策支持力度。建立健全草原保护修复财政投入保障机制，加大中央财政对重点生态功能区转移支付力度。健全草原生态保护补偿机制。地方各级人民政府要把草原保护修复及相关基础设施建设纳入基本建设规划，加大投入力度，完善补助政策。探索开展草原生态价值评估和资产核算。鼓励金融机构创设适合草原特点的金融产品，强化金融支持。鼓励地方探索开展草原政策性保险试点。鼓励社会资本设立草原保护基金，参与草原保护修复。

（二）人才和资金保障措施

草原生态修复短期难以实现修复目标，一般都需要较长期工作，而且修复成本高，资金需求较大，特别是涉及草原牧民在草原修复期间的生计补贴等。因此需要各类资金筹措措施，建立资金有效使用机制，将保护修复和草原畜牧业工作有机结合，保障草原生态修复资金。

草原生态修复实际上需要充足专业和管理队伍，因为生态修复大多数是国家公益项目工程，不仅需要国家资金投入，而且需要人力保障。特别需要进一步整合、加强、稳定壮大基层草原管理和技术推广队伍，提升监督管理和公共服务能力。重点草原地区要强化草原监管执法，加强执法人员培训，提升执法监督能力。加强草原管护员队伍建设管理，充分发挥作用。支持社会化服务组织发展，充分发挥草原专业学会、协会等社会组织在政策咨询、信息服务、科技推广、行业自律等方面作用。

（三）科技支撑保障措施

经过近 20 年的科研发展，我国草原生态修复科技体系基本建立，已经较完善地研究出退化草原保护修复的技术体系模式，基本能够满足目前我国草原生态修复技术需求。但是，一系列支撑草原生态修复的基础科技设施、高效材料、系统化技术和成熟模式等仍需加强科技攻关，并且在应对新出现的草原生态问题上，需要加强前沿科技研究。国务院办公厅《关于加强草原保护修复的若干意见》明确了草原生态保护修复的重要科技支撑技术体系，需要尽快加大力度开展。主要包括：通过国家科技计划，支持草原科技创新，开展草原保护修复重大问题研究，尽快在退化草原修复治理、生态系统重建、生态服务价值评估、智慧草原建设等方面取得突破，着力解决草原保护修复科技支撑能力不足问题。加强草种选育、草种生产、退化草原植被恢复、人工草地建设、草原有害生物防治等关键技术和装备研发推广。建立健全草原保护修复技术标准体系。加强草原学学科建设和高素质专业人才培养。加强草原重点实验室、长期科研基地、定位观测站、创新联盟等平台建设，构建产学研推用协调机制，提高草原科技成果转化效率。加强草原保护修复国际合作与交流，积极参与全球生态治理。

同时，明确以下三个我国草原生态保护修复最基础的科技工作内容，加快科技工作力度，支撑草原生态修复工作顺利开展。①建立草原调查体系。完善草原调查制度，整合优化草原调查队伍，健全草原调查技术标准体系。在第三次国土调查基础上，适时组织开展草原资源专项调查，全面查清草原类型、权属、面积、分布、质量以及利用状况等底数，建立草原管理基本档案。②健全草原监测评价体系。建立完善草原监测评价队伍、技术和标准体系。加强草原监测网络建设，充分利用遥感卫星等数据资源，构建空天地一体化草原监测网络，强化草原动态监测。健全草原监测评价数据汇交、定期发布和信息共享机制。加强草原统计，完善草原统计指标和方法。③编制草原保护修复利用规划。按照因地制宜、分区施策的原则，依据国土空间规划，编制全国草原保护修复利用规划，明确草原功能分区、保护目标和管理措施。合理规划牧民定居点，防止出现定居点周边草原退化问题。地方各级人民政府要依据上一级规划，编制本行政区域草原保护修复利用规划并组织实施。

目前我国退化草原生态修复最具挑战性的难题是重度极度退化草地，重度极度退化草地一般都伴随着沙化、盐碱化或濒临沙化边缘，土壤损失严重，种库流失，或者毒草滋生，一般很难自我修复，极难在短期内修复。发展到大面积的重度极度退化局面就很难修复，且修复的成本也很高，典型的有青藏高原"黑土滩"极度退化草地、内蒙古东北部盐碱化草原、干旱半干旱地区的沙化草原以及石漠化草地等。目前，这些重度极度退化草地生态修复急需充足的草种材料、系统化的修复技术体系、成功的模式，这是当前急需的科技攻关内容。

1. 生态修复草种支撑体系

搭建种业发展载体，建设"育繁推一体化"的大型一流种业企业。搭建育种信息管理平台，提升育种效率，兼并重组整合行业资源，需要生态修复草种行业的龙头企业选择优质的标的，进行不断的收购兼并，整合资源，实现优质生态修复草种企业的强强联手，推动我国生态修复草种行业发展至新的阶段。现代生物技术，如基因编辑技术、育种技术以及新型生物材料都为修复草原生态系统提供了更多的潜在可能性和技术支撑。遗传学在恢复生态学实践中的应用尚处于起步阶段，但其在修复科学中存在巨大的应用前景。基因编辑、代谢途径修饰构建而成的基因工程微生物被认为是复合污染物微生物修复的一种十分有潜力的方法，而基因工程微生物作为一种更加生态友好和很高经济效益的策略受到了广泛的关注。

2. 构建信息化监测评估系统

随着计算机科技与地理信息系统、遥感技术等的迅猛发展，我国建设的草原信息化监测评估系统工程对草原各项数据进行实时采集和管理，使数据规范化、数字化和可视化，实现对全国草原的实时监测评估、数据的共享和合理利用，有利于草原的保护、修复与建设。加快自然资源陆地卫星遥感监测监管技术体系建设，随着自然资源卫星遥感应用能力不断提升，遥感影像处理、遥感影像地物要素识别和变化监测的共性基础支撑数据库构建与应用技术持续发展，高精度影像控制点数据库、地物光谱数据库、解译样本数据库的典型应用和共建共享技术日趋成熟，助力构建草原物联网监测管理体系和"空天地"一体化草原监测系统。

3. 信息化和人工智能支撑体系

目前，草原生态修复智能化设备应用领域主要集中在草种培育及播种、立体网络监控、草原信息整合等方面。无人机、卫星遥感和地面监控系统等智能化设备与大数据分析、物联交互、人工智能学习等信息技术相结合的方式将成为草原生态监测与修复的有力手段。推动以物联网为基础的草原人工智能图像检测系统的发展，开发与空天地信息更深入结合的无人机产业将极大地帮助牧草生长及草原生态恢复。结合我国林草人工智能发展战略，我国草原生态保护修复人工智能发展可分为三个阶段：2025年，实现林草人工智能技术在林草业重点建设领域中示范应用；2030年，林草人工智能基础理论实现突破，部分技术与应用达到先进水平，在林草业领域试点示范取得显著成果，并开始在大范围区域实现推广；2035年，我国林草人工智能理论、技术与应用总体达到世界领先水平，从而实现林草信息决策管理定量化、精细化，林草服务信息多样化、专业化和智能化。

（四）工程项目措施

1. 沙化草原生态修复工程

建立健全相关制度体系，推进防沙治沙改革，强化目标责任考核，提高预测预报水平，着力推进重点工程和项目建设。坚持科学防治、综合防治、依法防治，实施规模化防沙治沙试点项目。持续防沙治沙，不仅筑起了生态屏障，也促进了沙区发展。广大沙区充分发挥各自优势，吸纳大量建档立卡贫困人口参与防沙治沙，精准带动群众增收致富。同时，进一步强化草原荒漠化防治工程项目的国际合作，为全球荒漠化治理提供"中国经验"和"中国方案"。

2. 草原自然保护地建设工程

2022年，国家林业和草原局、国家发展改革委、财政部、自然资源部、农业农村部联合印发了《国家公园等自然保护地建设及野生动植物保护重大工程建设规划（2021—2035年）》，规划内容涵盖国家公园建设、国家级自然保护区建设、国家级自然公园建设、野生动物保护、野生植物保护、野生动物疫源疫病监测防控、外来入侵物种防控等7项工程。明确了推进自然保护地生态系统整体保护、提升国家重点物种保护水平、增强生态产品供给能力、维护生物安全和生态安全的主要思路和重点措施，将作为统筹推进自然保护地生态系统稳定和质量提升、国家重点物种保护等工作的重要依据。按照规划积极推进草原区域自然保护地建设，实施草原生态区域大尺度整体保护，保护草原区域最具影响力的旗舰物种、典型自然生态系统和珍贵的自然景观、自然文化遗产。2021年10月，国家林业和草原局批准发布《自然保护地分类分级》《自然保护地生态旅游规范》等系列标准。两项标准的发布与实施，促进了标准化在我国自然保护地管理改革中的应用和融合，对于推动我国以国家公园为主体的草原自然保护地体系建设、促进自然保护地生态产品价值实现有着深远的意义。

3. 退牧还草工程

我国于 2002 年年底正式批准在西部 11 个省份内实施退牧还草工程，以保护和恢复退化的草地植被，建立绿色生态屏障，实现草业可持续发展。退牧还草工程各项工作措施到位，工程建设进展比较顺利，取得了良好的生态、经济和社会效益，改善了项目区草原生态环境，提高了草原生产能力。草原生态退化的趋势得到一定缓解，草原植被开始恢复。进一步完善退牧还草政策，巩固和扩大退牧还草成果，适当调整建设内容，强化配套措施，合理布局草原围栏。实行禁牧封育的草原，原则上不再实施围栏建设，实际情况酌情安排。重点安排划区轮牧和季节性休牧围栏建设，并与推行草畜平衡挂钩。按照围栏建设任务的 30% 安排重度退化草原补播改良任务。适当提高中央投资补助比例和标准。工程区内全面实施草原生态保护补助奖励机制。加强项目管理，要健全实施方案、作业设计、工程建设审批制度，严格工程招标制度。要落实项目实施合同制，工程县应与农牧户签订禁牧、休牧、轮牧合同书，明确权利、义务和责任。要完善检查验收制度，落实工程县级自查和省级核查。加强资金使用监督。工程区所在地县级人民政府要强化内部控制和制度建设，加大对工程建设资金和禁牧补助、草畜平衡奖励资金使用的监管力度，严禁虚报冒领、截留抵扣、挤占挪用等违法行为。在遵守各专项资金使用管理规定的前提下，整合使用退牧还草、扶贫开发、水土保持、生态移民（易地扶贫搬迁）、牧民定居等不同渠道资金，统筹解决草原生态保护、改善牧区民生等问题，发挥各渠道资金的综合效益。

4. 草原生态质量精准提升工程

严格落实草原保护制度，各地要严格遵循草原承包经营制度，大力推进草原承包经营权确权登记颁证试点，目前全国已累计落实草原承包经营制度面积 43 亿亩。开展区域基本草原划定，全国总划定基本草原面积近 38 亿亩。同时，实行草原禁牧和草畜平衡制度，全国草原禁牧面积 12 亿亩、草畜平衡面积 26 亿亩。加大草原执法监督力度，严格草原用途管控。重构草原调查监测评价体系，初步形成以国家队伍为主导、地方队伍为骨干、市场队伍为补充、高校院所为技术支撑的草原调查监测评价组织体系。研究建立多维度的草原分类、分级、分区管理体系。

针对不同区域草原主要生态问题类型，坚持因地制宜、分类施策的原则，科学开展草原生态保护修复。对退化严重草原要严格实施禁牧，对轻度和中度退化草原要实施休牧，对植被较好的草原要实行轮牧，对已经丧失生态功能和生产能力的严重退化草原要采取人工修复与自然修复结合的措施统筹治理。综合运用封育保护、人工种草、松土施肥、毒害草防除、鼠虫害防控等措施，促进草原休养生息和植被恢复，提升草原生态功能和生产能力。在水土条件适宜的地方，适度发展人工草地建设，减轻天然草原放牧压力。因地制宜，科学规划围栏建设。对严重退化草原，实施围栏禁牧，对一般退化草原和人工草地建设实行围栏封育。对已建围栏的草原，重点做好围栏修补与整合，规划设计好划区轮牧围栏建设。合理利用地形地貌等天然屏障保护草原，减少围栏建设。选择适应当地气候和土壤条件，能够在退化草原上正常生长的草种及其组合，补播草种以乡土草种为主，采用人工、免耕播种机、飞机、无人机等播种方式对退化草原实施补播。草原退化后土壤中可供牧草吸收的有机质及矿物质比较贫乏，在牧草生长期、雨季来临前，通过施牛羊粪、复合肥及尿素等提升土壤肥力，促进牧草生长，恢复草原植被。在超载过牧及鼠类等活动下，优良牧草因被过度啃食而不能自然恢复，原来以优质牧草为优势种的草原演变为以毒害草为优势的植物群落。毒害草可采用药物、机械挖除、刈割或生物防治等方法因地制宜进行防除。采取围栏、封育、补播、施肥、除杂和合理利用等植被恢复技术，对草原鼠虫害进行生态控制，改善草原植被，建立、完善持续控制机制，增强草原生态系统的自然调控能力，使草原鼠虫害密度长期控制在经济阈值允许水平以下，实现草原生态系统平衡。根据沙化草原的立地条件、沙化等级及危害程度，系统采用封育、种草、植灌、种树及铺设沙障等措施，增加草原植被盖度，遏制和扭转草原沙化趋势，变"草退沙进"为"沙退草进"。根据"黑土滩"退化草地退化等级，系统采用人工草地建植模式、半人工草地补播改良模式和封育自然恢复治理模式，采取控鼠+翻耕整地+混播种草+田间管理、控鼠+免耕划破+补播种草+施肥+禁牧、控鼠+封育或控鼠+施肥+补播+封育的治理措施对黑土滩型退化草原进行综合治理。

5. 草原自然公园和国有草场试点建设工程

草原自然公园是以国家公园为主体的自然保护体系的重要组成部分，属于国家自然保护地体系中的一般控制区。建设草原自然公园要坚持保护优先、科学规划、突出特色的原则，遵循草原生态系统的演化规律，科学开展草原保护修复和合理利用。在生态优先前提下发展草原生态旅游和绿色产业，积极探索构建以草原自然公园为主体的新型草原生态保护与可持续发展模式。充分尊重原住农牧民及相关利益主体合法权益，在此基础上开展适度放牧、生态旅游、科普宣教、科研监测、文化体验等活动，走绿色可持续发展道路。加大保护修复力度，在维护草原健康的前提下，适度开展可持续的利用活动，杜绝区域内乱捕滥猎、乱采滥挖、乱征滥占等破坏草原行为，在加强生态保护和修复的前提下，国家草原自然公园建设应探索可持续草原管理和资源利用方式。依法开展草畜平衡基础上的适度放牧、生态旅游、草原民族民俗文化体验等活动，以及建设必要的保护、修复、科研、游览、休憩和旅游接待服务设施。为了适应新时代草原管理工作的要求，国家林业和草原局草原管理司创新提出了以国有草场为实施主体的草原保护修复利用模式。国有草场是在一些产权清晰、集中连片、区位重要或生态脆弱的退化草原、沙化草原或荒漠化草原上，采取以国家投入为主的方式建立起来的专门从事草原生态保护修复和科学管护利用的示范性草场。

6. 人工饲草地建设工程

按照生态优先、草畜配套的要求，根据国有草场草原资源的承载力和饲养牲畜的需要，在保障生态安全的前提下建植优质高产的人工饲草地，提高饲草生产供应能力。通过对夏秋季生长旺盛的牧草进行干草调制或青贮，使其能够长期保存，解决牲畜冬春缺草的问题，减轻冬春草场放牧压力。通过人工饲草基地建设，以 1 亩人工草地的生产力换得 10~20 亩天然草地的休养生息，增加饲草供应量，缓解天然草场放牧压力，恢复草原生态功能，构建人工草地和天然草地有机结合的现代草业生产方式。对土层较厚、水热条件较好的区域，建设规模化长期人工饲草地。

7. 种草绿化示范工程

坚持绿化为先、因地制宜、分类施策、短期行动与长期治理相结合的原则，结合改善农村人居环境行动和美丽乡村绿化、旅游、休闲，开展休闲农业种草，推进乡村种草绿化示范工程。加强农村裸土地、房前屋后绿化，积极开展村镇宅旁、水旁、村旁、路旁("四旁")和周边荒山、荒沟、荒丘、荒滩("四荒")种草绿化，建设休闲绿地，进一步改善人居环境和提升绿化水平，改善农村空气质量和整体景观。

8. 河湖堤岸草带建设工程

在纳入河长制管理的河湖水域及重要水利工程(主要包括河流、湖泊、排水沟道、水库及重要的淤地坝等主要河湖堤岸带)，以山水林田湖草沙系统治理为基本遵循，实施植草护坡、堤岸栽树等有力举措，聚力河湖堤岸带综合治理，实现"河畅、水清、岸绿、景美"的目标，改善生态环境，着力实现水清、岸绿的生态目标。

专题 3

草原生态产业发展战略

■ 专题负责人：郭振飞　孟　林　常智慧

　　　　　　　姜　华　毛培胜

■ 主要编写人员：张风革　孙　逍　赵志丽

　　　　　　　杨富裕　尹淑霞　马晖玲

一、草原生态产业的概念与内涵

（一）草原生态产业的概念

草原生态产业是指以可再生草原生态资源为依托，以不损坏草原生态环境和资源可持续利用为前提，创新草原生态保护与修复的技术体系，探索草原生态产业高质量可持续发展的新模式，致力于打造草原生态产业及有机绿色食品的核心竞争力，向市场提供无公害、安全健康、优质绿色产品的产业，主要包括生态草牧业、生态草种业、草原药用植物产业、草原生态文化产业、草原碳汇产业、国土绿化及草坪产业、林草融合生态产业等的产业类型，是一个多元化、多层次的立体型产业体系。

生态产业是在可持续发展思想指导下发展起来的一种新的产业发展思路和经济发展模式，随着人们对环境危害和人体健康认识的提升，传统农业产业逐渐向生态化、绿色化和环境保护型的生态产业转化升级。任继周院士 2020 年指出，草原绿色产业是现代化国家的重要标志之一，也是生态文明建设的关键环节。随着社会不断进步和我国人民生活水平提高，草地农业以草地和草食家畜家禽为介质，不断丰富现代农业内涵，除了合理利用耕地与其他农业组分耦合，发挥更大效益外，还可以充分利用非耕地资源，发挥生态效益和生产效益，以确保生态安全和食物安全，可以林草结合、粮草结合、棉草结合、烟草结合、菜草结合、果草结合和畜草结合等多种模式，构建新的农业结构，使原本人类农业之源的草地农业系统，在新的形势下实现历史的回归。

（二）草原生态产业的内涵

草原生态产业主要包括生态草牧业、生态草种业、草原药用植物产业、草原生态文化产业、草原碳汇产业、国土绿化及草坪产业、林草融合生态产业等类型。其内涵分述如下。

1. 生态草牧业的内涵

草牧业经由天然草地和人工草地管理，通过合适的加工技术获取优质高效的牧草和饲草料，创建畜牧养殖、加工的生产体系，涵盖种草、制草、养畜和畜产品加工等生产过程。生态草牧业的核心是草畜结合、草畜协调发展、草畜互为依存，通过构建完整的产业链和价值链，加大产业融合度，创造高附加值的生产和生态效益，重在强调生产功能和生态功能的统一和双赢。草牧业发展以"创新、协调、绿色、共享、可持续"的理念为指导方针，推进科技系统创新，落实草牧业发展的组织设计、科学研究、技术示范、产品研发、品牌经营、三产融合等工作，为社会提供更优质、绿色、安全的草畜产品。

2. 生态草种业的内涵

草种业是国家战略性、基础性核心产业，是现代农林产业体系的重要组成部分。草种是指草类植物的种子（苗），草类植物包括生态修复草、饲草、草坪草、观赏草、能源草、地被植物、食用草、药用草、半灌木、灌木及木本饲料等。生态草种业是退化草原植被恢复成败的关键，建立国产抗逆牧草种子的生产体系，是实现种业国产化、现代化的核心。当前，国家正在大力推进生态文明建设、加强草原保护、实施农业结构调整、积极发展草牧业，这在客观上要求必须有发达的草种业作为坚实的支撑。党中央、国务院高度重视种业发展，先后作出一系列重要部署，我们必须认清形势，把握好难得的机遇，加快建立适应我国经济发展、生态保护建设要求和国际竞争需要的现代草种业。

3. 草原药用植物产业的内涵

草原药用植物产业是以草原地区丰富的、具有特色的药用植物为资源而发展起来的，包括药用植物采集、运输、加工等环节的现代化产业。其特点是摆脱以往农户自种、自加、自销的分散模式，而代之以社会化分工、集约化操作和市场化运营。也就是说要在中药材的田间栽培管理、收获加工、储存运输等方面有足够的资金投入，经营策略上能应对市场不同的变化和要求，并最终形成"龙头企业+中药材生产基地+农户+市场"的运营模式，延伸产业链条，从而实现产加销一条龙、贸工研一体化，即真正意义的产业化。草原药用植物的利用已引起人们广泛的兴趣，在美国，有些沙漠里的阔叶类植物和灌木内含有可以阻碍癌细胞扩散和其他医用价值的物质；在我国，药用植物的利用已有数千年的历史，特别是中草药是我国医药宝库中的瑰宝。药用植物按用途分为中草药植物、药源植物、兽用药植物及农药植物。辽阔的草原被喻为我国天然的药用植物园，其药用植物的采集与销售，有多年的历史。我国是多种药用植物的主产地，草原药用植物产量占我国产量的绝大部分，并销往全国各地以至海外地区，其销售收入对农牧民十分重要。但总的来说，药用植物生产还没有成为一个严格意义上的现代化产业。

4. 草原生态文化产业内涵

草原文化是世代生息在草原这一特定的自然生态环境中的先民、部落、族群共同创造的一种与草原这一特殊生境相适应的文化，是草原生态环境和生活在这一环境下的人们相互作用、相互选择的结果，既具有显著的草原生态禀赋，又蕴涵着草原人民的智慧结晶，包括其生产方式、生活方式及基于生产方式、生活方式而形成的价值观念、思维方式、审美趣味、宗教信仰、道德情操等。草原生态文化是草原文化的核心，是在草原文化的基础上逐渐形成的生态化的价值观和认知体系。崇尚自然的文化，就是敬畏自然、尊重生命、珍爱生命、师法自然、顺应自然、维护自然的文化，就是人与自然和谐统一，人与其他生物及人与人共存共荣，生态文明与其他文明相得益彰，草原生态、经济、社会协调发展的文化。草原生态文化产业是以草原生态文化产品及草原生态文化活动等作为主体对象，从事草原生态文化的生产经营、开发建设、流通消费、有偿服务的产业，包括草原生态文化旅游业、广播影视业、文化娱乐业等。草原生态文化的产业化是以现代的市场机制和先进的生产管理方式对草原生态文化资源进行科学配置、开发和利用。草原生态文化产业以其丰富又独具特色的内容、不间断的历史发展，成为中华文化的重要组成部分。草原生态文化的生态内涵与生态文明建设意义相符合，利用草原生态文化来树立尊重自然、顺应自然的生态文明理念，从而保护大自然，发展出一条顺应自然、崇尚自然、符合自然规律的生态文明之路。

5. 草原碳汇产业的内涵

草原碳汇产业，即以利用草地植物吸收空气中的二氧化碳并将部分存于土壤为资源，从事草原生态资源的保护和利用、草原碳增汇技术的研究与开发、碳汇交易的综合性产业集合体，为草原原有产业及资源系统的优化升级提供新的突破口和增长点。我国在第75届联合国大会上向世界作出承诺，力争在2030年使我国碳排放达到峰值（碳达峰），并在2060年实现碳中和。目前仅节能减排、碳排放权交易等措施难以实现"双碳"目标，一个切实可行并且经济成本较低的措施就是提高生态系统的碳汇功能。虽然森林碳汇能力较大，过去10多年，我国植树造林工作已覆盖绝大多数宜林区的荒山荒地，森林碳汇潜力空间越来越小。我国天然草原面积较大，碳汇资源得天独厚，潜力巨大，而且草原碳汇具有多种效益，兼具减缓气候变化和维持草原生产等多种功能。因此，发展草原碳汇产业在为我国政府履约国际"碳达峰和碳中和"承诺、草原可持续发展、建设生态文明以及美丽中国的目标中具有关键战略地位。

6. 国土绿化及草坪产业的内涵

草坪是草原的特殊表现形式，科学建植草坪是国土绿化的重要手段。由概念不难看出，草坪业不仅包括草坪的利用、美化，为发展竞技、娱乐设施的建造、管理而要求的特殊草坪草，其他地被的生产和保持，还包括草坪科学、技术、业务管理、人才资源开发，草坪产品的生产和养护管理，以及为此而生产的产品及其他商品等内容。因此，庭园美化，娱乐休假地建设，运动竞技场地、家庭住宅、墓地绿化，道路、坡面保护等，都是草坪业的对象。草坪业是包括草坪绿地建设、生产、流通、经营、管理，草坪技术人员教育和研究的一门综合产业。草坪具有重要的生态功能，草坪业关系民生福祉，是草业事业的延伸，是生态文明建设的重要内容，是国民经济的重要组成部分。

7. 林草融合生态产业的内涵

我国是一个林业和草原资源大国，林和草都是国家重要的生态资源，也是国家生态安全的保障体系，具有重要生态、经济和社会功能。林草融合、统筹考虑、同步推进，对国家山水林田湖草沙系统治理、推进美丽中国和生态文明建设具有重要战略意义。林草融合生态产业即是指充分合理利用林草复合系统的光能、空间和土壤肥力等自然资源，遵循林草互惠互利与生态循环的原则，构建适宜的林草融合生态产业模式，促进生态、生产和生活"三生"功能的融合发展。林草融合生态产业模式是一种重要的林下经济高质量发展模式，有利于实现林草立体种植养殖融合发展和资源循环利用，有利于促进和带动林下特色优势产业的健康发展，有利于促进乡村振兴和兴绿富民。

二、草原生态产业的发展过程

（一）生态草牧业发展过程

1. 国外生态草牧业的发展

国外并没有明确的草牧业概念，但其包含的草食畜牧业、饲草料产业和草食畜产业等均属我国定义的"草牧业"范畴，而且国外在这些方面积累的高新技术、管理方式以及政策体系等，均能作为我国草牧业可持续科学发展的重要借鉴经验。国外草原畜牧业发展历程一般分为粗放型放牧阶段、规范建设阶段和多功能型阶段。

（1）粗放型放牧阶段

这一阶段主要遵循随意放牧的粗放型发展方式，虽然这种粗放型的草原游牧业科技不发达、认识水平不高，但它对现代草原畜牧业的可持续发展和生态文明建设等方面具有重要参考价值。

（2）规范建设阶段

随着人口的不断增长以及经济发展实际需要，放牧牲畜数量也大幅度增加。因此出现了超载过牧和滥垦乱挖等现象，引发了严重的生态问题，这大大阻碍了草牧业的进一步发展。因此，针对草原过度放牧、滥垦乱挖和管理无序等问题，世界各国采取了一系列规范措施来保护草原生态环境以及促进草产业可持续发展，如进一步完善法律、改良草地、科学并规范放牧和种草养畜等。此外，国外针对草牧业制定了一套全产业链的政策体系，其中包括良种繁育政策（产前），支持生产设施建设（产中），产品补贴、支持价格和市场信息服务（产后）等。

（3）多功能型阶段

近年来，草牧业搭乘经济全球化和国际贸易自由化的"快车"，草牧业产品的国际贸易量也逐年显著增加。2001年，全球草产品的出口量仅有588万t，近些年增加至1000万t，且目前国际上有近80个国家出口草产品。美国的苜蓿产业化生产较早，其种植面积和收获产量位居世界第一，2016年的苜蓿出口量高达492万t，国际市场占有率由28%提高到53%。澳大利亚的燕麦干草出口始于20世纪90年代。此外，休闲旅游也是草牧业的附加功能，能在帮助农民增收的同时保护草原生态环境。例如，新西兰的农场旅游方式，允许游客参观养殖场，体验牧羊、剪羊毛和挤牛奶等活动，并品尝当地特色美食等（韩成吉等，2020；李新一等，2020）。

草原畜牧业发达的国家的草牧业发展主要有 4 种模式，包括集约化农牧结合型畜牧业(如美国和加拿大)、草畜平衡型畜牧业(如澳大利亚和新西兰)、农户饲养型小规模畜牧业(如日本)、以欧洲国家为主的有机集约化人工草地畜牧业(颜景辰，2007)。这些发展模式一般具有如下特点：以家庭农牧场为主，草畜产品的产量高，质量佳，均十分注重草、畜牧业先进技术的集成应用，将公司-农户-科研单位联合起来，建立了完整产业链运营机制，已实现草畜产品生产规模化和集约化发展。其次，建设高质量的人工饲草料基地是世界各国为缓解草原放牧压力和推动草牧业发展的重要举措，包括天然草地饲草种植、耕地上实行粮草轮作等。但畜牧业发达国家的饲草用地，目前已基本达到极限，不会有显著增加趋势。再者，世界上草食畜产业总体上呈现牲畜数量增加、规模扩大和科技推动的趋势。例如，2016 年日本的食用牛肉量达 1231 万 t，人均消费量较 1960 年增加 4.9kg。荷兰的全国牛奶总产量由 1960 年的 672 万 t 增加至 2003 年的 1107 万 t。此外，草牧业发达的国家一直都非常重视畜禽饲草种业建设。例如，加拿大于 19 世纪末开展大量的引种试验并选出了高产特性的无芒雀麦和粗穗碱草；20 世纪 70 年代解决了苜蓿种子生产过程中的昆虫传粉问题，因此种子产量迅速增加(颜景辰等，2007；丁香香，2019)。

2. 国内生态草牧业的发展

2014 年 9 月，方精云院士在《建立生态草业特区，探索草原牧区发展新模式》的国务院咨询报告中提出"草牧业"的发展理念。2014 年 10 月，国务院召开关于草原保护建设和畜牧业发展问题的主题会议。在会上第一次明确提出发展草牧业，并将其纳入国民经济统计体系范畴，也正式确立了草牧业在国民经济中的重要地位。随后"草牧业"一词被写入中共中央、国务院《关于加大改革创新力度加快农业现代化建设的若干意见》："加快发展草牧业，支持青贮玉米和苜蓿等饲草料种植，开展粮改饲和种养结合模式试点，促进粮食、经济作物、饲草料三元种植结构协调发展"，并首次明确了"草牧业"在促进我国农业种植结构协调发展中的重要地位，预示着我国农业生产正式开启草牧业实践。

随着"草牧业"一词的提出和使用，许多专家学者对其进行了广泛解读。任继周(2015)认为，草牧业是草业与牧业相结合的简称，即"草业"和"牧业"的复合词，二者没有主副，也没有在草业和牧业以外另立专业的含义，"草牧业"这一复合词汇将助推草牧业产业达到新高度。方精云院士等给出了"草牧业"的明确定义：通过天然草地管理和人工种草，经合适的技术加工，获取优质高效的饲草料，进行畜牧养殖和加工的生产体系，包括种草、制草和养畜(含畜产品加工)三个生产过程(方精云等，2015；方精云等，2018)。卢欣石(2015)提出，"草牧业"一词涵盖现代饲草产业、草食畜牧业以及草原生态建设保护，强调草业与牧业地位等同且协调发展。杨振海(2015)认为"草牧业"是一个综合性的概念，涵盖草原保护、草产业、草食畜牧业等，是饲草和草食动物生产、加工和服务业的融合和耦合。总的来讲，作为农业现代化转型发展的重要组成部分，草牧业的核心是草畜结合、草畜协调发展、草畜互为依存，通过构建完整的产业链和价值链，加大产业融合度，创造高附加值的生产和生态效益，重在强调生产功能和生态功能的统一和双赢。

为加快农业结构调整，进一步推进粮改饲试点基地建设，促进牛、羊等草食畜牧业发展，农业农村部出台了一系列草牧业发展的文件，如《关于促进草牧业发展的指导意见》《2016 年畜牧业工作要点》《食业发展规划（2016—2020 年）》等，明确"把大力推进草牧业试验试点，促进种植业结构调整和草畜配套，建设现代饲草料产业体系"作为工作重点，并针对具体区域草牧业主攻方向及具体推介模式提出了指导意见，草牧业试点在全国范围内得以逐步推进。这项工作开展以来，各地在政策引导和市场拉动下积极探索，草牧业发展呈现良好势头，草产业和草食畜牧业加快发展，形成了一批可复制、可推广的典型发展模式。

3. 国内生态草牧业发展的理论支撑

（1）优质草畜品种选育原理

优质牧草选育首先应遵循牧草高产、优质和良好的抗逆性（如抗寒、抗旱、耐盐、抗病虫害等）的原则。此外，采用现代分子生物学技术，因地制宜选育适合当地环境条件的优良品种。畜禽育种则需要重点突出本品种选育，遵循地方品种的原始创新与引进品种消化吸收的再创新相结合，以及常规育种手段与现代分子育种相结合的原则，提升育种创新能力、加速优良种畜市场化推广等。

（2）天然草地与人工草地的"以小保大"原理

草牧业"以小保大"的原理主要通过建植小面积水热条件良好、高产和优质的人工草地来保护和恢复大面积的天然草地。我国天然草地的生产力水平远远低于生产潜力，主要是由于天然草地的放牧压力大，且存在季节性和区域性不平衡等问题。而人工草地牧草的高产、优质等特性，保障饲草的稳定性供给的同时，还能帮助天然草地减轻放牧压力。在此基础上对其进行适度利用，进一步恢复和提升天然草地的生产和生态功能，而基于生态理论，在中等干扰强度和放牧强度下自然生态系统中的植物群落的生物多样性及生产力最高。因此，天然草地在保护和恢复基础上再适度利用（如刈割和有计划地放牧）是草地生产功能和生态功能合理配置的重要体现，也是保证草原生态系统生物多样性和生产力可持续发展的重要措施。

（3）饲草高效收获、加工及畜禽高效饲喂原理

不同时期收获的牧草产量和品质有很大差异，导致草料的适口性不同，影响饲喂的家畜（如奶牛）产量（产奶量或产肉量）等。因此，为获得较高的饲草生物产量和质量，就需要考虑其最佳收获时期，以获得最大的经济效益。饲草产品加工可按照生产目标和调制加工方式将其分为干草、成型草和发酵草等。通过饲草产品加工环节，有效解决饲草季节性供应矛盾、地域性不平衡以及饲喂日粮配比中的营养不均衡等问题。畜禽的品种、性别、生长阶段及生产方向不同，对营养需求也有差异。因此，需要根

据实际情况进行多元饲草料搭配，并分析其营养价值和饲喂效果，最终建立家畜优化的饲料配比和最优饲喂模式。

（4）产业融合和区域系统发展原理

草牧业将"草业""草食畜牧业"和"延伸产业"结合，三者相互依存、相互促进，形成三合一的产业联合体，积极推动第一（如草业、种植业和养殖业等）、第二（草畜产品加工业）、第三（文化、生态旅游产业等）产业融合发展，进一步延长和完善草牧业生态产业链，积极推动地区各层次产业可持续发展。不同地区的草牧业发展应因地制宜制定相关发展策略。例如，牧区草牧业主要分布在北方草原，应遵循"以小保大"原理，实现草地系统的生产和生态功能的合理配置与协同发展。农区草牧业发展应遵循"粮草兼顾，用养结合"原则，进一步提高家畜生产效率和经济效益。此外，采用引草入田、粮草轮作、科学施肥施药等方式，促进土壤修复和改善土壤质量。南方低山丘陵草牧业应重视植被本身的水养条件及水土保持功能，适度利用其生产功能，并发展高产高效特色草牧业（方精云等，2018；徐田伟等，2020）。

4. 国内生态草牧业发展的科技支撑

科技创新是我国草牧业可持续发展和转型升级的新动力。我国地域辽阔，区域资源丰富，特色明显，牧区、农区和农牧交错带草牧业发展中存在的问题及发展方向不同。因此，在经济新常态条件下，将科技创新理念贯穿草牧业发展产业链的所有环节，整合产业要素，进行产业耦合、结构优化，支撑和引领草牧业产业提升效益和市场竞争力。

（1）草牧业产业技术创新

"水、土、草、畜"是我国草牧业发展的主要制约因素。因此，需要加强优质抗逆牧草新品种选育及家畜良种繁育，提升草原生产力的稳定性及集成草畜产品高效加工、存储利用等新技术的研发和成果转化，并进行示范推广。农区草牧业发展主要由产业链环节、粮草产业耦合和产业效率方面着手，包括区域特色优质饲草料和农作物协调种植技术，农区"粮改饲"草畜产品高效生产、利用模式和技术，草畜产品耦合生产系统效益综合评价技术等。而在农牧交错区域，基于"草畜结合，种养结合，区域耦合"原则，注重农牧交错带的跨区域种养结合模式、草畜高效耦合生产技术、粮草轮作和保护性耕作技术、饲草与农副产品综合利用技术等。

（2）草牧业产业产品创新

为适应国家发展战略及市场实际需求，在实现草牧业基础的生产功能之外，如草畜产品种植、加工等保证种植业结构完整及粮食安全，挖掘和开发以生态功能及延伸产业为目标的进一步发展，如以草业为基础的观赏、环境美化和文化旅游生态功能，以及保健食品、医药和植物源农药等延伸产业，真正实现草牧业产品多元化发展，进一步提升产业链和价值链。

（3）草牧业产业发展模式创新

我国不同区域的资源优势具有明显差异，因此需要因地制宜地谋篇布局，突出北方草原区、农区、农牧交错区等的区域特色优势，综合比较各种生产经营模式，以"规模化、科学化和特色化"为目标，提升产业生产精细化水平，探索出适合各区域的草牧业发展新模式，融合第一二三产业，建立健全的产业链系统，提升草牧业经济效益。

（4）草牧业产业市场营销模式创新

传统草业产业模式具有"小、散、乱"粗放型特点，必须采用科技创新连接上、下游产业链，运用草畜产品高效经营和现代化草畜牧业生产-加工-销售技术，在做好前期种植、生产和加工基础上，注重市场创新和网络营销，结合区域特点，突出区域品牌特色，加强草牧业发展和信息技术大融合，并将物联网、生物技术及遥感光谱等技术广泛应用到草牧业产业链的各个环节，加快草牧业智能化、全程机械化及适应市场化进程。草牧业产业的多元化耦合发展也将成为区域草牧业发展的新趋势，是真正实现综合经济效益的战略选择（白永飞等，2016；侯向阳，2015）。

（二）生态草种业发展过程

我国生态草种业虽然起步较晚，但发展很快，尤其是近 20 年在草种资源收集选育、草种基地建设与运行、草种经营主体建设与运行、草种供求等方面取得了较快发展，并对种子生产管理技术进行了深入研究，主要围绕密度控制技术、水肥管理技术、授粉技术、收获技术等领域，为我国牧草种子的规模化和规范化生产奠定了基础。

1. 草种资源收集与选育

我国草种质资源十分丰富，有草原植物 15000 多种、牧草 6704 种、草坪草 7500种，是世界上草种质资源最丰富的国家之一。2022 年，国家林业和草原局全面推进第一次全国林草种质资源普查与收集，确定首批 30 处国家草品种区域试验站。组织各地制定乡土树种名录。目前，在北京建立了 1 个草种质资源中心库，内蒙古和海南分别建立草种质资源备份库，11 个省份建立了 17 个草种质资源圃。草种质资源已整理和入库保存 6.2 万余份，包括 103 科 680 属 2264 种，其中豆科占 33%、禾本科占 54%。从保存方式来看，以种子形式低温保存占 98%，少量以茎、块根和资源圃形式保存。此外，近年来部分科研单位、企业也结合工作需要，建立了自己的草种资源保存库。

随着我国草原生态修复保护建设工作的深入推进，我国在牧草良种繁育推广、良种基地建设、良种产业化发展等方面有了长足发展。第一，大力推进草种保育扩繁推一体化进程。在国产草种新品种培育方面，截至 2021 年，共培育了牧草新品种 617 个。其中，禾本科主要是黑麦草属、高粱属，占 52%；豆科主要是苜蓿属，占 37%。从种类看，育成品种占 36%，引进品种占 30%。从功能看，牧草新品种 435 个，占 72%，草坪新品种 72 个，占 12%，其他生态草新品种约占 16%，对我国草原生态保护建设及畜牧业发展起到了重要作用。第二，扎实推进良种繁育体系建设，育成品种在地方政府、企事业单位大力支撑下，突破了栽培管理、杂草防控、种子收获与清选等重要环节关键技术难点，形成集资源收集与创新、育种、种子生产加工于一体的产业化技术体系。

中共中央、国务院《关于坚持农业农村优先发展做好"三农"工作的若干意见》，提出"加快选育和推广优质草种"，我国启动了草业良种工程，加大了优良草种繁育体系建设力度，逐步形成了草品种集中生产区。为了推进我国草种业发展，针对以往种业发展存在的信息孤岛、链条短、产业节点离散且破碎等问题，重新定位目标，挖掘草种业产业化重要环节的关键技术，理顺产业发展各方主体要素，切实发挥"政产研学用"协同创新效应，合力推进草种国产化，通过种业发展体制机制创新，积极发展具备极强竞争力的种业集群与创新产业平台，从根本上解决我国草坪草种业领域"卡脖子"技术问题。草种业科技创新已经成为我国当前草原保护修复、可持续利用面临的重大课题，厚植根基，草种业必将为草原事业的蓬勃发展带来新的动力。

2. 草种基地建设及运行

在 20 世纪 50 年代，我国就已建立 20 多个草籽繁殖场，但由于对种子生产地域性要求的认识不足，部分繁殖场的建设区域选择不合理，导致种子产量低、生产效益有限。20 世纪 80 年代以来，草种产业进入了一个新的发展阶段，国家要求健全良种繁育体系、实行"四化一供"的种子工作方针。1989 年全国有兼用牧草种子田 33 万 hm²，年产草种子 2.5 万 t。1995 年启动实施"种子工程"，掀开了我国种业发展的新篇章。在四川、贵州、青海、内蒙古、甘肃等地建设种子生产基地。2001 年牧草种子生产田面积达到 15.7 万 hm²，种子生产量 7.1 万 t。进入 21 世纪，退牧还草、天然草原改良、草原生态保护补助奖励政策等草地建设工程相继开展，对于种子生产水平要求更高。2000—2003 年国家先后投资 8.86 亿元在内蒙古、新疆等 19 个省份建设繁种基地 76 个，建成草种子生产田 7.4 万 hm²。2000—2017 年通过国家农业综合开发草种繁育专项，中央投资 3 亿余元，建成繁育基地 150 余个，涉及内蒙古等 26 个省份。到 2019 年全国草种子田总面积 9.3 万 hm²，生产种子 9.8 万 t，且主要产区集中在甘肃、青海、内蒙古、四川等地，种子生产总量占到全国的 76.8%。

在我国草种子生产组织和运行方面，经历了以政府、农户、企业为主的组织生产和运行管理方式。长期以来，草种子生产通常作为饲草生产的副产品，尤其是苜蓿、羊草等牧草，其传统留种方式就是植株生长整齐、产量高的草田留作种子田，在种子成熟时进行收获。随着我国社会和经济改革的不断深入和发展，草种业市场迅速活跃和扩大，以企业为主的专业化生产成为主体。企业生产以市场为导向，根据市场需求确定种子生产目标，向市场提供种子，实行自主经营、自负盈亏。企业生产的优势在于拥有自己的种子基地，有自己的种子田，企业根据市场需求可以进行科学合理的种植规模调整，进行专业化、规模化的生产。近年来随着国家"粮改饲""草牧业"等重大战略政策的实施，以苜蓿、燕麦、杂交狼尾草等为主的种子市场供不应求，苜蓿和燕麦种子生产基地发展势头良好。苜蓿、燕麦、杂交狼尾草等种子生产基地主要位于内蒙古西部地区、宁夏、甘肃、青海、新疆、广西、海南等。此外，以老芒麦、披碱草、羊草、草地早熟禾、羊茅等多年生禾草为主的种子生产基地也为草原生态建设提供了大量种子。以禾草为主的种子生产基地主要集中于内蒙古、河北、青海、四川等省份。在基地的运行和管理过程中，由于缺乏持续投入和相关政策支持，企业的市场竞争力不足，存在种子产量低、经济效益差的问题。此外，种子生产基地仍存在规模小、品种单一、管理不规范现象，运行管理成本高，抵御市场风险能力低。

3. 草种经营主体建设及经营

伴随草种子生产的同时，草种子经营也呈现出政府组织、农户交换、商贩组织、企业组织等多种形式。随着我国市场化程度的加强，以政府组织为主体的经营方式逐渐转变为以商贩、企业经营为主。我国草种子企业组织经营始于 20 世纪 90 年代初。经营企业的数量随着草产业的发展也呈现迅速增长。企业通过代理美国、丹麦、加拿大等国家种子公司的牧草或草坪草品种销售，在草地早熟禾、高羊茅、多年生黑麦草、白三叶和紫花苜蓿等重要草种的优良品种引进和国内乡土草种种子市场流通方面发挥积极作用，为我国生态治理、畜牧业发展、水土保护、园林绿化和运动场建设等种子需求提供了重要支持。在农村牧区以商贩经营为主，通过超市、集市进行草种的经销。虽然经营量难成规模，但也是市场流通过程中不容忽视的环节。此外，随着我国网络平台和大数据技术的迅速发展，电商平台和网络销售成为当今迅速崛起的营销方式，成为带动种子市场经营的新增长点。

根据社会发展阶段不同，草种经营组织在市场中所起的主导地位不同。草种在市场贸易中所占比例很低，难以得到政府部门的高度重视，表现在相关政策规章的制定不配套完善、市场监管不力。在种子市场中，受进口草种冲击影响大，牧草用种的50%~80%依赖进口，生态建设用种以国产种子为主，绿化用种子绝大多数为进口种子，其中草地早熟禾、多年生黑麦草和高羊茅种子是进口的主要种子。在草种经营过程中，由于法律法规的局限和政府监管的忽视，存在着市场投机、混乱等问题，种子质量和品种真实性无法保障。此外，草种的保护措施和专业化种子生产技术不规范，企业或个人可通过自己留种来满足生产需求；新品种的优良特性受生产技术水平的限制，其产量有限难以满足草产业规模化发展的需求。尽管具有较高的市场价格，但其品种真实性评价的不确定性，也成为影响种子正常经营的重要因素。

4. 草种供求发展

进入 21 世纪，随着我国种植业结构调整、草食畜牧业发展的带动，尤其是"振兴奶业苜蓿发展行动"的启动，苜蓿产业得到了快速的发展。2015—2017 年的中央一号文件中，均强调苜蓿种植生产，对苜蓿产业的振兴提出新的要求。据统计，2017 年我国苜蓿种植面积达到 415 万 hm^2，主要在新疆、甘肃、陕西、内蒙古，占全国苜蓿种植面积的 71.5%，尤其在内蒙古阿鲁科尔沁旗、甘肃定西市形成以苜蓿为主的草产业新业态。随着我国种植业和畜牧业产业结构的调整，天然草原改良和优质牧草种植面积的迅速扩大，对牧草种子的需求呈逐年上升趋势。2015—2017 年连续 3 年的中央一号文件提出，发展草牧业、培育现代饲草料产业体系，以苜蓿为主的种子需求迫切。尤其是在黄土高原丘陵沟壑地区、盐碱地改良地区、瘠薄沙地等土壤条件下，苜蓿产业化种植规模呈现快速增长。据统计，国内荷斯坦奶牛存栏大约为 500 万头，优质苜蓿需求量约 400 万 t。2019 年国内苜蓿产量约 260 万 t，进口苜蓿 135 万 t，优质苜蓿供给情况是"产不足需"。"十四五"期间，对优质苜蓿增量需求缺口仍在扩大，因此苜蓿种子的国产化将是产业发展的卡脖子问题之一。

自 2008 年以来，苜蓿种子的进口量激增，到 2019 年增长超过 10 倍。2017 年全国紫花苜蓿种子田面积 3.82 万 hm²，生产种子 1.2 万 t。尽管进口苜蓿种子规模增长迅速，但受我国干旱半干旱地区气候条件限制，进口品种的种植生长和返青表现受抗逆性影响，无法发挥其品种优势。此外，在退化天然草原改良中，也需要扁蓿豆、黄花苜蓿等抗寒品种，而这些品种的种子难以通过进口来解决。国产苜蓿品种在适应性、抗逆性方面表现较好，但种子产量水平、质量状况难以满足规模化饲草生产和草地改良的要求。因此，针对品种需求进行不同品种的规模化生产，将有助于抗逆高产新品种的推广，是实现牧草种子国产化的重要前提。

我国草种供求关系随着草地种植和种子市场规模而变化。受草产业发展波动的影响，我国草种的供求关系也呈现出明显的阶段性特征。在 20 世纪 90 年代初期种子进出口规模较小，均不超过 1000 t。进入 21 世纪，我国草种需求量呈现急剧增长，2003 年进口量达到 2 万 t，2005 年出口量也将近 1 万 t，达到历史的高峰。此后出口量呈下降趋势，而进口量呈波动型上升态势，整体呈净进口状态，且贸易逆差呈扩大趋势。到 2010 年进口量上升至 3.41 万 t，出口量却下降至 0.19 万 t。2021 年我国草种子年进口量为 6.35 万 t，连续 5 年进口种子量超过 5 万 t，这与 2015 年国家启动草牧业和粮改饲试点项目，饲用燕麦、青贮玉米和饲用甜高粱等一年生禾草种子使用量增长有关。进口的草种主要包括紫花苜蓿、黑麦草、羊茅、三叶草、草地早熟禾等种子。草种进口量最多的是黑麦草种子，占总进口量的 60%左右；紫花苜蓿种子仅占 5%左右。我国草种对国外市场的依存度高达 40%，且近年来呈不断上升趋势。

在国际贸易竞争激烈的背景下，草种市场的变化和波动较小，草种进口量将呈现持续稳定的状态。但随着我国机构改革的深入和规范，林草事业的融合发展，对于草原生态建设的任务将会呈现快速增长，未来一段时间以乡土草种为主的种子市场需求将凸显，并且供求紧张的状况将会持续。因此，加强国产牧草种子的专业化和规模化生产水平，提高自有品种的科技成果转化，也将是草种业发展面临的一项严峻挑战。

(三) 草原药用植物产业发展过程

草原药用植物是一类特殊的经济植物资源，其主要特点是植物体内含有生物活性物质，在医学上用于防病治病，因此，它是中医、蒙医等治疗疾病的物质基础，也是制药工业的重要原料，而且在食品、酿造、保健品、化妆品等行业有着特殊的作用。

1. 草原药用植物资源的发展过程

我国是药用植物资源最为丰富的国家之一，对药用植物的发现、栽培和利用有着悠久的历史。中国古代传说中就有伏"羲尝百药""神农尝百药，一日而遇七十毒"的记载，虽然是传说，但也从侧面反映了我国发现、利用药用植物的历史悠长，是古代人类生活实践和生产实践的积累后的演化。春秋战国时期，渐渐出现关于药用植物的文字记载，如在《诗经》《山海经》中就有关于药用植物的记录 50 多种。在汉代，中国现存最早的药学专著《神农本草经》成书，书中收载了 365 种药物，其中药用植物有 252 种。此后，著名的有关药用植物记载的书籍有梁代陶弘景的《本草经集注》(记载 730 种药物)、唐代苏敬等的《唐本草》(又名《新修本草》，记载 844 种药物)、明代李时珍的《本草纲目》(记载药物 1892 种)和清代赵学敏的《本草纲目拾遗》(记载药物在《本草纲目》基础上增加了 716 种)等。随着我国农业和医药学的发展，部分药用植物开始被引种、栽培，成为栽培植物。北魏贾思勰所著的《齐民要术》中，记述了吴茱萸、红花、地黄等 20 多种药用植物的栽培方法。明代李时珍所著的《本草纲目》中记载了 180 余种药用植物的栽培方法。新中国成立以来，我国先后对药用植物资源进行了 4 次全国范围内的大规模资源普查，并在药用植物的保护、开发利用、栽培技术研究，药用植物主要药用成分的测定、分离和提取以及药理实验等方面进行了大量工作。并在此基础上整理编写出版了《中国药用植物志》《全国中草药汇编》《中药大辞典》《中药志》《药材学》《中华人民共和国药典》等多种药物专著，收载的药用植物达 5000 多种，已栽培的有 200 多种。随着中医中药在国际上的广泛应用，国内中药产业迅猛发展及药用植物应用领域不断扩大，国内外对药用植物及其产品的需求量日趋增加，特别是我国加入世贸组织后，药用植物的资源利用和产业化开发受到国内外的广泛关注。从资源分布的角度来看，许多药用植物资源分布在草原地带，是草地资源的重要组成部分，有些药用植物还是天然放牧草地中优良的牧草。我国有药用植物 5000 多种，主要分布在森林和草原地带，是构成森林和草地资源与环境的重要组成部分，分布在草原地带的药用植物与其他植物一同构成了结构复杂、类型多变的草地植物群落和丰富多彩的草地生态景观，是草产业开发的物质基础。因此，药用植物资源是草地资源的重要组成部分，其开发利用是草地资源合理利用和草业产业化建设的内容之一。许鹏于 1996 年把草产业概括为包含饲料生产产业、草地畜牧产业和草地非牧开发产业 3 个子产业的产业系统，并把药用植物和其他经济植物的开发归为"草地非牧开发产业"。许多药用植物如柴胡、扁茎黄芪(沙苑子)、甘草、麻黄等，既具有药用功能，又具有饲用价值，属饲药兼用植物，而且这类植物在草地资源中占有很大的比例。有些药用植物的药用部分为根或地下茎，而地上部分可作为饲用或非牧开发利用；有些药用植物仅用其花、果实或种子入药，而其他部分不作为药用，但可作为牧草或作他用。例如，黄芪、甘草等，药用根和根茎，而茎、叶在一定时期可作为优良牧草利用。发挥药用植物资源优势和开发利用基础优势，大力开展药用植物资源开发利用研究和产业化生产，将是我国草业产业化建设的重要内容，也是我国草业经济发展新的经济增长点。

2. 草原药用植物产业的发展过程

中草药产业是我国最具优势和发展后劲的产业之一，也是我国在国际上占有一定地位的优势传统产业之一。新中国成立以来，中草药产业在保障人民身体健康和发展民族医药工业方面发挥了积极的作用。但是随着改革开放以来，中医、中药在国际上的广泛应用和迅猛发展以及药用植物应用领域的扩大，药用植物资源的利用和产业化开放得到广泛关注，国内外对药用植物及其产品的需求逐年增加。首先，随着我国药用植物产业的快速发展，国家和各地区越来越重视对各地药用植物资源的保护，在第四次药用植物普查的基础上，开展野生资源保护，开展重要药用植物品种的人工栽培，使栽培年产量稳步提高，并建立了60多个稳定、具有一定规模的重要药用植物甘肃当归、东北人参、河南"四大怀药"、四川川芎和麦冬、浙江"浙八味"和附子等生产基地。1999年开始，我国开展了中药材生产管理规范（GAP）的推行，建立了三七、苍穹、甘草、茯苓、黄连、丹参等60多个重点品种的中药材规范化种植研究示范基地，保证了中药材种植生产的规范化和药用植物的产量、品质。其次，随着科技的进步和药用植物产业的高速发展，我国对中药新产品、新技术的研究与开发的重视程度越来越高，整体实力不断增强，中药工业正成为我国国民经济中新的经济增长点。

（四）草原生态文化产业发展过程

草原文化是一种崇尚自然的生态型文化，它拥有悠久的历史传承，广阔的区域分布，多元的创造主体，复合的构建形式；它以草原特有的生产方式和生活方式为产生基础，不断与时俱进，顺应历史发展的要求，从而形成以开拓进取、英雄乐观、自由开放、诚信务实为精神特征的文化类型，草原文化与农耕文化、渔业文化一同构成了中华文化的三大主源。

我国的草原文化主要发源于西北边塞地区，不仅拥有独特的自然资源，也拥有独特的民族文化，经过几千年的风云激荡，使这些地区遍布灿烂辉煌的文化遗存和源源不断的草原文化根脉。从历史上看，草原文化经历了匈奴、鲜卑时期，契丹、女真、蒙古时期以及清朝三次大规模的文化交流与融合，并在此过程中，将带有游牧民族特有的刚强豪迈又不失深沉细腻特质的草原文化注入中华文化之中，北方草原文明与中原农耕文明不断交织、融会贯通并共同繁荣，为中华文化带来新的生机与活力，使中华文化不断变革、不断发展。草原文化在与农耕文化的一次次融会贯通中，不仅没有失去其特色，反而因吸收、借鉴其他文化优秀成果后更加丰富多彩。在现代社会，随着我国经济的快速增长和人们生活水平的不断提高，人们对精神富足的追求也越来越强烈，而草原文化因其悠久的历史和美丽丰富的资源，为草原人民和世界人们提供精神动力，陶冶情操，为中华民族大团结和边疆稳定的维护做出贡献，为世界各国间的文化交流和对外合作提供源泉。

改革开放以来，伴随着我国经济的快速发展和人们生活水平的不断提高，国内外对内蒙古、新疆、西藏、云南、甘肃等主要草原地区的关注度越来越高，这为这些地区开发草原文化资源、大力发展草原生态文化产业提供了宝贵的历史机遇。以内蒙古为例，2003 年 1 月，内蒙古颁布《关于进一步加快文化发展的决定》，明确提出"构建以文化旅游、文艺演出、新闻出版、广播影视、文博会展等草原生态文化产业为重点的文化产业体系，文化产业的增长速度要高于 GDP 的增长速度，成为自治区经济发展的支柱产业。"在此战略决策的指引下，内蒙古在旅游业、文艺演出、新闻出版业、文博会展等各方面取得了长足的进步和发展。

当前，中国特色社会主义进入了新时代，需要积极推动生态文化广泛传播，将草原生态文化产业发展作为联结各族人民的"彩色纽带"，在认真践行"五位一体"总体布局的同时，积极探索和加快生态文明体系建设，坚持把生态文明建设摆在更加突出的位置；以"生态产品价值转化"为核心，有效提升草原地区生态文明的硬实力和软实力，建造推进民族团结实现共同富裕的"银色谷仓"。以"守边护边"为使命，大力加强草原地区的生态环境基础设施能力建设，筑牢祖国生态安全的"绿色屏障"。以"构建人类命运共同体"为宗旨，将草原地区的生态文明建设融入国家"一带一路"倡议中，打造面向国际合作的"金色桥梁"。经过近几年的培育和发展，草原生态文化产业开始呈现出了更加强劲的发展势头。

（五）草原碳汇产业发展过程

相对于森林碳汇产业，草原碳汇产业起步较晚。由于草原碳汇经济效益较低，导致碳汇产业发展较缓慢。我国在 2009 年承诺，争取到 2020 年单位国内生产总值二氧化碳排放比 2005 年下降 40%～45%，促使 2011 年第一个草原 CDM 项目的产生（川西北草原碳汇项目）。川西北草原处在我国长江、黄河两大水系的发源地，草地退化促使国家在该区域建立保护区，使得当地的经济发展在某些方面受到限制。为缓解保护生态与快速发展经济之间的矛盾，在 2011 年启动的川西北草原碳汇项目，希望通过碳汇贸易的形式，采用市场机制实现生态补偿，促进当地经济发展。经调查发现，退化的川西北草原碳基线较低，意味着该区域具有较高的固碳潜力。经过对川西北草原的自然、社会、经济等方面综合考察，确定了以 5000 亩为一个单元，农民合作组织为贸易主体，自愿市场交易为主要目标的川西北草原碳汇项目开发思路。

随着工业减排压力和经济成本变大，森林生态系统碳汇潜力越来越小，国家对草原生态系统碳汇愈发重视。国家林业和草原局在《关于促进林草产业高质量发展的指导意见》加强市场建设中提出"实施林草碳汇市场化建设工程，完善碳汇计量监测体系，加快发展碳汇交易"这一相关指导方针，将促进我国草原碳汇产业日趋完善。2020 年，我国在第 75 届联合国大会上承诺，二氧化碳排放力争于 2030 年前达到峰值，努力争取2060 年前实现碳中和。2021 年，中共中央、国务院在《关于完整准确全面贯彻新发展理念做好碳达峰碳中和工作的意见》中指出，提升生态系统碳汇增量，建立草原生态系统碳汇监测核算体系，加速我国退化草原碳汇潜力的挖掘、草原碳汇产业再次兴起。

（六）国土绿化及草坪产业发展过程

1. 国土绿化产业发展过程及现状

1956 年，毛泽东同志发布了"绿化祖国"的口号，动员中国人民进行全国绿化运动，将国土绿化纳为社会主义事业的一部分。1992 年，国务院颁布《城市绿化条例》，使中国城市绿化行业有了第一部法规。建设部相继颁布实施了《城市园林绿化当前产业政策实施办法》《城市古树名木管理办法》《城市绿线管理办法》《重点公园管理办法》《城市湿地公园管理办法》等与《城市绿化条例》相配套的部门规章、规定。1999 年年底，全国 667 个城市建成区绿化覆盖面积达 59 万 hm^2，涌现出北京、大连、烟台、青岛、南京、厦门、深圳、珠海、南宁等 20 个"园林绿化先进城市"。

"十二五"期间，北京园林绿化全行业固定资产投资 906.6 亿元，全市森林覆盖率达到 41.6%，林木绿化率达到 59%，城市绿化覆盖率达到 48%。基本形成"山区绿屏、平原绿海、城市绿景"的大生态格局。"十三五"期间，完成国土绿化面积 6.89 亿亩，其中造林绿化面积 5.29 亿亩，完成森林抚育 6.38 亿亩；城市建成区绿地面积达到 230 余万 hm^2，较 2012 年前增加近 50%，建成城市公园约 1.8 万个，社区公园、口袋公园、小微绿地数量不断增加；落实中央资金约 1400 亿元，新增政策性开发性贷款 322.2 亿元，用于支持林草生态建设；国有林场数量整合为 4297 个，95.5% 的国有林场被定为公益性事业单位。根据美国国家航空航天局 2019 年监测结果，2000—2017 年全球绿色面积增加了 5%，其中中国绿色面积净增长和净增长率分别达 135.1 万 km^2 和 17.8%，均排名全球首位，绿色面积净增长面积占全球净增长总面积的 25%，相当于俄罗斯、美国和澳大利亚之和，并且植树造林占到了 42%。根据同期数据推算，退耕还林还草工程贡献了全球绿色净增长面积的 4% 以上。

开展大规模国土绿化行动，是党的十九大作出的重大战略决策，是建设生态文明和美丽中国的重要举措，是贯彻习近平生态文明思想的生动实践。2018 年 11 月，全国绿化委员会、国家林业和草原局印发《关于积极推进大规模国土绿化行动的意见》，提出要大面积增加生态资源总量，力争到 2020 年，生态环境总体改善，生态安全屏障基本形成；到 2035 年，美丽中国目标基本实现；到 2050 年，迈入林业发达国家行列。2020 年，全国完成造林 677 万 hm^2、森林抚育 837 万 hm^2、种草改良草原 283 万 hm^2、防沙治沙 209.6 万 hm^2，森林覆盖率达到 23.04%，人均公园绿地面积已经上升到 14.8 m^2。2021 年 6 月，国务院办公厅印发《关于科学绿化的指导意见》，提出统筹山水林田湖草沙系统治理，走科学、生态、节俭的绿化发展之路。以期通过科学绿化，逐步改善森林结构，不断提高森林生态系统质量、稳定性和碳汇能力，推动碳达峰碳中和战略目标的实现。

随着城市化进程的加快，屋顶绿化也成为城市建设的主要内容。从世界范围看，加拿大和丹麦，所有平屋顶的建筑都必须屋顶绿化，2017 年丹麦政府还出台了相关的补贴政策。2019 年美国人均公园绿地面积前三的城市是佐治亚州亚特兰大市（115.1m²）、得克萨斯州达拉斯市（80.8m²）和俄勒冈州波特兰市（79.5m²），其中屋顶绿化占了一定比例。截至 2020 年 10 月，世界有名的德国鲁尔重工业区植被覆盖率为 74%，其在城市核心区占比也高达 53%，屋顶绿化是其中的一项重要内容。我国也十分重视屋顶绿化工作，已经在广州、湛江等地成功推广了屋顶绿化技术和模式，取得了显著的经济和生态效益。

2. 草坪产业的发展历史与现状

草坪的产生、利用和研究有悠久的历史，世界的草坪利用和研究也因民族、地域不同而异。总体来说，草坪起源于天然放牧地，最初被用于庭院以美化环境。随着社会的进步，草坪伴随户外运动、娱乐地、休假地设施的发展而兴起，以至今天广泛地渗入人类生活，成为形成现代化社会不可分割的组成部分，使有关草坪生产的行业成为一门欣欣向荣的社会行业——草坪业。

草坪在 18 世纪开始出现在英国和法国。18 世纪有了从低草的翦股颖和羊茅收获草种子和不能用高草建立草坪的记录。第二次世界大战后，随着经济的发展和生产效率的提高，草坪上的户外运动和活动更加频繁，使诸如高尔夫球之类的运动得到流行和普及。因此，人类对草坪的利用过程，就是草坪历史的发展过程。特别是近几十年，欧洲发达国家非常重视草坪在现代景观建设、环境保护、环境美化中的作用。英国视草坪为园林景观的完美典型，公共绿地中草坪面积占总面积的 80% 以上。

从 20 世纪初到 40 年代，美国经济从生产性社会向消费性社会转移，美国文化与生活从强烈自制型向追逐休闲时光和拥有丰富商品的方向转移。这种转移可从很多方面反映出来，其中之一就是很多居民的房前屋后不再种植蔬菜或牧草，而是建植草坪。1937 年，美国农业部估计全美居民庭院草坪的花费每年达 1 亿美元，公墓草坪 1000 万美元，高尔夫球场和其他体育场地草坪 6500 万美元，机场、道路、堤坝草坪 1600 万美元。然而，由于受经济大萧条和战争的影响，以及总体经济还不是很发达等原因，到二次世界大战结束之前，美国草坪业仍然还是在徘徊中前进的。

第二次世界大战结束后，美国出现生育高峰，人口增幅较大，住房变得十分紧张。而这时美国的经济开始快速发展，人们的收入也大幅度增加。因此，美国的普通家庭希望拥有一套属于自己的住房的愿望就变得比以往更强烈，仅 1947—1964 年，全美平均每年建造这类带有庭园的私人住宅高达 120 万套。这些庭园在房子建成或出售后大多都铺上了草皮，为美国草坪的扩展和草坪业的腾飞提供了广阔的空间和巨大的市场。1960 年，美国拥有庭园草坪的住户达 3000 万户，平均每户的草坪面积约为 300m²，这还不包括庭园内的乔灌花草、路廊道边所占的面积；每户每年花费 150 小时时间和 200 美元在庭园草坪上，2020 年这一数值已经上升到 503 美元。

到 20 世纪下半叶，草坪遍及美国各地，成为美国各社会阶层的一道文化景观。1982 年，美国有 1.2 万个高尔夫球场，约有 1215 万 hm^2 的绿地，从业人员 50 万人，产值近 250 亿美元。1994 年，美国的草坪业产值增长至 450 亿美元。2000 年，据估计美国的草坪业已经成为美国的十大产业之一，年产值 500 多亿美元。2020 年美国草坪业产值已经达到约 990 亿美元。2000—2020 年，草坪业发达国家如美国主要草种进口总计 15.28 万 t，丹麦进口 2.03 万 t，而中国累计进口量已经高达 12 万 t。

1840 年鸦片战争后，世界列强纷纷涌入我国，同时将欧式草坪引入我国，在上海、广州、青岛、南京、武汉、成都、北京、天津等城市，发展了有限面积的草坪。1949 年，新中国成立后，上海等城市把旧中国的草坪改造为供居民休息、运动和儿童活动的场所，取得了一定的成效。1979 年后，草坪绿化倍受重视，中央领导多次指出"北京风沙大，要大种草坪。"中共中央、国务院 1984 年 3 月指出"社会主义现代化建设要有一个良好的生态环境，把生态系统的恶性循环变为良性循环，出路在于大力种草。"

改革开放后，特别是 20 世纪 80 年代后期以来，我国的草坪业得到了很大发展，并成为社会国民经济的增长点。2020 年全国草坪业年产值达 2000 亿元，从事草坪业的企业 5000 多家，其中年销售额在 500 万元以上的企业有 50 多家。可以说中国草坪业短短 20 年内走完了国外 100 多年走完的路，已具备了一定规模，形成了产业雏形，为产业的壮大奠定了坚实基础。自 80 年代至今的 20 多年时间里，我国草坪业得到了迅猛发展。随着我国改革开放政策的进一步深入，人们对环境质量要求日益提高，特别是党和政府对生态环境的重视程度已逐渐加强，对城市居住环境建设投入力度的不断加大，全国的草坪绿地面积迅速增加。而且这种态势还在增加，全国已涌现出了许多像大连、深圳、珠海、北京、上海似的绿化文明模范城市，从而进一步带动了全国的城市绿化建设的迅猛发展，也为正在崛起的草坪业提供了良好的发展契机。

2001 年，国务院召开全国城市绿化工作会议，并专门下发了《关于加强城市绿化建设的通知》，提升了草坪绿地在城市建设中的定位。2012 年，党的十八大报告提出建设美丽中国的目标，城市和新农村建设促使草坪需求旺盛。2017 年，党的十九大报告中提出统筹山水林田湖草系统治理，草坪和草业发展迎来了难得的机遇。2021 年，首届草坪业健康发展论坛在北京举行。国家林业和草原局草原管理司、生态保护修复司、科学技术司，北京林业大学，中国农业大学等高校和科研院所专家、学者、草坪生产经营企业代表等 200 余人参加论坛，与会人员围绕"推动草坪业健康发展，助力美丽中国建设"主题，进行了广泛交流和讨论，为中国草坪业规范、有序、健康和平稳发展提出了思路。

（七）林草融合生态产业发展过程

农林复合生态系统在全球广泛分布和应用，其思想的提出迄今已有 1300 余年的历史。在加拿大国际发展中心（IDRC）资助下，1977 年国际农林复合经营研究委员会（ICRAF）组建成立，标志着农林复合系统研究进入热潮。Nair（1991）将农林复合系统分为农林系统、林牧系统、农林牧系统和其他特殊系统。随着林草业的相互渗透及对生态环境综合治理的需要，林草复合经营已成为欧洲、北美、新西兰和澳大利亚等林草资源合理配置、林草畜有机结合的主要产业经济形式，发挥着重要的经济、生态和自然资源有效管理的功能。

新西兰于 20 世纪 60 年代末开展典型农林牧复合系统的实践，在用材林和防护兼用林带的林间草地放牧绵羊获取林牧双重收益，研究证明在林牧结合的试验场放牧牛羊，可使其体重明显增加、繁殖率提高。新西兰皇家农业研究所利用长叶车前草草地生态放养鸡，具有降低鸡肉脂肪的作用。美国加州大学 1989 年出版的《农林复合生态系统大全》中的农林牧复合系统、林草复合系统的思想理论体系、具体实践等对林草畜禽种养复合经营发挥了重要推动作用。澳大利亚将林草复合经营作为一项基本措施实现农林牧复合改良和培肥地力，在人工杨树林间草地可养牛 3 头/hm²，载畜量不低于一般人工草地。另据统计莫斯科放牧家畜饲料的 53% 是由林间草地提供的，在林间草地放牧，可使绵羊产羔率提高 30%，体重增加 20%，产毛量增加 10%。美国现有林间草地1.46 亿 hm²，其中私人林间草地 0.55 亿 hm²，可放牧利用的 0.12 亿 hm²，研究证明林地放牧还是营林的重要措施，其作用在于辅助整地、清除过多杂草、减少火灾和增加经济效益。美国俄勒冈州胡德谷林地和果园实施林草复合经营，如榛子树行间种植紫羊茅、梨园行间种植多年生黑麦草，获取果品生产、绿肥和观光休闲等的多重效益，成为林草融合发展的成功典范。

中国在原始农业时期，就已开始进行农林复合经营的探索和实践，在明朝就有林草间种的记载。1991 年黄宝龙和黄文丁在农林业系统分类中首次提出农林草业系统的概念，把林业和草业结合起来，将林草复合系统作为农林复合生态系统的重要组成部分。任继周院士（1989）强调草地在林间的分布有分散型、隙地型和大片型 3 种形式，林草结合对保持土壤肥力、防止火灾、提供饲料、促进幼树抚育、改善家畜及野生动物的生活环境等方面具有积极意义。

林草复合系统泛指由森林（或人工造林地）和草地在空间上有机结合形成的复合人工植被或经营方式。张雷一等（2014）将其进一步概括为它是由多年生木本植物（乔木、灌木、果木和竹类等）和草（牧草、药草和草本农作物等）在空间上有机结合形成的多物种、多层次、多时序和多产业的人工经营植被生态系统，其范畴包括林草间作，牧场防护林、饲料林、果树和经济林培育中的生草栽培等，兼具提高土地生产力、改善生态环境、保护生物多样性和高效利用自然资源等多种优势。据研究报道种草 3 年后，草地上马尾松年生长量为同期原林地对照组年生长量的 2.9 倍。在 20 年龄马尾松下建立人工草地放牧，2 年后草地上树木胸径比原生植被同龄树的胸径增加 6%~10%。湖南怀化的生态林地放牧牛羊，5 年内使小老树粗质增加 3 倍，树高增加 1 倍，可见林草结合相互促进、相得益彰。

近年来发展兴起的环境友好型林-草-禽复合生态种养模式是林、草、畜禽、地、气等自然资源和生产要素耦合的一种重要的循环农业发展模式。目前，在我国上海、北京、福建、陕西和湖北等进行了卓有成效的实践应用，并对林下经济发展、生态环境改善和乡村振兴战略实施发挥着重要作用。例如，林间单播白三叶草地轮牧放养铁脚麻鸡，放养模式下的料肉比为1.63∶1，舍饲模式下的为2.76∶1，减少了精饲料消耗40.91%。上海香樟林下单播苜蓿草地划区轮牧放养可显著提高肉鸡的屠宰性能，改善鸡肉品质，日增重显著高于清耕地放养组。北京平原造林地生态林下优质草地低密度生态放养鸡模式较传统林下裸露地散养，可提高或显著提高鸡的屠体性能和肉蛋品质，放养期节约精饲料量15%（孟林等，2016），还提出了基础日粮中添加林地草产品包括苜蓿草粉、菊苣鲜草草段的健康养殖北京油鸡的技术（Zheng et al.，2019a；2019b），在林草融合生态产业高质量发展中发挥了重要作用。

林草融合生态产业是新时代草原工作的一个鲜明特点，是以习近平新时代中国特色社会主义思想为指导，践行绿水青山就是金山银山理念，深化供给侧结构性改革，大力培育和合理利用林草资源，充分发挥森林和草原生态系统多种功能，促进资源可持续经营和产业高质量发展，有效增加优质林草产品供给，紧紧围绕林业、草原和国家公园"三位一体"融合发展的总体要求，着眼实现林草融合高质量发展，进一步加快推进我国草原生态保护修复工作。具体成就体现在以下几个方面：在经营方面，引导发展以林草产品生产加工企业为龙头、专业合作组织为纽带、林农和种草农户为基础的"企业+合作组织+农户"的林草产业经营模式，打造现代林草业生产经营主体。积极营造林草行业企业家健康成长环境；在机制方面，推动林草产权制度和经营管理制度创新，实施《建立市场化、多元化生态保护补偿机制行动计划》，创新森林和草原生态效益市场化补偿机制，优化林业贷款贴息、科技推广项目等投入机制，重点支持珍贵树种、木本油料、木本饲料、特种经济树种栽培、优质苗木、森林（草原）生态旅游、森林（草原）康养等领域；在资金方面，积极争取扩大林权抵押贷款规模，争取金融机构开发林业全周期信贷产品，推广林权按揭贷款，推动林草业经营收益权质押贷款和生态补偿收益权质押贷款；在市场方面，推广"互联网+"模式，建设林草产品电子商务体系，搭建电子商务平台，加强大数据应用，促进线上线下融合发展。大力推行订单生产，鼓励龙头企业与农民、专业合作组织建立长期稳定购销关系；在科技方面，加强用材林、经济林、林下经济、竹藤、花卉、特种养殖、牧草良种培育等关键技术研究，推广先进适用技术。集成创新木质非木质资源高效利用技术和草原资源高效利用技术，在质量控制方面，健全林草产品标准体系和质量管理体系，完善林草产品质量评价制度和追溯制度，加快推进标准化生产，大力推进产地标识管理、产地条形码制度。培育创建一批林草产品质量提升示范区；在国际合作方面，实施林草产品引进来和走出去战略，鼓励和引导企业建立海外林草资源培育基地和林草投资合作示范园区。

三、草原生态产业的战略意义

（一）生态草牧业战略意义

大力发展草牧业，推进草畜产业化、规模化和市场化，满足食物供需和营养均衡的需求，是推进我国农业供给侧结构性改革的重要内容。草牧业发展可有效解决草畜"两张皮"或草畜失衡的矛盾，大大减少草畜产品在生产过程中的风险，并拓宽产品生产发展空间，通过种草带动制草和养畜，在提高牛、羊肉等草食畜产品的产量以满足居民膳食消费需求的基础上，形成新的产业经济增长点。在草原区大力发展草牧业，是草原生态环境保护和生态文明建设的重要举措，可全面推进草牧业生态、生产、生活协同发展，巩固脱贫攻坚成果，助力乡村产业振兴。

（二）生态草种业战略意义

退牧还草、天然草原改良、草原生态保护补助奖励机制等草地建设工程相继开展，对于种子生产技术和产量水平要求更高。同时，随着人工种草规模增长和饲草新品种推广的需求，种子也由野外收集转向专业化生产。党和国家提出"山水林田湖草沙生命共同体"理念，草原的生态功能受到更多的关注，草原生态治理也是各级政府部门的长期任务。我国牧草种子平均产量为 $320\sim400kg/hm^2$，与草地畜牧业发达国家相比存在很大的差距，无论数量和质量都不能满足我国草业发展和草原生态环境建设对种子的需求。草种业是国家战略性、基础性核心产业，是现代农林产业体系的重要组成部分。对于提升我国草业核心竞争力，维护国家生态安全、食物安全，促进林草业高质量发展具有重要意义。

（三）草原药用植物产业战略意义

自然资源尤其是植物资源是支撑人类社会发展的重要因素。世界上约有 40 万种植物资源，其中可直接利用的占 75%，植物资源中药用植物的需求量仅次于可食用的植物资源量。近年来，我国政府越来越重视草原药用植物产业的发展，将发展中医药产业上升到发展民族产业和文化的高度，将药用植物产业的发展列入国家政策重点扶持项目之一，在全国各地都给予了药用植物产业发展足够的配套政策支持和基础设施的建设支持条件，如在全国各地建立多个中药材规范化药用植物种植基地，实现了我国草原药用植物的规范化生产体系。长久以来，我国人民都有利用丰富的草原药用植物资源进行治疗和预防疾病的实践，并随着经济的发展和草原药用植物的大力开发利用，草原药用植物在制药行业、美容业、保健食品、饲料添加剂和天然色素调味剂等行业得到广泛应用，并因其疗效显著而成本较低的特点，草原药用植物产业不仅显著推动了我国的经济发展，还在维护社会稳定和满足人们需求方面起到极大积极作用。

(四)草原生态文化产业战略意义

我国草原生态文化主要起源于边疆地区，这些地区不仅在自然景观方面有天然优势，还是民族文化的聚集地，产生并发展了灿烂辉煌的草原文化，是中华民族悠久历史和深厚文化底蕴的重要组成部分。发展和壮大草原生态文化产业，是传承和发展中华文明的重要途径。人们对物质生活的追求到达一定程度，就会注重精神生活的追求，而草原生态文化以其自然、淳朴、绿色、生态的特点，有益人类身心，并在人们悠闲娱乐和心灵慰藉方面有着广阔的发展前景，所以草原生态文化产业的发展成为满足人们精神需求的必然趋势。特别是党的十八大以来，我国各地积极响应国家提高文化软实力的号召，草原生态文化产业得到了快速的发展。在草原资源丰富的地区，草原生态文化的快速发展，大大带动了当地的经济发展，人民的生活水平得到进一步提高，为边疆的稳定和人们精神的富足做出了巨大贡献。建设草原文化，发展草原文化生态产业，是国家调整产业结构、发展绿色产业的战略需要，也是全社会共识，这为打造草原生态文化产业链提供了良好的条件。

(五)草原碳汇产业战略意义

我国草原碳汇潜力巨大，发展草原产业可以为实现草原生态价值提供新的市场途径，并有效地推进中国草原生态产品货币化和草原生态补偿制度的建设，有助于我国生态文明建设和乡村振兴策略的顺利实施，促使草原生产生活方式的转变。我国在2030年实现碳达峰、2060年实现碳中和(双碳)目标中面临较大压力，仅节能减排、碳排放权交易等措施难以实现双碳目标。森林虽然碳汇能力较大，但是我国植树造林工作已覆盖绝大多数荒山荒地，新增森林碳汇潜力有限，而且有些区域不适宜造林，适宜种草；另外，我国90%的草原存在不同程度的退化，碳基线较低。因此，修复并挖掘我国草原的碳汇潜力，维持其碳汇的可持续性是我国履约国际承诺、打造碳汇新经济的重要载体。当前，我国工业企业主要坐落于东南沿海发达地区，面临减排压力较大，成本较高。可以通过北方和西部草原碳汇交易，给东部碳排放大户提供更低成本地完成减排任务的路径和方式，全国各地可发挥各自优势，实现宜草则草、宜工则工的布局，使得我国全社会的资源配置效率得以提高，有利于活跃不同区域经济。

(六)国土绿化及草坪产业战略意义

国土绿化是生态文明建设的重要基础，是实现可持续发展的重要基石。虽然近年来国土绿化成效显著，但总体上我国仍属于生态资源总量不足、质量不高、功能不强、生态脆弱的国家。科学推进国土绿化是贯彻新发展理念、建设美丽中国的必然要求，是实现碳达峰和碳中和目标的战略选择。国内外国土绿化先进经验证明，推进城市绿化和发展草坪业，是提高地被覆盖率、实现黄土不露天的根本途径。2020 年，我国常住人口城镇化率达 63.89%。城市快速发展的同时带来了大量气候和环境问题，国土绿化是环节城市化产生的环境挑战最佳途径之一。在绿化过程中，人们已逐步认识到草坪的重要性，草坪绿化已成为衡量一个国家或城市文明与发达程度的重要标志之一。而要认真践行习近平生态文明思想，推进国土绿化事业，就必须保证城市绿化可持续发展，将草坪产业作为一个重要产业来抓。

（七）林草融合生态产业战略意义

我国是一个林业和草原资源大国，林和草都是国家重要自然资源，也是国家生态安全的重要保障体系，具有重要生态、经济和社会功能。据第三次全国国土调查数据公报，我国现有林地 28412.59 万 hm^2，园地 2017.16 万 hm^2，但大面积的林地和园地的林下土地资源利用并不充分，也不尽合理，林草结合不够紧密，并有日趋严重的林下土壤环境恶化及经济产出不足等生产生态问题。发展林草融合生态产业模式是提高林下土地利用率和生产效率的客观需要，是实现乡村振兴和兴绿富民的重要战略措施。林草融合、统筹考虑、同步推进，对国家山水林田湖草沙系统治理、乡村振兴、美丽中国和生态文明建设具有重要战略意义，而且林草融合生态产业的规模、水平和效益是现代林草业高质量融合发展的动力，也是满足国家生态环境建设和种植业结构调整的重要保障，凸显了"绿水青山就是金山银山"的思想精髓。

四、草原生态产业成就与问题

（一）生态草牧业发展成就与问题

1. 主要成就

近些年来，国家出台了一系列有利政策促使草牧业发展，在草原牧区草牧业、农区草牧业、农牧交错带草牧业、南方山地草牧业、盐碱地生态草牧业等方面均取得一定的成就（侯向阳等，2018）。

（1）草原牧区草牧业

在国家政策扶持及市场需求的驱动下，我国的苜蓿种植面积和产量明显增加。2013 年，就苜蓿供应而言，市场上流通的苜蓿国内与国外各占一半，但我国生产的80% 苜蓿干草质量为一级以下，因此优质苜蓿仍然依靠进口。但是，北方地区形成了以苜蓿为代表的草畜产品持续发展局面。此外，2015 年以来，方精云团队与内蒙古呼伦贝尔农星集团合作，共同推进呼伦贝尔生态草牧业示范区建设，近些年已取得明显的经济和生态效益。例如，成功引进饲草、粮油和经济作物品种，构建了人工草地新型栽培模式及集成了天然草地恢复技术等。另外，为更加有效地践行草牧业的发展理念，打造饲草种植-草畜产品加工-粪污资源化利用为一体的草畜牧产业协调、可持续发展的循环产业链。

（2）农区草牧业

改革开放以来，我国居民的膳食结构发生了巨大变化，典型的特征是粮食等主食消耗逐渐减少，而饲料用粮相反。然而，目前我国的种植业仍然以"粮-经"二元结构为主导。因此，为彻底解决我国人畜争粮的问题，确保饲料安全供给，国家加大了对农区草牧业的扶持力度。农区草牧业是促进"粮-经-饲"三元种植结构协调发展的重要组成部分，充分考虑了我国食物消费结构的变化，其支持加大青贮玉米和苜蓿等相关饲草料的种植面积，开展"粮改饲"和"种养结合"模式试点和示范基地等。

南方地区的冬闲田地势平坦、土壤肥沃，是牧草生产的宝贵土地资源，具有巨大的生产潜力。经过多年实践，南方地区逐渐探索出了"稻-稻-绿肥（如紫云英等）"种植模式，可充分利用冬闲田。据不完全统计，2011 年全国各省份农闲田面积约为 $9.97 \times 10^6 hm^2$，而用于种植饲草料的农闲田面积仅占 8.72%。广东和四川等地区的实践表明，黑麦草的干物质产量在水稻收割完后达 15t/hm^2，相当于饲料粮的 1t/hm^2。农区的畜牧业发展也促进了农区的草业发展。例如，以前农区畜牧业尤其是奶牛羊饲养，一直遵循"秸秆+青贮+精料"的饲养模式，但随着国家政策扶持和市场需要，近年来，关于饲草料在提高家畜生产效率和经济效益作用的方面逐渐得到认可，因此农区的畜牧业正向"优质牧草+全株玉米+少量精料"的全新模式转变。此外，中、低产田由于各种因素的影响，导致其作物产量低且不稳定，生产潜力不高。牧草种植具有明显改善土壤理化性质、涵养水分、提高土壤肥力和减少病虫害等优点。因此在中低产田开展草-田轮作，尤其是作物和豆科牧草如紫花苜蓿等轮作，在能提高单位耕地面积的土地生产力、改良土壤肥力的同时，对维护生态系统健康和提升生态系统服务功能也具有重要作用。河北黄骅（盐碱地）、河南郑州（黄河滩地）以及甘肃定西等地通过种植苜蓿实现了生产和生态效益双提升；四川洪雅、山西朔州等地通过在中低产田种草养畜，显著增加了单位面积的经济效益。

（3）农牧交错带草牧业

农牧交错带又被称为半农半牧区或生态交错带，是遏制土壤沙化和沙化东移或南下的生态屏障。大量研究发现，退耕还草后，于北方农牧交错带种植牧草能明显改良土壤物理性质，如提高土壤有机碳和全氮的含量等，减少水土流失。因此，农牧交错带对我国农牧业生产和改善生态环境改善具有重要意义。2017 年 11 月，农业部发布《关于北方农牧交错带农业结构调整的指导意见》。十九大报告中指出"建设生态文明是中华民族永续发展的千年大计。"2020 年，《中共中央、国务院关于新时代推进西部大开发形成新格局的指导意见》中提出："要进一步加大退耕还林还草工程的实施力度。"

2021 年《中共中央、国务院关于全面推进乡村振兴加快农业农村现代化的意见》(中央一号文件)明确指出,"一般耕地主要用于粮油、蔬菜等农产品及饲草饲料生产."基于"生态优先、绿色发展"的新要求,北方农牧交错带需要调整种植结构,耦合发展农牧,同时兼顾生态效益和经济效益。出台的一系列国家相关指导意见,为北方农牧交错带的农业结构调整和进一步转型发展提供了坚定的政府支持。

方精云团队提出以"以小保大原理"为基础,重点关注了草地的生产功能和生态功能的协调发展。通过集成小面积的水热条件优良的人工草地,发挥其生产功能,充分保障饲草料供应以满足畜牧业发展。对大部分天然草地而言,坚持基本草原保护制度,采用禁牧休牧和划区轮牧等方式,推进草原改良和人工种草进程,且积极保护、加快恢复和适度利用等方式能明显提升生态功能。总之,通过人工草地的成功建植,不仅提供了优质牧草的供应,也促进了天然草地的生态可持续发展。北方农牧交错带是基于"以小保大"原理发展生态草牧业的重要区域,通过大力发展草食畜牧业,统筹规划青贮和优质牧草种植,实现草畜平衡、循环利用和均衡发展。

(4)南方山地草牧业

南方地区山地草地资源丰富,同时具有优良的气候条件、区位优势和扎实的畜牧业基础,因此发展草牧业大有可为。以贵州山地为例,贵州山地自然资源优势明显,野生牧草种质资源丰富。同时优越的气候条件也为大多数优良牧草生长提供了良好生存环境,人工草地产草量高。因饲草供应均衡,贵州喀斯特山区草地能实现全年放牧,有助于畜禽的良好生长繁衍。此外,近年来,国家和地方实施了一系列针对贵州草地生态草畜牧业发展的利好政策。例如,2014—2018 年,我国启动了南方现代草地生态畜牧业推进行动计划,同时广大农牧民也逐渐接受"种草养畜"的新理念,草山草坡改良和草食家畜饲养模式也逐渐形成并完善,这造就了成片草场的规模示范基地以及广大范围的小面积种草养畜交织并存的良好格局,为加快推进现代草牧业发展和生态建设的协调发展具有重要意义。据统计,贵州 2019 年的畜牧业产值比 2010 年增加525.42 亿元,且贵州的山地草原生态畜牧业持续稳定增加,已逐渐成为农牧民增收的重要途径和农村经济的支柱产业。

(5)边际土地生态草牧业

我国盐碱地面积约为 $9.91 \times 10^7 hm^2$,大部分盐碱地因无法从事作物生产而沦为撂荒地。以我国环渤海地区为例,该地区的土壤盐渍化严重,土地生产力薄弱,而"滨海草带"盐碱地生态草牧业发展模式的构建,能有效缓解绿色发展和传统农业产业之间的矛盾,且解决当前环渤海地区盐碱地资源化利用的问题。其主要以滨海脆弱带绿色发展、资源合理配置与产业升级为目标,由近海至内陆建设了高盐草带、中盐草带、低盐草带,并通过耐盐牧草和植物品种,集成科学种植新技术、畜牧健康养殖和废弃物循环利用等技术,开展环渤海盐碱地区域牧草种植的结构优化和生态种养循环模式研究与示范,从而实现经济、生态和社会效益三者统一。例如,中国科学院武汉植物园于薰河三角洲盐碱地区域开展规模化草田轮作-奶牛养殖的种养循环模式基地建设及技术示范。中国科学院地理科学与资源研究所在农区盐碱地集成了饲草种植评价、优质肉羊品种引入和高效养殖，以及废弃物循环利用技术，建设了"草-牧-园"高产优质种养循环模式示范基地。此外，中国科学院植物研究所针对黄河三角洲的土地资源和环境条件，根据资源高效利用、生态环境友好和经济效益显著的目标，开展了一系列草牧业研究基地建设和产业模式研究，如特色牧草种质资源收集、评价和选育，林草间作生产模式，根据当地草畜结构开展"草-粮-牛"和"草-牧-园"种养模式的示范及推广。中国农业科学院等单位在环渤海地区通过"滨海草带"盐碱地生态草牧业发展模式，提高饲草产量的同时，有效地改良土壤，保持水土生产和生态功能，发挥了巨大的社会经济和生态效益。

2. 存在问题

(1) 缺乏现代草牧业技术集成体系

我国牧草产品品种和结构单一，牧草种植和收获机械化水平低，牧草机械制造企业的产品质量不稳定，严重依赖进口，而高昂的进口价格也限制了草畜产品的机械化生产程度，也阻碍了企业的持续投资能力。同时由于我国牧草种植区和牲畜主产区地域不平衡，草畜耦合性差，产业一体化程度低，加上种植区域的气候变化差异较大，大大影响了我国草畜产品规模化生产的合理布局。此外，我国大部分地区仍采用传统的"草垄晾晒技术"，生产加工方式较落后，系统转化效率低；各地青贮过程中乳酸菌添加剂没得到广泛普及，仍基本以自然发酵为主。且饲草加工调配、畜产品冷链运输、互联网营销等相关技术严重滞后，规模化和标准化程度低。再者草牧业种养结合不紧密，三产融合不深入，尚未形成因地制宜的草牧业发展模式和生产经营模式。

(2) 缺乏优质草畜品种

我国草牧业发展缺乏集约化、规模化的草畜良种繁育基地。目前我国大多数牧草种子依赖进口，牧草种质资源有待大力挖掘。在牧草品种选育过程中易忽视种子产量而侧重营养体产量和生态性能；种子生产技术的可操作性不强，登记品种在生产中的利用率低；种子田的基础设施和土地条件未达到生产要求；牧草种子经营模式单调，市场机制发挥不充分。其次，我国草牧业发展所需的牛、羊等草食家畜品种特而不优、良种繁育技术滞后，养殖水平落后且因草畜转化效率低而增加了饲养成本，降低了整体收益。再者，我国畜牧产业提质增效的先进、成熟技术的优化配置及应用不足，畜牧业生产应用的牲畜大多数为国外品种，优质种牛精液和胚胎均依赖国外进口，且牲畜品种的数量和性能均与国际水平存在较大差距。此外，我国草畜产品安全也成为制约草畜牧业产业发展的重要因素。

(3) 优质人工草地规模偏小

我国草原牧区大部分位于干旱和半干旱地区，降水量年际波动较大且降雨的季节性分配和牧草生长的需水规律不同步，我国约90%以上的草地处于不同程度的退化状态，由此导致天然草地产量低、品质差，生产上难以达到"以草定畜、草畜平衡"的目标，同时天然草地的生态服务功能下降。我国天然草地缺乏有效的管理模式，放牧管理技术相对落后；天然草地恢复的目标不具化，同时缺乏具突破性、可行性的恢复技术体系。受苜蓿收获贮藏技术的限制，我国 80% 以上的苜蓿产品质量为一级以下，而美国 70% 以上为一级品苜蓿。

（4）产业生产效率和生态效益低

我国苜蓿的市场价格仅为美国进口苜蓿的 60% 左右，苜蓿的质量和产量均较低。优质饲草料供应不足，且目前草食畜牧生产质量监督、检测和管控机制不健全，导致国产肉奶产品的质量难以保障，严重限制了我国草牧业及产品的市场竞争力。此外，草牧业产业上下游衔接不紧密，种植、养殖、加工、销售、服务等各环节融合不深入，产业整体生产效率和生态效益低。

（5）抵抗风险能力差

在草牧业生产中，由于经费安排不充足、监测预警不准确、预防控制不周密等原因，导致应急防治工作延滞，损失巨大。以呼伦贝尔为例，干旱是当地草原最常见的灾害，重要的是干旱发生的时间与牧草生长和牲畜放牧的时间有一定的重合性，因此将对草原造成严重伤害，但由于畜牧业设施设备滞后，基础设施薄弱，又缺乏有效的防灾减灾措施。再者，政府在灾难预警方面的监管及宣传力度较小，也缺乏科学的应对机制、手段和行之有效的现代新技术，因此牧民抵抗天灾（冻灾和旱灾）的能力较差。此外，牧民对草原管理的认知不完善，而只有掌握从地理环境、草畜种养、加工到市场销售、流通的完整流程，才能更好地使物质流优化运行且进一步提高产品质量，才能促使经济效益和生态效益最大化。

（二）生态草种业发展成就与问题

1. 主要成就

（1）牧草种子生产基地的建设不断加强

1983 年起甘肃省先后建设紫花苜蓿、白花草木樨、红豆草、沙打旺、红三叶、老芒麦等草籽繁殖基地。此外，贵州省也开始了牧草种子的引种、评价、推广利用和生产工作。1983 年贵州与新西兰合作建立了贵州独山牧草种籽繁殖场，以多年生黑麦草、多花黑麦草、红三叶、白三叶、鸭茅等种子生产为主，成为牧草种子专业化生产的新标志。海南省成为圭亚那柱花草、棕籽雀稗、糖蜜草、卡松古拉狗尾草等热带牧草的主要生产区。随着我国牧草种子生产规模持续稳定增长，生产种子量明显增加。1989 年全国有兼用牧草种子田 33 万 hm^2，种子年产量为 2.5 万 t。进入 21 世纪后，种子生产基地的建设备受关注，到 2019 年全国草种子田总面积 9.3 万 hm^2，集中在甘肃、青海、内蒙古、四川等地，为种子规模化生产奠定了重要基础。经过多年实施，2020 年，实现了牧草种子田面积稳定在 145 万亩（9.7 万 hm^2）、优质牧草良种繁育基地达 35 处的目标。

(2)牧草种子生产技术研究与应用更加深入

自 20 世纪 80 年代起,我国学者针对沙打旺、红豆草、红三叶、白三叶、紫花苜蓿、多年生黑麦草、多花黑麦草等牧草开展了施肥、灌溉等综合管理技术研究,了解牧草的开花习性和种子成熟特点,通过田间管理措施提高种子的产量。虽然种子生产技术的研究逐渐增多,但围绕牧草单株种子产量的提升,仅仅局限于小区试验研究,无法代表大田制种时牧草群体的种子产量水平。同时,草田和种子田兼用现象的普遍存在,也在很大程度上限制了种子生产技术的应用和大田种子单产水平的提高。到了 90 年代的后期,许多种子生产技术的研究方向明显改变,高羊茅、草地早熟禾、多年生黑麦草、结缕草、紫羊茅等草坪草种子生产技术研究成为热点。同时,在技术环节方面也围绕无芒雀麦、紫花苜蓿、老芒麦、俯仰臂形草、苏丹草、多花黑麦草等牧草大田种子生产所需的播种、施肥、灌溉等系列管理措施开展集中研究。牧草种子生产技术的系统研究对于种子生产企业管理技术水平的提高和种子单产水平的增加发挥了重要作用。

(3)初步形成专业化牧草种子生产区域

我国南北跨越 30 余个纬度,具有多样的气候类型和复杂的地形地势,为各种草种子生产创造条件。但牧草在其生殖生长阶段(开花、授粉和结实)需要适宜的温度、光照和降水等气候条件,才有利于结实和种子产量的提高。同一种牧草在我国不同区域的种子产量组分及产量差异较大。研究表明,甘肃酒泉的无芒雀麦有较高的小穗数、小花数以及种子数,并且种子产量远远高于其他区域。同样,甘肃河西走廊地区的紫花苜蓿种子产量高于甘肃其他地区,并远高于辽宁省;宁夏黄灌区的多年生黑麦草种子产量是辽宁大连的近 6 倍,并且高于贵州和云南。甘肃、内蒙古、四川、青海、新疆等省份是我国牧草种子生产的理想区域,光热充足、日照时数长、气候干燥少雨,并且拥有节水灌溉技术,非常有利于温带牧草的种子生产。因此,针对不同地域不同牧草开展种子生产技术的系统研究,从资源环境到种子发育,形成种子高产稳产的配套技术体系,充分发挥气候资源和品种遗传的优势。我国新疆大部分地区、河西走廊、黄河的河套地区也适于温带牧草种子的生产,只要满足了灌溉条件,有潜力发展成为我国温带牧草与草坪草种子的集中生产区,而海南省可以作为我国部分热带牧草与草坪草种子的重要生产基地,我国西部地区专业化牧草种子生产带也初步形成。

(4)制定现代种业提升工程建设规划

2021 年 8 月,国家发展改革委、农业农村部联合印发《"十四五"现代种业提升工程建设规划》(以下简称《规划》),对"十四五"我国种业基础设施建设布局的总体思路、现代种业提升工程草种项目的实施,主要通过建设种质资源中期库、种质资源圃,提升牧草种质资源保护利用能力;建设牧草育种创新基地,提升牧草育种创新能力;建设牧草区域性品种试验站,提升牧草品种审定科学化水平;建设牧草良种繁育基地,提升牧草良种生产和供应能力。安排中央财政资金支持各地建设牧草良种繁育基地、草种"育-繁-推"一体化项目和优质高产首蓿示范基地，提高优良草种的供给能力。建设一批规模化、机械化、标准化、集约化、信息化的种子(苗)生产基地，提高良种生产和供应能力，提升种子产地加工水平和仓储能力。

2. 存在问题

（1）缺乏种子生产规划和科学布局

我国植物种类丰富、气候资源条件差异明显，适宜牧草生长的环境并非就是最佳的种子生产地区。多年的牧草种子生产基地建设实践证明，需要针对不同牧草种类、各地气候资源研究制订适宜专业化种子生产的区域规划，明确符合规模化、专业化种子生产的地域，打造牧草种子专业化生产优势产区，从根本上解决牧草种子产量低的局限。

在牧草开花期和种子发育期间经常遇到降雨时，不仅降低结实率，而且延迟种子成熟，导致种子减产，且年际间产量变化剧烈，严重影响种子企业的持续生产和市场稳定。牧草种子生产技术研究和实践表明，在种子发育期间气候干燥、晴朗天气条件适宜于进行种子生产，同时应具有灌溉条件。因此，针对不同地域不同牧草品种的种子生产，建立种子高产稳产的配套技术体系，需要充分发挥气候资源和品种遗传的优势，合理规划和科学布局，建设我国西部地区专业化牧草种子生产带，打造我国西部"草种之都"。

（2）种子生产认证等质量控制和监督管理制度不完善

尽管种子是新品种知识产权、商业价值和产品效益的综合体现，市场营销受到更多的关注，但常常忽视了作为种业基础的种子生产环节。多年生的牧草与一年生作物不同，多数是多倍体的杂交种，遗传变异性更加明显，选育新品种的真实性鉴定与评价存在很大难度。尤其是在市场流通过程中缺少新品种的真实性评价，将导致市场优质不优价，严重影响种子生产企业的积极性，必然会降低流通中的种子质量。按照种子生产认证管理的要求，重点控制种子生产、加工、贮藏等环节，对产前、产中、产后过程的严格监督就能达到保证种子纯度和种子质量的目的。保证了所生产种子的真实性，也就保护了育种家的权利，确保了种子经营者和使用者的权益，延长了培育新品种的使用年限。种子市场监管与生产息息相关，市场监管薄弱将助长价格竞争，种子质量更趋于低劣。通过种子认证制度的建设与完善，制订种子生产加工技术标准，将为管理部门的科学规范监管提供依据。

（3）种子生产与加工的机械化水平低

我国草种加工机械还处于研发初级阶段，种子收获加工机械类型少。成熟种子在收获时，要求在短时间内进行集中作业，否则延迟收获可导致成熟种子的落粒损失严重，若遇雨则影响种子的质量。因此，种子收获的机械化体现了企业的生产水平和经济实力。到 2020 年，国内已经研制并生产了草籽采集、收获的机械设备，但多以禾草种子收获的中小型设备为主，最大工作幅宽 3m，收获效率低。苜蓿种子的收获机械主要是通过改装农作物联合收获机来完成。国产牧草种子收获机械类型较少，通用性较差降低了机具的使用效率，同时增加了使用成本。种子加工机械则直接关系种子的品质和价格，但缺乏能够提高种子科技附加值的种子包衣、菌根接种等技术，品牌优势不明显。由于机械投入高，没有专业配套的机械，使得我国草种生产机械化、规模化、集约化、标准化程度低，造成生产成本高、种子质量无保证，市场竞争力不足。

(4) 优良品种商品化程度低

近 40 年来，我国的牧草新品种育种工作有了长足的进步，为草业的发展打下良好基础。但草品种选育单位多以科研院所和高等院校为主，企业很少开展育种工作。在审定登记的 196 个育成品种中只有'绿帝 1 号'沙打旺、'邦德 1 号'杂交狼尾草、'赤草 1 号'杂花苜蓿、'彩云多变'小冠花、'甘农 7 号'紫花苜蓿、'沃苜 1 号'紫花苜蓿品种以企业为第一申报单位，仅占育成品种比例的 3.1%。同时，培育的牧草品种少，形成规模化种子生产的品种更少，不仅无法体现新品种的商业价值，而且远远不能满足草业生产需要。因此，在我国育种工作中，如何发挥育种企业的主体作用，提高草种的商品化程度，是推动新品种数量增长的重要条件，也是满足市场要求和推动草种业现代化的重要基础。

(5) 专业化种子生产技术不成熟

参照草种业发达国家经验，完善的草种子产业体系包括品种的研发、种子扩繁、收获、加工、销售服务等，每个环节都需要有公司的参与，才能使得科研与生产实际结合紧密，成果转化迅速，产业链条完整，利益联结机制完善。我国虽然有很多的草种子企业，但涉及牧草育种、种子生产的企业则屈指可数。我国草种子生产技术的系统研究始于 20 世纪 90 年代，主要集中在苜蓿、老芒麦、无芒雀麦、新麦草、羊草、多花黑麦草、高羊茅等牧草，围绕播种行距、施肥、灌溉、植物生长调节剂等技术环节开展了大量研究工作，在田间管理提高种子产量方面为生产实践提供了技术依据和参考经验。但在专业化种子生产当中，需要从土地的选择到种子收获加工一系列配套技术，才能保障种子的高产和稳产。因此，小区试验研究的单项技术，无法满足专业化种子生产的配套技术体系要求，企业在种子生产实践中需要付出时间和经济的代价来积累大量经验，才能提高种子专业化生产水平，这严重制约草种业的快速发展。另外，种子扩繁的专业化生产也要求很高的机械化水平。从播种、病虫杂草防治、施肥、灌溉、收获、清选、加工、贮运等各环节都需要相应的配套机械，尤其是收获机械对于种子产量和质量的影响更大。对于收获机械等设备的特殊要求和熟练掌握，也是专业化种子生产的重要环节。

(6) 缺乏种子专业科技人才

目前，在我国草学专业人才培养体系，即在学科建设和专业设置当中，草种子科学与技术方面的课程设置缺乏系统性和针对性，导致学生的专业技能不强。由于草种子扩繁对于气候土壤、种植生产技术、田间管理技术、收获加工等都有特殊要求，因此在各生产技术环节都与牧草生产截然不同，需要种业专门人才服务于田间生产和企业的专业化管理。受种子生产的专业性和特殊性影响，草种业呈现出对人才要求的专门特点，表现在技术水平和专业程度都具有较高能力的人员才能胜任。种业人才队伍培养将为扩大草种业从业人员的规模奠定基础，不仅可以促进草业科技人才的规模增长，也可以扩大管理人才、经营人才、技工人才的规模。只有科研人才、管理人才、经营人才和技工人才的合理组织才能促进草种业的持续发展。

(三)草原药用植物产业发展成就与问题

1. 主要成就

(1)野生药用植物资源调查取得显著进展

中药是我国中医药事业发展的重要战略物资，是中医药产业发展和中医药事业存亡的基础。开展中药资源普查工作，摸清我国中药材资源，使其得到更好的保护、开发和可持续利用，可以为我国乃至世界的中医药产业、医疗保健服务业、食品和其他工业产业部门提供源源不断的原材料。我国先后在 20 世纪 60~80 年代的 30 年间，开展了 3 次全国范围内的中药资源普查。从 2011 年开始，国家中医药管理局陆续组织开展了以县域为基本单位的全国范围的中药资源调查工作。2018 年 6 月，全面启动实施第四次全国中药资源普查工作。截至 2020 年 1 月，中药资源调查工作共涵盖全国 31 个省近 2800 个县，汇总了 13000 多种野生药用资源的种类和分布等信息，其中包含我国药用植物特有种 3150 种，且西南地区最为丰富。发现新物种约 100 种，其中 60% 以上的物种具有潜在的药用价值。

(2)药用植物人工种植面积大幅提高

长期以来，我国的中药材原材料主要依靠野生资源，大多通过散户野外采集的供应方式，在数量和质量上都达不到市场需求。随着科技的快速进步和医药及相关工业的迅速发展，要为生产天然药物、现代中药、中药保健食品和美容化妆品提供标准化的原料药材，必须建立中药材基地，通过人工种植药用植物来缓解中药资源供需矛盾的问题。

改革开放以前，能够人工栽培的中药材仅有 150 多种，到 2017 年年底，我国人工栽培的药用植物已有 746 种。50 多种濒危野生中药材实现了人工生产，甘草、金银花、黄芪等常用大宗药用植物品种的人工栽培已成规模，人工种植已经成为中药材供应的主要方式，为我国提供了大量的优质道地药材。我国药用植物总产量的大幅提高，不仅可以满足国内的需求，还有一定的散量可以出口。

据调查统计，2017 年我国药用植物总种植面积约 7000 万亩，其中云南和山东两省的种植面积达到 750 万亩。全国中药材年产量达 1850 万 t，其中山东省年产量达 350 万 t。而到 2020 年，全国中药材种植面积相比 10 年前的 1000 万亩左右，已经翻了三番。

（3）中药材生产服务体系已具备一定规模

2017 年，中药材产业技术体系首次被农业农村部列入"十三五"现代农业产业技术体系建设中，该体系包括 1 个国家中药材产业技术研发中心、6 个功能研究室、27 个综合试验站。翌年，中药材专家指导组（由 22 名专家组成）正式成立，旨在为我国中药材种植生产进行指导。

2018 年正式启动实施的第四次全国中药资源普查工作，在全国 31 个省份建设了由 1 个中心平台、28 个省级中药原料质量监测技术服务中心、66 个县级监测站组成的中药资源动态监测信息和技术服务体系，实时掌握我国中药材的产量、流通量、价格和质量等信息。在 20 个省份建设了 28 个中药材种子种苗繁育主基地和 180 个子基地，重点开展 120 种中药材种子种苗繁育工作。这些体系的建设和逐步完善，为我国药用植物产业等相关先进技术的转化和推广应用提供了保障，大大提高了我国药用植物基地建设的整体水平，促进了我国药用植物产业的发展。

（4）相关政策法规逐步完善

党和国家都非常重视我国中药材产业的保护和可持续发展。2015 年 4 月，首次由工业和信息部、中医药管理局、发展改革委等 11 部委联合制定《中药材保护和发展规划（2015—2020）》，明确完善相关法律法规制度、完善中药材价格形成机制、加强行业监管工作、加大财政金融扶持力度、加快专业人才培养、发挥行业组织作用、营造良好国际环境和加强规划组织实施等保障措施，完成 5 年规划目标。2016 年 12 月 25 日，全国人民代表大会常务委员会通过了《中华人民共和国中医药法》，并于 2017 年 1 月 1 日起正式实施。《中华人民共和国中医药法》明确鼓励发展中药材规范化种植和扶持中药材生产基地建设。同时，《中医药发展战略规划纲要（2016—2030 年）》《中医药发展"十三五"规划》《中医药"一带一路"发展规划（2016—2020 年）》《中药材产业扶贫行动计划（2017—2020 年）》《全国道地药材生产基地建设规划（2018—2025 年）》《关于促进中医药传承创新发展的意见》等中医药发展领域的规划和相关发展意见相继出台，从政策层面保障和推进我国中药材产业健康快速发展。

（5）中药材生产走向道地化良种化

随着中医药产业的快速发展，对中药材的数量，尤其质量的要求也越来越高。以科技创新为基础，使中药材生产向产地道地化、种植生态化、发展集约化、开发多样化、管理制度化和研究基础化发展，在全国建成一批有规模、有品质、有效益的中药材生产基地，从源头保证中药材品质，保证中药材产业的健康有序发展（李佳霖，2018）。

道地药材是衡量药材质量的关键标准，是公认的质量优、药效佳的中药材的别称，是指经过中医临床长期应用优选出来的，产在特定地域，与其他地区所产同种中药材相比，品质和疗效更好，且质量稳定的药材。历史上道地药材多数来源于野生资源，区域特征明显，数量有限，但是随着科学技术的进步和人类对中药材需求量的不断增加，有限的野生资源已经无法满足人类的需求，中药材的人工栽培逐年递增，并逐步取代野生药材，道地药材快速发展。目前，我国有 600 多种常用中药材，其中已实现人工种养的有 300 多种，种植面积超过 200 万 hm²，初步形成了四大怀药、浙八味、川药、关药、秦药等一批质优效佳的优势道地药材产区，道地药材种植和生产已成为当地农民收入的重要来源，并成为一种特色产业助力乡村振兴。

2. 存在问题

(1) 野生药用植物资源过量采集

多年来我国药用植物资源多依赖对野生资源的采集，由于长期掠夺式采挖、粗放式经营，资源浪费十分严重，许多野生药用植物被过量采集，生长补充较慢，产量下降。就全国而言，野生蕴藏量已不同程度下降的药用植物有麻黄、刺五加、黄芩、银柴胡、苍术、知母、半夏、大黄、紫草、细辛、雷公藤等，而有些野生药用植物的植株已很难找到，如人参、三七、当归、川芎、厚朴、杜仲、川贝母等。据 1988 年出版的《中国珍稀濒危植物》一书记载，388 种保护植物中，药用植物有 102 种，常用中药有 33 种。据新疆估计，野生甘草、麻黄、雪莲在短期内就可能消耗殆尽。内蒙古锡林郭勒盟芍药、甘草、肉苁蓉、黄芩等 5 种药材每年收购量都在 100 万 kg 以上，由于过渡采挖，野生资源质量下降，产量减少。

(2) 药用植物种植技术和经营方式落后

药用植物的人工种植面积随着中药产业的快速发展呈现逐年增加的趋势，很多道地药材种植已成为当地农民脱贫致富重要手段和当地特色产业的重要来源。但是由于受到各地生产技术的限制和传统文化观念的制约，田间管理和种植技术还大多处于传统经验阶段。为了追求产量，大量使用农药、化肥、硫黄和生长调节剂等，造成中药材农药残留、重金属和激素等污染物超标，使中药材品质大打折扣，影响其药效。由于农户的市场意识较差，盲目跟风、盲目种植，且当中药材收购价格随市场发生较大波动时，很容易造成农户的经济损失，影响其种植药用植物的积极性。此外，由于大多农户为个体户种植，经营方式单一，抗风险能量较差。

另外，药用植物产业科研基础薄弱，专业科学技术人才比例较低，产业科技支撑不足，药用植物农业推广体系薄弱和技术服务能力低下，严重制约药用植物产业的发展。

(3) 缺乏药用植物产业发展规划

药用植物采集计划不规范，随意性较大。有的地方虽有采集证、收购证，但在办证过程中，办证主体审查不严格，收购过程中监督不到位。一些地方超数量采集、超数量收购，某些加工企业为争夺资源对无证采集和出售也熟视无睹，地方保护主义严重，最终造成药用植物资源的无序采集、使用和浪费。

(4) 药用植物产业管理混乱

目前药用植物资源的生产经营分属于医药、卫生、农业、林业、乡镇企业、科技、商业、经贸、外贸等部门和县级政府管理，条块分割，各行其是，存在都在管又都不管，缺乏科学统筹规划和宏观调控及监督，导致医药工业处于滞后状态。药用植物资源为主的加工原料不足与供销渠道不畅而"卖难"的矛盾并存，既影响了医药工业生产，又影响了广大群众的生产积极性。尤其是随着市场经济的发展，由于政策滞后，管理力度不够，药用植物低质、假冒产品泛滥，严重冲击了道地药材市场，造成产品在国际市场滞销。

（5）药用植物资源开发仍以初级产品为主

由于观念落后，创新意识不强，以及其他方面原因，医药工业结构不很合理，总体水平较低，没有很好的药用植物资源系统开发利用规划，产业结构还处在较低层次，产品结构单一不合理，存在着卖原料多、初加工产品多、老产品多、低档产品多，而中高档产品，高科技产品和深加工、精加工、功能化的产品少，名牌、拳头产品少，产品科技含量低。尤其是具有地方特色的药用植物资源，开发力度不大，多少年依旧停留在销售原料或初级产品的水平上，资源利用转化率低，资源优势还没有转化为经济优势。

（四）草原生态文化产业发展成就与问题

1. 主要成就

随着我国经济的高速增长和人民生活水平的不断提高，文化产业需求迅速增长，对精神文化的需求越来越高，居民在文化产业的消费支出不断增加，使得我国草原生态文化产业也在此背景下得到长足的发展。

（1）政策体系逐步完善

进入 21 世纪以来，我国逐渐开始重视并加强文化产业的发展，《文化部"十二五"时期文化产业发展规划》《文化部"十三五"时期文化产业发展规划》等政策，明确发展文化产业的重要性和规划。各省份也在此基础上颁布了适应各个地区特定条件的文化产业发展指导文件。例如，内蒙古先后做出了《关于印发民族文化大区建设纲要的通知》《关于进一步加快文化发展的决定》《关于支持文化事业和文化产业发展若干政策的通知》《加快发展第三产业若干政策规定》《内蒙古文化产业发展若干优惠政策》《内蒙古文化产业 2009—2013 发展规划》《内蒙古自治州文化产业中长期发展规划（2013—2020）》等一系列政策和重要文件，对内蒙古文化产业，特别是草原生态文化产业的快速发展营造了良好的政策环境。

（2）基础设施建设逐步完善

近年来，随着我国各个地区经济的快速发展和财政收入的增长，以及人们对精神文明的强烈追求，人们对草原生态文化的发展认识逐渐提高，各地在草原生态文化基础设施上的投入也逐年增加。特别是草原生态旅游产业的兴起和飞速发展，各草原地区都采取了多种措施大力发展草原生态文化产业，其标志如在草原地区建立大量旅游观光景点,在内蒙古以草原为主的 A 级旅游景区(点)就达 399 个。随着景点增加,带来了道路交通条件等基础设施的改善、饭店宾馆的兴建、旅游产品和旅游路线的开发、游客的增加和草原旅游收入的提高等效益。

(3)草原生态文化产业发展整体上呈加快趋势

近年来,随着我国综合实力的不断提升和国家及地区对文化产业的重视程度不断加深,我国文化产业的发展迅速,文化产业的收入已成为我国部分地区的主要增长点。2003 年,内蒙古提出了建设"民族文化大区"的重要目标,从此内蒙古生态文化产业发展得到快速发展,并经过 10 余年的不懈努力,文化产业规模由小到大并已成为内蒙古经济新的增长点,2016 年内蒙古文化产业实现增加值 525.50 亿元,比 2004 年增长了16 倍。文化产业对全区经济增长的贡献率不断上升,文化产业增加值占全区 GDP 的比重达到 2.82%,比 2004 年的 1.07%提高了 1.75 个百分点,正在逐步成为国民经济支柱性产业,已形成了文化助推经济发展的良好局面。2019 年接待游客总人数约 19 万人次,实现旅游总收入 4625 亿元。2020 年以来,旅游业整体走弱,但是在草原生态文化产业方面仍然取得一些新进展新成效。文化产业对经济社会发展的促进作用不断显现,昭君文化节、草原文化节、国际那达慕大会等一系列大型文化商贸活动的多年持续举办,促进了内蒙古自治区经济的繁荣发展,直接带动了餐饮、住宿、交通、旅游、购物等现代服务业的发展。不仅如此,草原生态文化产业的发展,还促使农牧民为适应其产业发展自觉调整当地产业结构、畜群结构和种植结构,这也为技术推广创造了良好条件。

(4)草原生态文化产业多样化体系初具雏形

近年来,以草原生态文化为企业发展核心理念的骨干企业不断涌现,草原绿色食品以及草原文化产业链的关联效应逐步延伸。初步形成以草原生态文化为主要特色的生态文化旅游业、文艺演出业、新闻出版业、广播电影电视业、文博会展业和民族工艺品制造销售业为主导的草原生态文化产业核心发展门类结构,并且逐步与广告设计、信息服务、工艺品研发设计、数码音乐、数字报纸、民族动漫游戏、微电影、微商等创意型、服务型、科技型、商业型文化产业有机结合,初步形成各具浓郁的当地特色与民族特色的草原生态文化产业体系,其中以草原生态旅游业、草原生态文化相关新闻出版业和广播电视业的表现最为突出。

草原生态旅游业是以草原自然、人文、历史等各类特色资源为基础发展起来的一类特殊旅游业。我国丰富的草原旅游资源是发展草原旅游业的物质基础与前提。我国的草原类型多样,组成复杂,自然景观独特,景色美丽,十分诱人。世界上不同的草地类型,多数在我国都有分布。广阔的温带草原是欧亚大陆草原的东部延伸,七八月间,百花盛开,蓝天白云,微风轻拂,景色之美,非言语所能表达,置身其中,心旷神怡。青藏高原的高寒草地,在世界上独具特色,许多人以能到此旅游为人生难得的快事。草原地区温凉的气候、许多少数民族所特有的衣食住行以及婚丧嫁娶等风俗习惯和悠久的草原文化更是难得的旅游资源。草原的自然景观与草原生态文化的结合是草原旅游最深厚的基础。

近年来，草原地区以其独具特色的自然景观、社会-人文景观与历史遗迹景观而逐渐成为旅游的热点地区。发展旅游，振兴经济，把旅游业作为草原地区的支柱产业已成为一些草原地区人们的共同认识。在一些草原地区的社会与经济发展规划中，发展旅游业常成为重要内容之一。例如，内蒙古草原生态文化旅游已成为该地区最具特色的民族文化旅游。内蒙古旅游业从 21 世纪初开始持续快速增长，每年接待的国内外游客不断增加。与 1991 年相比，2018 年接待国内外游客数增长了 89 倍。与 10 年前相比，内蒙古的旅游收入大约增加了 5 倍。由此可以看出，内蒙古旅游业在 21 世纪得到快速发展，且整体收入水平持续增加，草原生态文化旅游业已成为草原地区人们经济收入的重要来源，是草原地区经济发展的重点行业。

草原生态文化相关的新闻出版业包括纸质传统出版产业(图书、报刊等)、非纸质出版产业(数字出版、网络出版等)、动漫出版产业、游戏出版产业、印刷复制产业等内容，是草原生态文化产业的重要力量之一。草原生态文化新闻出版业以文字、数字等的形式传递着一个民族的文化、历史，是承载着民族文化世代相传和向前发展重任的产业之一。草原文化特色的民族新闻出版业随着我国改革开放的深入和经济社会的快速发展，得到了较好的发展机遇。目前内蒙古拥有 8 个出版社，包括 6 个专业图书出版社、1 个综合图书出版社和 1 个音像出版社。近几年，内蒙古通过产业结构调整和出版资源的整合，已相继成立内蒙古新华发行集团股份有限公司、内蒙古日报传媒集团、内蒙古图书出版集团等一大批大型的文化产业集团。总体上看，以草原生态文化产业为基础的新闻出版业发展态势良好。

草原生态文化相关的广播电视业是草原生态文化产业最具影响力的知名品牌产业，广播和电视业的发展使草原文化以声音和画面的形式生动地展现在人们面前，可以更好地满足人们对草原文化的需求，充实广大人民群众的精神生活。通过近几年的资源整合、优势互补、快速融合，各个草原地区广播电视业的产业化进程呈现出逐渐加速的良好局面。截至 2019 年年底，内蒙古共有自治区级、市级、县级广播和电视播出机构 90 座，广播节目 123 套，可覆盖全区 99.24% 的人口，供给的草原文化相关内容占总供给的 85% 左右；电视转播发射台数 721 座，电视套数 118 套，电视人口覆盖率 99.22%。

2. 存在问题

草原文化与农耕文化、渔业文化一起构成了中华文化的主题，但是与农耕文化和渔业文化相比，草原文化尤其是草原生态文化的产业发展相对滞后，近年来才被提上日程，还处在起步阶段，草原生态文化产业发展尚存在诸多问题。

(1)草原生态文化产业规模整体偏小，市场竞争力弱

草原生态文化产业依托草原地区的自然和人文等资源，相对比较单一，且所处地

区经济发展相对滞后，草原生态文化产业发展普遍呈现出小、弱、散的特点，产业化程度较低，集约化程度较低，市场竞争力较弱。以内蒙古为例，该地区虽然在西部地区的草原生态文化产业规模都不算落后，但与北京、浙江等我国经济发展较好的地区相比，产业运营规模远远落后，即使与湖南等中部地区相比，产业运营规模也有一定差距。

同时，由于文化市场对草原生态文化资源的配置不均、发挥不力，草原生态文化相关产品的供给不能满足市场的需求，草原生态文化特色产品和服务等不能形成规模，水平较低，造成草原生态文化产业相关产品和服务不能在国内外社会中广泛传播，获得的经济、社会效益较低，缺乏市场竞争力。

(2)草原生态文化产业地域发展不平衡，区域布局不合理

草原生态文化产业主要集中在我国西部等经济发展相对落后的地区，为了大力发展经济，很多地区过分强调经济的发展，注重第一产业和第二产业的发展，而忽略了第三产业的发展，在造成草原生态文化建设粗放型发展的同时，也导致草原生态文化产业发展的滞后。而即使在各个草原地区所处区域内部，也没有形成统一的区内市场。在一些经济发展较好或草原生态文化产业发展较早的区域，草原生态文化产业相关的发展措施较为合理得力，基础设施建设较为完善，居民的消费能力相对较高，使得这些地区草原生态文化产业发展相对较快。但在一些经济发展相对落后的区域，虽然也拥有较丰富的自然资源，但是由于没有经济支撑其进行合理开发和利用，这些地区草原生态文化产业规模较小，发展水平也较低。

(3)草原生态文化产业结构不合理

我国草原生态文化产业还主要集中在传统文化产业，而以数字化、信息化为核心的新兴草原生态文化产业比重较小，发展缓慢。2020 年，内蒙古以互联网为基础的新兴草原生态文化产业逆流而上，实现营业收入的正增长，但是从整体来看，新兴产业规模较小，覆盖率较低，全年营业收入仅占全部文化企业的 5.1%。

(4)推动草原生态文化产业发展力量不足

由于草原生态文化产业起步晚，各级各部门对草原生态文化产业缺乏了解，重视程度不足，相关促进草原生态文化产业发展的政策落实不到位，并且在很多地区缺乏科学合理的统筹规划和健全的文化产业发展的投资融资机制体系，造成一些有意愿、有发展潜力的投资企业存在顾虑，部分社会资本投资无门的情况。近年来，各地政府对草原生态文化产业的发展出台了一系列优惠政策和规划，但是有很多政策和规划还处在战略层面无法落实，没有具体详细的、可操作的落地政策，导致一些地区草原生态文化产业还停留在宣传和口头上。此外，部分地区严重依赖政府干预，导致草原生态文化产业建设发展缓慢、市场竞争力较弱的局面。

另外，发展社会主义民主政治，必须有健全的法律法规作为支撑。而目前，我国草原生态文化产业建设的相关法律法规还不健全，特别是在一些基层地区，详细、健

全的法律法规和民主政治还不能得到保障，造成这些地区草原生态文化产业发展混乱，不能正常有序的可持续发展。

(5)草原生态文化产业的专业人才缺乏

人才是科技发展的第一生产力，是草原生态文化产业发展的决定性因素。随着草原生态文化产业的快速发展和新兴产业的激烈竞争，草原生态文化产业格局、经营模式、技术水平等都发生了巨大改变，亟须一批草原生态文化产业新兴的专业人才。而由于草原地区的人才培养机制还比较落后，人才结构不合理，导致新兴专业人才的培养远远落后于草原生态文化产业结构调整的步伐。此外，由于草原生态文化产业所处的地域和这些地区的人才引进、流出机制不当，导致其他地区具有先进技术的人才不愿意加入，本地区培养的拔尖人才留不住，一些过剩的人才不能流出等现象。这些现象除了有地域的限制外，还与政府对草原生态文化产业人才的不重视有很大关系。

(五)草原碳汇产业发展成就与问题

1. 主要成就

近年来，我国实施退耕还草、草畜平衡和禁牧、休牧、划区轮牧等草原保护修复措施，草原碳汇供应能力得到一定程度上的提高。同时，我国启动"碳汇能力巩固提升行动"等"碳达峰"十大行动，有效促进碳汇的需求。但是，由于缺乏碳汇交易的支持体系等，致使草原碳汇产业仍处在发展的初期，仅有一个清洁发展机制(CDM)项目(川西北草原碳汇项目)，且尚未进入市场进行交易。目前，我国的草原碳汇产业主要表现在碳汇供应、需求和相关产业三个方面。

(1)草地固碳能力得到改善，碳汇的供应能力得到提升

自2000年以来，我国大力推行草原修复项目，针对草地退化实施草畜平衡和禁牧、休牧、划区轮牧等草原保护制度，控制草原载畜量，遏止草原退化，同时加强退化草原修复和建设力度提高草原植被盖度和生产力，并有效增加草原土壤碳汇(图4-1)。例如，在2003—2010年8年间实施了$60×10^6 hm^2$的草地修复，使得草地生物量碳密度提高$1.1\ Mg/hm^2$，土壤碳密度增加$1.0\ Mg/hm^2$，实现生态系统碳密度增加$2.1\ Mg/hm^2$，总共增加117.8 Tg C。围封禁牧是我国退化草地植被恢复的主要措施，有研究发现，青藏高原亚高山草甸围封与自由放牧相比，土壤SOC含量增加16%~30%。

禁牧以及轮牧可以提高草地碳汇，但就重度退化草地而言，采用围封的自然恢复方式需要较长的时间，且固碳效率较低。围栏封育主要依靠土壤种子库的自然萌发来修复草地，有研究发现重度退化草地上原有的优势种土壤种子密度较低，甚至缺乏种子库，需要通过补播关键种和缺失种，才能够有效促进退化草地植被的恢复，进而增强重度退化草原的碳汇。目前草地修复不仅可以提高草原碳汇，还能够增加碳汇的稳定性。

我国自2000年开始退耕还林还草项目，自2004年开始退牧还草项目，退化草原恢复带来了显著的碳汇效益。从表4-1可以看出，退耕还草项目执行后，温带区草地和高

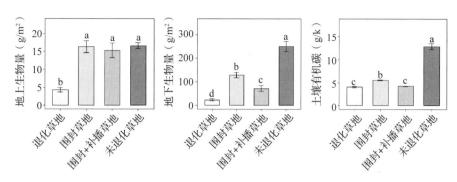

图 4-1 退化草地、退化草地采用不同修复措施(围封、围封+补播)
以及未退化草地地上生物量、地下生物量以及土壤有机碳含量的差异

山草甸土壤碳汇显著增加。青藏高原退耕还草显著提高 SOC 储量,利用本土优质牧草披碱草建植多年生人工草地比自然恢复成草地效果要好。此外,生物多样性高的人工草地相比于单播草地,碳汇一般更高。

林地、园地的林草耦合可以提高生态系统碳汇功能,草本植物在林地和园地中占有重要的生态位,发挥配角的碳汇功能。因此,在进行生态系统修复时,可借鉴自然生态系统,进行山水林田湖草沙系统修复,采用不同物种合理搭配可大幅度提高生态系统的多功能性,尤其是碳汇功能。

表 4-1 草原不当利用以及草地保护政策(围封、退耕还草和退化草地
重建人工草地或者在退化草地上播种)对土壤有机碳碳储量的影响

草地利用方式变化	总量		温带		高山		碳变化类型
	ΔC	R_K	ΔC	R_K	ΔC	R_K	
放牧到禁牧	+*	+*	+*	+*	+*	+*	碳汇
农田到草地	+*	+*	+*	+*	+*	+*	
草地到农田	−*	−*	−*	−*	−*	−*	碳源
禁牧到放牧	−*	−*	−*	−*	−*	−*	
退化草地到人工草地	+*	−*	+*	−*	+*	−*	碳汇—碳源

注:ΔC 和 R_K 分别代表有机碳碳储量变化及 ΔC 与 Y 之间的斜率。* 代表显著性。+和−分别代表 ΔC 和 R_K 的值>0 或者<0,>0 表示草地利用变化形成了碳汇,<0 表示草地利用变化形成了碳源。

(2)碳汇需求量呈逐渐增加的趋势

在 2009 年的哥本哈根世界气候大会上,我国提出了二氧化碳的减排目标,即 2020年生产单位 GDP 所产生的二氧化碳排放量比 2005 年相应减少33%,促进我国碳汇产业的发展。同时 2020 年 9 月 22 日,我国在第 75 届联合国大会上承诺:"中国二氧化碳排放力争在 2030 年达到峰值,力争在 2060 年实现碳中和。"《中华人民共和国国民经济和社会发展第十四个五年规划和 2035 年远景目标纲要》也强调,需要加快推动绿色低碳发展。2021 年政府工作报告指出做好"碳达峰、碳中和"工作是当年的重点任务之一。

此外,我国采取多种方式实现"双碳"目标,其中部分省份开始将碳排放纳入环评,促进大型企业实行碳汇减排并提高碳汇购买意愿。随着我国加快执行碳排放权配额分配并完善其制度,已有的节能减排、碳排放权交易等减排方案不能很好地落实减少二氧化碳排放的目的,而且成本很高。与此同时,过去 10 多年,我国植树造林工作已覆盖绝大多数荒山荒地,森林碳汇潜力空间越来越小。因此,在碳汇需求增加趋势下,草原的潜在碳汇需求被激发出来,草原碳汇产业的发展将迎来新契机。

(3)草原碳汇产业兴起

草原碳汇产业虽然处在发展初期,目前已有川西北草原碳汇项目(我国第一个 CDM 项目)。而且在 2019 年,四川省开始尝试在川西北片区,探索发展其他草地碳汇项目。青海省正在开展三江源高原草地碳汇研究。内蒙古自治区开展草原碳储量基础研究较早,并成立了内蒙古碳汇评估研究院。随国家对生态系统碳汇愈发重视,草原碳汇产业开始兴起。

2. 存在问题

(1)草原保护修复理论技术支撑不足,草原碳汇能力有待提高

草原碳汇功能的体现基于生态环境良好、生物多样性完整且丰富、生产力水平高且持续稳定。但是,当前由于不当的人为利用和气候变化,我国草原仍存在不同程度的退化,严重影响草原的碳汇功能,甚至导致某段时期转化成为碳源。尽管草地治理后其固碳能力得到改善,但是目前退化形势仍很严峻。到 2018 年,草原碳汇约是 25.40 ± 1.49 Pg C,相比于 2010 年,下降了约 12.71%,土壤有机碳储量损失 30% ~ 35%,主要是由于过度放牧和草地开垦成耕地导致的草地有机碳和牧草固碳能力下降(表 4-1)。而且,目前草原土壤碳储量受气候变化影响较大,尤其是高山草甸,其土壤碳储量对温度变化较敏感,温度上升正引起高山草原碳储量损失,气候变化导致草原碳储量和稳定性均受到严重的影响。

虽然我国退化草原修复提高了草原碳汇,但仍显著低于未退化草地。此外,退化草地存在不合理修复。例如,在内蒙古半干旱退化草原种植松树,将会使草原植物多样性降低,进而加重草地退化,这种不合理的修复将会降低草原的碳汇功能;而且气候变化对土壤碳汇功能也有不同的影响,草原碳密度随着温度增加而降低,随着降雨增加而增加。而且,过长时间的围封会降低土壤碳汇能力。由此可见,尚未挖掘的草原碳汇潜力还很大,需要加强科学的保护修复技术的研发。

迄今为止,北方草原修复主要采取退耕还草和禁牧的措施,忽视气候变化等因子对草原碳汇的影响,导致碳汇功能不稳定或者潜力尚未充分发挥。例如,Xin 等(2020)比较了 1963 年与 2007 年内蒙古主要草原类型(141 个剖面)1 m 的土壤有机碳储量变化,发现土壤有机碳储量降低,除了风成沙质土壤,年均降低速率是 1.8 kg C/m^2(每年约 22.9% 或 0.52%)。综合分析其原因,发现气候变化对土壤有机碳变化的贡献率为 15.3% ~ 34.9%,而放牧强度对土壤有机碳变化的贡献率小于 9.5%。由此可见,合理

管理草原进而提高其碳汇功能,在当前全球气候变化的背景下至关重要。此外,在草地修复过程中,仅考虑地上植被的恢复,很少考虑地下土壤碳汇功能的修复,导致草原碳汇恢复提升相关技术缺乏,甚至存在一些不当的修复。生态系统碳储量和碳汇能力随生态系统管理措施以及气候变化的差异而存在不同的影响,如虫害和鼠害、极端干旱的影响。因此,如何充分挖掘草原碳汇潜力,并确保草原碳汇稳定,仍存在很多技术难题和环境限制因子。

(2)碳排放市场交易规模小,碳交易市场草原碳汇需求不足

我国碳汇市场本土需求少,自愿碳排放市场交易规模小,而且主要应对策略以提升减排技术为主,购买自然生态系统碳汇的意愿不强。目前我国碳汇主要依赖于国外碳汇交易市场的需求而出售。在现阶段的中国碳市场下,控排企业主要通过国家规定的排放配额来实施控排,碳汇交易主体尚未全面覆盖到电力、钢铁、水泥、化工等更多的重点排放单位;而且排放配额较为宽松,草原碳汇未被纳入配额管理。同时市场对草原碳汇参与交易的限制较多,企业的履约成本较高,直接导致草原碳汇在市场上的接纳度不高,导致碳汇需求难以增加。同时,国际《联合国气候变化框架公约》和《京都议定书》对草原碳汇的关注均非常低,这是导致国际碳交易市场草原碳汇需求不足的关键,虽然中国国家核证自愿减排量(CCER)项目提及草原碳汇,但是规定减排企业使用CCER抵消自身的碳排放不得超过其总排放配额的5%~10%,且碳汇交易限定在特定区域。因此,草原碳汇需求还存在巨大的缺口。

(3)草碳汇交易市场尚未成熟,限制碳汇产业发展

草碳汇交易市场目前仍缺乏相应的法律、法规、标准、政策。为保护草原生态建设、改善生态环境,国家颁布一系列行政法规例如《建立市场化、多元化生态保护补偿机制行动计划》等,草原生态环境得到一定的改善,草原碳汇功能有所增加。但是,该机制的资金支撑主要依赖于国家,尚未实现草原生态保护下碳汇收益反哺草原保护。

我国草原碳汇发育较为迟缓,科技支撑体系严重缺乏,碳汇市场没有正常发挥作用。截至目前,已有5个林业碳汇项目顺利通过国家发展改革委的批准并予以备案,而国家级的草原碳汇项目只有川西北草原碳汇项目,而且尚未进入交易市场。目前从事草原碳交易的一些机构发展滞后,而且市场缺乏支撑体系等,导致草原碳汇市场无法进行交易。这些支撑体系需要政府和整个产业链上专业人才和专家共同努力,才能构建。但是,目前我国相关专业人才相当缺乏,虽然政府宏观政策在导向,但实际执行则困难重重。

我国草原生态系统现有多大的固碳能力以及未来固碳的速率和潜力尚不清楚,尤其是草原生态恢复、建设工程这些分布区未来的固碳潜力如何。这些估算较复杂,受恢复技术以及气候变化的影响较大。因地适宜的最佳修复方式仍缺乏,而且在草地修复的执行过程中缺少专业的指导。碳汇项目作为买方市场,对于卖方来说,没有定价权,导致草原碳汇市场价格远远低于碳汇成本,碳汇项目无法获利。

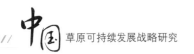

（4）对草原碳汇的重要性认识不够，公众参与度及积极性不高

在草原碳汇领域，大众尤其是牧民的参与度和积极性不高。虽然草原在实行"退耕还草"以及草原法宣传过程中，牧民对于草原的生态功能和价值已经具有一定认识，但是依旧缺乏通过保护草原进而提高其碳汇功能的认识，也并未认识到草原碳汇对我国乃至全球生态环境保护和个人收益所产生的正面效应，很少有公民愿意将个人的资金投入碳基金当中去。我国碳汇交易项目主要是林业，且目前碳交易市场主要通过碳配额控制排放单位的碳排放量，该市场可以约束排放大户的碳排放行为，却无法有效激励碳汇主体。

（六）国土绿化及草坪产业发展成就与问题

1. 主要成就

（1）我国国土绿化发展成就

开展大规模国土绿化，是党的十九大作出的重大战略决策，是建设生态文明和美丽中国的重要举措，是贯彻习近平生态文明思想的生动实践。事实表明，像保护眼睛一样保护生态环境，像对待生命一样对待生态环境，踏踏实实抓好绿化工程，就能持续发挥生态效益，让大地山川绿起来，让人民群众生活环境美起来。

2019年，美国宇航局（NASA）发布卫星监测结果，过去20年间地球不断"变绿"，中国的植被增加量就占到全球植被总增加量的25%以上，而中国对全球绿化贡献的42%源于植树造林工程。第九次全国森林资源连续清查（2014—2018年）显示我国森林面积和森林蓄积量已连续30年保持"双增长"，成为同期全球森林资源增长最多的国家。"十三五"以来，我国完成造林绿化面积5.45亿亩，完成森林抚育6.37亿亩，建设国家储备林4805万亩，森林覆盖率提高到23.04%，森林蓄积量超过175亿 m^3，草原综合植被覆盖度56.1%。2020年，落实中央资金约1400亿元，新增政策性开发性贷款322.2亿元，用于支持林草生态建设。林草产业总产值8.17万亿元，森林生态系统服务价值为15.88万亿元。

2020年，我国建成区绿化覆盖面积263.75万 hm^2、建成区绿地面积239.81万 hm^2、公园绿地面积为79.79万 hm^2、公园面积53.85万 hm^2（图4-2）。其面积分别是我国1996年时的5.3倍、6.8倍、8.0倍和7.9倍。另外，建成区绿化覆盖率达到了42.06%，建成区绿地率达到了38.24%。2021年6月，建成城市公园约1.8万个，百姓身边的社区公园、口袋公园、小微绿地数量不断增加。1989—2020年我国人均公园绿地面积从总体上看呈快速增长的态势。人均公园绿地面积从1981年的1.5m²增加到2020年的14.78m²，40年间净增加13.28m²，涨幅近9倍，年均增长0.37m²，年均增长率5.9%（图4-3）。

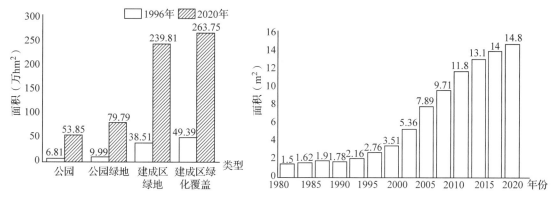

图 4-2　1996 年和 2020 年全国城市园林绿化情况　　图 4-3　1981—2020 年我国人均公园绿地面积

（2）我国草坪业发展成就

草坪业由草坪建植体系、草坪产品体系、草坪服务体系和草坪科研教育体系四大产业群构成。在中国草学会草坪专业委员会第七届全国代表大会暨十一届学术研讨会上，任继周特别指出，草坪业是我国全民共有、全民共建、全民共享的伟大事业。此外，在 2019 年 4 月国家林业和草原局"草坪国家创新联盟"成立大会暨草坪产业创新发展学术研讨会上，南志标指出草坪业迎来了春天，希望草坪科技工作者进一步加强相关研究工作，妥善处理好科学研究与成果转化之间的关系，促进产学研深度融合。2021 年 7 月国家林业和草原局公布了《中华人民共和国主要草种目录（2021 年）》，并表示将进一步加强对草种业发展的顶层设计，积极推进制定出台《全国草种业中长期发展规划（2021—2035 年）》。

从草坪科技教育发展现状来看，目前草学专业类只有草业科学和草坪科学与工程两个本科专业，草坪专业的人才培养力度严重不足。2000—2019 年国家自然科学基金面上项目、青年科学基金项目和地区科学基金项目等资助草坪相关项目共 231 项，经费累计 8602 万元，涉及分子生物学、草坪生理、遗传育种等方面的研究。1984—2020 年以草坪为主题在中国知网以及科学网（Web of science）数据库中分别可以检索到 12363 篇学术期刊论文和 7952 篇论文（图 4-4）。我国从 1986—2020 在知网中总计检索到草坪相关专利 11668 个，其中包括实用新型专利 4457 个，外观设计专利 3628 个，发明公开 3370 个，发明授权 213 个。截至 2021 年 11 月一共颁布草坪相关国家标准 36 部，行业标准 32 部，其中现行的标准有 28 部。我国自 1987 年开始进行草品种审定工作，截至 2023 年 12 月，共审定登记 692 个草品种，其中草坪草品种仅有 65 个，约占 9.4%。

从草坪产业发展状况来看，2020 年全国草坪业年产值达 2000 亿元，从事草坪业的企业 5000 多家，其中年销售额在 500 万元以上的企业有 50 多家。据专业分析公司测算，我国草坪机械市场在 2018—2024 年可达 15 亿美元，年复合增长率 28%。1997 年我国新增草坪面积约 0.8hm²，而这一数值到 2013 年已经上升至 33.5 万 hm²，据此推算到 2025 年我国草坪新建植面积可以达到近 6 万 hm²。另外，在《中国足球中长期发展

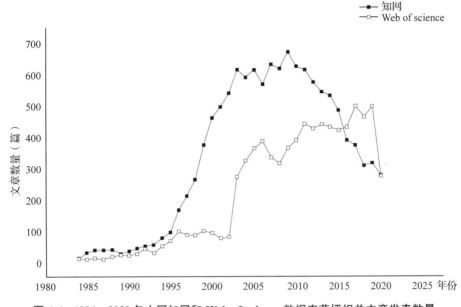

图 4-4　1984—2020 年中国知网和 Web of science 数据库草坪相关文章发表数量

规划（2016—2050 年）》政策的推动下，我国运动场草坪，尤其是足球场数量显著增加。

2. 存在问题

（1）管理体制机制不健全，政策保障体系不完善

国土绿化建设中土地支持政策、林木采伐管理政策不完善，绿化后期管护没有强制要求，另外在国土绿化建设中，缺少监管机制对施工的各项环节进行科学有效的监督管理，导致大部分绿化工程仍存在信息不透明，难以保证国土绿化工程的建设质量和生产效率。国土绿化管理的相关结果并没有纳入当地政府的经济建设考核之中，因此在一定程度上阻碍了绿化行业健康持续的发展。另外，在城市绿化中几乎所有绿地都位于已建成区域，必须按照国家或地方规划法规进行规划。国家法律法规提倡区域绿化边界受到行政区划的严格限制。

同时草坪市场不健全不完善，竞争无序，无相应的法律法规约束。国务院虽然制定了一些与城市绿化有关的法律法规，但这些法律法规已不能适应新时代草坪业的健康发展。现有《草原法》并不涉及城镇草地（草坪），与草坪业相关的法律法规还未制定出台。在发达国家均有专门机构来统一管理草坪业，但我国行政管理部门不明确，导致产业发展没有主线，缺乏行业规范标准，制约草坪业发展。历史上，体育、农业、林业、住建、环保、水利等部门均涉足管理草坪业，造成管理体制不顺。

（2）国土绿化工程缺乏系统观念

近年来国土绿化成效显著，但全国自然条件好的地方已经基本绿化，"在哪种""种什么""怎么种"等问题日益突出，继续增加林草资源的难度越来越大，而有的国土绿化工程项目缺乏系统观念，城市发展规划和长期规划（通常为 20 年）的时间表与生态恢复

周期的步伐和进度不匹配。现有的城市绿化工程多是采用"填充"方法在现有土地的基础上分配绿化地块。这些小块绿地适合休闲使用，但在承载大城市的整体生态和环境功能方面作用相当有限，因为这种城市绿地的发展不可能在大形式结构上与城市相匹配。19世纪，一些卫生专家就提出以城市居民呼出的平均二氧化碳量作为确定人均绿地面积的标准。20世纪，德国、日本和其他国家的专家提出，二氧化碳和氧气之间的平衡需要40m² 城市绿地或人均140m² 郊区森林面积。然而，许多研究表明，只要空气在小风条件下流动(超过1.0m/s)，城市空气就会与城市周围和上空更多的新鲜空气混合和交换。建成区的空气质量比农村差，但空气中的氧气总体上保持平衡。因此，仅仅考虑二氧化碳和氧气的平衡来确定城市绿地标准是不恰当的。与发达国家人均20m²公园面积的一般绿地标准相比，中国大多数城市的公园面积指数相当低。在规划实践中，规划者往往希望达到人均公园面积、绿地率等刚性指标。然而，就自然生态环境而言，城市绿化可能更倾向于满足空间结构的要求。

(3)国土绿化养护意识薄弱

国土绿化虽然已取得显著成就，但是林草资源质量普遍不高，需要通过加强抚育经营增强生态功能，整体植被养护意识不强，容易形成"唯景观至上""唯经济效益至上"的观念。绿化养护管理是一种持续时间长，且需要长期进行养护的一项工作，其管理要求技术较高。从事绿化养护工作人员素质不高、绿化养护知识缺乏，同时对从业人员专业技术培训少，导致养护效率低、养护效果差。以草坪为例，草坪养护管理水平还是比较落后，加之普遍存在重建轻管或者"只建不管、有钱建没钱管"的情况，普通绿化草坪建植后基本上很少管理或管理水平低，退化严重，没有几年就得重建，出现反复绿化的情况，不但造成资源浪费，还让大众误解为草坪娇贵难以养护管理。在发达国家，草坪建植后靠合理的养护可维持上百年，而我国草坪建植后往往几年就开始退化或完全退化，致使草坪成本太高，这与养护水平低下有很大的关系。

(4)种子严重依赖进口，国产绿化草种严重不足

种业是国土绿化的主要短板。种苗既是林草保护和发展的重要基础，又是提高林草经济、生态和社会效益的根本。"十四五"期间国土绿化要求人工造林10030万亩、飞播造林1270万亩、人工种草6070万亩、草原改良16930万亩，这对林草种苗的需求是相当大的。但是，我国一半以上的草种都依赖进口，作为绿化用途的草坪草种更是90%以上依赖进口。

统计资料显示，2001—2020年我国主要草种进口约62.2万t，而同期美国进口70.13万t，丹麦进口草种9.81万t(图4-5)。而我国20年间总计出口国外1.96万t，就出口量而言，美国是我国的97.4倍，丹麦是我国的79.1倍。虽然进口规模与草业发达国家接近，但是草种出口量的差距是十分巨大的。2020年及之后的一段时间，受海运限制，我国陷入无草种可用的境地，部分企业的草种到货即被抢售一空。草种严重依赖进口一方面制约生态建设、草产业的发展，同时也存在物种入侵的风险。2019年

中央一号文件《中共中央、国务院关于坚持农业农村优先发展做好"三农"工作的若干意见》，明确提出"加快选育和推广优质草种"，草种业是国家战略性、基础性产业。因此，加快我国草种业发展，加强国产优良草种选育势在必行。20 年间我国主要草种进口交易额 12 亿美元，出口 0.35 亿美元，净支出 11.65 亿美元，而美国和丹麦在 20 年间通过出口草种分别净收入 24.3 亿美元和 25.9 亿美元(图 4-6)，培育优良国际化国产草种的任务迫在眉睫。

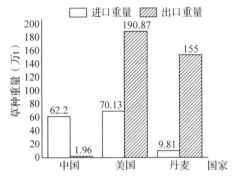

图 4-5　2001—2020 年中国、美国、
丹麦主要草种进口量对比

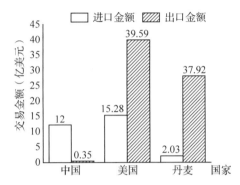

图 4-6　2001—2020 年中国、美国、
丹麦主要草种交易额对比

(5)绿化投入长期不足，产学研一体化滞后

我国国土绿化相关的工程、科研资金投入不足。近年来林业生态建设所需的劳动力等生产要素价格大幅攀升，加之随着林业生态工程深入推进，开展生态建设治理难度加大，林业生态工程造林成本进一步增加。虽然国家初步建立了造林中央补助标准动态调整机制，提高了中央投资工程造林补助标准，将人工造乔木林由 300 元/亩提高到 500 元/亩、人工造灌木林由 120 元/亩提高到 240 元/亩、封山育林 70 元/亩提高到 100 元/亩、飞播造林由 120 元/亩提高到 160 元/亩，但离造林实际成本相差甚远。草坪相关的科研项目少，经费少，没有大的科研项目支撑，且缺乏持续性。据统计，2000—2019 年草坪相关国家自然基金项目仅获批 231 个，国际合作项目仅有第十届国际草坪学术会议、结缕草抗旱性状和基因的关联作图、基于 SSR 遗传图谱的狗牙根叶片质地 QTL 定位 3 个，资金仅有 8602 万元。

科研人才培养体系不完善，以林草种业发展为例，种质资源收集、鉴定评价、保存工作是一项基础性、长期性、稳定性、合作性的公益性事业。尚未建立专门针对从事种质资源基础性工作从业人员的考核和绩效评价机制，以 SCI 论文和获奖成果为导向的评价机制，致使种质资源工作队伍不稳定，吸引和稳定年轻人才十分困难，研究工作缺乏系统性和连续性。

(七)林草融合生态产业发展成就与问题

1. 主要成就

(1)出台了与林草融合生态产业发展相关政策

随着林草业的高度融合渗透及对生态环境综合治理和林草产业发展的客观需要,林草复合经营受到国内外专家学者的高度重视。特别是 2018 年国家林业和草原局组建成立,从组织机构、资源管理等层面上实现了林草资源功能的高度融合,对推进国家治理体系和治理能力现代化、统筹山水林田湖草沙系统治理具有重要意义。2020 年 11 月,国家发展改革委、国家林业和草原局、科技部等 10 部委发布《关于科学利用林地资源　促进木本粮油和林下经济高质量发展的意见》。2021 年北京市委、市政府印发《关于全面推进乡村振兴加快农业农村现代化的实施方案》,加快推进"五个百万"工程建设,明确提出了"要发展百万亩林下经济、优化提升百万亩优质果园"。2021 年 12 月,国家林业和草原局发布《全国林下经济发展指南(2021—2030)》重点明确了"林下种植、林下养殖、林下采集加工、林下景观利用"发展模式、重点领域及主要任务。所有这些政策的出台为科学有效利用林下土地资源,推动林草融合生态产业及林下经济高质量发展给予了强有力的政策保障。

(2)形成了多种林草融合生态产业发展的优化模式

通过国内林业和草原科学家的长期研发和攻关,依据我国不同生态地理区域的气候、地形和土壤等自然条件,不同林地和果园的类型及其生产经营方式等,建立了适应我国不同生态地理区域且具有不同功能特点和多种类型的林草融合生态产业发展模式(孟林等,2021)。例如,华南热带地区的桉树、橡胶树和茶树林下种草保水固土固碳的发展模式,西北和北方干旱半干旱地区的林(果)下种草保土固沙的生态防护模式,利用林间天然或人工草地适度放牧家畜和家禽的林间草地放牧利用模式,环境友好型的林–草–畜禽复合生态种养提质增效模式,林下中草药生态种植模式,林下草本花卉生态种植模式,果园生草观光采摘和绿肥增效模式等。这些林草融合生态产业已经在促进现代林草业高质量发展、乡村振兴和生态环境建设中发挥着重要作用。

(3)制定颁布了一批林草融合产业发展的技术规程和标准

针对不同生态地理区域的自然条件、林地果园特性及生产经营特点,研究制订和颁布实施了一批地方标准和团体标准,如北京市地方标准《果园生草技术规程》、山东省地方标准《果园生草技术规程》、甘肃省地方标准《苹果园生草技术规程》、湖南省地方标准《油茶幼林生草栽培技术规程》、辽宁省地方标准《苹果园行间生草技术规程》、全国团体标准《林间草地鸡生态养殖技术规程》《林下菊苣草地建植管理技术规程》《青藏高原人工林间补播草地生态放养鸡技术规程》《矮砧密植苹果园生草栽培技术规程》,为林草融合生态产业的高质量发展提供了重要的科技支撑。

(4)显著提升了林草融合生态产业的经济和生态效益

林下种草养殖畜禽可实现肉蛋产品产量和品质的双重提升,经济效益非常明显。

例如，研究表明林下菊苣草地生态放养北京油鸡较裸露光板地散养，鸡的腿肌重和胸肌重分别显著提高 24.10% 和 21.65%，必需氨基酸含量显著增加 21.99% 和 16.65%（Meng et al.，2016）。在北京某一企业的种养殖基地实施林下菊苣草地生态放养北京油鸡的技术，肉用鸡的年均纯收益可达 110 余元/只，放养期节约精饲料量 15%，因蛋肉品质的明显改善，市场销售价格也大幅提升。湖北某一企业实施的核桃林下白三叶+鸭茅+多年生黑麦草混播草地划区轮牧+精料补饲健康养殖宜昌白山羊的生态种养模式，平均每只羊年净利润达 1016.95 元，凸显出良好的经济效益。

林草融合生态产业模式的发展可显著改善林下草地的土壤理化性质和微气候环境，减少土壤钙、镁、铜、铁等营养元素的流失，降低土壤容重，提高土壤总孔隙度，提高土壤酶活性和土壤有机质含量。苹果园生草能提高 0~40cm 土层速效氮、速效磷和速效钾含量，具有活化有机态氮、磷、钾的功能，有利于果树对氮、磷、钾营养元素的吸收利用；生草后土壤过氧化氢酶、尿酶、碱性磷酸酶活性均显著提高（李会科等，2007）。与清耕作业园区相比，间种白三叶的苹果园 20~30cm 土层土壤速效氮含量提高 26.88mg/kg，10~20cm 土层土壤速效磷含量提高 24.50mg/kg，0~10cm 土层土壤有机质含量提高 0.37%（孟林等，2009）。林下种植紫花苜蓿的林草复合系统较林下种植小麦的林-农种植系统更加有利于疏松土壤和改良土壤结构（王红柳等，2010）。林草复合系统中的林分和草本植物可分层截获到达地面的光照辐射，减少蒸散量，增加林间空气湿度和降低空气流速。林草复合影响地面与大气之间的能量交换和水循环差异，原有植被覆盖度小于 25% 时，植被覆盖度增加 10% 就可达到降温 0.6℃ 的效果。

林下种草既能缓和降水对土壤的直接侵蚀，减少地表径流和水土流失，还可以提高水分的沉降和渗透速率，减少土壤水分蒸发，提高土壤水分含量和水分利用率。2 年生小黑杨间种草木樨的林草复合模式与小黑杨纯林种植相比，年径流量和冲刷量减少率平均达 37.25% 和 69.4%；桉树林下种草可使地表径流量降低 21.07%~31.02%。林间种草还是一项低碳农业技术，有利于土壤有机碳的积累。林草融合模式下土壤有机碳年变化量是林下清耕作业模式的 3.2 倍，土壤固碳速率为每年 714.52kg/hm² （王义祥等，2010）。油桃树行间种植平托花生的生态模式，使土壤有机碳储量较传统清耕作业园区提高了 13.9%~34.7%，提高了土壤碳汇功能。

2. 存在问题

林草融合生态产业在我国国民经济中占有重要地位。虽然我国不同生态地理区域建立了具有不同功能特点的林草融合生态产业发展模式，并已成功示范应用，但与发达国家相比，我国林草融合生态产业的发展仍存在如下主要问题。

（1）缺乏林草融合生态产业发展的总体规划，林草结合仍不够紧密

林草融合生态产业的高质量发展已经成为国家和当地政府、科技界、种养殖企业和专业合作社等密切关注的热点。但截至目前，国家和地方政府还没有专门制定出林草融合生态产业发展的总体规划，缺乏宏观指导，更没有清晰制定出不同生态地理区

域、不同林分条件下的林草融合生态产业的整体布局和发展方向。林草资源、人才、科技等各种要素的耦合机制尚不清晰，林草融合生态产业发展的结合程度还不够紧密。

(2)林下土地资源开发利用不充分，林下土地利用率相对较低

据第三次全国国土调查主要数据公报，我国现有林地 28412.59 万 hm^2，园地 2017.16 万 hm^2。但是，大规模林下土地资源利用率和单位面积生产效率低，加之日趋严重的林下土壤贫瘠板结和生物多样性退化等生态环境问题，迫切需要科学利用林下水土资源，建立适宜不同生态地理区域、不同林地生产经营管理水平下的林草融合生态产业发展模式，提高林地利用率和生产效率。目前从事林草融合生态产业发展的企业或专业合作社数量相对较少、产业基地规模较小，难以发挥规模效益。

(3)林草融合的生态、生产和生活"三生"功能维持机制尚不清晰

林草融合生态产业发展是充分高效利用林下水土资源、提高土地生产力的客观需要，是推进乡村振兴、兴绿富民的重要举措。它是一种重要循环农业发展模式，应从大农业角度出发，将林果生产、林间草地修复与高效建植、饲草供给、畜禽养殖、文旅观光产业发展等全方位进行科技创新与技术集成，实现生产、生态、生活"三生"功能的有机融合。但目前林草资源立体配置结构还不尽合理，林草复合生态系统功能的维持机制尚需进一步完善。

(4)林草融合生态产业发展的技术体系及配套设施不完善

林间草地放牧家畜利用仍存在诸多技术环节上的问题，包括林间草地合理载畜量的确定、适时放牧利用方案的制定与实施等。我国南方林区虽然水热条件好，牧草生长快，产量较高，但品质相对较低，优质饲草特别是优质豆科牧草的短缺问题亟待解决。目前仍很缺乏适宜不同生态地理区域、较高林地郁闭度条件下规模种植的优质草种。在劳动力日益紧张短缺、劳动力成本大幅上涨的今天，完全依靠传统的林下手工作业的方式已不可行，难以完成林间草地高效建植与生产的规模化作业任务，因此适宜林下草地生产作业的小型机械及配套设备的研制也非常迫切。

五、中国草原生态产业战略布局

(一)生态草牧业战略布局

1. 战略思路

将草牧业发展作为农业供给侧结构性改革的重要工作，聚焦"卡脖子"技术，加强原始创新和关键核心技术攻关，持续推进科技系统创新。以"创新发展、协调发展、绿色发展、共享发展、可持续发展"的理念为指导方针，落实草牧业发展的组织设计、科学研究、技术示范、产品研发、品牌经营、三产融合等工作，为社会提供更优质、绿

色、安全的草畜产品；遵循"山水林田湖草沙生命共同体"的内在逻辑关系，充分发挥草牧业在生态文明建设方面的重要作用，全面推进草牧业生态、生产、生活协同发展，巩固脱贫攻坚成果，助力乡村产业振兴。

2. 战略目标

近期目标：到 2025 年，实现传统草原畜牧业向生态草牧业的成功转型，推动草原畜牧业的生态、生产、生活协调发展。

中期目标：到 2035 年，形成生态草牧业分区稳步发展的格局，在草原牧区，切实保障草地的生态安全和草地生产力水平提高，草畜配套平衡；在农区形成粮草兼顾的发展模式；在农牧交错带形成牧区和农区耦合发展的结构模式；南方草山草坡地区，人工草地高效产出，生态环境得到保障；在黄渤海沿岸滩涂盐碱地区，生态种草，高效、绿色改良盐碱地，为草牧业发展提供更多的后备土地资源。

远期目标：到 21 世纪中叶，草牧业发展的经济效益、生态效益、社会效益显著，国家草牧业实现绿色、高效、可持续发展。

3. 战略布局

我国草牧业发展布局要做好因地制宜，分区施策，整体推进与差异化发展相结合。在草原牧区，注重平衡草地的生态和生产功能，兼顾草地生态安全和草地生产力水平，在部分适宜地区发展栽培草地，人工种草与天然草地保护及适度利用相结合发展；在农区，发展以"草田轮作"为核心的粮草兼顾型农业，发展优质人工栽培草地，推进粮草兼顾型农业的发展，为农业发展提供新的增长点；在农牧交错带区域，通过优化种养结构、完善耕作制度、合理调整空间布局，形成"栽培–加工–养畜"产业链，构建农区与牧区相耦合的草牧业生态系统；在南方地区，在保障植被的水源涵养和水土保持功能的同时，适度利用草山草坡的生产功能，开展林下种养、冬闲田及农闲田种草培肥，充分利用低山丘陵地域优势推动特色种养，发展南方高效特色草牧业；在盐碱地滨海地区，充分利用中低产田和盐碱地资源，选育适宜的牧草品种，开展人工草地种植，在改良土壤质量、保障生态环境的同时，高效产出草产品，为家畜养殖提供饲草保障。

（二）生态草种业战略布局

1. 战略思路

以生态文明和美丽中国建设为导向，统筹山水林田湖草沙系统治理，推动国土绿化高质量发展，深入贯彻落实《中华人民共和国种子法》《草原法》《国务院办公厅关于深化种业体制改革提高创新能力的意见》，以推进供给侧结构性改革为主线，以提高发展质量和效益为中心，以草种使用优质化、种子生产基地化、草种业管理法治化为总目标，发挥市场在草种业资源配置中的决定性作用，发挥政府的引导作用，突出抓好强创新、固基础、搭平台、重服务、严监管工作，推进草种生产和管理的现代化，开创草种业高质量发展的新局面，为推进草原生态保护建设、草牧业发展、城乡绿化提供坚强有效的保障。

2. 战略目标

全面制定我国未来十五年草种业发展战略规划，明确近期、中长期各阶段发展重点，着力攻克种业重大基础科学问题，突破基因编辑等颠覆性技术，在原创基础理论、重要基因挖掘等战略必争领域抢占草种业科技制高点；以种业科技创新为先导，构建高效的现代草资源育种技术体系，重点培育优质高产高抗的苜蓿、羊草、披碱草、老芒麦和偃麦草等草种，多抗高抗绿期长的狗牙根和黑麦草等草坪草品种；将西部地区专业化草种子生产带建设列入国家中长期发展规划，构建专业化种子扩繁体系，实现优良品种逐代扩繁的质量控制；创新体制机制，推进科研与生产、市场的深度融合，全面建成高效的商业化育种体系，形成技术和产品的国际竞争能力。

近期目标：通过技术促进与产品带动，力争在 2025 年初步建立现代草种业科技创新体系。

中期目标：到 2035 年草种业自主创新能力和国际竞争力显著提升，培育草种业自主创新的国际知名企业。

远期目标：到 21 世纪中叶，在国际草坪业市场占有一定份额，成为草坪业大国和强国。

3. 战略布局

为保障草原生态修复和城市园林绿化、草牧业发展，按照野生植物种子收集、新品种种子扩繁等两大类进行重点布局。

(1) 野生草种子的收集和生产

根据我国草地类型划分和主要类型的分布，参照我国行政区划，将草种收集和生产划分为东北草原区、华北草原区、西北草原区、青藏草原区、华南和西南草山区、华东和华中草地区。围绕区域特点和草种业发展需求，成立国家草种质评价协作网，各区成立草种质评价协作组，建设国家植物材料中心和种质资源贮藏库。科学布局野生植物资源收集、新品种选育和植物种子收集的任务内容。

东北草原区：以羊草、贝加尔针茅、碱茅、雀麦、黄花苜蓿、扁蓿豆等为主，建设种子采集区和制订种子采集技术规范。成立草种子质量检验检测中心，承担区域内种子质量的检测和田间检查任务；建设种子工程中心，开展种子生产、加工、处理以及保存技术与装备的研发。

华北草原区：以蒙古冰草、白羊草、大针茅、短花针茅、偃麦草、扁蓿豆、胡枝子、冷蒿等为主，建立蒙古冰草、白羊草、大针茅等的种子采集区和制订种子采集技术规范。在北京、内蒙古建设草种子质量检验检测中心，承担区域内种子质量的检测和田间检查任务；在北京、河北、山西和内蒙古建设种子工程中心，开展种子生产、加工、处理以及保存技术与装备的研发。

西北草原区：以沙生冰草、沙蒿、驼绒藜、沙米、霸王、牛枝子、花棒、羊柴等为主，建立沙生冰草、沙蒿、驼绒藜等的种子采集区和制订种子采集技术规范。在宁夏、新疆、陕西、甘肃建设草种子质量检验检测中心，承担区域内种子质量的检测和田间检查任务；建设种子工程中心，开展种子生产、加工、处理以及保存技术与装备的研发。

青藏草原区：以披碱草、羊茅、早熟禾、蒿草、紫花针茅等为主，建立披碱草、羊茅、早熟禾等的种子采集区和制订种子采集技术规范。建设草种子质量检验检测中心，承担区域内种子质量的检测和田间检查任务；建设种子工程中心，开展种子生产、加工、处理以及保存技术与装备的研发。

华南和西南草山区：以狗尾草、狼尾草、象草、雀稗、假俭草、鸭茅、芒、柱花草、山蚂蝗、多花木蓝、白刺花等为主，建立种子采集区和种子采集技术规范。在广西、海南、云南、贵州、重庆、四川建设草种子质量检验检测中心，承担区域内种子质量的检测和田间检查任务；建设种子工程中心，开展种子生产、加工、处理以及保存技术与装备的研发。

华东和华中草地区：以结缕草、狗牙根、三叶草、假俭草等为主，建立种子（种苗）采集区和种子采集技术规范。在山东、江苏、江西、湖北建设草种子质量检验检测中心，承担区域内种子质量的检测和田间检查任务；建设种子工程中心，开展种子生产、加工、处理以及保存技术与装备的研发。

（2）专业化种子生产

按照全国农业现代化规划和推进现代种业创新发展要求，将通过审定的草品种进行种子扩繁生产，建设专业化种子生产区，保障各类草种子的市场供应。

西北地区专业化草种子生产带：充分利用西北地区的光热资源和水分条件，在内蒙古西部、宁夏、陕西、甘肃、青海和新疆地区，形成草品种种子专业化生产的集中分布带，以苜蓿、红豆草、无芒雀麦、冰草、草地羊茅、披碱草、老芒麦、草地早熟禾、羊草、偃麦草、碱茅、无芒隐子草以及苏丹草、燕麦等草种为主，建设规模化专业化的种子生产示范基地。培育、扶持企业和新型经营主体进行种子生产基地建设。

华北地区专业化种子生产区：在华北农牧交错带和华北平原地区，以老芒麦、羊草、无芒雀麦、冰草、结缕草、沙打旺、草木樨、胡枝子、锦鸡儿以及高丹草等为主，建设规模化专业化的种子生产示范基地。培育、扶持企业和新型经营主体进行种子生产基地建设。

华东地区专业化种子生产区：在山东胶州半岛、江苏盐城地区，以结缕草、狗牙根、多花黑麦草、金花菜等为主，建设规模化专业化的种子生产示范基地。培育、扶持企业和新型经营主体进行种子生产基地建设。

华南和西南地区专业化种子（种苗）生产区：在广西、海南、云南、贵州地区，以杂交狼尾草、狗尾草、柱花草、芒等为主，建设规模化专业化的种子生产示范基地；以王草、象草等为主，建设规模化专业化的种苗生产示范基地。培育、扶持企业和新型经营主体进行种子生产基地建设。

（三）草原药用植物产业战略布局

1. 战略思路

以保护为主，有计划地科学采集野生药用植物资源，扩大药用植物人工种植面积，保护野生药用植物资源，满足医疗行业对中草药的需求，推动药用植物产业现代化和信息化，努力实现中药材优质安全、供应充足、价格平稳，促进我国药用植物产业可持续健康发展。

2. 战略目标

近期目标：到 2025 年，完成全国草原药用植物资源调查和规划，初步形成具有地方特色的草原药用植物产业。

中期目标：至 2035 年，进一步完善草原药用植物资源和监测体系，确保草原常用中药材生产稳步发展；大幅提升草原药用植物产业化和科技化，形成较大规模草原药用植物产业。

远期目标：到 21 世纪中叶，建成较成熟的草原药用植物产业现代生产流通体系，稳定市场价格，解决供求矛盾，显著提高药用植物资源保护和发展水平，形成具有较高竞争力和规模效益的草原药用植物产业。

3. 战略布局

草原药用植物产业布局以不同区域的药用植物资源特点为依据，形成特色鲜明的布局模式，主要有内蒙古甘草、麻黄野生植物保护区，新疆甘草、麻黄野生植物保护区，青海和西藏虫草保护区，内蒙古苁蓉保护区，宁夏锁阳保护区，内蒙古甘草、麻黄生产区，新疆甘草、麻黄生产区，青藏高原藏红花、柴胡生产区。

（四）草原生态文化产业战略布局

1. 战略思路

充分利用我国草原类型丰富的多样性的优势，适应人与自然和谐共生、传承草原民族文化的需求，大力发展草原生态文化产业，促进草原地区经济的可持续发展。

2. 战略目标

近期目标：到 2025 年，完成全国以草原生态文化产业发展为目标的草原生态文化资源调查，做好全国草原生态文化产业发展的规划，确定全国草原生态文化产业发展的布局。

中期目标：到 2035 年，在内蒙古高原草原区、西北山地盆地草原区、青藏高原草原区、东北华北平原山地丘陵草原区、南方山地丘陵草原区建成并完善 14 个各具特色的重点草原生态文化产业园区。

远期目标：到 21 世纪中叶，草原生态文化产业发展成为具有高端品质和高附加值的产业形态，在草原牧区国民经济中占有一定比重。

3. 战略布局

草原生态文化产业布局以草原生态文化产业园区为龙头，带动整个草原区的生态文化产业发展。首批布局的草原生态文化产业园区包括新疆巴音布鲁克草原生态文化产业园区，青海环湖高寒草原生态文化产业园区，内蒙古锡林郭勒温带典型草原生态文化产业园区，内蒙古呼伦贝尔温带草原生态文化产业园区，山西五台山暖性草原生态文化产业园区，黄河三角洲滨海草原生态文化产业园区，辽宁盘锦滨海草原生态文化产业园区，东北扎龙、向海沼泽草原生态文化产业园区，湖南南山山地草原生态文化产业园区，四川若尔盖高寒草原生态文化产业园区，贵州威宁山地草原生态文化产业园区，云南香格里拉草原生态文化产业园区，西藏那曲高寒草原生态文化产业园区。

（五）草原碳汇产业战略布局

1. 战略思路

发展草原碳汇产业，可借鉴已有的森林碳汇产业发展机制和经验，将草地碳汇纳入国家生态文明建设和美丽中国建设制度体系中，并通过政府调控、广纳贤才、产业链上多方面人才通力合作，以完善草原碳汇产业布局，并提高中国碳汇交易乃至国际碳汇交易市场中草碳汇的不可替代地位。首先，采取合理科学的治理措施治理退化的草原，加快治理修复的步伐，恢复其碳汇功能，并通过碳汇交易，实现退化草原治理后的稳定与可持续发展。其次，草的碳汇功能不应仅局限天然草地，响应国家"山水林田湖草沙生命共同体"的号召，还应扩大到人工草地以及草与森林、农田、果树林等多种生态系统的耦合，最大限度地利用现有资源来挖掘草的潜在固碳功能，提高耦合生态系统的碳汇功能。最后，丰富和活跃草原碳汇市场，增加农民收入的同时，普及碳汇知识，提高牧民对草原碳汇的认知。下面从几个方面提出战略发展思路。

（1）加强草原碳汇认知，增加草原碳汇的需求

提高草原碳汇需求可从以下几方面入手：首先，提高草原碳汇在国内外碳汇市场上的地位，有利于草原碳汇产业的发展。其次，草原碳汇交易是碳汇交易的重要内容，其市场建设需依托现有的碳排放权交易市场。因此，可通过政府调控，将草原碳汇纳入国家整体战略规划，打造草原碳汇的牌子，促使排放单位进行草原碳汇的购买。与此同时，打造国际草原碳汇市场，增加国际草原碳汇需求量。制定草原碳汇交易国际标准，在国际草原碳汇交易市场中争取主动权，拓展碳排放权的跨境交易。

（2）摸清草原碳储量，提高草原碳汇供应

首先，我国草原土壤碳汇潜力巨大，应该摸清不同区域的草原碳储量以及潜力，并厘清限制潜力提升的因素和技术，因地制宜地分区提高草原碳汇。其次，国家应将草原碳汇恢复和提升与草地修复计划相结合，并将草原碳汇纳入草原修复项目验收中。最后，退化草原修复要兼顾南方，南方水热条件好，退化草原碳汇潜力更大。此外，

草原碳汇潜力提升需要理论和技术支撑，因此，应该按照科技先行的思路，启动不同退化草原区域草原碳汇提升的基础理论研究和技术开发，为合理增加草原碳汇提供技术支撑，实现草在草原碳汇中的"主角"功能。

秉承"山水林田湖草沙生命共同体"的系统思想，草与林、作物等具有不同生态位和特征，应该将草与林、作物和湖泊等进行合理的耦合，在通过多学科交叉研究理论和技术支撑下，实现森林、农田等生态系统碳汇的提升，发挥"草"的"配角"碳汇功能。

（3）制定草原固碳量核算标准，完善交易平台和制度

因地制宜地制定草原固碳量核算标准，搭建不同区域的草原碳汇交易信息平台，完善配套体系，加强横向合作并强化示范引领，把草原碳汇交易市场纳入国家生态文明制度体系中，并与草原国家公园结合。打破草原碳汇交易的区域限制，与东南工业发展龙头企业碳排放需求结合，建立并完善线上交易平台，使得我国社会资源配置效率得以提高，有利于活跃不同区域经济。

2. 战略目标

（1）短期目标：构建草原碳汇市场体系

到2025年，制定出草原固碳量的核算标准，以北方草原和南方代表性草原为重点，估算出每区域草原碳汇潜力；建立每个区域草原碳汇提升的技术支撑体系。依托试点，建立网络交易平台和交易制度。尝试在农区，依托生态系统耦合理论和研究技术，通过交叉研究合作，制定草作为"配角"的碳汇核算标准。

（2）中期目标：完善草原碳汇市场体系

到2035年，在北方天然草原分布区域和南方退化人工草地试点区域，计算出草原修复后的碳储量，定期监测碳汇动态变化，确保新增碳储量的稳定。在试点区域建立15～20项碳减排项目（CCER，可抵消配额），进行碳交易。根据试点区域碳汇交易过程中存在问题，对建立核算标准、交易制度等进行调整，完善草原碳汇市场体系。耦合系统中由于草引入提升的碳储量经核算后，也可以进行碳汇交易，并根据市场反馈，在进行核算方法和制度的调整，完善耦合系统草碳汇的市场体系。

（3）长期目标：建立稳定的草原碳汇产业

到21世纪中叶，每年以15～20个CCER草原碳汇项目的速度进行推广，将草原碳汇融入草原绿色、可持续且稳定的健康发展中，最终让草原碳汇就像草原草食家畜一样，让牧民获得稳定的收益，建立草原碳汇大产业。

3. 战略布局

我国的草原主要集中在北方地区（内蒙古、青海、西藏和新疆），包括温性草原、高寒草原和荒漠绿洲草原，还有少部分草原分布在南方的草山草坡区。因而，我国草原碳汇分布不均匀且类型多样性高。目前我国尚缺乏完善的碳汇产业体系，因此需要在一些重点区域开展碳汇产业建设试点。首先是在我国西北区域天然草地区域开展碳汇试点，因为该区域不仅具有大面积草原，其碳储量和碳汇潜力均较大；其次是南方

灌草丛草地和改良后的人工草地，虽然面积小且分布零散，但是单位面积的碳储量较高，一些退化人工草地潜力也非常大，如一些退化的斑秃地；最后是农牧交错带以及一些非草地区域，遵循自然规律，将草与农作物、森林和果树林进行耦合，充分发挥草作为"配角"在其生态位上的碳汇功能，并维持生态系统的物种多样性。针对各个区域草资源的差异和特点，分区提出战略（彩图6）。

（1）北方天然草原区

北方天然草原区包括温带草原、高寒草原和荒漠绿洲草原。其中温度草原和高寒草原碳汇较大。首先摸清每个类型草原目前的碳储量，并估算出不同退化草地的碳汇潜力。根据每个类型草原特征，按照未退化草原和退化草原两个类型草原碳汇（前者较少），分别开展碳汇试点。首先，草原碳汇产业发展的重点是退化草地，由政府和企业主导，联合牧户，在科研单位协助下，依托于草原生态系统修复项目，优先开展草原碳汇 CCER 或 CDM 项目试点。一些退化区域成立了国家草原公园，可以依托该公园，由政府和企业主导，开展碳汇项目试点；或者完善原有的碳汇项目，如进一步完善原来四川草原碳汇 CDM 项目，并在新疆生产建设兵团天牧草原国家草原自然公园124万亩草地里，进行草原碳汇项目试点。其次，很多草原区已经开展退耕还草项目，可由牧民组成合作社，以5000亩为单元，建立人工草地，科研单位提供科技扶持，企业进行资金支持，在政府监管下开展碳汇项目试点。退化草地碳汇试点可在温带草原区的典型草原和草甸草原各开展1个，在高寒草原开展2个（彩图7）。最后，未退化草原碳汇主要通过合理放牧管理来提升现有土壤碳储量，可在高寒草原分别选择面积较大的未退化区域，每个区域开展一个 CCER 碳汇项目试点。由公司联合牧户，在政府协调和监管下，建立 CCER 碳汇项目。

（2）南方草山草坡区

南方草地分布较零散，有很多偏远山区灌草丛和高山草甸，相对于北方草原区，碳储量较高，但是面积较小，碳汇项目面积可做适当调整。南方偏远区域也是我国乡村振兴的重点区域，因此，政府应该联合企业，支持该区域建立碳汇产业，充分挖掘观光牧场的生态价值。由此可以通过线上碳汇交易，拉动偏远区域经济发展。可根据20世纪80年代南方草地资源开发利用项目较大的区域为试点，如贵州省灼蒲草地、湖南省南山牧场和云南大包山等飞机补播建植的人工草地。我国早期开展的一些草地改良项目，目前均面临不同程度的退化，不仅影响生产力，还导致部分土壤由碳汇变成碳源。因此，国家应该联合科研部门和相应公司在占地面积较大的人工草地，结合退化草地修复项目，开展碳汇产业试点研究。

（3）草地与其他生态系统耦合区

开展草地与其他生态系统耦合后对生态系统碳提升以及产业试点工作，完善后再进行推广。首先，提升林草复合生态系统碳汇。过去我国在宜林区采取的人工造林多是纯林，而且忽略林下植被在自然森林生态系统中的构成，不仅影响人工林生态系统的稳定性，还降低其生态功能，如碳汇功能。因此，在一些现有人工林应该研究如何引入草来挖掘人工林的碳汇潜力；未来造林应该由林草专家联合提供方案，合理搭配林草，可在沿海滩涂治理和城市人工林中开展该模式林草碳汇产业试点。其次，提升草地与农业生态系统耦合碳汇。可借鉴国外草作为覆盖作物的模式，采用草-作物合理耦合模式，提高耦合生态系统碳汇。该模式可在冬闲田面积较大区域开展碳汇产业试点。最后，草地与果树林生态系统耦合碳汇提升，我国具有大面积的果树林，而且土壤存在不同程度退化，碳基线较低，采用草与园地合理耦合，开展草-园地生态系统碳汇产业试点工作。依据以上几种模式，实现草作为"配角"在各种生态系统碳增汇中的重要作用，发展耦合生态系统碳汇产业。

（六）国土绿化及草坪产业战略布局

1. 战略思路

深入贯彻落实党的十九大精神，以习近平新时代中国特色社会主义思想特别是习近平生态文明思想为指导，紧紧围绕统筹推进"五位一体"总体布局和协调推进"四个全面"战略布局，认真践行绿水青山就是金山银山理念，以建设美丽中国为总目标，以满足人民美好生态需求为总任务，以维护森林草原生态安全为基本目标，以增绿、增质、增效为主攻方向，统筹山水林田湖草沙系统治理，依靠创新驱动，依靠人民群众，依靠法治保障，多途径、多方式增加绿色资源总量，着力解决国土绿化发展不平衡不充分问题，构建科学合理的国土绿化事业发展格局。

2. 战略目标

（1）国土绿化战略目标

2018年11月14日，全国绿化委员会、国家林业和草原局印发《关于积极推进大规模国土绿化行动的意见》，根据该文件的精神，结合国土绿化的发展态势，能够实现的战略目标如下。

近期目标：到2025年，推动生态环境总体改善，生态安全屏障基本形成；

中期目标：到2035年，国土生态安全骨架基本形成，美丽中国目标基本实现；

远期目标：到21世纪中叶，迈入国土绿化发达国家行列。

2021年8月，国家林业和草原局、国家发展改革委联合印发《"十四五"林业草原保护发展规划纲要》，明确了"十四五"期间我国林业草原保护发展的总体思路。"十四五"时期我国国土绿化主要目标是人工造林10030万亩、飞播造林1270万亩、封山育林8700万亩、退化林修复7000万亩、人工种草6070万亩、草原改良16930万亩。另外，还要有序开展科学绿化试点和森林城市群示范；开展全民义务植树；精准提升森林质量；稳步开展退耕还林还草；夯实林草种苗基础。"十四五"时期林草保护发展主要目标是，到2025年森林覆盖率和森林蓄积量达到24.1%和190亿m^3、预期乔木林单位面积蓄积量99.52m^3/hm^2、草原综合植被盖度57%、湿地保护率55%、国家公园等自然保护地面积占比18%以上、治理沙化土地面积1亿亩、国家重点保护野生动植物物种数保护率75%和80%、森林和草原火灾率分别小于等于0.91‰和2‰、林业和草原有害生物成灾率小于等于8.2‰和9.5%、林草产业总产值9万亿元、森林生态系统服务价值18万亿元。

（2）草坪业战略目标

草坪业未来发展的核心是健全草坪业的体系。草坪业涵盖以下四个体系：市场体系、生产体系、服务体系和科教体系，但目前市场体系、服务体系都还十分薄弱，不能适应草坪业的飞速发展。草坪业发展的目标如下。

近期目标：到2025年，生产体系和科教体系快速发展，市场体系和服务体系取得一定发展；

中期目标：到2035年，中国的草坪业积极借鉴发达国家草坪业发展的经验，形成具有自身特色的草坪业体系；

远期目标：到21世纪中叶，中国发展成为草坪业强国。

《中国足球中长期发展规划（2016—2050年）》中期目标2021—2030年要求建成14万块足球场，平均每万人拥有1块足球场地。2021年8月，国务院印发了《全民健身计划（2021—2025年）》，明确提出要加大全民健身场地设施供给力度。这为草坪业发展提供了新的机遇。未来，各地要切实做好城市园林绿化工作，建设分布均衡的公园体系，实现居民出行"300m见绿、500m见园"的目标，达到平均每万人拥有1块足球场地的要求。业内普遍认为草坪面积占城市绿地面积的30%，要实现这些伟大梦想，草坪在城市绿地面积中所占比例2035年应该提高到40%，到2050年应该提高到50%左右，人均公园绿地面积达到26.4m²。科研方面，力争到2025年，基本建成草坪科技创新体系，科技进步贡献率达到60%，科技成果转化率达到70%。到2035年，全面建成草坪科技创新体系，科技进步贡献率达到65%，科技成果转化率达到75%，实现草坪业现代化，跨入世界草坪业科技创新强国行列。

3. 战略布局

（1）国土绿化的战略布局

2021年5月18日，国务院办公厅印发实施《国务院办公厅关于科学绿化的指导意见》，以期推动国土绿化高质量发展，共提出10项工作重点：①科学编制绿化相关规划；②合理安排绿化用地；③合理利用水资源；④科学选择绿化树种草种；⑤规范开展绿化设计施工；⑥科学推进重点区域植被恢复；⑦稳步有序开展退耕还林还草；⑧节俭务实推进城乡绿化；⑨巩固提升绿化质量和成效；⑩创新开展监测评价。

（2）草坪业的战略布局

草坪业未来发展的核心是健全草坪业的体系。草坪业涵盖以下四个体系：市场体系、生产体系、服务体系和科教体系。从草坪业的发展情况看，这四个体系中生产体系和科教体系有了一定的发展，但是市场体系、服务体系都还十分薄弱，不能适应草坪业的飞速发展。未来 15 年内中国的草坪业要积极借鉴发达国家草坪业发展的经验，形成具有自身特色的草坪业体系。

草坪业持续健康发展的重点是草种业。长期以来，我国的草种生产和经营主要依靠政府计划调节，草种企业基本以市场贸易为主，种子以进口为主，缺乏自主竞争生存的能力不足。2000—2004 年国家先后投资 9 亿元国债资金，在全国建设 81 个草种繁殖基地，在一定程度上缓解了我国草种的供需矛盾，但这些草种繁殖基地大部分没有形成可持续的运营能力，没有从根上解决草种业的问题。大力发展中国草种业必须科学谋划、加强管理、健全机制、整合资源、创新驱动。草种业健康发展需要围绕 5 个着力点：强化顶层设计、重视基础研究、加快育种体系建设、增强国产草种供给能力、加强草种监督管理。这 5 个着力点总体反映了草坪业发展的重点方向。

（七）林草融合生态产业战略布局

1. 战略思路

按照生态优先、融合发展、科学利用、创新发展的思路，牢固树立林草融合生态产业高质量发展的理念，强化科技支撑，宜林则林、宜草则草、林草融合、林草并重，统筹规划、协同推进，持续提升林草复合系统的经济和生态功能，全力推进林草融合高质量发展。

2. 战略目标

"十四五"时期是我国开启全面建设社会主义现代化国家新征程的第一个五年，也是我国林草融合发展的重要战略机遇期。在促进林草生态优先、融合发展的前提下，树立林草融合、林草并重的科学理念，科学制定全国林草融合生态发展的总体规划，分步分区研究和布局林草融合生态产业发展的模式和规模。

近期目标：到 2025 年，初步形成一批具有鲜明特色的林草融合生态产业模式的优势企业或农业合作社，建成一批林草融合生态产业的规模示范基地和特色农畜产品生产供应基地。

中期目标：到 2035 年，林草融合生态产业基本形成林下产品的高质化、品牌化和高端化，力争形成一批具有林下生态产业形态和特色产品品牌的优势企业和农业合作社。

远期目标：到 21 世纪中叶，林草融合生态产业发展成为具有高端品质和多样化的产业形态，在国民经济中占有一定比重。

3. 战略布局

（1）林草融合生态发展总体规划要实现空间布局"一张图"

这既是对林草空间实现精准管理的有效途径，也是林草相互渗透、相互融合和自然演替客观规律的必然要求。国家和各地政府部门编制总体发展规划时，应按照生态需要引导、自然条件适宜和尊重现状的原则，科学制定林草融合生态产业发展的总体规划，合理布局林草资源的发展空间，切实做到同一生态空间内宜林则林、宜草则草、林下有草、林草融合，以此推动林草"两张皮"的问题得到根本性解决。

（2）因地制宜，制定不同类型和功能特点的林草融合生态产业发展模式

我国不同生态地理区域的气候和土壤等自然条件、林地类型及其生产经营方式等存在不同，林草融合生态产业发展模式的类型和功能特点就会有所差别，但不论发展何种类型的林草融合生态产业模式，要因地制宜，切合当地实际发展的区域特点。例如，温带和暖温带大陆性季风气候影响的华北地区适宜发展果园间种白三叶观光采摘模式，果园间种白三叶或二月兰、冬油菜等的果园绿肥模式；在平原林地适宜发展林下菊苣草地、菊苣+鸭茅+多年生黑麦草混播草地生态放养鸡模式。西北干旱半干旱地区地势相对低矮、土壤相对肥沃的稀疏林和灌木林地，可适度实施林下天然草地放牧牛羊等草食家畜利用模式，并配套建植一定面积的优质高产人工草地用于补饲。热带亚热带季风气候影响的南方地区是林间草地放牧家畜高效利用模式的重要区域，丰富的疏林和灌木林地资源为林间草地放牧利用模式的推广应用奠定了重要基础。

（3）强调林草融合生态产业发展适宜的林地郁闭度

随着树木的生长，林分郁闭度的增加，林床植被减少，林下优质人工草地的建植愈发困难。据多年林草复合试验研究与示范应用，林间人工草地植被的高效建植、林下草本药用植物的高效种植，林分郁闭度要在 0.6 以下可达到预期效果。另据报道，林间草地放牧肉牛立体生态复合经营的研究结果也同样要求林分郁闭度应在 0.6 以下，以地势较低的丘陵岗地稀疏阔叶林下草地、丘陵疏林草地等为好。

六、草原生态产业战略措施

（一）生态草牧业

1. 强化草牧业科技创新，完善科技人才培养体系

科技创新是草牧业发展的主动力，通过强化天然草地生态与生产、优质草畜品种选育、优质饲草种植及深加工、草畜高效营养转化与利用等环节关键技术的研发创新，构建技术集成、示范、推广相结合的创新体系，可有效补齐草牧业短板，提升产业竞争力，助力草牧业顺利转型升级，实现草牧业的高质量发展。

草牧业的发展需要重视科技人才的培养力度与培养质量，兼顾理论创新和实践创新，为草牧业发展提供坚实的后备支持。高校与地方、企业间加强科技协作，促进科技成果转化，构建优势分工协作、优势互补和协调发展的科技创新研发体系。鼓励草牧业科技人才深入基层，加强草畜科技知识培训，切实提高基层草牧业工作人员整体业务素质和技术能力。

2. 优化草牧业管理体系，深度构建草牧业产业体系

在省级、市级、县级、乡镇级逐级完善草牧业行政机构和执法机构，加强草牧业在全国范围的管理协调工作；组建国家草牧业智库，为保障国家草牧业发展提供决策咨询服务。明确草地产权制度，促进草地经营权流转，提高草地经营规模，完善草业经营系统，全面推进草牧业经营主体创新。

鼓励饲草料生产基地承包经营，探索多元化投入机制，发展各类种养结合模式，保障牧民收益率，实现草牧业节本增效和种养"双赢"。统筹规划草牧业发展，强力推动第一二三产业的深度融合发展，培育多元化的产业融合主体，探索牧民和企业间的有效合作组织模式。通过草牧业全产业链的发展，带动上、中、下游企业发展与农牧民增收，全面落实乡村振兴战略，实现草原牧区可持续发展。

3. 加大优质草畜品种选育，加快优质饲草生产体系建设

加强对国外品种的引进、吸收、创新和国内品种的提纯复壮、联合育种，提高我国草食家畜和饲草品种的生产性能。做好饲草种质资源收集、整理、测产、评价工作以及品种区域试验、新品种审定等基础性工作；大力推进我国优质饲草种子生产的规模化、专业化。做好牛、羊种良种登记，加快优良品种培育进程，提升自主供种能力，建设一批良种繁育推广基地。

科学提升天然草原生产力，引入动态草畜平衡智能放牧系统，持续推进草畜平衡建设；加大草原牧民补助奖励政策的扶持力度，确保农牧民减畜不降收；加强人工草地建设，种植优质牧草，缓解草畜矛盾，藏粮于草；饲草料深加工多元化，大幅度提高饲草产品的质量和附加值；提高秸秆饲料化利用效率和饲草转化效率；加强草牧业全产业链生态化运作，增强草畜产品竞争力，提高供给结构的适应性和灵活性。

4. 划定草地生态保护红线，合理配置生态和生产功能

划定草地生态保护红线是保障草牧业可持续发展的重要举措，可有效防止草地质量和总量下降，促进退化草地修复，保证草地生态系统的服务功能完善。草地资源与生态保护红线主要针对可用于放牧、割草和生态保护的天然草地，涵盖干旱草原和荒漠草原区、高寒草原区、山地草原区、半干旱和半湿润草原区、南方草山草坡等各类自然保护区和生态功能区。

在草原地区，加强天然草地生态保护和可持续利用研究，科学配置天然草地和人工草地，以小面积高效人工草地建设换取大面积退化草地的保护与修复，兼顾天然草地生态功能修复及优质充足饲草料的供给，生态和生产有机结合，实现草牧业系统生态效益与经济效益的协调统一，促进草原生态保护与草原畜牧业生产协调发展。

5. 完善草地生态补偿机制，扩大生态补偿资金规模

树立草地生态功能和生产功能并重的价值衡量标准，遵循切实保障牧民生产利益和草地生态恢复与保护的重要方针，将生态补偿资金列入中央和地方国民经济和社会发展的预算，构建以政府投入为主体的生态补偿机制。同时，对草原牧区工业企业征收生态税或资源税，以此方式来调动企业对草地生态保护的积极性。依托相关制度强制草原生态受益地区和财政富裕地区横向转移支付草原提供的生态服务，扩大生态补偿资金规模。补偿受体应涵盖所有为草地生态保护做出贡献或因草地生态保护而利益受损的牧民，补偿标准应随着草原牧区与全国的经济发展而做出相应调整，可以参照退耕还林标准或者实际畜牧业损失的水平进行补偿。

6. 完善灾害预警应急体系，提高草地适应性管理水平

加强草原生态和草牧业重大灾害预警应急体系建设，提高对自然灾害的预测能力和应对管理水平。在技术方面，从源头上预防和控制饲草重大病虫害和动物疫病的发生，保障草牧业持续健康发展；在生产供应方面，大力推动人工草地建设工程，扩大人工草地面积，保证饲草供给能力；在政策方面，构建各草场间的联动机制，提高气象灾害发生时牲畜的移动性；在牧民适应方面，开展适应性技术及措施培训，推广适应性技能，增强牧民适应性管理水平。

（二）生态草种业

1. 健全法律法规，建立种子市场监管和监督机制

在《草原法》《种子法》的基础上，进一步推进《草种管理办法》等各项法律法规的制定和修订工作，完善相关法律法规和标准建设，做到有法可依、有章可循，强化草种子的市场监管和行政执法，严厉打击制售假冒伪劣种子行为，维护市场秩序。

2. 健全草种业政策规章，补齐政策短板

按照党中央在十九大报告提出统筹山水林田湖草系统治理的方针和已有的政策，加强品种知识产权保护，建立推广符合国内种子生产的 3 级认证制度，对优良品种的审定和推广给予一定的经费补贴，提高优良品种的市场竞争力，规范种子市场，实现种子销售优质优价。完善与草种业相关的土地、税收、投资等配套政策和促进产业化发展的激励政策及监管措施。加强种子质量监督和检测管理体系建设，将草种打假纳入农资打假综合执法工作中，保护优良品种的使用、生产者和消费者的正当利益，保障种子市场贸易的健康持续发展。

3. 创新种业发展与合作机制，促进新品种培育及专业化种子生产技术体系建设

坚持创新驱动，引导和支持种子经营企业建立自己的研发团队，建设专业化种子生产基地，或采取与院校、科研单位联合协作等方式建立相对集中、稳定的种子生产基地，形成以市场为导向、资本为纽带、利益共享、风险共担的产学研相结合的草种业技术创新体系，实现新品种的商业化转化和新品种选育到种子专业化生产的无缝对接。另外，加强牧草种子生产龙头企业的培养，扶持专业化种子生产企业，合理布局、科学配置生产、收获、加工等能力，提高种子生产水平，不仅为草种业的国产化奠定扎实基础，而且也满足现代草业发展的迫切需要。

4. 强化科技创新，实施种子产量提升创新工程建设

加强草种业的科技攻关和创新能力，建设草种子产量提升创新工程，培养专业技术人才，重点围绕专业化种子生产、收获、加工处理以及贮藏等关键技术，实现种子质量控制与保持机制突破，创新种子成熟和产量形成机理，持续提高种子的产量和质量水平。建设国家级育种、草种子科技创新中心，提升种子科学与技术水平，不仅为草种业的国产化奠定扎实基础，而且也满足现代草业发展的迫切需要。

(三)草原药用植物产业

1. 查清资源，制定规划

在 3~5 年内摸清重要的药用植物资源的产区、分布、生长环境、蕴藏量、可采量，为以后合理开发、提高经济效益、减少资源浪费提供宝贵的资料，并在此基础上制定合理利用规划。作为重要的生态资源，在加强草原药用植物保护和合理利用的前提下，推动中药材科学化、规模化、规范化和集约化种植，促进生态环境修复的同时，带动当地经济绿色健康发展。以第四次全国中药资源普查工作为契机，进一步完善药用植物资源监测信息和技术服务体系，建立有规模、有品质、道地以及濒危药材种子种苗繁育基地，最终实现药用植物产业健康可持续发展和绿色生态的良性共赢。

2. 建立中药材生产基地

我国中医用药有其独特的理论体系。其对药材的要求很严格，特别强调其地道性。为此，要根据《中药材生产质量管理规范》(GAP)的要求，建立中药材生产基地。这些基地建设的目标应是品种化、品牌化、检测现代化，生产逐步机械化、现代化、规模化。关键是要地道化、性状质量指标明确化、产品质量指纹图谱化、饮片规范化。国家要在 5~15 年内分区建成多种中药材生产基地 20 处。其中东北地区以人参、细辛、五味子、甘草等为主，西北地区以枸杞、当归、大黄、阿魏等为主；华东地区以丹皮、薄荷、浙贝、元胡等为主；华南和华中地区以地黄、牛膝、山药、菊花等为主；西南地区以川贝母、川牛膝、麦冬、天麻等为主。

3. 发展民族医药，建立民族药用植物基地

我国是多民族的国家，民族医药历史悠久、特色明显，为我国各民族的健康和繁衍做出了极大贡献。要在 5~15 年内，建成蒙药(蒙古族)、藏药(藏族)、彝药(彝族)药等药用植物基地。

4. 加强对野生药用植物的种群保护

通过政府机构和管理部门的行政手段，划定野生药用植物资源保护区，并制定相应的药用植物资源保护、开发、利用政策，加大管理保护力度，以利于天然药用植物资源的休养生息。对濒危野生药用植物，进行就地保护或易地保护，建立不同级别药用植物园，使之成为野生药用植物种质繁衍基地和药用植物资源基因库。应用现代生物技术手段，如组织培养和细胞培养等，对珍稀、濒危的药用植物进行快速繁殖，以提高该类药用植物的产量，满足市场需求。加强宣传教育，提高全民保护野生药用植物资源的意识，动员全社会力量，保护天然药用植物资源。

（四）草原生态文化产业

1. 转变思想观念，以创新理念推动草原生态文化产业

我国《"十四五"发展规划纲要》明确把创新放在我国现代化建设的核心地位，把科技自立自强作为国家发展战略的支撑。改革开放30多年来，我国经济发展的巨大飞跃，离不开解放思想、勇于创新。要大力发展草原生态文化产业，就要转变思想观念，坚持创新，树立科学的资源观、文化发展观和产业关。对于我国广大的草原地区来说，文化产业发展与其他发达地区相比，整体上还处于探索、发展的初级阶段。要实现该地区草原生态文化产业的可持续发展，就必须从现阶段实际出发，牢固树立科学的资源观、文化发展观和产业关，把握草原生态文化产业发展的趋势，合理规划，积极探索，找出适合各个地区草原生态文化产业发展的本地化途径，真正将草原生态文化产业做大做强，使草原生态文化产业成为草原地区的龙头支柱产业。

2. 完善法律法规和相关政策，建立良好的草原生态文化产业可持续发展的新环境新秩序

世界上文化产业发达的国家，如美国、法国、日本和韩国等，也是文化产业保护较先进的国家，且在文化产业法律制度方面也一直位居世界前列。例如，美国有《版权法》《艺术家与防盗版法》《国家艺术及人文事业基金法》等，法国有《资产文化税制优惠法》《历史古迹法》等，日本有《文化艺术振兴基本法》《文化财产保护发》等，韩国有《文化产业振兴基本法》《网络数字内容产业发展法》等。我国要借鉴这些发达国家的先进经验，尽快出台可以指导整个文化产业发展的全国性的文化产业政策法规，同时针对不同文化行业，制定更加详尽的各行业法规政策，规范公共事务，约束具体文化行为，解决高速发展的文化产业与相对滞后的产业政策之间日益突出的矛盾和问题。

针对不同地区经济发展不平衡、文化资源开发与利用不平衡等问题，特别是我国草原地区经济发展相对落后、草原生态文化产业发展水平较低，必须制定适合各个地区文化产业发展的政策法规，与国家层面上的法规政策相配套，建立良好的草原生态文化产业发展的新环境新秩序，促进草原地区文化产业的蓬勃发展。

此外，要健康发展草原生态文化产业，还要以创新的理念推动政府职能转变，各级政府部门除了完善相关的法律法规外，还要制定相应的草原生态文化产业监管制度、开发申报和审批制度及奖惩制度，采取更加严格的制度标准，定期对草原生态文化产业进行审查。同时，优化劳动力、资本、土地、技术、管理等要素配置，推动新技术、新业态蓬勃发展，提高劳动密集型产品科技含量和附加值，不断强化企业创新主体地位和主导作用。进一步加大投入力度，积极探索建立文化产业创业投资和产业创新等基金项目，通过补助、奖励、贴息等多种形式，大力支持草原生态文化产业项目建设。此外，积极推进草原生态文化产业投资及服务等相关信息服务平台建设，及时发布草原生态文化产业相关信息，为草原生态文化产业发展提供必要条件和优质服务。

3. 优化草原生态文化产业结构，构建草原生态文化特色产业体系

要推进草原生态文化产业的可持续发展，就要优化草原生态文化产业结构，全面推进草原生态文化产业升级，整合草原地区民族文化资源，构建草原生态文化特色产业体系。

我国草原地区不仅有丰富的自然资源，而且还有积淀深厚的历史文化资源。推进草原地区各种资源有效整合，打破行业垄断、行政壁垒和条块分割，运用市场机制，使分散的资源集约化，形成集约化程度较高的、有市场前景的草原生态文化产业基地，打造具有市场活力的草原生态文化产业项目，促进草原生态文化产业经济持续稳定增长。

针对草原地区传统化的生态文化产业结构，必须紧跟时代步伐，实行产业升级。找准草原生态文化产业方向，调整草原生态文化产业结构，对新兴的具有市场发展潜力的草原生态文化产业进行重点扶持，增加高新技术比重，创造生态文化产业新业态。同时，大力开展草原地区民族文化资源的普查工作，摸清草原生态文化家底，适时打造草原生态文化产业民族化品牌。加大对民族草原生态文化产业项目和相关品牌建设的投入，重点扶持和发展具有草原民族地区特色、符合社会需求、具有辐射带动作用的草原民族文化品牌，提高草原生态文化产业的影响力，加快草原生态文化产业建设，促进草原生态文化产业发展。

4. 培养高素质、高水平的草原生态文化产业队伍，提高草原生态文化产业的质量

文化产业是一种典型的知识经济，创新是文化产业蓬勃发展的基石，创新的关键在于人才，储备了优秀的人才，才能使文化产业具有更大的生命力和竞争力。要推进草原生态文化产业可持续发展，就要打破技术约束，培养一支优秀的草原生态文化产业队伍，在草原生态文化产业的决策、管理、经营、研究、教学和创新等方面保驾护航。草原地区各级政府部门必须高度重视草原生态文化产业人才的培养开发和引进工作，建立合理、灵活的用人制度、薪酬制度、奖励和激励制度，吸引国内外优秀人才到草原文化地区工作，推动草原生态文化产业的振兴和可持续发展。对现有的草原生态文化产业相关人才，可适当提高福利待遇、发展晋升机制和培训平台，稳定现有从业队伍。同时，不同草原地区还要根据当实际情况，发展培育一批对当地草原生态文化热爱且专业的文化产业人才。

建立多方位多层次的草原生态文化产业人才培养体系，必须整合各方力量和资源，发挥高等院校的主渠道作用，合理设置并发展草原生态文化产业专业和机构，加强草原生态文化产业高科技人才队伍建设，培养草原生态文化产业相关的艺术、设计、传媒、研发的专业技术人才，为草原文化产业发展提供人才保障。

（五）草原碳汇产业

1. 提高公众碳汇认知，优化碳汇扶持政策

草原碳汇需求主要受内部因素、外部因素和市场机制三大因素影响。因此，需从这些方面入手来增加草原碳汇需求。内部因素包括草原碳汇认知度、选择偏好等，可通过加强媒体宣传，提高企业以及公众对草原碳汇的认识，普及草原碳汇的重要性，进而提高其草原碳汇的支付意愿。可通过草原碳汇积分，建立个人草原碳汇信用以及呼吁大家购买碳汇基金等。外部因素主要是政策导向和减排成本等，国家制定合理碳减排政策和碳税政策，并提高碳汇扶持政策，促进企业草原碳汇购买的意愿。当草原碳汇交易成本小于潜在的减排所需资金时，企业就会选择购买草原碳汇。市场机制主要是指减排配额、抵消比例和风险承担等，要严格控制碳排放额，提高草原碳汇的抵消比例，合理承担碳汇风险，这些措施会提高碳汇需求。

2. 建立不同区域碳汇监测网，提升区域草原碳汇潜力

摸清目前草原碳储量，估算碳储量潜力后，启动退化草原碳汇潜力提升技术研究。将退化草原碳汇潜力提升与草地修复项目相结合，并将碳汇提升指标纳入退化草地修复项目中。由于我国草原类型多样，各个区域草地修复技术差异较大。因此，应根据不同区域草地退化情况以及草原碳储量对气候变化和人为干扰敏感度的差异等，划分为以下主要碳汇功能区。

（1）北方温带退化草原区

温带退化草原包含退化草甸草原和退化典型草原，其降水量具有很大差异。因此，应该根据降水等特点在两个区域开展修复技术研究，不仅仅针对恢复退化草地生产力，同时也兼顾退化草地碳汇潜力等功能的挖掘。对于两个区域一些退化不严重的区域，可采用围栏封育，结合补播以及划区轮牧等技术；对于退化严重的区域，针对土壤养分等问题，进行土壤改良后，采用乡土植物豆+禾+杂类草进行补播。

（2）青藏高原退化草原区

与温带草原相比，高寒草原土壤有机碳含量对土壤类型转化和气候变化表现得更为敏感，高寒草原土壤有机碳损失率是温带草原的 3.3（1～5 年）和 7.3 倍（6～10 年）。因此，高寒草甸区应归为碳汇敏感区，应重点开展退化草地碳汇提升技术研究，在修复退化草原同时挖掘其碳汇潜力；与此同时，应开展气候变暖对未退化草原碳汇的影响，为未退化高寒草甸在气候变暖下碳汇维持和提升提供技术支撑。

（3）南方退化草山草坡区

南方草原具有很高的固碳潜力，但是由于不合理的开发利用，存在不同程度的退化，其碳汇基线较低，甚至由碳汇转化成碳源。鉴于南方较好的水热条件，南方草地未来碳汇潜力较大，应加强科学研究，挖掘其碳汇潜力。研究表明，我国南方最大的人工放牧草地——湖南南山牧场，其土壤有机碳相比于建植初期（1980 年），下降了

71%，严重区域出现斑秃，而且由于土壤退化，草的固碳能力也严重下降，其生产力仅是建植初期8.9%。这样草地将会成为我国未来重要碳汇增加区，应加大修复力度。我国西南地区，尤其是贵州，拥有大面积的喀斯特地区，可以采用不同功能草-灌进行组合，结合合理的放牧管理，修复喀斯特区域的同时，提高该区域碳汇的功能，多途径地增加当地农民的收入。因此，可以在贵州喀斯地区建植草-灌人工草地碳汇项目试点。

（4）草地与其他生态系统耦合区

我国人工林多数是纯林，不仅稳定性低，而且生态功能也相对较低。因此，结合低效林提升项目，可以将灌草引入，来提升纯林的碳汇功能。与此同时，我国一些滩涂盐碱地，也可采用耐盐林草结合，在盐碱地建植碳汇林。此外，我国拥有大面果树林，而且一些果树林分布在南方丘陵区域，以前清耕方式导致果林土壤质量严重下降，碳汇功能也较低。因此，将草引入到果树林，发展果树林林下草碳汇。

3. 加快建设草原碳汇交易市场的支撑体系

在探索发展草原碳汇产业中，参考国际以及林业碳汇发展的已有经验，并将其与我国国情和现存问题结合在一起，促进并完善我国草原碳汇市场。将草碳汇交易市场的建设完善纳入我国生态文明体制建设中，将其作为当前及未来环境治理和生态保护市场体系的重要部分，立足于国家生态文明建设高度，进而明确草碳汇在碳汇交易市场中的重要地位。此外，还需在经济社会总体发展规划中，将草碳汇交易市场列入其中，进而在提高政府、企业和公众对草碳汇认知的同时，还为草碳汇项目的开发和市场交易提供保障。

草碳汇交易市场不同于一般物品的交易市场，整个产业体系是一项系统的工程，需拥有一整套合理合规且完整的支撑体系，进而保证草原碳汇市场顺利运营。首先，应该明确草碳汇交易管理机构，建立草原碳汇监测、验证与认证机构，形成政府、企业和公众共同参与的监督机制，因地制宜地构建完整的草原碳汇统计、监测、核查和监督体系。其次，需要加快草原碳汇产业链上不同专业知识的人才培养，如碳基金、碳信用、碳交易、碳评估等方面的专业人才。最后，建立健全草原地上地下监测体系和碳汇信息库，形成各地区的草碳汇基准账户，为草碳汇交易市场长期稳定发展提供坚实的信息支撑。

4. 制定草碳汇交易的法规、标准和指导意见

与具体商品交易的市场不同，草原碳汇交易市场属于创建性市场，需要政府制定和完善相应法律、法规、标准、政策，规定碳汇标准核算方法和定价。首先，要完善《草原法》，增加草原碳汇确权、草碳汇交易法律要求等内容。只有明确草原碳汇的所有权和使用权的隶属关系等，才能激发广大群众对草原碳汇的重视。其次，要从国家层面或部门层面的针对草碳汇交易出台专门指导意见，明确建设草碳汇交易市场的指导思想、原则、目标、重点任务和保障措施，为建设草碳汇交易市场提供方向指引。

最后，推进草碳汇交易法治化，在《碳排放权交易管理条例》中，明确交易双方的权利义务和法律责任等，便于审查和评价草碳汇交易相关的经济活动，确保草碳汇交易有法可依。最后，推动草碳汇评估法治化，建立官方评估制度，分区出台草原碳汇相关的计量和实施标准，因地制宜的确保草碳汇交易有据可依。

9. 依重点分区开展草碳汇交易市场建设试点

将内蒙古、西藏、新疆和青海等草原大省以及南方人工草地面积大的地区作为试点地区，探索草原碳汇产业发展模式。首先是探索不同区域草碳汇核算方法学以及碳汇的变化风险应对策略，如高山草甸固碳量核算方法和平原草原固碳量核算方法是有差异的，应该分开建立标准核算方法。其次，在不同试点地区开展草碳汇项目的申报、核查等，因地制宜地分析研究并解决草碳汇交易环节中有可能出现的问题，优化草碳汇项目运行机制，简化流程。最后是在不同试点区域建立草碳汇交易平台，制定草碳汇量核证以及一级和二级市场交易流程，通过不同融资和参与方式推动碳汇项目扩张的途径，因地制宜地建立草碳汇交易可复制的样板机制。此外，需在试点区域探索、建立并完善当地草碳汇交易的政府管理体制，并及时解决当地在管理体制执行过程中出现的问题，达到完善整个草碳汇交易过程中的政府管理体制的目标。

10. 借助碳排放权交易市场推进草原碳汇交易

碳汇可通过抵消机制、碳中和机制等途径进入碳排放交易市场，成为碳交易市场的重要组成之一。目前我国正处于建设全国性碳排放交易市场的关键时期，交易规则、监管制度等正在形成。故而应当在碳排放交易市场完善时期，在试点区域，探索并推进草原碳汇交易市场的完善，推动将草原碳汇项目纳入全国甚至国际碳排放交易体系中，在碳排放交易相关条例中，明确提出草原碳汇项目的合规交易途径和方式，从而提高草原碳汇交易在碳排放交易市场中的地位。

（六）国土绿化及草坪产业

1. 健全国土绿化政策机制，完善相关法律法规

完善土地支持政策，对集中连片开展国土绿化、生态修复达到一定规模和预期目标的经营主体，可在符合国土空间规划的前提下，在依法办理用地审批和供地手续后，将一定的治理面积用于生态旅游、森林康养等相关产业开发。探索特大城市、超大城市的公园绿地不纳入城乡建设用地规模管理的新机制。完善林木采伐管理政策，优先保障森林抚育、退化林修复、林分更新改造等采伐需求，促进森林质量提升和灾害防控；放活人工商品林自主经营，规模经营的人工商品林可单独编制森林采伐限额，统一纳入年采伐限额管理。将造林绿化后期管护纳入生态护林（草）员职责范围，并与生态护林（草）员绩效挂钩。完善并落实草原承包经营制度，明确所有权、使用权，稳定承包权，放活经营权，规范草原经营权流转，压实责任主体，持续改善草原生态状况。

根据《草原法》，积极推动将城镇草坪、绿地纳入草原管理范畴，明确城镇草坪、

绿地从属草原。同时，建立完善草坪相关制度和法律法规，以法制手段来规范草坪业市场，确保其沿着法制化轨道健康发展。另外，草坪业监管缺位，管理无明确主管部门，多部门管理不能适应我国草坪业的发展。草坪业是草原事业的延伸，国家林业和草原主管部门应担负草坪业管理的职责，将草坪纳入草原保护体系进行科学管理，推动草坪业健康发展。各级林业和草原主管部门要切实加强对草坪业的指导和管理，将草坪业像化工、制造、机械等相关产业一样作为国民经济发展的重要产业来抓，切实促进草坪业科学发展。

2. 科学编制系统的国土绿化规划

绿化相关规划必须与国土空间规划有效衔接，做到"多规合一"。各地要根据第三次全国国土调查数据和国土空间规划，综合考虑土地利用结构、土地适宜性等因素，科学划定绿化用地，实行精准化管理。以宜林荒山荒地荒滩、荒废和受损山体、退化林地草地等为主开展绿化。结合城市更新，采取拆违建绿、留白增绿等方式，增加城市绿地。鼓励特大城市、超大城市通过建设用地腾挪、农用地转用等方式加大留白增绿力度，留足绿化空间。鼓励通过农村土地综合整治，利用废弃闲置土地增加村庄绿地；结合高标准农田建设，科学规范、因害设防建设农田防护林。依法合规开展铁路、公路、河渠两侧、湖库周边等绿化建设。严禁违规占用耕地绿化造林，确需占用的，必须依法依规严格履行审批手续。

提高城市绿地系统规划的地位，打破以往的被动地位，在规划编制中认真研究用地面积、分布情况、绿地的类型及效应，合理科学规划，形成一个专项规划，在此基础上再和城市总体规划进行协调，在不低于城市绿地系统规划标准的基础上进行动态调整，就可以提升规划的完整性、科学性、合理性和可操作性。保存现有的城市绿地通常被建议作为有效绿地规划的第一选择，在绿化空间有限的城市中可以大力发展屋顶绿化、垂直绿化等项目。在选择植被类型时应用生态学原理，如采用更自然的物种组成来增加生物多样性。

3. 重视绿化养护，树立养护意识

完善国土绿化养护的法律法规，严肃查处破坏绿化成果违法行为，绿化主管部门应制定统一的绿化养护管理技术标准和操作规范，使绿化养护管理工作目标明确，绿化养护管理科学化、规范化、合理化。绿化相关的主管部门一方面要做好宣传资金的规划配置工作，为后续的宣传教育提供基础保障；另一方面要做好保护绿化环境理念的宣传教育创新工作，更多地使用信息化手段，以此来打破时间和空间的限制，拓宽保护绿化环境理念的宣传教育途径。绿化养护管理工作中，严格实行精细化管理与全过程管理；另外，要细化分解绿化养护管理工作的权责，落实到具体的人员身上，防止出现"无人管"和"多人管"的问题。切实了解"种什么"的问题，遵循"因地制宜，适地选植"的设计理念，尽可能选择与当地环境相适应的植物树种或选择本土植物树种。加强专业技能培训，提高绿化养护从业人员职业水平，有针对性地制定相应的培训措施，定期对绿化养护人员进行绿化养护专业技术知识培训。

绿化养护管理工作具有长期性的特点，单纯依靠主管部门和工作人员来落实绿化养护管理工作，虽然可以取得较好的成效，但是无法实现最佳的效果。因此，绿化养护管理知识的宣传教育工作必须与时俱进，确保更多的人可以认识到绿化养护管理工作的重要性，树立全面的保护意识。保护绿化是我们所有人都必须共同努力的方向，对于任何侵犯破坏绿化的行为举止都应该进行严格的制止与管理。加强绿化养护的相关知识宣传，让大众都能够意识到养护的重要性，把保护绿化环境与生活环境的保护联系起来，为人们今后的生活环境创造一个优美愉悦的未来。

4. 大力发展草坪草种业

2021年7月9日中央全面深化改革委员会第二十次会议，审议通过《种业振兴行动方案》，将种源安全提升到关系国家安全的战略高度。我国种业发展滞后，尤其是草坪草种。解决草坪草依赖进口问题，种质资源的收集利用与保存是关键。需要加大种质保护的投入，完善各类基础设施，为各类资源的入库圃安全和保存提供设施保障。

加强草坪草种质资源基础性研究，建立重要林草物种基因图谱，通过生物育种技术对其进行改良和创制，应用转基因和基因编辑育种技术，开展特异基因发掘及利用；整合育种创新资源和产业资源，构建以企业为主体的商业化育种体系，促进要素聚集、高端研发和先导技术集成，实现从传统育种向生物育种、从经验育种向精确育种、从科研育种向商业育种转变。积极推进构建一批草坪种业技术创新战略联盟，支持开展商业化育种。鼓励支持各种经营主体通过并购、参股等方式进入林草种业，优化资源配置，培育具有核心竞争力和较强国际竞争力的"育繁推一体化"现代化林草种业龙头企业。

根据我国实际情况，首先从解决品种种苗的真实性入手，开展林草种苗官方认证。需要依据《种子法》，参照经济合作与发展组织（OECD）、北美官方种子认证机构协会（AOSCA）等机构，制定种苗认证的标准、规程、方案，审核品种、认证培训、裁定争议；建立数字化管理平台，保证认证种苗可追溯；建立种苗认证管理体系，配置资源、集合力量，组织开展种苗认证工作。建立起适合我国种苗业发展需要的认证技术体系，使我国的种苗认证尽快与世界接轨。

5. 促进科技转化，推进产学研一体

应当加大科研力度逐步转变林草科研项目少、投入资金少及无法开展系统性、长久性研究的现状。鼓励形成多主体、多层次的科技创新投入体系。要积极争取科技政策，拓宽科研经费渠道，主动加强与科技、财政、发改等部门对接，强化林草重大工程建设的科技支撑，建立林草重大工程经费不低于3%用于科技经费制度，切实做到规划有位置、资金有盘子。

林草科技推广转化重点在乡村和企业。要巩固完善涵盖林草科技推广站、乡镇林草工作站、林草科研院所、高校和涉林涉草企业等各类主体的多元化林草科技推广体

系。探索建立林草乡土专家等新型推广队伍体系，选聘一大批种植大户、技术能人为"林草乡土专家"，设立"林草乡土专家"服务站，组织开展技术培训和服务，建立激励引导机制，打造一支不离乡间、熟悉乡情、掌握技术、热心服务的科技推广队伍，提高农民科技素质和致富能力，破解"最后一公里"难题。

绿色行业的优良发展需要推进以企业为主体开展产学研协同创新体系。建设企业为主体、市场为导向、产学研深度融合的技术创新体系建设，有关部门不断强化科技计划管理顶层设计，统筹科技资源，支持有能力的企业承担国家科技项目，组建国家重点实验室、国家技术创新中心等高水平科技创新平台，构建以企业为主体、产学研协同的创新体系，引领带动行业技术进步，取得积极成效。同时，推行科研单位创办企业或与企业横向联合，鼓励企业实行强强联合，优势互补，提升行业科技水平，着力培育科技型专业化行业龙头企业、产业园区和示范基地，集中优势资源，形成全产业链条，推进草坪企业知名品牌建设，降低成本，增强市场竞争力。

总之，未来我国国土绿化要从只注重数量向数量质量并重方向转变，坚持科学绿化、规划引领、因地制宜，走科学、生态、节俭的绿化发展之路。持续加大以林草植被为主体的生态系统修复，有效拓展生态空间；大幅度提升生态资源质量，着力提升生态服务功能和林地、草原生产力，提供更多优质生态产品；大力保护好现有生态资源，全面加强森林、草原、湿地、荒漠生态系统保护，夯实绿色本底，筑牢生态屏障。聚焦林草科技发展基础薄弱、机制不活、高端人才匮乏、产学研结合不紧、科技支撑能力不强等突出问题，推进林草事业高质量发展和现代化建设。而草坪业更需合理利用资源优势，构建完善的草坪业发展体系，助力科学绿化的推进。

（七）林草融合生态产业

1. 科学规划与合理布局，推进林草融合高质量发展

2018 年国家林业和草原局的组建成立，从资源管理层面上实现了林草资源功能的高度融合，对推进国家治理体系和治理能力现代化、统筹山水林田湖草沙系统治理具有极其重要意义，充分体现了党中央和国务院对林业和草原工作的高度重视，为林草融合生态产业的高质量发展指明了方向，提供了政策保障。从高质量发展林草融合生态产业和保障国家生态安全的角度出发，整合和聚集政产学研用各方资源和力量，共同对林草融合生态产业高质量发展进行科学总体规划，因地制宜，合理布局不同生态地理区域、不同林地郁闭度条件下的林草融合生态产业发展模式，提升其综合生态、经济和社会效益，全面推进林草融合高质量发展。

2. 挖掘林地资源优势，合理构建林草融合生态产业发展的优化模式

目前大规模林下土地资源开发利用不充分，林草结合不紧密，造成林下土地利用率和生产效率相对较低，应依据我国不同生态地理区域的气候、地形和土壤等自然条件、林地类型及其生产经营方式，发挥当地林地资源优势，提出林草复合模式下的林

间土壤养分和水分利用效率的调控技术，合理构建出适应当地实际的林草融合生态产业发展的优化模式，科学制定林草融合生态产业效益的综合评价体系。

3. 建立高标准的林草融合生态产业发展示范基地

高标准规范化的林草融合生态产业示范基地建设是加快推进林草融合生态产业高质量发展的重要途径和宣传展示窗口。应针对不同生态地理区域和不同林分条件，建立一批富有特色的林草融合生态产业的生产加工示范应用基地，发挥积极示范带动作用。

4. 建立健全激励机制，提供林草融合生态产业高质量发展的新动能

针对林果生产、草业发展与畜禽养殖等的生态产业融合发展的重点企业或专业合作社，国家和地方政府应出台相应的配套政策及优惠补贴扶持政策，建立林草融合生态产业发展的补贴基金，使之享受到与粮食作物生产一样的良种补贴、生产机械等的相应补贴。创新投资机制，出台信贷、税收等优惠政策，引导社会资本进入林草融合生态产业，形成多元化投资机制，落实国家已确定的用地政策，激励各类经营主体投资林草融合生态产业的基础设施和服务设施建设。

5. 完善林草融合生态产业技术推广服务体系，提高全社会林草知识普及率

林草融合生态产业模式是一个组织结构复杂的农林复合生态系统，涉及水、土、气、林、草、动物、微生物等自然和生产要素的全产业链各个环节，形成有机完备的研发与技术体系，统筹政产学研用多方资源，协同推进，形成"省-市-区-镇-村-企业或专业合作社"的多级示范推广服务体系。利用广播、电视、报刊和网络等多种类型的新闻媒体，以多种形式向社会广泛宣传林草基本知识以及林草融合生态产业发展的基本理论、典型模式、功能作用、效益，提高公众对林草融合生态产业发展的思想意识。

专题 4

草原重大生态工程战略

■ 专题负责人：樊江文　黄　麟　张　博
　　　　　　　邵新庆　张海燕
■ 主要编写人员：张雅娴　刘爱军　杨　勇
　　　　　　　隋晓青　常书娟

一、草原生态工程的概念与内涵

(一) 概念

工业革命以来，人类以牺牲生态环境换取社会经济发展的做法，使得全球生态环境问题逐渐凸显，社会经济效益与生态环境保护间的矛盾逐渐得到重视。科学家提出通过"生态工程"中生态系统管理、生态系统建设、生态系统调控与改造等方面，采用切实可行的具体措施解决严峻的生态环境保护与社会经济发展的矛盾。国际上，最早由美国生态学家 Odum 提出"ecological engineering"即生态工程这一概念，其将生态工程定义为"人类运用少量辅助能对以自然能为主的系统进行的环境控制"，其对生态工程的定义相对简单，只强调人类的调控。之后 Mitsch 等强调了可持续发展的生态系统设计目标，他们将生态工程定义为"为了二者的共同利益而对人类社会及其自然环境加以综合的、可持续的生态系统设计"(Mitsch et al.，1996)。中国对生态工程定义的讨论最早是由生态学家马世骏提出的，他强调生态工程的核心是"整体、协调、循环、再生"，基于此提出"生态工程是利用生态系统中物种共生与物质循环再生原理及结构与功能协调原则，结合结构最优化方法设计的分层多级利用物质的生产工艺系统。生态工程的目标就是在促进自然界良性循环的前提下，充分发挥物质的生产潜力，防止环境污染，达到经济效益与生态效益同步发展"(马世骏等，1984)。

20 世纪开始，对生态工程的研究逐渐从理论走向实践，生态工程的定义也越来越具象化。普遍认为生态工程应以生态学原理为基础，以生态环境保护与社会经济协同发展为目标，人类运用多学科综合知识，通过系统规划、设计、建设、管理、评价等过程，对生态系统实施适度干预，以实现生态系统内的功能优化、结构和谐、过程高效，促进系统的可持续发展(李文华，2000；云正明，1998；颜京松等，2001；苗泽华，2018；徐国劲等，2018)。

草原地区社会经济效益的增长需以草原生态系统的持续健康发展为前提，而不能以牺牲环境为代价。然而，过去几十年间人类对草原资源的过度掠夺和开发，使得草原发生严重退化，造成草原地区生态环境的恶化，限制了草原地区的经济社会发展。随之出现的草原生态工程，以工程、生态、经济、政策和管理的综合手段，为人类社会提供最基础的保障，能够兼顾社会经济发展和生态环境保护与修复，具有多重目标。

草原生态工程是指以草原资源为保护与恢复对象，以草原地区经济社会为发展对象，在当前草原资源和区域社会经济现状的基础上，基于生态学原理，遵循自然规律和社会规律，充分考虑不同区域草原水土资源时空分布和承载能力差异，通过合理规划设计，科学整合围栏封育、补播改良、草地施肥、病虫害防治、人工草地建设、放牧管理等工程措施，建立不同区域草原生态保护与恢复策略以及可持续的草原经济发展模式，从而促进人与自然和谐、经济与生态环境协调发展，最终实现生态效益和经济效益的共同最大化。

(二)内涵

综合国内外对生态工程概念的研究以及草原生态工程的独特性，草原生态工程的内涵具有以下特征：①保护优先，自然恢复为主，人工修复为辅；②问题导向与目标导向相结合；③草原生态系统整体性考量；④生态保护和修复的长期性；⑤工程规划布局实施的科学性；⑥具有一定的经济属性。

1. 保护优先，自然恢复为主，人工修复为辅

草原生态工程是在生态环境恶化、草原资源退化的背景下发展起来的，因此保护和恢复草原生态系统是草原生态工程的首位。未达到退化阈值的生态系统具有一定的自恢复能力，草原生态工程的实施应尊重自然规律和科学规律，实施顺应自然规律的围栏封育、退耕还草、退牧还草等措施，生态恢复以自然恢复为主、减少人工干预。草原生态工程的目标是实现生态和经济的双赢，而人工辅助物质能量的参与能够使生态系统的物质循环和能量转化规模和效率高于自然生态系统或不合理的人工生态系统，因此在不破坏生态系统平衡的前提下，辅以人工手段更有利于实现草原生态工程的目标。此外，对于退化严重、难以甚至无法正向演替的草原生态系统，辅以翻耕、补播、施肥等适宜的人工修复手段，更有利于退化草原生态系统的恢复。

2. 问题导向与目标导向相结合

草原生态系统类型繁多、面积广袤，不同草原区域自然条件差异显著。在中国，生活在草原地区的人民多为少数民族，不同民族间生活习惯、需求、经济社会发展阶段等各不相同。自然和社会的差异性，导致不同草原区暴露出的生态环境和经济社会问题存在较大差异。因此，草原生态工程强调以不同草原地区保护和发展问题以及建设目标为导向，根据自然生态条件差异，因地制宜，合理布局，有针对性地采取保护和建设措施。例如，在半农半牧区，由于长期的过度开发利用，草原退化、沙化、鼠虫害现象较多，水土流失严重，可通过推行草地农业，发展草原畜牧业，充分利用资源空间，加强农区草原生态建设，恢复和增强农区粮食作物和经济作物的潜力，促进农区农业和牧业的协调发展。

3. 草原生态系统整体性考量

草原生态系统是由生长草本植物为主的天然草地和人工草地，以及其上着生的植物群落、其他生物和环境构成的有机整体。因此，草原生态工程强调将生态系统作为一个整体进行统筹，对内部能量、信息、物质协调性、复杂性和关联性等予以全方位考量，最终目标是保证生态系统可持续的健康发展。例如，从草原生物组分的角度，以草本植物为核心同时将各类植物、动物、微生物等通过人工匹配予以结合，从而形

成稳定高效的生态系统。

4. 生态保护和修复的长期性

草原生态系统脆弱敏感，极易受到人类活动和气候变化的影响发生退化，且一旦发生退化很难得到恢复。20 世纪过度放牧、盲目开垦、资源掠夺等错误的草原管理和利用方式，造成草原面积急剧缩减，荒漠化、沙化、盐碱化面积不断扩张，草原质量下降等一系列问题，虽然经过多年草原生态工程的治理，草原生态系统已经得到一定程度的恢复，但绝大部分草原尚未恢复到地带性气候顶级状态，且存在再次退化的风险。严重的历史遗留问题，使得草原退化问题仍需要较长时间进行恢复。当前气候变暖、极端干旱频发、大气氮沉降等全球性气候问题依然十分严峻，脆弱的草原生态系统需要探索制定更多的气候适应性管理策略，来面对未来的气候变化问题。因此，无论从草原退化的历史来看，还是从草原面临的未来气候适应来看，草原生态工程都将是一个长期性的工作。

5. 工程规划布局实施的科学性

生态工程概念自提出以来，通过不断的讨论和研究，得到深入发展，并最终走向实践。通过边实施、边调整、边总结，生态工程相关理论又得到了进一步的发展完善。草原生态工程的理论仍处于高度发展阶段，工程的实施不仅要遵循科学规律，还要不断发挥和调动科技人员的积极性以进一步完善草原生态工程理论。同时，科学技术是第一生产力，也是有效实现草原畜牧业可持续发展的可靠保证。在草原生态工程实施过程中，充分发挥科研为生产服务的作用，不断提升草原畜牧业的科技含量，使草原畜牧业生产从粗放经营向科学经营转变，助力草原生态工程经济社会发展目标的实现。

6. 具有一定的经济属性

研究表明，长期围栏封育使草地质量下降、生物多样性下降，适度的放牧利用有利于草原的良性发展。草原生态工程并不是一味地将草原保护起来不投入生产，而是在草原恢复到一定程度后，通过严格的放牧管理措施，对草原资源进行利用，从而实现草原的可持续利用，这也体现出草原生态工程的目标具有一定经济目的。虽然当前草原生态工程仍是以国家投入为主，但探索市场化多元投入机制、鼓励社会资本进入草业，实行市场化、企业化、产业化经营，也是草原生态工程正在不断探索的领域，充分体现了草原生态工程所具有的经济属性。

二、草原重大生态工程的发展过程

（一）背景

20 世纪 80~90 年代，受气候变化（如全球气温升高、极端降水和干旱事件发生频率增加等)、超载过牧、草原管理水平的相对落后等影响,我国约有 90% 的可利用天然草原存在不同程度的退化、沙化,同时荒漠化不断加剧,沙尘暴等自然灾害频繁发生。这不仅极大地制约着草原畜牧业发展,影响农牧民收入增加和地区经济发展,而且还直接威胁到全国的生态安全,影响整个社会的可持续发展,迫切需要采取有效措施,加强草原保护和治理。

21 世纪以来,党中央、国务院高度重视草原保护建设工作,制定了一系列有关草原生态保护建设的政策和文件,不断度提高草原生态工程投资力度。据不完全统计,2000—2017 年,我国共发布了关于草原生态工程的各类重要指导性文件、通知、办法等 30 余件,启动了 20 多项草原工程项目,总投资 1767.64 亿元(卢欣石,2019)。草原保护建设项目自 1978 年开始实施,从项目发展阶段看,大体可以分为三个阶段,第一个阶段是从改革开放到 21 世纪初,这一阶段投资规模很小,1978—1994 年,中央财政草原基本建设投资平均每年不到 2000 万元。1995 年,牧区开发示范工程项目启动,投资增加到 7000 多万元。第二个阶段是 2000—2010 年的十年建设期,这一时期国家对草原保护建设的投入大幅度增加,期间共启动了 15 个草原工程项目,包括天然草原植被恢复与建设工程、种子基地建设工程、草原围栏、退牧还草工程、无鼠害示范区、草原虫灾补助、草原防火、京津风沙源治理工程、育草基金、草原飞播、草原监测、牧草保种、游牧民定居工程和岩溶地区石漠化综合治理试点工程等一批草原工程建设项目,总投资约 216.39 亿元。第三个阶段是从 2011 年到目前,以国家启动草原生态保护补助奖励机制为代表,对草原工程建设项目支持力度和投资强度空前加大,草原工程建设机制创新不断深入完善。据不完全统计,在 2000—2009 年的 10 年支持投资基础上,2010—2017 年的 8 年期间,草原工程建设项目增加了 8 项,除草原生态保护补助奖励机制之外,启动的重要草原生态工程还包括边境防火隔离带补助资金、西藏生态安全屏障保护与建设工程、西藏草原生态保护补助奖励机制试点、草种质量安全监管、南方现代草地畜牧业发展、已垦草原治理、现代种业提升工程和草原石渠鼠害防治等,共投资 1551.24 亿元,是 1978—1999 年 20 年期间的 246 倍,是 2000—2017 年 10 年期间投资的 7.2 倍,其中仅 2017 年投入 238 亿元,相当于 2000—2009 年 10 年投资的总和。

党的十八大以来,以习近平同志为核心的党中央将生态文明建设纳入"五位一体"总体布局、新时代基本方略、新发展理念和三大攻坚战中,开展了一系列根本性、开创性、长远性工作,推动生态环境保护发生了历史性、转折性、全局性变化。中央一系列草原建设方针政策、工程项目和财政资金用于草原保护建设,推动了草原保护制度落实,加快了草牧业生产方式转变,增加了农牧民收入。由于这些草原生态措施的实施,我国草原的生态状况得到了较大改善,《全国重要生态系统保护和修复重大工程总体规划(2021—2035 年)》指出,草原重点地区积极实施草原生态保护补助奖励等政策,草原生态系统质量有所改善,草原生态功能逐步恢复。通过积极实施京津风沙源治理、石漠化综合治理等防沙治沙工程和国家水土保持重点工程，启动沙化土地封禁保护区等试点工作，全国荒漠化和沙化面积、石漠化面积持续减少，区域水土资源条件得到明显改善。2012年以来，全国水土流失面积减少了2123万 hm²，完成防沙治沙1310万 hm²、石漠化土地治理280万 hm²，全国沙化土地面积已由20世纪末年均扩张34.36万 hm²转为年均减少19.8万 hm²，石漠化土地面积年均减少38.6万 hm²。但是，我国草原生态系统整体仍然十分脆弱，中度和重度草地退化面积仍占1/3以上，全国沙化土地面积1.72亿 hm²，水土流失面积2.74亿 hm²，草原生态环境问题依然严峻。

（二）主要草原重大生态工程

1. 天然草原植被保护与恢复工程

天然草原是构建我国生态安全的重要屏障，自高山到平原广有分布。由于长期受人为和自然因素影响，草原生态环境恶化问题突出，草原退化面积不断增加，草原生态"局部治理，总体恶化"的局面未能得到有效遏制，草原保护与建设面临严峻挑战。天然草原植被恢复建设与保护工程是2000年开始实施的一项草原生态建设工程，其目的以恢复和保护天然草原、维护草原生态平衡、改善区域草原生态环境和草原畜牧业基本生产条件为重点，依靠高新科技，运用生物、工程、管理等综合措施有效遏制天然草原的退化，提高和恢复天然草原植被及其生态功能，最终达到恢复和保护草原生态环境，保障草原畜牧业持续发展和西部大开发战略目标的实现。

2. 退牧还草工程

我国政府于2003年实施了退牧还草工程。退牧还草工程不仅可以帮助农牧民转变畜牧业生产方式，遏制草原生态环境恶化的势头，改善草原生态环境和草原畜牧业基本生产条件，而且可以促进退化、沙化和盐碱化草原的自身恢复，增加草原植被，实现草原资源永续利用。该工程对于维护国家生态安全，实现我国草原畜牧业可持续发展，对于改善农牧民的生产生活条件，实现牧区全面建设小康社会的目标，具有十分重要的意义。退牧还草工程也是近年来国家在草地建设史上投入规模最大、涉及面最广、受益群众最多、对草地生态环境影响最为长远的项目之一（张海燕等，2016）。

3. 草原生态保护补助奖励政策

1988—2008年，我国草地面积减少达455万 hm²，草地面积下降趋势不断加剧，牧草地沙化现象严重。大量研究表明，过度开垦、放牧等人为因素是造成中国草地退化的主要原因。2011年国务院《关于促进牧区又好又快发展的若干意见》指出，长期以来，受农畜产品绝对短缺时期优先发展生产策略的影响，中国在强调草原生产功能的同时，忽视了草原的生态功能，造成草原长期超载过牧和人畜草关系持续失衡，这是导致草原生态难以走出恶性循环的根本原因。

为扭转草原退化态势、保护草原生态功能，转变草原畜牧业生产经营方式、推进畜牧业转型升级与草原畜牧业的现代化进程，从而增加牧民收入、建设全面小康社会，

2010 年国务院决定建立草原生态保护补助奖励政策。草原生态保护补助奖励政策的实施旨在加强生态保护和促进牧民增收,保障国家生态安全,加快牧区经济社会发展(肖仁乾等,2021)。草原生态保护补助奖励政策是目前中国最重要的草原生态补偿机制,是中国继森林生态效益补偿机制建立之后的第二个基于生态要素的补偿机制。中国草原生态保护的政策目标主要是遏制超载,具体的政策措施是禁牧和草畜平衡,通过实施草原生态补偿,达到草原生态保护和促进牧民增收相结合(胡振通,2016)。国家林业草原局《关于进一步完善草原生态保护补助奖励政策的提案复文》指出,草原生态保护补助奖励政策自 2011 年实施以来,有力地促进了草原生态环境恢复和牧区经济社会可持续发展,提升了牧民收入,取得了良好的生态、经济和社会效益。

4. 退耕还林还草工程

长期以来,人口快速增长的压力以及相对粗放的农业生产方式,致使大量森林草原湿地被改变用途,山地丘陵土地垦殖率越来越高,耕种坡度越来越陡。1949—1999 年的 50 年间,我国人口增长 7.1 亿人,耕地面积增加 4.7 亿亩。据第一次全国土地资源调查,全国 19.5 亿亩耕地中,15°~25° 坡耕地 1.87 亿亩,25° 以上坡耕地 9105 万亩,绝大部分分布在西部地区。大面积毁林开荒造成土壤侵蚀量增加,水土流失加剧,土地退化严重,旱涝灾害不断,生态环境急剧恶化。1998 年 10 月,十五届三中全会通过的《中共中央关于农业和农村工作若干重大问题的决定》提出,对过度开垦、围垦的土地,要有计划有步骤地还林、还草、还湖。10 月 20 日,《中共中央、国务院关于灾后重建、整治江湖、兴修水利的若干意见》将"封山植树、退耕还林"放在灾后重建三十二字综合措施的首位,并指出"积极推行封山植树,对过度开垦的土地,有步骤地退耕还林,加快林草植被的恢复建设,是改善生态环境、防治江河水患的重大措施"。1999 年 6 月党中央指出,西部地区自然环境不断恶化,特别是水资源短缺,水土流失严重,生态环境越来越恶劣,荒漠化年复一年地加剧,并不断向东推进。这不仅对西部地区,而且对其他地区的经济社会发展都带来不利影响。改善生态环境,是西部地区的开发建设必须首先研究和解决的一个重大课题。如果不努力使生态环境有一个明显的改善,在西部地区实现可持续发展的战略就会落空。1999 年 8~10 月,国务院领导先后视察陕西、云南、四川、甘肃、青海、宁夏 6 省份,统筹考虑加快山区生态环境建设、实现可持续发展和解决粮食库存积压等多种目标,提出"退耕还林(草)、封山绿化、以粮代赈、个体承包"政策措施。至此,通过退耕还草改善和保护生态环境的政策思路基本成熟。

5. 京津风沙源治理工程

2000 年春,华北地区连续发生了多次沙尘暴或浮尘天气,频率之高、范围之广、强度之大是中华人民共和国成立以来所罕见。面对风沙逼近北京城的严峻形势,我国紧急启动京津风沙源治理工程。国务院分别于 2000 年 4 月 27 日、5 月 26 日、6 月 5 日三次召开会议进行研究,5 月 12~14 日朱镕基同志考察了河北、内蒙古沙化严重地区,作出了加快防沙治沙步伐，特别是要加快北京及周边地区防沙治沙速度的重要指示。2002 年 6 月，京津风沙源治理工程正式启动。这是修复我国北方退化草原、构筑北方生态屏障的重要生态工程，对遏制京津地区的风沙危害、改善区域生态环境具有重要作用。作为一项专门遏制风沙危害的国家级生态工程，试点工程将门头沟、房山、昌平、平谷、怀柔、密云、延庆等 7 个区纳入工程范围，通过植树造林、退耕还林、小流域综合治理等综合施策斗风沙（王媛等，2021）。

2000 年 10 月，党的十五届五中全会进一步提出加强生态建设，遏制生态恶化，抓紧环京津生态圈工程建设。为全面贯彻落实党的十五届五中全会精神和国务院领导同志关于防沙治沙工作的有关指示，遏制北京及周边地区土地沙化的趋势，改善京津周围生态环境，国家林业局会同农业部、水利部及京津冀晋内五省份人民政府共同组织编制了《2001—2010 年环北京地区防沙治沙工程规划》，以《全国生态环境建设规划》为指导，根据北京及周边地区沙化土地分布的现状、扩展趋势和成因及治理的有利条件，采取荒山荒地（沙）营造林、退耕还林、营造农田（草场）林网、草地治理、禁牧舍饲、小型水利设施、水源工程、小流域综合治理和生态移民等措施治理沙化土地 1.5 亿亩，以期 2010 年使治理区生态环境明显好转，风沙天气和沙尘暴天气明显减少，从总体上遏制项目区沙化土地的扩展趋势，使北京及周边地区生态环境得到明显改善。草原作为工程区内最大的生态系统，面积占工程区总面积一半以上（58.1%）。

但是一期工程没有从根本上遏制住京津地区沙尘天气，一期工程本着先近后远、先易后难的原则，治理范围只覆盖了北路路径的沙尘源区和加强区以及西北路和西路路径的部分下游地区。经过 10 多年的治理，北京市沙尘天气的发生率虽有下降趋势，但是沙尘天气每年仍有发生，尤其是发源于距京津地区较远的沙尘源区和加强区的浮尘没有得到根本遏制（刘彦平等，2013）。为进一步减少京津地区沙尘危害，不断提高工程区社会经济可持续发展水平，构建我国北方绿色生态屏障，2012 年 9 月 19 日，温家宝同志主持召开国务院常务会议，会议决定，在巩固一期工程建设成果基础上，实施京津风沙源治理二期工程，会议讨论并通过了《京津风沙源治理二期工程规划（2013—2022 年）》，工程区范围也由北京、天津、河北、山西、内蒙古 5 个省份的 75 个县（旗、市、区）扩大至包括陕西在内 6 个省份的 138 个县（旗、市、区）。

6. 农牧交错带已垦草原治理工程

农牧交错带是草原生态系统与农业生态系统相互交织、相互影响、相互制约的地带。受传统农业思想、区域社会经济发展、人口增长等多重因素的影响，我国农牧交错带非法开垦草原问题严重，这一问题已经严重影响了农牧交错带的生态安全和经济社会发展，成为农牧交错带农业环境的突出问题。在已垦草原上种植农作物，谷物生产广种薄收、收效甚微，被垦草原很快弃耕，草原畜牧业失去立地发展基础，生产受到制约，农牧业两败俱伤，原本脆弱的草原生态环境遭受严重破坏。《草原法》第四十六条明确规定：对水土流失严重、有沙化趋势、需要改善生态环境的已垦草原，应当有计划、有步骤地退耕还草；已造成沙化、盐碱化、石漠化的，应当限期治理。

为推进农业环境突出问题治理工作，加强农牧交错带已垦草原治理，加快恢复草原生态系统，依据国家发展改革委和农业部编制的《农业环境突出问题治理总体规划（2014—2018）》，2016 年国家发展改革委和农业部制定了《农牧交错带已垦草原治理试点建设工作方案》（以下简称《工作方案》），遵循"生产生态有机结合、生态优先"的基本方针，通过建植优质稳定的多年生旱作人工草地等措施，提高治理区植被覆盖率和饲草生产、储备、利用能力，保护和恢复草原生态，促进农业结构优化、草畜平衡，实现当地生态、生产、生活"三生"共赢和可持续发展。根据《工作方案》，在河北、山西、内蒙古、甘肃、宁夏和新疆等 6 个重点省份的 138 个县实施农牧交错带已垦草原治理工程，2016 年率先选择以上 6 省份的 35 个县实施，包括河北 7 个县、山西 1 个县、内蒙古 6 个县、甘肃 10 个县、宁夏 1 个县、新疆 10 个县。以后每年根据中央投资规模，综合考虑各省份已垦草原面积占 6 省份已垦草原总面积的比例、地方积极性、上一年工程完成情况等因素，安排各省份年度治理任务。中央通过定额补助投资的方式，支持地方政府开展农牧交错带已垦草原治理试点。地方政府要加大投入，积极开展相关治理，中央投资主要投向公益性领域，补助资金最高不超过项目总投资的 80%。2016 年，中央投资投入 3.6 亿元，按照每亩补助 160 元标准，支持开展人工种草。实施农牧交错带已垦草原治理工程，对于解决农业环境突出问题、建设现代草原畜牧业、优化农业结构、促进农民增收、保障畜产品供给、维系生态平衡、促进社会经济可持续发展具有重要意义。

7. 西南岩溶地区石漠化草地治理工程

我国石漠化主要发生在西南岩溶地区，涉及云南、贵州、广西、湖南、湖北、四川、重庆、广东 8 省份，是继我国西北地区沙漠化之后的最大生态问题（蒋忠诚等，2016；文林琴等，2020）。西南岩溶山区以贵州为中心，面积达 50 多万 km^2，是全球三大岩溶集中连片区中面积最大、岩溶发育最强烈的典型生态脆弱区，居住着 1 亿多人口，且以农业为主，人地矛盾突出，水土流失和石漠化极为严重，部分地区的石漠化面积已接近或超 10%（苏维词，2002）。西南地区石漠化综合治理对于我国的经济社会发展、生态文明建设和精准扶贫具有重要意义。《岩溶地区石漠化综合治理规划大纲（2006—2015 年）》显示，石漠化土地以年均 2% 左右的速度扩展，仅贵州每年新增石漠化面积就达 933km^2，广西石漠化则以每年 3%～6% 的速度发展。石漠化导致生态环境更加脆弱、生物多样性减少、水土流失加剧（王世杰，2002），水土流失加剧反过来促进石漠化的进程，形成"水土流失—石漠化—水土流失"的恶性循环模式。石漠化的快速扩展不仅直接威胁了西南岩溶山区人民的生存环境与可持续发展，而且还会间接影响区域生态安全。西南岩溶山区人地矛盾突出，普遍面临着经济贫困（缺粮少钱）、生存环境条件恶劣（植被覆盖率低、人畜饮水困难、岩溶旱涝灾害频发等）、区域可持续发展后劲不足（农村产业结构单一、缺乏替代产业和新的经济增长点）等三大难题（苏维词，

2002）。针对西南岩溶区的石漠化问题，国家投入了大量的资金进行治理，2000 年，党中央、国务院将"推进西南岩溶地区石漠化综合整治"列入我国《"十五"国民经济和社会发展计划纲要》，其后"十一五""十二五""十三五"也都将石漠化综合治理作为我国草原治理的专项工程，并因地制宜实施了一定数量的石漠化治理实践示范。

8. 草种基地建设工程

我国牧草资源丰富，种质资源繁多，尤其是具有抗逆、优质高产及特异性状的基因宝库。草种的市场前景广阔，对草原植被修复、退牧还草和京津风沙源治理工程而言，需要补播修复的草种缺口是当前现有草种生产能力的一倍；对草牧业发展而言，在当前天然草地普遍超载而居民对乳肉等畜产品的需求却日益增长，因此需要在畜牧业主导地区，建立种质资源圃、草种生产基地等，筛选出选抗性强、兼具优良饲用价值的草种。

草种是保障草原生态系统多功能性和可持续性的核心，是维护生物多样性和草牧业发展的重要物质基础（常秉文等，2021）。草种基地建设是推动绿水青山向金山银山转化的关键，是实现生态保护建设和现代化农牧业可持续健康发展的基石。加快草种基地建设，有助于增加人工再生草资源，节约天然草地资源，增强可持续发展能力，有利于树立生态文明发展理念，建立节约资源和保护环境的新型生产方式；有利于建立促进生产，改善生活，实现人与自然和谐相处的友好环境（赵景峰等，2014）。我国自 20 世纪 50 年代就开始建设草籽（种）繁殖场，20 世纪 90 年代启动"种子工程"，加大了草种基地建设，为我国草牧业发展和草原生态环境建设做出了一定贡献。

（三）草原重大生态工程的发展历程

1. 天然草原植被保护与恢复工程

为解决天然草原退化和草原牧区发展的问题，根据《全国草原生态保护建设规划》对天然草原区生态环境建设的总体要求，结合我国天然草原植被恢复建设的实际，按照"保护和治理相结合，重在保护"和"突出重点，分区实施"的原则，《天然草原植被恢复和建设战略》施行，重点加强对天然草原的保护，恢复"三化"（沙化、碱化、退化）草原植被，扭转草原生态环境恶化的势头，不断提高草原生态保障功能，实现我国天然草原资源生态功能优化和经济社会可持续发展。2000 年，"国家天然草原植被恢复和建设项目"《西部天然草原植被恢复建设规划（2001—2010）》施行，内蒙古、青海、四川、江西等相继出台了天然草原植被恢复建设与保护项目管理办法，以市县为单位分步实施了天然草原植被恢复和建设。

2. 退牧还草工程

退牧还草工程的目的在于恢复草地植被，改善草地生态环境，加快牧区畜牧业生产方式的转变，提高畜牧业综合生产能力和生产效益，促进农牧民增收（周升强等，2020）。长期以来，在气候因素、超载过牧、过度开垦草原等自然和人为因素的综合影响下，我国草地退化现象十分严重。由于草地生态环境的不断恶化，草地生产力下降，草地生态危机引发的生态问题已经影响到中国的可持续发展，这不仅制约着我国牧区畜牧业发展，影响农牧民收入增加，而且直接威胁国家的生态安全(张海燕等，2015；周升强等，2020)。退牧还草政策旨在给予农牧民一定经济补偿的前提下，通过围栏建设、补播改良以及禁牧、休牧、划区轮牧等措施恢复草原植被、改善草原生态、提高草原生产力、促进草原生态与畜牧业协调发展(包利民，2006)。

(1)第一阶段：政策试点实施期(2003—2005 年)

随着我国草原退化日益凸显，草原生态问题引起全社会的广泛关注和重视。2003年 3 月，国务院西部地区开发领导小组办公室、国家计划委员会、农业部、财政部、国家粮食局联合印发《关于下达 2003 年退牧还草任务的通知》(国西办农〔2003〕8 号)，经国务院批准同意 2003 年正式启动退牧还草工程，主要在北方干旱半干旱区和青藏高寒草原区的内蒙古、新疆、青海、宁夏、甘肃、四川、云南 7 个省份和新疆生产建设兵团的 96 个县实施。2004 年，西藏自治区纳入工程实施范围。

2003—2004 年，对退牧还草先行试点，安排退牧还草任务 1 亿亩，并计划用 5 年时间，在蒙甘宁西部荒漠草原、内蒙古东部退化草原、新疆北部退化草原和青藏高原东部江河源草原，先期集中治理 10 亿亩，约占西部地区严重退化草原的 40%，力争 5年使工程区内退化的草原得到基本恢复，天然草场得到休养生息，达到草畜平衡，实现草原资源的永续利用，建立起与畜牧业可持续发展相适应的草原生态系统。主要采取了以下措施。

①进一步完善草原家庭承包责任制。草原承包责任制是党在草原牧区的一项基本政策。要落实草原使用权，把草场划分承包到户，核发草原使用权证，明确农牧民的权利与义务，保护农牧民合法权益，保持承包关系长期稳定。

②实行以草定畜，严格控制载畜量。要根据草场资源状况和草场承载量，定期核定项目建设户草原载畜量，控制休牧和划区轮牧草原区内的牲畜放养数量，防止超载过牧，实现草畜平衡。

③退牧还草的投入机制，实行国家、地方和农牧户相结合的方式，以中央投入带动地方和个人投入，多渠道保证投入。国家对退牧还草给予必要的草原围栏建设资金补助和饲料粮补助。轮牧不享受饲料粮补助政策。草原围栏建设资金和饲料粮补助数量，根据草原类型和区域范围来确定。蒙甘宁西部荒漠草原、内蒙古东部退化草原、新疆北部退化草原按全年禁牧每亩每年中央补助饲料粮 11 斤①，季节性休牧按休牧 3个月计算，每亩每年中央补助饲料粮 2.75 斤，草原围栏建设按每亩 16.5 元计算，中央补助 70%，地方和个人承担 30%；青藏高原东部江河源草原按全年禁牧每亩每年中央补助饲料粮 5.5 斤，季节性休牧按休牧 3 个月计算，每亩每年中央补助饲料粮 1.38 斤，

---

①　1 斤=0.5kg。

草原围栏建设按每亩 20 元计算,中央补助 70%,地方和个人承担 30%。饲料粮补助资金实行挂账停息,中央按每斤 0.45 元对省级政府包干,饲料粮调运费用由地方财政负担,纳入地方财政预算。饲料粮连续补助 5 年。在国家补助总量范围内,允许省级政府根据实际情况进行合理调整。

④退牧还草实行"目标、任务、资金、粮食、责任"五到省份,由省级政府对工程负总责。国家将工程建设的目标分解到省份,任务下达到省份,资金拨付到省,粮食分配到省份,责任明确到省份。各省份要将目标、任务、责任分别落实到市、县、乡各级人民政府,建立地方各级政府责任制。

⑤做好统筹规划,加强综合治理。要把退牧还草与扶贫开发、农业综合开发、水土保持、畜牧业基础建设等不同渠道的资金,实行统筹规划,综合治理。要把退牧还草与农牧区产业结构调整、农村能源建设、生态移民结合起来,切实抓好生态建设的后续产业开发。要把退牧还草与推进农牧业产业化经营结合起来,增加农牧民收入,巩固退牧还草成果。

(2)第二阶段:工程大规模实施期(2006—2010 年)

2007 年,国务院批复了《全国草原保护利用总体规划》,提出退牧还草工程主要在地处北方干旱、半干旱草原区的内蒙古东部和东北西部退化草原治理区、新疆退化草原治理区、蒙陕甘宁西部退化草原治理区和地处青藏高寒草原区的青藏高原江河源退化草原治理区的内蒙古、辽宁、吉林、黑龙江、四川、云南、西藏、陕西、甘肃、青海、宁夏、新疆 12 个省份及新疆生产建设兵团,共 279 个县(旗、团场)实施。工程主要以修复受损的草原生态系统的生态系统服务功能为重点,实现草原生态环境的初步改善。在全面客观地分析和评价我国草原生态功能区生态、生产利用状况的基础上,制定符合不同区域草原现状的治理规划,维持和保证现有可利用草原能够可持续发展,避免退化草原面积的进一步扩大。因地制宜地采用禁牧封育、建立人工和半人工草地,重点完成对退化草原的恢复和重建,使生态脆弱区和重要生态经济功能区的草原植被有所恢复。

截至 2010 年,我国共安排草原围栏建设任务 7.78 亿亩,配套实施重度退化草原补播 1.86 亿亩,中央投入资金 209 亿元(图 5-1),惠及 181 个县(团场)、90 多万农牧户。工程实施后,工程区生态环境明显改善。根据 2010 年农业部监测结果,工程区平均植被盖度为 71%,比非工程区高出 12 个百分点,草群高度、鲜草产量和可食性鲜草产量分别比非工程区高出 37.9%、43.9% 和 49.1%。生物多样性、群落均匀性、饱和持水量、土壤有机质含量均有提高,草原涵养水源、防止水土流失、防风固沙等生态功能增强。工程推行禁牧与休牧相结合、舍饲与半舍饲相结合的生产方式,促进了传统草原畜牧业生产方式的转变。广大农牧民草原保护意识明显增强,草原承包经营制度不断落实,特色农牧产业及其他优势产业快速发展,农牧民收入稳步增加。但草原生态总体恶化趋势仍未根本改变,草原生态保护和建设任务依然艰巨。故国家退牧还草提出了新政策，包括以下几个方面：

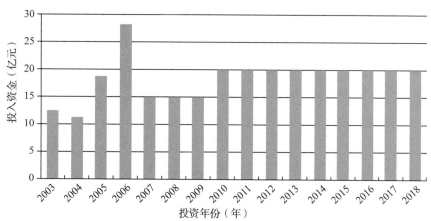

图 5-1 退牧还草工程历年中央投资

①合理布局草原围栏。实行禁牧封育的草原，原则上不再实施围栏建设，可根据实际情况酌情安排。今后重点安排划区轮牧和季节性休牧围栏建设，并与推行草畜平衡挂钩。按照围栏建设任务的 30% 安排重度退化草原补播改良任务。逐步扩大岩溶地区草地治理试点范围。

②配套建设舍饲棚圈和人工饲草地。在具有发展舍饲圈养潜力的工程区，对缺乏棚圈的退牧户，按照每户 80m² 的标准，配套实施舍饲棚圈建设，推动传统畜牧业向现代牧业转变。在具备稳定地表水水源的工程区，配套实施人工饲草地建设，解决退牧后农牧户饲养牲畜的饲料短缺问题。

③提高中央投资补助比例和标准。围栏建设中央投资补助比例由现行的 70% 提高到 80%，地方配套由 30% 调整为 20%，取消县及县以下资金配套。青藏高原地区围栏建设每亩中央投资补助由 17.5 元提高到 20 元，其他地区由 14 元提高到 16 元。补播草种费每亩中央投资补助由 10 元提高到 20 元。人工饲草地建设每亩中央投资补助 160 元，舍饲棚圈建设每户中央投资补助 3000 元。按照中央投资总额的 2% 安排退牧还草工程前期工作费。

④饲料粮补助改为草原生态保护补助奖励。从 2011 年起，不再安排饲料粮补助，在工程区内全面实施草原生态保护补助奖励机制。对实行禁牧封育的草原，中央财政按照每亩每年补助 6 元的测算标准对牧民给予禁牧补助，5 年为一个补助周期；对禁牧区域以外实行休牧、轮牧的草原。

（3）第三阶段：工程逐步完善期（2011—2018 年）

2011 年 8 月 31 日，国家发展改革委出台国家退牧还草新政策，配套建设舍饲棚圈和人工饲草地。2015 年 6 月 6 日，国家发展改革委、农业部下达了 2015 年退牧还草工程建设任务，选择在甘肃、青海、新疆 3 省份分别开展已垦撂荒草原、黑土滩和毒害草退化草地治理试点。2012 年将黑龙江纳入工程实施范围，2014 年将辽宁、吉林纳入工程实施范围，2015 年将陕西纳入工程实施范围。

2015 年，国家发展改革委、农业部下达了新的退牧还草工程建设任务，在内蒙古等 13 个省份和新疆生产建设兵团实施围栏建设 4011 万亩、退化草原补播 1329 万亩、人工饲草地建设 241.5 万亩、舍饲棚圈建设 13.4 万户、岩溶地区草地治理 120 万亩、已垦撂荒草原、黑土滩和毒害草退化草地治理 40 万亩。同时，选择在甘肃、青海、新疆 3 省份分别开展已垦撂荒草原、黑土滩和毒害草退化草地治理试点。

2016 年，国家发展改革委、农业部下达了 2016 年退牧还草工程建设任务，同时调整了退牧还草工程建设投资补助标准。围栏建设青藏高原地区每亩补助由 20 元提高到 30 元，其他地区由 16 元提高到 25 元；退化草原改良每亩补助从 20 元提高到 60 元；人工饲草地每亩补助由 160 元提高到 200 元；舍饲棚圈（舍储草棚、青贮窖）补助由每户 3000 元提高到 6000 元；黑土滩治理每亩补助由 150 元提高到 180 元；毒害草退化草地治理每亩补助由 100 元提高到 140 元。岩溶地区草地治理每亩补助由 100 元提高到 160 元。

2017 年，中华人民共和国农业农村部为加快我国草原生态环境的保护和建设，发布了《关于进一步做好退牧还草工程实施工作的通知》，从 6 方面提出要求：①提高思想认识，加强组织领导；②完善实施方案，落实工程项目；③推进家庭承包，明确权利义务；④加强监督管理，实现草畜平衡；⑤强化科技支撑，转变生产方式；⑥总结实践经验，完善政策措施

（4）第四阶段：工程提升期（2018 年至今）

2018 年国家机构改革，草原工作从农业部门转到林草部门，草原工作实现以生产服务为主到以生态保护为主的历史性转变。退牧还草工程优化也开始优化建设内容，加强草原生态修复与草业高质量发展的高效融合。2021 年，国务院办公厅印发的《关于加强草原保护修复的若干意见》指出，按照国务院批准的范围和规模，有计划地退耕还草，鼓励和支持人工草地建设，恢复提升草原生产能力，支持优质储备饲草基地建设，促进草原生态修复与草原畜牧业高质量发展有机融合。同时，农业农村部制定实施《全国现代饲草产业发展规划（2021—2030 年）》，围绕"育良种、优布局、壮主体、强支撑"主要目标，加快建立规模化种植、标准化生产、产业化经营的现代饲草产业体系，推动草产业高质量发展，从而减轻天然草地的放牧压力。

2019 年起，云南退牧还草工程项目仅限于属牧区半牧区的迪庆州实施，且按照草原保护修复要求，进一步优化退牧还草工程建设内容，由原来的禁牧、休牧、划区轮牧、退化草原补播、人工饲草地建设、饲料粮补助折现、棚圈建设等七项建设内容转变为现在的人工种草、毒害草治理等两项建设内容。2019 年，为了进一步加强项目管理，确保投资效益，西藏自治区发展改革委等有关部门根据国家有关部委项目管理规定，紧密结合实际，制定出台了《西藏自治区天然草原退牧还草工程管理办法》，将促进项目建设制度化、规范化。2020 年，国家发展改革委、国家林业和草原局安排青海省

退牧还草工程中央预算内资金 8 亿元，用于支持青海省三江源和祁连山地区休牧围栏 11.5 万 hm^2、划区轮牧 12 万 hm^2、毒害草治理 6.06 万 hm^2、退化草原改良 18.87 万 hm^2、人工种草 $3hm^2$ 和黑土滩治理 10.7 万 hm^2。2020 年，内蒙古自治区发展改革委、林业和草原局下达阿拉善盟退牧还草工程中央预算内投资 7222 万元。阿拉善盟退牧还草工程涉及阿左旗、阿右旗、额济纳旗、腾格里经济技术开发区，该项投资主要建设任务为草原围栏 80 万亩、人工种草 17 万亩、毒害草治理 12 万亩。其中阿左旗草原围栏 10 万亩，人工种草 5 万亩，毒害草治理 5 万亩，中央预算内投资 1989 万元；阿右旗草原围栏 10 万亩，人工种草 10 万亩，毒害草治理 5 万亩，中央预算内投资 3009 万元；额济纳旗草原围栏 20 万亩，人工种草 2 万亩，毒害草治理 1 万亩，中央预算内投资 1061 万元；腾格里经济技术开发区草原围栏 40 万亩，毒害草治理 1 万亩，中央预算内投资 1163 万元。

3. 草原生态保护补助奖励政策

由于超载放牧和草原保护投入不足等原因，我国草原退化严重，可利用面积减少，生态功能弱化。同时，牧民就业渠道窄，收入增长缓慢。为了解决这些问题，2010 年 10 月国务院第 128 次常务会议决定，从 2011 年开始在主要草原牧区省份全面实施草原生态保护补助奖励政策，加强草原生态保护，促进牧民增收，保障国家生态安全，加快牧区经济社会发展，促进构建和谐社会。目前，该政策已连续实施了三轮，取得了显著的生态和社会效益。

（1）第一轮草原生态保护补助奖励政策（2011—2015 年）

根据 2020 年 10 月国务院常务会议的决议，从 2011 年起在内蒙古、新疆（含新疆生产建设兵团）、西藏、青海、四川、甘肃、宁夏和云南 8 个主要草原省份（以下统称 8 省份），全面建立草原生态保护补助奖励机制。其后，财政部与农业部联合印发了《关于 2011 年草原生态保护补助奖励机制政策实施的指导意见》（2011 年）、《中央财政草原生态保护补助奖励资金管理暂行办法》（2011 年）、《关于推进草原生态保护补助奖励机制落实工作的通知》（2014 年）等文件，对草原生态保护补助奖励的实施细则和标准进行了规定。禁牧补助奖励是对生存环境非常恶劣、草场严重退化、不宜放牧的草原，实行禁牧封育，中央财政按每亩 6 元的标准给予补助。草畜平衡补助奖励是对禁牧区域以外的可利用草原，在核定合理载畜量的基础上，中央财政按每亩 1.5 元的标准对未超载放牧的牧民给予奖励。同时，落实对牧民的生产性补贴政策，增加牧区畜牧良种补贴，在对肉牛和绵羊进行良种补贴基础上，将牦牛和山羊纳入补贴范围；实施牧草良种补贴，对 8 省份的 0.9 亿亩人工草场，按每亩 10 元的标准给予补贴；实施牧民生产资料综合补贴，对 8 省份约 200 万户牧民，按每户 500 元的标准给予补贴。加大对牧区教育发展和牧民培训的支持力度，促进牧民转移就业，为建立草原生态保护补助奖励机制、促进牧民增收。要求有关地区和部门加强组织领导和监督管理，发挥牧民主体作用，建立绩效考核和奖惩制度，完善禁牧管护和草畜平衡核查机制，确保各项政策措施落实到位。

第一轮草原生态保护补助奖励政策实施期间（2011—2015 年），中央财政累计投入资金 773.6 亿元，用于实施禁牧补助、草畜平衡奖励、牧草良种补贴、牧民生产资料综合补贴和绩效奖励。2011 年，中央财政安排资金 136 亿元，在内蒙古等 8 个草原牧区省份，全面实施草原生态保护补助奖励机制。2012 年，中央财政进一步加大投入力度，安排资金 150 亿元，将政策实施范围扩大到河北、山西、辽宁、吉林、黑龙江等 5 个省和黑龙江省农垦总局（以下统称 5 省）的 36 个牧区半牧区县。2013 年，中央财政安排草原生态保护补助奖励资金 159.75 亿元，继续支持在上述 13 个省份及新疆生产建设兵团和黑龙江农垦实施这项政策，并加大对草原转变畜牧业发展方式的支持力度。据统计，政策覆盖了全部 268 个牧区半牧区县，再加上其他非牧区半牧区县，全国共有 639 个县实施草原生态保护补助奖励机制，涉及可利用草原面积 38.2 亿亩，包括禁牧草原面积 12.3 亿亩，草畜平衡面积 26 亿亩。对 1.2 亿亩人工草场实施了牧草良种补贴，对 284 万户牧民给予了牧民生产资料补贴。

（2）第二轮草原生态保护补助奖励政策（2016—2020 年）

经国务院批准，"十三五"期间，在河北、山西、内蒙古、辽宁、吉林、黑龙江（黑龙江省农垦总局）、四川、云南、西藏、甘肃、青海、宁夏、新疆（含新疆生产建设兵团）等 13 个省份，启动实施新一轮草原生态保护补助奖励政策，中央财政共计投入 938 亿元，其中 778 亿用于禁牧补助和草畜平衡奖励，160 亿用于绩效奖励。新一轮草原生态保护补助奖励政策涉及的草原范围与第一轮草原生态保护补助奖励政策 2013 年划定的范围一致。2016 年，农业部和财政部联合印发了《新一轮草原生态保护补助奖励政策实施指导意见（2016—2020 年）》，做出了如下明确规定。

①禁牧补助。对生存环境恶劣、退化严重、不宜放牧以及位于大江大河水源涵养区的草原实行禁牧封育，中央财政按照每年每亩 7.5 元的测算标准给予禁牧补助。5 年为一个补助周期，禁牧期满后，根据草原生态功能恢复情况，继续实施禁牧或者转入草畜平衡管理。

②草畜平衡奖励。对禁牧区域以外的草原根据承载能力核定合理载畜量，实施草畜平衡管理，中央财政对履行草畜平衡义务的牧民按照每年每亩 2.5 元的测算标准给予草畜平衡奖励。引导鼓励牧民在草畜平衡的基础上实施季节性休牧和划区轮牧，形成草原合理利用的长效机制。

③绩效考核奖励。中央财政每年安排绩效评价奖励资金，对工作突出、成效显著的省份给予资金奖励，由地方政府统筹用于草原生态保护建设和草牧业发展。

在新一轮草原生态保护补助奖励政策，国家根据草原牧区实际情况和第一轮政策执行情况进行了适当调整，禁牧补助和草畜平衡奖励标准都得到了适当提高，取消了牧区畜牧良种补贴和牧草良种补贴，增加了绩效考核奖励，中央财政每年安排绩效考核奖励资金，对工作突出、成效显著的省份给予资金奖励，由地方政府统筹用于草原生态保护。通过实施新一轮草原补奖政策，全面推行草原禁牧休牧轮牧和草畜平衡制度，划定和保护基本草原，促进草原生态环境稳步恢复；加快推动草牧业发展方式转变，提升特色畜产品生产供给水平，促进牧区经济可持续发展；不断拓宽牧民增收渠道，稳步提高牧民收入水平，为加快建设生态文明、全面建成小康社会、维护民族团结和边疆稳定做出积极贡献。

（3）第三轮草原生态保护补助奖励政策（2021—2025 年）

经国务院批准，"十四五"期间，国家继续在河北、山西、内蒙古、辽宁、吉林、黑龙江（黑龙江省农垦总局）、四川、云南、西藏、甘肃、青海、宁夏、新疆（含新疆生产建设兵团）等 13 个省份，启动实施第三轮草原生态保护补助奖励政策。2021 年 8 月，财政部、农业农村部和国家林业和草原局联合印发《第三轮草原生态保护补助奖励政策实施指导意见》，总体上延续了第二轮草原生态保护补助奖励政策的补奖标准，但扩大了政策实施的范围，也相应增加了经费投入，政策涉及的可利用草原总面积为 41.2 亿亩，补奖资金从每年 155.6 亿元增加至 168 亿元。

第三轮草原生态保护补助奖励政策紧紧围绕新时代"加强草原保护管理，促进草原合理利用，改善草原生态状况，推动草原地区绿色发展"这一任务目标，主要有 5 个方面的突出特点。

一是保持政策"四稳定"。第三轮草原补奖政策保持政策目标、实施范围、补助标准、补助对象"四稳定"，确保政策实施的连贯性，稳定农牧民的政策预期。

二是坚持问题导向。针对机构改革后政策实施主管部门的职责权限发生变化的情况，进一步明确了财政部门、农业农村部门和林草部门的分工，为理顺政策实施体制，建立完善部门协调机制，保障政策顺利实施奠定了基础。同时，根据有关地方在前两轮政策实施期间反映的相关诉求，将已明确承包权但未纳入第二轮草原补奖政策范围的草原优先纳入补贴范围，每年安排的草原补奖政策资金也较以前年度有所增加。

三是着力实现创新。第三轮草原补奖政策明确提出"前两轮实施禁牧的草原植被恢复达到解禁标准的，要转为草畜平衡，科学有序利用，动态调整，防止一刀切"。政策实施的科学性大大增强，有利于实现生态和生产统筹、保护和发展兼顾。

四是注重突出重点。《第三轮草原生态保护补助奖励政策实施指导意见》规定，第三轮草原补奖政策资金主要用于支持实施草原禁牧、推动草畜平衡。并在河北、山西、辽宁、吉林、黑龙江 5 省和北大荒农垦集团延续上一轮政策的好做法，有条件的地方可用于推进生产转型，提高草牧业现代化水平，减缓天然草原放牧压力。

五是坚持简政放权。第三轮草原补奖政策实施继续坚持草原补奖政策资金、任务、目标、责任"四到省"，落实"放管服"改革要求。明确中央财政继续按照禁牧补助 7.5 元/亩、草畜平衡奖励 2.5 元/亩的标准进行测算，地方可结合实际对政策实施标准进行适当调整等，充分调动地方落实政策的自主性和积极性。财政部门、农业农村部门和林草部门按照职责分工，全面加强指导。

4. 退耕还草工程

作为世界上投资最多、政策性最强、涉及面最广、群众参与程度最高的一项重大生态工程，中国退耕还林还草工程创造了世界生态建设史上的奇迹。其中，退耕还草工程的发展历程主要分为两个阶段：1999 年起实施的第一轮退耕还草和 2014 年起实施的新一轮退耕还草。

（1）第一轮退耕还草工程（1999—2013 年）

第一轮退耕还草工程始于 1999 年，历时 15 年，共实施退耕地还草 1.39 亿亩，建设范围覆盖 25 个省域的 1897 个县域，涉及国土面积达 742 万 km²、3200 多万农户、1.24 亿农民。1999 年，四川、陕西、甘肃 3 省按照国务院的要求率先开展退耕还草试点。2000 年 3 月，国家林业局、国家计划委员会、财政部联合下发《关于开展 2000 年长江上游、黄河上中游地区退耕还林（草）试点示范工作的通知》并确定试点示范实施方案，在长江上游的云南、四川、贵州、重庆、湖北和黄河上中游的陕西、甘肃、青海、宁夏、内蒙古、山西、河南、新疆 13 个省份和新疆生产建设兵团的 174 个县（团、场）开展退耕还草试点。2000 年 7 月，国务院在京召开中西部地区退耕还草试点工作座谈会，研究积极稳妥、健康有序地做好试点和示范工作。为推动退耕还草试点工作的健康发展，2000 年 9 月，国务院下发《关于进一步做好退耕还草试点工作的若干意见》，明确了实行省级政府负总责、完善退耕还草政策、健全种苗生产供应机制、合理确定林草种机构和植被恢复方式、加强建设管理和严格检查监督等方面的规定。2001 年政府工作报告强调，有步骤因地制宜推进天然林保护、退耕还草以及防沙治沙、草原保护等重点工程建设，并要求西部大开发"十五"期间要突出重点，做好开局，着重加强基础设施和生态环境建设，力争 5~10 年取得突破性进展。同年，退耕还草被列入《中华人民共和国国民经济和社会发展第十个五年计划纲要》。2001 年 8 月，经国务院同意，中央机构编制委员会办公室批准国家林业局成立退耕还林（草）工程管理中心。至 2001 年年底，21 个省份和新疆生产建设兵团参与退耕还草试点，3 年共完成试点任务 3455.1 万亩，其中退耕地还草 1809.1 万亩。2008 年开始，有关部门连续审核下达 25 个工程省份和新疆生产建设兵团巩固成果专项年度建设任务，共召开 3 次部际联席会议、4 次现场会，并组成联合检查组，对各工程省份专项规划实施情况进行督查。全国共建设基本口粮田 5447 万亩，建设户用沼气池、节柴节煤灶、太阳能热水器等农村能源 801 万口（座、台），实施生态移民 121 万人，发展产业基地 9213 万亩，培训退耕农民 1208 万人次，补植补造 7567 万亩，并实施森林抚育经营、低产林改造、设施农业等建设项目。据资料显示，前一轮工程累计完成退耕地造林 0.1 亿 hm²，退耕还草 0.02 亿 hm²，实施荒山荒地造林和封山育林 0.21 亿 hm²，退耕还林面积保存率达到 98.9%（黄麟等，2020）。对退耕还草一期工程覆盖的 1897 个县域研究表明，约 76%工程县域的粮食供给增加，约 46%和 49%工程县域退耕还草地块的土壤保持与水源涵养功能呈提升态势（黄麟等，2021），工程区全县域植被覆盖度年增加 0.17%，平均土壤水蚀和风蚀模数分别年减少 0.13t/hm² 和 0.68t/hm²，退耕还草工程可以有效减少土壤侵蚀模数，起到土壤保护的作用（黄麟等，2020；刘文超等，2019）。

（2）新一轮退耕还草工程（2014 年至今）

党的十八大以来，党中央、国务院高度重视退耕还草工作。《国民经济和社会发展第十三个五年规划纲要》提出，巩固和发展退耕还林成果，在重点生态脆弱区和重要生态区位，结合扶贫开发和库区移民，适当增加退耕还林任务，重点治理 25°以上坡耕地。党的十八大将生态文明建设纳入"五位一体"总体布局，十八届三中全会将"稳定和扩大退耕还林、退牧还草范围"作为全面深化改革重点任务之一。2014—2019 年，中央投入 749.2 亿元，在 22 个省份和新疆生产建设兵团共实施新一轮退耕还草 6783.8 万亩，其中还草面积 533.2 万亩。2017 年国务院批准核减 17 个省份 3700 万亩陡坡基本农田用于扩大退耕还草规模。2018 年印发的《中共中央、国务院关于打赢脱贫攻坚战三年行动的指导意见》要求："加大贫困地区新一轮退耕还草支持力度，将新增退耕还草任务向贫困地区倾斜，在确保省级耕地保有量和基本农田保护任务前提下，将 25°以上坡耕地、重要水源地 5°～25°坡耕地、陡坡梯田、严重石漠化耕地、严重污染耕地、移民搬迁撂荒耕地纳入新一轮退耕还草工程范围，对符合退耕政策的贫困村、贫困户实现全覆盖。"2019 年国务院又批准扩大山西等 11 个省份贫困地区陡坡耕地、陡坡梯田、重要水源地 15°～25°坡耕地、严重沙化耕地、严重污染耕地退耕还草规模 2070 万亩。新一轮退耕还草的总规模已超过 1 亿亩。

"十三五"期间，退耕还草工程区生态状况得到进一步修复，社会经济发展明显加快。据监测，退耕还草每年涵养水源 385.23 亿 m³、固土 6.34 亿 t、固碳 0.49 亿 t、释氧 1.17 亿 t、吸收污染物 314.83 万 t、滞尘 4.76 亿 t、防风固沙 7.12 亿 t，每年产生的生态效益总价值量达 1.48 万亿元，对改善我国生态环境、维护国土生态安全发挥了重要作用。同时，工程使 4100 万农户、1.58 亿农民直接受益，户均累计获得中央补助 9000 多元，并且新一轮 58% 的退耕还林发展了经济林，拓宽了农民增收渠道。2016—2020 年，中央共投入 1160 亿元，实施退耕还草 5954.46 万亩。全国 97.6% 的贫困县实施了退耕还草，"十三五"期间 78% 的任务安排在贫困地区，惠及 277 万建档立卡贫困户，为精准脱贫做出积极贡献。

5. 京津风沙源治理工程

京津风沙源治理工程区属干旱、半干旱草原区及部分半湿润草原区，容易发生土壤风蚀沙化，为减少北京、天津地区的风沙危害，国家于 2000 年开展实施第一期京津风沙源治理工程，2013 年开始实施第二期京津风沙源治理工程。

（1）京津风沙源治理一期工程（2000—2012 年）

2000 年 6 月，国家决定启动京津风沙源一期治理工程，建设范围包括北京、天津、河北、山西、内蒙古 5 省份的 75 个县（旗、市、区），总县土面积 45.8 万 km²，沙化土地面积 10.18 万 km²，总人口 1957 万人，其中农牧业人口 1622 万人。建设期原定为 10

年，2008 年，经国务院批准，工程延期至 2012 年。到 2012 年，国家累计安排资金 479 亿元，其中，中央预算内基建投资安排 209 亿元，财政专项资金安排 270 亿元。截至 2011 年年底，工程累计完成林业建设任务 10035.8 万亩，禁牧 8526 万亩，草地治理 5594.32 万亩，暖棚 973.24 万 m²，饲料机械 11.4 万台（套），小流域治理 14126.37km²，节水灌溉和水源工程 16.54 万处，生态移民 17.8 万人。2009 年与 2004 年相比，工程区固定沙地面积增加 1.75%，半流沙沙地面积减少 10.67%，流动沙地面积减少 30.68%。同时，沙化耕地也不断减少，沙进人退的趋势得到有效遏制。

京津风沙源治理一期工程实施 10 多年来，工程区生态环境好转，风沙天气和沙尘暴天气减少，沙化土地扩展趋势基本遏制，呈现出林草植被增长、农牧民收入增加、社会可持续发展能力增强和沙化土地减少的良好局面。沙尘天气减少，生态环境质量明显改善。据工程区内 8 个沙尘暴预警监测站 22 个气象站最近 10 年连续监测数据显示：86% 的监测站监测到的起尘扬尘呈减少趋势。沙化程度减轻，蓄水保土功能明显增强。根据我国第四次荒漠化和沙化监测结果：2009 年与 2004 年相比，工程区固定沙地面积增加 1.75%，半流动沙地面积减少 10.76%，流动沙地面积减少 30.68%。同时，沙化耕地也不断减少，沙进人退的趋势得到有效遏制。工程的实施和生态的好转，促进了工程区内经济社会的发展。据北京师范大学对工程可持续发展能力评价显示，工程建设对区域可持续发展贡献率保持在 24% 以上。另据统计，工程区人均 GDP 从 1999 年的 4687 元增加到 2010 年的 27192.7 元，年均增长 17.3%，高于全国平均水平。

从京津风沙源区生态系统结构、质量和服务功能揭示京津源风沙一期治理工程的生态效应来看，2010 年草地生态系统占全区面积的 63.29%，10 年间林地面积增加了 0.22 万 km²，草地面积减少了 0.17 万 km²；工程区 10 年间植被覆盖总体呈现好转态势，植被覆盖度转差的面积占全区面积的 19.36%；工程区土壤风蚀以微度和轻度侵蚀为主，10 年间土壤风蚀量总体呈现下降态势，荒漠草原亚区下降最为明显。京津风沙源区整体生态状况趋于好转，一系列生态工程的实施对于恢复自然植被和提升生态系统防风固沙服务功能起到了积极作用（吴丹等，2018）。

（2）京津风沙源治理二期工程（2013—2022 年）

为进一步减轻京津地区风沙危害，构筑北方生态屏障等需要，2012 年 9 月，国务院常务会议讨论通过了《京津风沙源治理二期工程规划（2013—2022 年）》，决定实施京津风沙源治理二期工程，工程区范围由北京、天津、河北、山西、内蒙古 5 个省份的 75 个县（旗、市、区）扩大至包括陕西在内 6 个省份的 138 个县（旗、市、区），总投资达 877.92 亿元。治理范围由第一阶段（2000—2012 年）的 45.8 万 km² 扩大至第二阶段（2013—2022 年）的 70.6 万 km²，累计投资超过 1290 亿元。京津风沙源治理二期工程建设目标：到 2022 年，一期工程建设成果得到有效巩固，工程区内可治理的沙化土地得到基本治理，基本建成京津及华北北部地区的绿色生态屏障，工程区经济结构继续优化，可持续发展能力稳步提高，林草资源得到合理有效利用，全面实现草畜平衡，草原畜牧业和特色优势产业向质量效益型转变取得重大进展；工程区农牧民收入稳定在全国农牧民平均水平以上，生产生活条件全面改善，走上生产发展、生活富裕、生态良好的发展道路。

"十二五"期间，该工程累计投入中央资金约 17 亿元。其中 2015 年，投入中央资金 4.44 亿元，在北京、天津、河北、山西、内蒙古、陕西等 6 省份共安排京津风沙源草原治理任务 13.1 万 hm^2，其中人工草地 4.2 万 hm^2、飞播牧草 666.7hm^2、围栏封育 8.55 万 hm^2、草种基地 0.28 万 hm^2；建设牲畜舍饲棚圈 151.73 万 m^2；建设青贮窖 42.5 万 m^3、贮草棚 23.23 万 m^2。京津风沙源治理工程通过现有林草植被的保护、草地治理、荒山造林种草、飞播造林(种草)、封山(沙)育林(草)、禁牧舍饲、小流域综合治理、水利配套措施、生态移民等多项措施综合实施，显著改善了京津风沙源区生态环境，降低了草地沙化风险，提高了农牧民生活水平，产生了良好的社会、经济和生态效益。

6. 农牧交错带已垦草原治理工程

农牧交错带已垦草原治理工程于 2016 年开展试点工作，"十三五"期间治理已垦草原 1750 万亩，其中，河北 250 万亩、山西 56 万亩、内蒙古 280 万亩、甘肃 539 万亩、宁夏 150 万亩、新疆 475 万亩。对农牧交错带已垦草原的弃耕地，采取退种结合及全膜覆土精量穴播技术，将治理区恢复建设成植被覆盖率高、水土保持能力强、节水、优质、高效和稳产的多年生旱作人工草地。进一步加强区域内饲草棚、饲料播种加工贮运设施等畜牧业基础设施建设，提高四季饲草生产储备和利用能力，有效解决牧区储草水平低、冬春缺草的难题。2016—2018 年农牧交错带已垦草原治理工程累计投入中央资金 9.2 亿元，安排人工种草任务 575 万亩。通过建立起与草原区自然条件和社会经济可持续发展相适应的良性草地农业系统，达到生态效益、经济效益和社会效益的协调统一。

7. 西南岩溶地区石漠化草地治理工程

西南岩溶地区是我国石漠化最严重的地区，依据该区不同时期生态环境的破坏修复状态，可将其分为如下三个阶段：20 世纪 50 年代末至 21 世纪初为发展阶段，西南岩溶地区由于经历了人口膨胀、滥砍滥伐、自然灾害等影响，各地人口压力远超土地承载力，加速土地退化，各地石漠化呈加速扩展的趋势，尤其以贵州、广西为主要恶化地区，生态环境遭到严重破坏。21 世纪初至 2015 年为明显改善阶段，石漠化面积以 2005 年为节点，呈现先增后减的发展趋势，总体石漠化程度降低但局部扩张恶化。我国实施了系列石漠化综合治理工程，落实退耕还林、封山育林等政策，有效地改善了水土流失、降低裸岩率、提高植被覆盖度，促进石漠化加速好转，面积大幅减少，总体恶化的形势得到有效缓解和控制。2015 年至今为持续收缩阶段，这一时期石漠化处于较稳定的状态，其面积和程度以小幅度缓慢减少的趋势发展，整体生态继续改善。

为了减轻西南岩溶地区的石漠化问题，2006 年根据《岩溶地区石漠化综合治理规划大纲（2006—2015 年）》，开始实施西南岩溶地区石漠化草地治理试点工程，在贵州晴隆、德江、威宁和云南巧家 4 个工程县开展实施试点。《2010 年全国草原监测报告》显示：截至 2010 年，中央累计投入资金 1.37 亿元，安排建设任务 13.3 万 hm^2，其中草地改良 7 万 hm^2，围栏封育 3 万 hm^2，人工种草 3.3 万 hm^2。据中国政府网报道：2013 年中央基建投资预算（拨款）21 亿元，专项用于支持湖北、广西、重庆、四川等 8 个省份岩溶地区石漠化综合治理工程。《2016 年全国草原监测报告》显示，中央投入资金 1.2 亿元在云南、贵州继续实施该试点工程，共安排建设石漠化草地治理任务 5 万 hm^2。改良草地工程区植被盖度、高度、鲜草产量比非工程区分别提高了 14%、44.9% 和 87.9%；围栏封育工程区植被盖度、高度、鲜草产量比非工程区分别提高 11%、32.0% 和 70.0%；人工草地工程区植被盖度、高度、鲜草产量比非工程区分别提高 20%、129.5% 和 220.6%。

广西是最为严重的地区之一。广西石漠化土地在 10 个市 76 县（市、区）均有分布，石漠化地区人口 1200 多万，约占全区总人口的 25%。截至 2016 年年底，广西岩溶地区石漠化土地总面积为 153.29 万 hm^2，占全区国土面积的 6.5%，涉及河池、百色、桂林、崇左、南宁、来宾、柳州、贺州、贵港等 9 市 76 县（市、区）。广西石漠化土地相对集中于河池和百色两市，面积分别为 57.91 万 hm^2 和 35.07 万 hm^2，分别占全区石漠化土地面积的 37.8% 和 22.9%。全国岩溶地区第一次、第二次、第三次石漠化监测工作分别在 2005 年、2011 年、2016 年开展，2011 年第二次监测结果显示，2005—2011 年，广西石漠化土地面积减少了 45.74 万 hm^2，减少率为 19.2%，年均减少率为 3.2%，治理成效领先全国。《第三次石漠化监测报告》结果显示，与 2011 年第二次石漠化监测结果相比，广西石漠化土地净减 38.72 万 hm^2，减少率 20.2%，净减面积超过 1/5，治理成效继续稳居全国第一。

8. 草种基地建设工程

在 20 世纪 50 年代，我国曾建立 20 多个草籽繁殖场，但由于对草种生产地域性要求认识不足，部分繁殖场建设区域选择不合理，导致种子产量低、生产效益有限。20世纪 80 年代以来，草种产业进入了一个新的发展阶段，国家要求健全良种繁育体系、实行"四化一供"的种子工作方针。1995 年启动实施"种子工程"，在四川、贵州、青海、内蒙古、甘肃等地建设种子生产基地，掀开了我国草种业发展的新篇章。2001 年牧草种子生产田面积达到 15.7 万 hm^2，种子生产量 7.1 万 t。进入 21 世纪，退牧还草、天然草原改良、草原生态保护补助奖励政策等草地建设工程相继开展，对于草种生产水平提出了更高的要求。2000—2003 年，国家利用国债资金先后投资 8.86 亿元在内蒙古、新疆、黑龙江、甘肃、四川、吉林、陕西等 19 个省份共建设草种基地 76 个，建成牧草良种的原种田 3064 hm^2，种子生产田 73766 hm^2。2000—2017 年，通过国家农业综合开发草种繁育专项，中央投资 3 亿余元，建成繁育基地 150 余个，涉及内蒙古等 26 个省份。到 2017 年全国草种子田总面积 9.7 万 hm^2，生产种子 8.4 万 t，且主要产区集中在甘肃、青海、内蒙古、四川等地，种子生产总量占到全国的 76.8%。

在我国草种子生产组织和运行方面，经历了以政府、农户、企业为主的组织生产和运行管理方式。随着我国社会和经济改革的不断深入和发展，草种业市场迅速活跃和扩大，近年来，以企业介入的专业化生产成为主体，采用"公司+基地+农产"的模式组织农户生产牧草种子，加快了牧草种子产业化的步伐。企业生产是以市场为导向，根据市场需求确定种子生产目标，向市场提供种子，实行自主经营、自负盈亏。企业生产优势在于拥有自己的种子基地，有自己的种子田，企业根据市场需求可以进行科学合理的种植规模调整，进行专业化、规模化生产。近年来随着国家"粮改饲""草牧业"等重大战略政策实施，以苜蓿、燕麦、杂交狼尾草等为主的种子市场供不应求，以苜蓿和燕麦种子生产基地发展势头看好。苜蓿、燕麦、杂交狼尾草等种子生产基地主要位于内蒙古西部地区、宁夏、甘肃、青海、新疆和广西、海南等地。此外，以老芒麦、披碱草、羊草、草地早熟禾、羊茅等多年生禾草为主的种子生产基地也为草原生态建设提供了大量种子。以禾草为主的种子生产基地主要集中于内蒙古、河北、青海、四川等地。

三、草原重大生态工程的战略意义

（一）重要性与必要性

我国草原重大生态工程的实施对改善草原生态环境、提高草原生产能力、转变草原畜牧业生产方式、提高农牧民收入、促进社会可持续发展等起到了十分重要的作用，取得了显著的生态、社会和经济效益。概括而言，草原重大生态工程的重要性和必要性主要体现在以下几大方面。

1. 国家生态安全战略的需要

草原是我国生态安全屏障的主体，实施草原重大生态工程助力我国生态安全战略格局的建设。《全国主体功能区划》提出构建以青藏高原生态屏障、黄土高原—川滇生态屏障、东北森林带、北方防沙带和南方丘陵山地带以及大江大河重要水系为骨架的"两屏三带"生态安全战略格局，草原生态系统在其中具有重要地位。青藏高原生态屏障区分布着广袤的高寒草原，独特的高寒草原生态系统发挥着涵养大江大河水源和调节气候的重要作用；黄土高原—川滇生态屏障区典型草原和荒漠草原是当地水土流失防治和保育土壤的主要生态系统类型，保障了长江、黄河中下游地区生态安全；草原保护是北方防沙带的主要任务之一，草原植被降低近地面风速、固定扬沙的作用，为北方防沙带发挥北方核心城市群防风固沙安全屏障作用提供主要保障；南方丘陵山地带的草山草坡是发挥防治水土流失的作用的主要植被类型，其对地表径流的减少作用显著，发挥我国西南和华南地区的生态安全屏障作用。草原的脆弱敏感，极易受气候变化和人类活动的影响发生退化。由于草原家畜超载、不合理利用和人为破坏等，加之全球气候变化，20世纪我国草原不断退化、面积不断缩小，导致我国草原地区沙尘暴频繁发生、水土流失严重、草原生产能力不断下降、盐渍化沙化严重，严重威胁了我国生态安全。21世纪以来，一系列重大生态工程的实施使草地生态系统得到一定程度的恢复，但仍然面临着退化风险，仍需要通过长期的生态工程开展进一步修复和维持。

2. 构筑全球命运共同体的需要

草原重大生态工程的建设实施肩负着我国实现绿色发展、履行国际义务、维护国家形象的重任。生态环境问题在国际政治、经济活动中的地位越来越重要，往往成为世界可持续发展首脑会议、联合国气候变化峰会、亚太经合组织领导人非正式会议等国际会议的重要议题。我国草原生态系统碳汇作用显著，对实现碳达峰、碳中和目标具有重要意义，尤其是我国尚有大面积可恢复的退化草原，这些退化草原具有相当大的固碳潜力。因此，草原重大生态工程的实施对我国应对全球气候变化具有重要意义。同时，我国是《联合国气候变化框架公约》《生物多样性公约》《湿地公约》《联合国防治荒漠化公约》《濒危野生动植物种国际贸易公约》《国际植物新品种保护公约》《保护世界文化和自然遗产公约》等一系列国际公约的重要履约国，草原上分布着重要湿地、濒危野生动植物，也是荒漠化防治重点区域，因此实施草原重大生态工程保护草原生态系统，对我国履行国际公约有着重要意义。

3. 保护生物多样性的需要

草原是动植物资源的宝库，实施重大生态工程恢复和保护草原生物生境，有利于我国生物多样性的保护。从植物资源看，我国草原仅饲用植物就有6700多种，分属5门246科1545属，可作为药用、工业用、食用的常见经济植物有数百种（如甘草、麻黄草、发菜、黄芪等）。草原在生物多样性保护和生物基因资源保育也具有重要作用，我国草原上繁衍的野生动物有2000多种，其中有盘羊、羚羊、野牦牛、雪豹等国家一级保护野生动物数十种。此外，据不完全统计，我国草原有放牧家畜品种（含地方品种、培育品种和引入品种）250多个，其中滩羊、九龙牦牛、辽宁绒毛羊、阿拉善双峰驼等是我国特有的家畜品种资源，被列入《国家畜禽遗传资源品种目录》。草原重大生态工程的实施，一方面通过直接保护草原植被保育了植物资源的多样性；另一方面，通过修复和保护草原生态系统，为生存在草原的动物提供更好的生境，从而保护动物多样性。

4. 实现乡村振兴的需要

草原是构建我国和谐社会的支撑，草原重大生态工程的实施助力我国草原地区乡村振兴。我国广袤的草原在悠久的历史时期中形成了独特的草原文化，在这个长期的历史过程中，草原成为广大牧区农牧民赖以生存的基础生产资料，是牧区畜牧业的基础。草原不仅是我国少数民族的集中聚居地，也是低收入人口的主要分布区，由于草原地区牧民文化素质整体不高，且从事非牧业生产的劳动技能较差，再加上语言、生活习惯等方面的差异，其走出草原、转移劳动力的能力也相对较弱，导致就业、增收渠道狭窄。长期以来，由于重利用、轻保护，重索取、轻投入，草原保护建设之后，草原的基础设施、支撑体系十分薄弱，监督管理力量、防灾减灾救灾能力严重不足，草原地区水、电、道路、通讯、住房等基础设施，以及教育、科技、文化、卫生、社会保障等均落后于其他地区。草原重大生态工程的实施，不仅通过恢复草地生产力、改善畜牧业基础设施、提高牧民放牧管理水平，使牧民畜牧业收入增加；而且通过基础设施的建设，助力草原生态旅游业发展，发扬草原文化，拓宽牧民增收渠道，助力草原地区乡村振兴。

各地以实施草原生态保护修复工程为契机，将工程措施与落实草原生态保护补助奖励政策、推进精准扶贫工作有机结合，以生态保护建设为切入点，通过转变草牧业生产方式、完善草原牧区生产生活基础设施、提高草牧业生产效率等方式，在实现草原"绿起来"的同时，实现了牧民"富起来"的目标。2015 年，牧区半牧区县农牧民人均纯收入 8078 元，较 2010 年增长 79.7%。其中，牧业收入从 2010 年人均 2120.7 元增加到 2015 年 3685.5 元。2015 年，退牧还草工程区有 2700 多万个羊单位的牲畜从完全依赖天然草原放牧转变为舍饲半舍饲；15 万退牧户在实施退牧还草后处理了牲畜转而从事其他产业，近 20 万退牧户人口外出务工。奶牛存栏 100 头以上、肉牛出栏 50 头以上、肉羊出栏 100 只以上的规模养殖比重分别达 42.8%、30.6%、43.0%，分别比 2010 年提高 18.7%、5.1% 和 14.8%。牛肉、羊肉、奶类和羊毛羊绒产量分别达 407 万 t、303 万 t、2694 万 t 和 44.4 万 t，分别比 2010 年增加 7.6%、10.6%、2.3% 和 10.2%。一些省份通过草原工程的实施，提高了草原生产力，完善草牧业发展基础设施建设，科学化养殖水平提升，增加了收益。

5. 营造良好社会氛围的重要举措

积极宣传国家草原重大生态工程的各项政策，使各项政策真正被广大农牧民了解和接受，使农牧民自觉、主动地参与工程建设，为工程实施奠定坚实的群众基础。广泛宣传草原重大生态工程实施的重大意义，让全社会都认识到工程建设对改善草原生态环境、维护国家生态安全、促进经济社会全面协调可持续发展和构建社会主义和谐社会的重要作用。大力宣传草原重大生态工程建设取得的成效和经验，进一步坚定各级草原部门和广大农牧民开展工程建设的信心和决心。通过积极广泛的宣传，为草原重大生态工程的实施创造良好的舆论氛围和社会环境。

我国草原生态环境质量持续好转，出现稳中向好趋势，但成效并不稳固。当前，我国生态文明建设正处在压力叠加、负重前行的关键期，已进入提供更多优质生态产品以满足人民日益增长的优美生态环境需要的攻坚期，也到了有条件有能力解决生态环境突出问题的窗口期，人民群众对美好生活的向往更加强烈，对优美环境的诉求更加迫切。实施重要生态系统保护和修复重大工程，是加快生态文明建设的重要任务，是保障国家生态安全的重要基础，是满足人民群众对良好生态环境的殷切期盼的重要途径，是践行绿水青山就是金山银山理念、实现人与自然和谐共生的重要举措。

6. 推进生态文明建设的主要途径

草原保护建设工程实施以来，不仅改善了草原生态环境，转变了草原畜牧业生产方式，优化调整了牧区产业结构，而且促进了人与自然和谐共生，全面推进了草原生态文明建设。一是大批农牧民接受了系统科学的种草养畜生产、管理工程技术培训，工程区农牧民综合素质和劳动技能得到提高。据统计，工程区平均每年接受培训的农牧民约 20 万人次。二是工程建设加强棚圈、贮草棚、青贮窖等基础设施建设，促进了规模化养殖，粪污处理和资源化利用比重提高，农牧民生产生活条件得到极大改善，促进了乡村文明建设。三是全社会保护草原生态意识加强，农牧民对生态建设的态度由"要我管"向"我要管"转变的自愿行为，保护建设草原生态环境成为各级政府、干部群众的自觉行动，爱绿、护绿、增绿的氛围日益高涨，人与自然和谐共生的画面重现。

(二)战略意义

草原重大生态工程实施以来，草原保护修复工作取得显著成效，草原生态持续恶化的状况得到初步遏制，部分地区草原生态明显恢复。但是，我国草原生态系统整体仍较脆弱，保护修复力度不够、利用管理水平不高、科技支撑能力不足、草原资源底数不清等问题依然突出，草原生态问题依然严峻。面对当前中国草原生态保护和修复状况，还需要继续实施退牧还草、草原生态保护补助奖励政策、京津风沙源治理等重大生态工程来持续保护和修复草原生态系统，解决生态保护和社会经济发展矛盾等问题。

1. 中国草原生态工程的成效与问题

(1)中国草原生态工程成效

草原退牧还草工程、草原生态保护补助奖励政策、沙化(石漠化)草原治理工程、已垦草原治理工程、天然草原植被恢复与建设工程、种子基地建设工程、草原鼠虫害防治工程等重点草原生态工程，取得了显著成效，我国草原生态恶化趋势基本得到遏制，草原生态系统总体稳定向好，服务功能逐步增强。主要表现在以下几个方面：

①草原生态系统恶化趋势得到遏制。通过实施退牧还草、退耕还草以及草原生态保护补助奖励政策等草原重大生态工程，草原生态系统质量有所改善，草原生态功能逐步恢复。2011—2020 年，全国草原植被综合盖度从 51% 提高到 56.1%，重点天然草原牲畜超载率从 28% 下降到 10.2%。

②草原水土流失及荒漠化防治效果显著。积极实施京津风沙源治理、石漠化草地治理等防沙治沙工程和国家水土保持重点工程，启动了沙化土地封禁保护区等试点工作，全国荒漠化和沙化面积、石漠化面积持续减少，区域水土资源条件得到明显改善。

2012 年以来，全国水土流失面积减少了 2123 万 hm²，完成防沙治沙 1310 万 hm²、石漠化土地治理 280 万 hm²，全国沙化土地面积已由 20 世纪末年均扩展 34.36 万 hm² 转为年均减少 19.8 万 hm²，石漠化土地面积年均减少 38.6 万 hm²。

③草原生态保护与建设意识深入人心。随着草原资源的过度开发、草原生态功能逐渐丧失和生物多样性的减少，草原生态系统保护已经受到各方面的重视。草原重大生态工程项目的实施和草原保护相关法律法规的完善，使农牧户对草原的保护意识逐渐提高，逐渐树立起生态意识、环保意识、效益意识、责任意识。

④草原保护建设科技水平不断提高。依托于草原重大生态工程，围绕草原植被的恢复重建和草原的合理利用，科研人员开展了大量研究工作，并且草原科学研究和技术推广工作坚持与生产实践相结合，开创了新局面。各级草原部门在全国开展了草原资源调查研究、牧草引种育种、种质资源和种子检验研究、飞播牧草技术研究、退化草原改良和南方人工草场建植研究等，使草原保护建设科学技术水平不断提高。

(2) 中国草原生态工程面临的挑战

当前，经济发展对草原生态系统带来的压力依然较大，部分地区重发展、轻保护所积累的矛盾愈加凸显。同时，在推进有关重点生态工程建设中，山水林田湖草沙系统治理的理念落实还不到位，也影响了治理工程整体效益的发挥。中国西部和北方干旱半干旱地区自然条件恶劣，草原保护和修复治理难度大。执法体系和基层队伍弱化。政策支撑体系不健全，生态产品价值实现机制尚未建立，科技创新和技术装备落后。

草原牧区草畜矛盾突出，生态保护压力依然较大，生态保护修复方面历史欠账多、问题积累多、现实矛盾多，一些地区生态环境承载力已经达到或接近上限，且面临"旧账"未还、又欠"新账"的问题，生态保护修复任务十分艰巨，既是攻坚战，也是持久战。一些地方贯彻落实绿水青山就是金山银山的理念还存在差距，个别地方还有"重经济发展、轻生态保护"的现象，以牺牲生态环境换取经济增长，不合理的开发利用活动大量挤占和破坏生态空间。

草原生态保护和修复系统性不足，对于山水林田湖草沙作为生命共同体的内在机理和规律认识不够，落实整体保护、系统修复、综合治理的理念和要求还有很大差距。权责对等的管理体制和协调联动机制尚未建立，统筹生态保护修复面临较大压力和阻力。部分生态工程建设目标、建设内容和治理措施相对单一，一些建设项目还存在拼盘、拼凑问题，以及忽视水资源、土壤、光热、原生物种等自然禀赋的现象，区域生态系统服务功能整体提升成效不明显。

草原生态保护修复多元化投入机制尚未建立。生态保护修复工作具有明显的公益性、外部性，受盈利能力低、项目风险多等影响，加之市场化投入机制、生态保护补偿机制仍不够完善，缺乏激励社会资本投入生态保护修复的有效政策和措施，生态产品价值实现缺乏有效途径，社会资本进入意愿不强。目前，工程建设仍主要以政府投入为主，投资渠道较为单一，资金投入整体不足。同时，生态工程建设的重点区域多为老、少、边、穷地区，由于自有财力不足，不同程度地存在"等、靠、要"思想。

草原生态工程科技支撑能力不强，草原生态保护修复标准体系建设、新技术推广、科研成果转化等方面比较欠缺，理论研究与工程实践存在一定程度的脱节现象，关键技术和措施的系统性和长效性不足。科技服务平台和服务体系不健全，生态保护和修复产业仍处于培育阶段。支撑生态保护和修复的调查、监测、评价、预警等能力不足，部门间信息共享机制尚未建立。

2. 主要草原生态工程的战略意义

（1）退牧还草工程

为加强草原保护与建设，维护国家生态安全，促进草原畜牧业和牧区经济社会全面协调可持续发展，2003年国务院决定启动退牧还草工程。

退牧还草工程项目是指通过人工种草、补播改良、草原有害生物防治以及围栏建设、禁牧、休牧、划区轮牧等措施，恢复草原植被，改善草原生态，提高草原生产力，促进草原生态与畜牧业协调发展而实施的一项草原基本建设工程项目。

退牧还草工程的实施，不仅可以帮助农牧民转变畜牧业生产方式，遏制草原生态环境恶化的势头，改善草原生态环境和草原畜牧业基本生产条件，而且可以促进退化、沙化和碱化草原的自身恢复，增加草原植被，实现草原资源永续利用。它对于维护国家生态安全，实现我国草原畜牧业可持续发展，对于改善农牧民的生产生活条件，实现牧区全面建设小康社会的目标，具有十分重要的意义。

①实施退牧还草工程是国家加快草原保护与建设的重要战略决策。实施退牧还草，加快草原保护与建设，是党中央、国务院从我国经济社会发展全局考虑做出的重要决策，是实现可持续发展战略的紧迫任务，是促进西部大开发的重要举措，是实践"三个代表""科学发展观"和"习近平新时代生态文明"重要思想的必然要求，是促进人与自然的和谐，推动整个社会走上生产发展、生活富裕、生态良好的全面小康发展道路的重大举措。

②实施退牧还草工程是国家生态安全的重要保障措施。草原的生态功能就是维持生态系统的能量转化和物质循环的平衡，保持生物更新再生的机制，实现生态系统和谐有序的健康运行。在我国西北部的干旱半干旱地区，降水量多在400mm以下，草原生态系统是其他任何生态系统都不可替代的主体生态系统类型，具有不可替代性，草原生物在长期选择过程中形成了高度适应草原气候环境的自组织功能。多年来，人类超负荷地利用草原不仅突破了草原生态系统自组织功能和水、土、生物循环再生机制的低限，甚至超越了丰年的高限，导致草原不断退化，草原生产和生态功能严重受损，甚至成为我国沙尘暴的发源区，严重威胁我国及周边邻国的生态安全。因此，人类对草原的利用必须限制在生态系统生产效率的阈值之内。

③实施退牧还草工程是实现草原可持续发展的重要支撑手段。草原植被构成了大地重要的绿色屏障，草原土壤成为巨大的碳库，默默维护着蒙古高原、松辽平原和黄

河流域以至东亚地区的安全。但是，长期以来"草原-畜牧"成为人们的思维定式，单纯地把草原视为天然牧场，对草原生态系统的整体功能缺乏完整的理解，特别是草原的巨大环境效益常常被人们所忽略。对草原的掠夺性经营不仅使草原丧失了生态功能，也使其经济功能逐渐枯竭，草原生态系统处于崩溃的边缘，给人类生产和生活造成巨大影响。

④实施退牧还草工程有利于推进社会主义和谐社会建设。实施退牧还草工程，转变草原畜牧业生产方式，促进集约化经营，有利于发展先进生产力；实施退牧还草工程，转变农牧民生活方式，加强生态文明和精神文明建设，有利于发展先进文化；实施退牧还草工程，促进农村经济结构调整，带动地方经济发展，提高畜牧业生产效益，增加农牧民收入，不仅给西部地区广大农牧民带来直接的实惠，而且能够改善草原生态环境，构建祖国西部绿色生态屏障，有利于实现全国最广大人民的根本利益。因此，实施退牧还草工程，改善草原生态，有利于维护良好的自然环境，对构建牧区和谐社会，促进人与自然和谐相处，实现生产发展、生活富裕、生态良好的目标，具有不可替代的重要作用。

（2）草原生态保护补助奖励政策

迄今为止，草原生态保护补助奖励政策是我国覆盖面最广、投资规模最大、受益群众最多的草原生态工程项目，有力促进了我国草原生态、牧业生产和牧民生活的改善。其主要战略意义如下：

①加快推进生态文明建设的重要举措。草原作为最大的陆地生态系统，在供氧固碳、防风固沙、净化空气、维护生物多样性方面具有十分重要的作用，是生态文明建设的主阵地，在气候变化和人类活动影响不断加剧的背景下，草原生态保护显得尤为重要。党的十八大、十九大和二十大均对生态文明建设提出了明确要求，也强调了草原保护修复的重要性。实施草原生态保护补助奖励政策是贯彻党中央"五位一体"战略部署、保障国家生态安全、实现牧区可持续发展的重大政治任务，是加快推进我国生态文明建设的速度重要举措。

②巩固脱贫攻坚成果、维护民族团结的有力支撑。草原生态保护补助奖励政策主要实施区多数位于我国西北、西南部边疆地区，这些区域也是少数民族的主要聚居区，产业结构单一，当地牧民增收能力普遍较弱，生计多样性不足。实施草原生态保护补助奖励政策，既能使少数民族牧民感受到党和国家的关怀与重视，也能给基层干部服务群众、组织群众和号召群众提供有力抓手，有利于改善干群关系，维护民族团结、社会稳定和边疆安全。

③转变畜牧业发展方式的迫切需求。长期以来，靠天养畜的粗放型草地畜牧业容易造成草原超载过牧问题，草原生态系统一旦由于超载过牧发生退化，恢复起来需要一个长期过程。目前，我国草原生态相对脆弱的总体状况尚未根本扭转，整体发展趋势还存在诸多不确定因素，生态恢复和保护任务依然十分繁重。同时，我国大部分牧

区基础设施比较薄弱，生产方式落后，农牧民增收能力不强，任何松懈都有可能削弱过去几年的政策成果，影响国家生态安全和区域社会经济发展。实施草原生态保护补助奖励政策能够提高牧民生态保护意识，推动草原畜牧业转型升级，加快牧区社会经济高质量发展。

④促进美丽中国建设的重要举措。草原生态保护补助奖励政策是党和国家统筹我国经济社会发展全局做出的重大决策，是深入贯彻"创新、协调、绿色、开放、共享"理念，促进城乡区域协调发展的具体体现；草原生态保护补助奖励政策的实施必将巩固提升草原保护修复成果，促进草原生态环境的持续改善，为实现草原牧区生态保护和经济发展双赢、实施乡村振兴战略和建设美丽中国做出积极的贡献。

(3)天然草原植被保护与恢复工程

天然草原是我国极为重要的战略资源和生态资源。天然草原所在区域大多是风沙区、水土流失区和水源涵养区，也是少数民族从事畜牧业生产、生活的物质基础，是牧民增收、致富的主要手段和途径，维系着地区的社会和经济发展。加强天然草原植被保护与恢复不仅是生态保护修复的根本所在，也是促进地区经济发展的迫切需要。确保草原牧区生态安全，不仅是维系农牧民可持续生计的重要保障，而且对于维护民族团结和边疆稳定具有重要的战略意义。

天然草原植被保护与恢复的实施对于中国草原牧区生态安全屏障构建和现代畜牧业的发展极为重要。不仅可改善草原生态环境，同时可有效调整畜牧业基本生产条件，实现草产品和畜产品的稳产、高产和高效，促进农牧民增收。解决草地生态保护与生产利用之间的矛盾，需要从"以生态治理为主的应急抢救"向"生态可持续的长效机制"转变，科学合理地规划草地生态与生产功能。

四、草原重大生态工程成就与问题

(一)成就

自 2000 以来，国家先后实施退耕还草、京津风沙源治理、退牧还草、农牧交错带已垦草原治理、西南岩溶地区石漠化治理等 20 多项草原生态工程，中央投入草原保护修复资金累计近 2000 亿元，涵盖全国 80% 以上的草原面积，草原退化、沙化、盐碱化、毒害草入侵、鼠虫害得到有效控制，区域草原生态状况好转，草原生态系统总体稳定向好，生态服务功能逐步增强。据 2021 年全国草原监测报告显示，与非工程区相比，工程区内草原植被盖度平均提高 7.1 个百分点，草群平均高度增加 7.1cm，单位面积鲜草产量平均提高 4891.2kg/hm^2；2011—2020 年，全国草原植被综合盖度从 51% 提高到 56.1%，重点天然草原牲畜超载率从 28% 下降到 10.2%。全国荒漠化、石漠化面积持续减少，区域水土资源条件得到明显改善。据第四次全国荒漠化和沙化监测报告显示，自 2012 年以来，全国水土流失面积减少了 2123 万 hm^2，完成防沙治沙 1310 万 hm^2、石漠化土地治理 280 万 hm^2，全国沙化土地面积已由 20 世纪末年均扩展 34.36 万 hm^2 转为年均减少 19.8 万 hm^2，石漠化土地面积年均减少 38.6 万 hm^2。

同时，草原重大生态工程产生了巨大的社会和经济效益，各地将落实草原生态保护修复工程措施的工作与推进精准扶贫工作、乡村振兴、草原普法、草原承包、农牧民培训等民生工作有机结合，以草原生态保护修复为根本出发点，通过草原畜牧业转型升级、牧区生产生活基础设施改造提升、农牧民生活水平提质增效，实现"草原绿起来"、畜牧业"活起来"、农牧民"富起来"的多重目标。据统计，2018 年，草原生态保护补助奖励政策实施的 13 省份草原畜牧业产值达 12449 亿元，占农林牧渔总产值的 34.1%，较 2010 年增长 43.6%。草原牧区县农牧民人均牧业收入达到 7088.12 元，比 2010 年增长了 192.9%；半农半牧区县农牧民人均牧业收入达到 4162.01 元，比 2010 年增长 112.6%。随着草原重大生态工程的实施，草原保护与建设的意识已经深入人心，农牧民对草原的保护意识逐渐提高，改变了农牧民原有的"草原无价、使用无度、破坏无责"的观念，树立了"管好自己的牲畜，守好自家的草场"的自觉行动意识。依托于草原重大生态工程，科技和推广人员围绕草原保护修复和合理利用问题，开展了草原资源调查研究、牧草引种育种、种质资源和种子检验研究、飞播牧草技术研究、退化草原改良和南方人工草场建植研究等，使草原保护建设科学技术水平不断提高。在草原重大生态工程实施政策的推动下，各级草原管理部门也不断创新草原管理工作的机制和方法，草原保护修复管理工作也取得了显著成效。主要草原重大生态工程的成就详述如下。

1. 天然草原植被保护与恢复工程

尽管天然草原植被保护与恢复工程仅实施了 3 年（2000—2003 年），但在其后开展的多项草原生态工程中，均有天然草原植被保护和恢复的内容。通过这些草原重大生态工程的实施，我国在天然草原植被恢复建设取得了一定成绩和经验，并对国民经济和边疆稳定做出了贡献。通过禁牧与轮牧、封育与自然恢复、补播、人工或半人工种草、控制毒杂草与鼠虫危害等措施，内蒙古锡林郭勒盟、青海三江源、陕西黄土高原等地区的退化草地植被呈现明显的恢复态势。通过围栏封育、禁牧休牧、人工草地建设等措施，对藏北、青海祁连山、四川若尔盖、甘南等地区退化草原的植被覆盖度和植物生物多样性有积极作用。草畜平衡措施在全国主要草原区天然草原植被恢复、草原畜牧业提质增效、草原生态功能提升方面取得了显著成绩，为实现天然草原资源的永续利用提供了有力支撑。

2. 退牧还草工程

实施退牧还草是党中央、国务院为保护草原生态环境、改善民生做出的重大决策，是西部大开发的标志性工程之一。农业农村部报告显示，自 2003 年实施退牧还草工程以来，草原保护工作取得显著成效：工程区内植被逐步恢复，草地生态出现积极性变化，生物多样性、群落均匀性、饱和持水量、土壤有机质含量均有提高，草原水源涵养、水土保持、防风固沙等生态系统服务功能增强，牲畜超载率大幅下降，生态环境明显改善。工程成效主要表现在 3 个方面。

（1）草原生态明显改善

2003 年退牧还草工程开始实施到 2018 年为止，累计增产鲜草 8.3 亿 t，约为 5 个内蒙古草原的年产草量。其中，2017 年全国天然草原鲜草总产量 10.65 亿 t，全国天然草原鲜草总产量连续 7 年超过 10 亿 t，实现稳中有增。2017 年草原综合植被盖度达55.3%，较 2011 年提高 4.3 个百分点，2017 年全国重点天然草原的家畜平均超载率为11.3%，较 2010 年降低 18.7 个百分点，草原利用更趋合理。同时部分地区区域气候得到改善，区域降水量得到增加、沙尘暴和大风日数均明显降低，说明退牧还草工程对区域生态修复具有良好的恢复作用。

（2）促进牧民生产生活方式转变

退牧还草工程推行禁牧与休牧相结合、舍饲与半舍饲相结合的生产方式，促进了传统草原畜牧业生产方式的转变。工程实施以来，内蒙古、新疆、西藏、青海、宁夏、甘肃、四川、云南等 8 省份和新疆生产建设兵团退牧还草工程县 2700 多万个羊单位的牲畜从完全依赖天然草原放牧转变为舍饲半舍饲。同时草原围栏的实施使草原严重退化、草原超载的现象得到了遏制，生态得到一定程度恢复。为了推动畜牧业的发展，各工程区内部积极探索建设模式。例如，新疆大力实施区域性人工种草；甘肃、青海部分地区推行"牧区繁殖、农区育肥"发展模式；宁夏从 2003 年起实行全区禁牧封育，加大畜群结构调整和畜种改良，加强人工饲草地建设。主要草原牧区加快生产方式转变步伐，实现了"禁牧不禁养"。截至 2019 年，青海省共建设围栏 1258.7 万 hm²、补播改良草地 273 万 hm²、多年生人工饲草地 5.1 万 hm²、舍饲棚圈 8.35 万户、治理黑土滩8.5 万 hm²、治理毒害草 2.6 万 hm²。通过退牧工程的实施，使得退化、沙化草原恢复能力得到增强，遏制了草原生态环境恶化的势头，同时有效帮助农牧民转变了畜牧业生产方式，改善了草原生态环境和草原畜牧业基本生产条件，实现了草原资源永续利用，达到了"增草、增水、增畜、增收、增和"的目标。

（3）社会经济效益显著

退牧还草工程实施以来，牧民通过调整产业结构实现了天然草原减畜禁牧目标，在退化草地生态修复的同时，牧民收入水平稳中有升，牧区社会事业发展良好，促进了民族团结和社会进步。退牧还草生态补奖机制的实施，有效地调动农牧民积极性，激励农户自主投资，进而使农户退牧还草后收入保持一定增长，从而形成"自我造血"功能。同时，工程实施还推动了特色农牧产业及其他优势产业的发展，形成了一批乳、肉、绒等生产加工基地，增加了农牧民收入。各地积极扶持引导牧区富余劳力转产转业。随着工程的持续开展，15 万退牧户转而从事其他产业，近 20 万退牧户人口外出务工。内蒙古、新疆、西藏等牧区大力发展绿色第三产业，草原旅游业快速兴起，进一

步拓宽了牧民增收渠道，牧区牧民人均纯收入由 2000 年的 1712 元提高到 2009 年的
4194 元。

3. 草原生态保护补助奖励政策

草原生态保护补助奖励政策自 2011 年实施以来，在全国 13 个省份(外加新疆建设
生产兵团和黑龙江农垦局)的 657 个县连续实施 3 轮，明显促进了草原生态稳步恢复和
草原牧区社会经济可持续发展，取得了很好的生态、经济和社会效益，主要表现在 3
个方面。

(1)草原生态环境明显改善

草原生态保护补助奖励政策实施 10 多年来，我国草地生态恢复整体成效显著，草
原综合植被覆盖率总体上升，生物多样性明显增加，全国天然草场产草量增长，草地
超载率明显降低。据 2011 年全国草原监测结果显示，全国草原综合植被盖度从 2011 年
的 51% 提高到 2020 年的 56.1%，鲜草产量达 11 亿 t。截至 2020 年，内蒙古自治区草原
植被平均盖度 45%，比 2010 年提高了 8 个百分点，草原生产力每亩增加了 14kg，优良
牧草比例增加，天然草原植被得到有效恢复。2011—2015 年青海牧草平均植被盖度提
高了 3.4 个百分点，牲畜超载量由 2010 年的 35.8% 下降到 9.9%。三江源年出境水增
加量超过 200 亿 m³。草原涵养水源、保持土壤、防风固沙等生态功能得到恢复和增强。

(2)牧民生态保护意识增强，草畜逐步平衡

随着草原生态保护补助奖励等相关政策的持续推进，牧民自觉地调整畜牧业生产
经营方式，优化畜种结构和畜群结构，实现草畜平衡。同时，牧民草原生态保护意识
和信息都有所强化，监督意识也明显提升。《全国重要生态系统保护和修复重大工程总
体规划(2021—2035 年)》的数据显示，通过实施草原生态保护补助奖励政策、退牧还
草等生态工程，2011 年全国重点天然草原的牲畜超载率为 28%，2016 年下降到
12.40%，2018 年这一数值再次下降到 10.2%，牧民减畜增草、保护草原的生态意识不
断增强。

(3)促进畜牧业产业结构转型，增加农牧民收入

第一轮生态保护补助奖励政策实施期间，一部分补奖政策绩效奖励资金用于促进
草原畜牧业转型升级。政策实施省份利用这部分资金，通过种植人工草地、加强棚圈
等基础设施建设及扶持新型经营主体等方式，推动牧区草原畜牧业转型升级。据统计，
2018 年政策实施的 13 省份新建人工饲草地 452 万 hm²；肉牛、肉羊出栏率为 45.3%、
92.9%，分别较 2010 年提高了 1.9% 和 8%；年出栏 50 头牛和 10 只羊的规模化生产比
重分别为 27.8%、43.5%，分别较 2010 年提高 2.3 个百分点、20.6 个百分点；牛、羊
肉产量达到 441.5 万 t 和 325.5 万 t，分别较 2010 年增加了 9.6% 和 18.8%，为保障牛
羊肉市场供给做出了重要贡献(王加亭等，2020)。草原生态保护补助奖励政策实施以
来，13 个政策实施省份的 1200 多万农牧民人均每年得到保护补助奖励资金 700 元，户
均每年增加转移性收入近 1500 元。同时，草原生态保护补助奖励政策引导畜牧业生产

方式发生变化，经营方式明显转变，牧区家庭的收入结构改变，转移性收入超过家庭经营性收入，成为牧民家庭的重要收入来源，政策的实施也有利于缩小牧区和农区贫富差距。

4. 退耕还草工程

退耕还草工程自 1999 年实施以来，两期工程持续至今，对改善草原生态环境、提高草原生态系统服务功能、助推农牧民脱贫致富、促进农牧产业结构调整方面起到了重要作用。工程成效主要表现在 5 个方面：

（1）显著改善草原生态环境

退耕还草完成造林面积占同期全国林业重点生态工程造林总面积的 40.5%，工程区生态修复明显加快，短时期内林草植被大幅度增加，林草植被得到恢复，生态状况显著改善，为建设生态文明和美丽中国创造了良好条件。据监测，全国 25 个工程省份和新疆生产建设兵团退耕还草每年涵养水源 385.23 亿 m^3、固土 6.34 亿 t、保肥 2650.28 万 t、固碳 0.49 亿 t、释氧 1.17 亿 t、提供空气负离子 8389.38×10^{22} 个、吸收污染物 314.83 万 t、滞尘 4.76 亿 t、防风固沙 7.12 亿 t。通过实施退耕还草，大江大河干流及重要支流、重点湖库周边水土流失状况明显改善，长江三峡等重点水利枢纽工程安全得到切实保障。内蒙古、陕西、宁夏等北方地区严重沙化耕地得到有效治理，西南地区为主的土地石漠化面积 2011—2016 年年均缩减 3.45%，为实现我国荒漠化沙化土地面积"双减少"、荒漠化沙化程度"双减"的整体逆转做出巨大贡献。生物多样性得以保护和加强，野生动植物栖息环境得到有效修复，工程区内植物物种数明显增多，藏羚羊、普氏原羚等我国草原特有的珍稀濒危野生动物种群数量得到恢复和发展。

（2）明显提升工程综合效益

自 1999 年启动实施退耕还草工程以来，全国已实施退耕还草 5 亿多亩，工程总投入超过 5000 亿元。两轮退耕还草增加人工草地面积 502.61 万亩，占人工草地面积的 2.2%。新一轮退耕还草实施以来，工程实施规模已扩大到近 8000 万亩，工程实施省份由 2014 年的 14 个省份扩大到目前的 22 个省份和新疆生产建设兵团。退耕还草的实施，加快了国土绿化进程，工程区森林覆盖率平均提高了 4 个多百分点，使 3200 万退耕农户从政策补助中户均直接受益 9800 多元，比较稳定地解决了退耕农户的温饱问题，而且调整了农村产业结构，培育了生态经济型的后续产业，为促进农业可持续发展开辟了新途径。截至 2020 年，中央财政已累计投入 5353 亿元，在 25 个省份和新疆生产建设兵团的 2435 个县实施退耕还草 3480 万 hm^2，其中退耕地还草 1420 万 hm^2，退耕还草占同期全国重点工程造林总面积的 40%，全国 4100 万农户、1.58 亿农民直接受益（李世东等，2021）。

2020 年第一次对全国 25 个工程省份的退耕还草生态、社会和经济三大效益进行评估的结果表明，2019 年退耕还草形成的三大效益总价值 24050.55 亿元/年。其中，生态价值高达 14168.64 亿元/年，价值量最大的是涵养水源 4630.22 亿元/年，占生态总价值的 32.68%；济价值达 2554.92 亿元/年，其中，第一产业价值量为 1483.05 亿元/年，占总经济效益价值量的 58.05%；社会价值为 7326.97 亿元/年，发展社会事业价值量为 4474.21 亿元/年，占社会效益总价值量的 61.06%（李世东等，2021）。按照 2019 年现价评估，产生的工程效益总价值量相当于工程总投入的 4.8 倍。

（3）大力助推农民脱贫致富

农民群众是退耕还草工程的建设者，也是最直接的受益者。全国 4100 万农户参与实施退耕还草，1.58 亿农民直接受益，经济收入明显增加。截至 2019 年，退耕农户户均累计获得国家补助资金 9000 多元。同时，退耕后农民增收渠道不断拓宽，后续产业增加了经营性收入，林地流转增加了财产性收入，外出务工增加了工资性收入，农民收入更加稳定多样。据国家统计局监测报告显示，2007—2016 年，退耕农户人均可支配收入年均增长 14.7%，比全国农村居民人均可支配收入增长水平高 1.8 个百分点。四川省因实施退耕还草使农村劳动力得以转移，外出务工年收入达 1000 亿元。退耕还草工程区大多是贫困地区和民族地区，工程的扶贫作用日益显现，成为实现国家脱贫攻坚战略的有效抓手。2016—2019 年，全国共安排集中连片特殊困难地区和国家扶贫开发工作重点县退耕还草任务 3923 万亩，占 4 年总任务的 75.6%。据国家林业和草原局退耕还草样本县监测，截至 2017 年年底，新一轮退耕还草对建档立卡贫困户的覆盖率达 31.2%，其中西部地区有些县超过 50%。云南省对少数民族地区实行退耕还草全覆盖，安排到贫困地区和少数民族地区的任务占全省总任务量的 95.6%，贡山县独龙乡人均退耕还林 1.75 亩，2018 年农民人均可支配收入达 6122 元，是退耕前的 12 倍，整乡整民族实现脱贫。

（4）有效促进农村产业结构调整

退耕还草将水土流失、风沙危害严重的劣质耕地停止耕种，恢复林草植被，优化了土地利用结构，促进了农业结构调整，使农民从繁重低效的劳作中解放出来，农村生产方式由小农经济向市场经济转变，生产结构由以粮为主向多种经营转变，粮食生产由广种薄收向精耕细作转变，畜牧业生产由散养向舍饲圈养转变，传统农业逐步向现代农业转型，不仅促进了农业生产要素转移集中和木本粮油、干鲜果品、畜牧业发展，保障和提高了农业综合生产能力，而且使许多地区跳出了"越穷越垦、越垦越穷"的恶性循环，大力培育绿色产业，农村面貌焕然一新。国家统计局数据显示，与 1998 年相比，2017 年退耕还草工程区和非工程区谷物单产分别为 402.7kg/亩、428.5kg/亩，比 1998 年分别增长 26.3%、15.2%，退耕还草工程区增长较快；工程区粮食作物播种面积、粮食产量分别增长 9.8% 和 40.5%，非工程区分别下降 20.6% 和 7.1%。内蒙古赤峰市、四川凉山州、贵州遵义市、陕西延安市、甘肃定西市、宁夏南部山区等退耕还草重点地区都实现了地减粮增。各地依托退耕还草培育的绿色资源，大力发展观光旅游、休闲采摘、森林康养等新型业态，绿水青山正在变成老百姓的金山银山。

（5）明显增强全民生态意识

退耕还草任务分配到户、政策直补到户、工程管理到户，政策措施家喻户晓。20

年的退耕还林还草工程已经成为生态意识的"播种机"和生态文化的"宣传员"，生态优先、绿色发展的理念深入人心，爱绿护绿、保护生态的行为蔚然成风。尤其是工程实施20年来取得的显著成效，让工程区老百姓深切感受到了生态环境的巨大变化和生产生活条件的明显改善，人们对生产发展、生活富裕、生态良好的文明发展道路有了更加深刻的认识，开展生态修复、保护生态环境成为全社会广泛共识，天更蓝、地更绿、水更清成为全体人民共同追求。各地政府结合退耕还草工程加大人力、财力、物力投入，开展通路、通水、通电、通网等基础设施建设，通过实施巩固退耕还林成果专项、落实各项配套措施，培植特色产业，引导农民发展清洁能源，整治村容村貌，绿化美化环境。通过退耕还草平台凝聚各方力量，形成政府机构、社会资本、人民群众等多方多点发力、全面绿色发展的格局，工程区"产业兴旺、生态宜居、乡风文明、治理有效、生活富裕"的社会主义新农村格局初步形成。

5. 京津风沙源治理工程

京津风沙源治理工程实施以来，草原生态环境有了较大改善，生态结构趋于合理，各项治理措施已见成效，草原植被明显恢复，畜牧业基础设施建设得到进一步加强，取得了显著成效，对我国北方尤其是京津冀地区的生态环境起到了重要的绿色屏障作用。其成效主要表现在3个方面：

（1）生态系统服务功能增强，生态环境明显改善

自2000年京津风沙源治理工程实施以来，工程区累计完成营造林902.9万 hm^2，工程固沙5.1万 hm^2，草地治理979.7万 hm^2，工程区森林覆盖率由10.59%提高到18.67%，综合植被盖度由39.8%提高到45.5%，治理区植被覆盖度总体呈上升趋势（吴丹等，2016；严恩萍等，2014）。京津风沙源治理工程对草地土壤碳汇具有极大的促进作用（张良侠等，2014）。草地和林地是京津风沙源治理区绿色生态屏障的主要组成，分别占治理区面积的57.3%和9.7%，2003—2017年治理区植被覆盖度平均提高了2.3%，其中林地提高了4.3%，草地提高了2.4%，在沙尘天气发生的春季，治理区土壤风蚀量减少了54%，在防风固沙服务总量的贡献中，草地和沙地贡献了71%（黄麟等，2020）。工程区生态状况的改善提升了区域水源涵养功能，京津风沙源治理工程区的水源涵养量与涵养能力均呈现整体增加趋势（张彪等，2021）。京津风沙源治理工程实施后，生态系统服务价值增加明显，据测算，1990—2018年，生态系统服务价值总体上增加了3655.21亿元，其中，由土地利用或覆盖类型变化导致的价值增加量为120.53亿元，而由土地覆盖渐变导致的增加量为5355.04亿元（雷燕慧等，2021）。

（2）沙化面积有所减少，土地沙化得到有效控制

京津风沙源治理区沙化土地面积4.5万 km^2，占治理区各类生态系统总面积的6.4%，其中一期工程区沙地面积1.5万 km^2，占比3.2%，二期工程新增区域的沙地面积3.1万 km^2，占比12.5%。2003—2012年，京津风沙源治理一期工程区范围内，沙地面积减少了42.03 km^2，2012—2017年，京津风沙源治理一期工程区范围内沙地面积

减少了 205.9km²，二期工程新增区域内沙地面积减少 1217.8km²，治理区沙化土地面积的扩展趋势得到有效控制，区域沙化土地面积年均减少 432km²。据对内蒙古、河北、山西 3 省份京津风沙源草地治理工程地面样点调查显示，2017 年工程区内的平均植被盖度为 59%，比非工程区高 13%；平均高度和单位面积鲜草产量分别为 24.7cm、4346.3kg/hm²，比非工程区分别高 69.7% 和 114.6%。对 2001 年实施工程的河北丰宁县、赤城县、围场县，山西繁峙县、朔城区，内蒙古镶黄旗、正蓝旗等 7 个县（旗）进行的遥感监测显示，2017 年草原平均植被盖度和单位面积鲜草产量比 2001 年分别增加 11.0% 和 28.3%。京津风沙源治理工程的实施，有效遏制了严重沙化草地的扩张，其中内蒙古镶黄旗和正蓝旗严重沙化草地面积较 2001 年减少约 59.0%，经过十几年的治理，工程区植被状况明显好转，草原防风固沙、改善气候的能力增强，风沙天气次数、风沙强度呈递减趋势，成效显著。

(3) 产业结构不断优化，农牧民收入不断增加

工程建设坚持把改善生态和改善民生相结合，指导各地因地制宜发展经济林果、中药材、林下经济等产业，助推地方经济发展。优先选聘建档立卡贫困人口参与工程建设或林草管护，助力百姓增收，工程区的 28 个国家扶贫开发工作重点县已于 2019 年全部摘帽脱贫。优化农村牧区产业结构，提高了工程区生态文明程度，农牧民的生产、生活方式实现了从游牧散养到舍饲圈养、从毁林开荒到植树种草、从传统农业向设施农业的三大转变。

6. 农牧交错带已垦草原治理工程

农牧交错带已垦草原治理工程自实施以来，通过大力推广多年生优良牧草品种及其旱作栽培技术，使已垦草原治理区植被覆盖率达到 90% 以上，打造优质稳定的多年生旱作人工牧草地 1760 万亩，产草量与同地区天然草原产量相比提高 2 倍以上。工程实施后，农牧交错带生态环境明显改善，草原生态系统的结构和功能得到有效恢复，草原调节气候、涵养水源、保持土壤等多种生态功能得到恢复，该区水土流失和风沙侵蚀得到有效控制，农业生态系统得到保护，实现草原畜牧业和耕地农业的协调和可持续发展。

7. 西南岩溶地区石漠化草地治理工程

西南岩溶地区石漠化草地治理工程自实施以来，取得了较好的成效，主要表现在 3 个方面。

(1) 生态环境明显改善，生态状况呈良性发展

工程实施以来，遥感调查表明，石漠化总面积由 2000 年的 11.35km²、2005 年的 12.96 万 km² 减少为 2015 年的 9.2 万 km²，由过去持续扩展转变为净减少，石漠化整体扩展的趋势得到初步遏制。此外，西南岩溶区石漠化程度显著变轻，由 21 世纪初的以重、中度石漠化为主演变为以轻、中度石漠化为主，危害最大的重度石漠化面积比例由 38.08% 降至 15.31%（蒋忠诚等，2016）。林草植被结构改善，岩溶生态系统稳步

好转，2017 年岩溶地区林草植被盖度 61.4%，较 2011 年增长了 3.9 个百分点，其中乔木型植被增加了 145 万 hm^2，出现退化的面积仅占 2.6%。同时，水土流失面积减少，侵蚀强度减弱。与 2011 年相比，石漠化耕地减少 13.4 万 hm^2，岩溶地区水土流失面积减少 8.2%，土壤侵蚀模数下降 4.2%，土壤流失量减少 12%，生态状况呈良性发展态势。

（2）加快了区域经济发展，减轻了贫困程度

《全国第三次石漠化监测报告》显示，与 2011 年相比，2015 年西南岩溶地区国内生产总值增长 65.3%，高于全国同期的 43.5%，农村居民人均纯收入增长 79.9%，高于全国同期的 54.4%。5 年间，8 省份贫困人口减少 3803 万人，贫困发生率由 21.1% 下降到 7.7%。

（3）促进了产业结构转型，增强了农牧民生态保护意识

通过西南地区石漠化草地治理工程的实施，一定程度上提升了农牧民生产技能与管理水平，多数农牧民通过接受各级各类专业技术培训，提高了自身科技文化素质及相关生产技能和管理水平，促使传统农业逐步向现代农业过渡。同时，农民生态保护意识的加强对从根源上解决区域石漠化问题起到了积极作用（叶鑫等，2020）。例如，贵州花江峡谷的"关岭模式"和"顶坛模式"，充分利用喀斯特环境及适生植物资源，建立了"猪-沼-椒（经果林）"模式，在恢复生态环境的前提下调整产业结构，实现了石漠化治理与经济的同步发展；广西平果县的"果化模式"，通过建立复合式立体生态农业，在陡峭山坡封山育林、垭口发展保持水土功能较强的植物、山麓发展经济林果（火龙果）、洼地发展旱作粮食及种草养畜，不但改善了生态环境，而且提高了经济收入水平。

8. 草种基地建设工程

草种基地建设工程自实施以来，国家已初步建立起了从草种质资源保护、良种选育到种子生产、加工、营销、质量监管的草种产业体系框架。

通过国债资金牧草种子基地建设项目和农业综合开发草种繁育项目，建立了一批草种繁育加工基地，加强了草种生产基础设施，提高了草种生产和加工能力，为草业科研、新品种选育和推广搭建了良好的平台（赵景峰等，2014）。牧草种子基地建设以生产我国自主选育的牧草优良品种，以及抗旱、抗寒的生态治理用的野生驯化为主，涉及的牧草种类较多，包括紫花苜蓿、沙打旺、红豆草、猫尾草、红三叶、羊草、驼绒藜、碱茅、无芒雀麦、星星草、多花木兰、黑麦草、鸭茅、高羊茅、光叶紫花苕、老芒麦、非洲狗尾草、白三叶、臂形草、狗尾草、沙拐枣、冰草、杂花苜蓿、细枝岩黄芪、白沙蒿、柠条、中华羊茅、冷地早熟禾、垂穗披碱草、燕麦、甘草、苏丹草、木地肤、伊犁绢蒿、象草、柱花草、胡枝子、多花黑麦草、杂交狼尾草、宽叶雀稗、苇状羊茅、小冠花、青海中华羊茅等 51 个优良草种。这些基地的建设，以集中连片的专业化生产为原则，配套机械化耕作、收获和清选加工设备，并有重点地加强或增建了具有地区代表性的牧草种子质量检验中心（站）8 个，为全国生态环境建设和草产业

发展提供了重要的材料保障，在一定程度上缓解了生态治理、饲草生产等政策实施中种子缺乏的现状，带动并促进了牧草种子产业的发展。

(二)存在问题

目前，我国草原生态系统总体仍较为脆弱，整体质量不高，生态承载力和环境容量不足，生态系统不稳定，草畜矛盾突出，生态保护压力依然较大。我国草原生态保护修复方面历史欠账多、问题积累多、现实矛盾多，一些地区生态环境承载力已经达到或接近上限，且面临"旧账未还，又欠新账"的问题，草原生态保护修复任务十分艰巨，既是攻坚战、也是持久战。一些地方贯彻落实绿水青山就是金山银山的理念还存在差距，个别地方还有"重经济发展，轻生态保护"的现象，以牺牲生态环境换取经济增长，不合理的开发利用活动大量挤占草原生态空间。同时，在推进有关重点生态工程建设中，山水林田湖草沙系统治理的理念落实还不到位，也影响了草原重大生态工程整体效益的发挥。总体而言，我国草原重大生态工程存在的共性问题如下：

第一，草原生态保护和修复系统性不足，对于山水林田湖草沙作为生命共同体的内在机理和规律认识不够，落实整体保护、系统修复、综合治理的理念和要求还有很大差距。权责对等的管理体制和协调联动机制尚未建立，统筹生态保护修复面临较大压力和阻力。部分生态工程建设目标、建设内容和治理措施相对单一，一些建设项目还存在拼盘、拼凑问题，以及忽视水资源、土壤、光热、原生物种等自然禀赋的现象，区域生态系统服务功能整体提升成效不明显。

第二，草原重大生态工程多元化投入机制尚未建立。生态保护和修复工作具有明显的公益性、外部性，受盈利能力低、项目风险多等影响，加之市场化投入机制、生态保护补偿机制仍不够完善，缺乏激励社会资本投入生态保护修复的有效政策和措施，生态产品价值实现缺乏有效途径，社会资本进入意愿不强。目前，草原重大工程建设仍主要以中央政府投入为主，投资渠道较为单一，还未建立起多元化的投入机制。同时，草原生态工程建设的重点区域多为老、少、边、穷地区，自身财力不足，存在"等、靠、要"思想；中央每年投入草原生态工程建设的资金有限，与严峻的草原退化沙化形势不匹配，中度、重度退化草原治理修复任务十分繁重，需要大幅增加草原投入，使草原修复数量和质量均难快速提升。

第三，草原科技支撑能力不强，草原重大生态工程的相关标准体系建设、新技术推广、科研成果转化等方面比较欠缺，理论研究与工程实践存在一定程度的脱节现象，关键技术和措施的系统性和长效性不足。科技服务平台和服务体系不健全，生态保护和修复产业仍处于培育阶段。支撑草原重大生态工程的调查、监测、评价、预警等能力不足，部门间信息共享机制尚未建立。

此外，各类草原重大生态工程也存一定的个性问题：

1. 天然草原植被保护与恢复工程

尽管天然草原植被保护与恢复工程取得了一定的成效，但是也面临着严峻的挑战和问题。主要表现在以下几个方面。

（1）天然草原植被保护和恢复工程在一定程度上遏制了天然草原快速退化的势头，但"局部改善，总体恶化"的整体态势没有从根本上转变，长期困扰草原牧区的生态环境问题依然严峻。调查表明，进入21世纪以来，我国草原面积减少了186万 hm²，其中主要草原牧区净减少约163万 hm²。

（2）天然草原植被保护和恢复工程在一定程度上缓解了部分区域的超载现象，但随着我国居民对畜产品需求量的显著增加，天然草原承载压力不断攀升。随着我国经济的不断发展，国民膳食结构发生了巨大变化，对动物性蛋白的需求急剧增加，近30年来我国动物性产品的消费增加了160%。这使得草原牧区的载畜量不断攀升，大面积天然草原陷入"过度利用—草场退化—继续过度利用—更严重退化"的恶性循环。

（3）天然草原畜牧业基础建设薄弱，不适应现代畜牧业发展的要求。边疆、少数民族地区的经济不够发达，地方财政难以提供足够的经费来支持天然草原的保护与建设，使草原基础设施建设投入严重不足，欠账太多，草原基础设施规模和水平都远远不能适应现代化草地畜牧业发展的要求。我国天然草原牧区以天然草地为饲草来源的传统粗放型畜牧业模式已经难以为继。

（4）天然草原征占用赔偿标准低、违法成本小。目前多通过农用地资源税、草原植被恢复收费或草地占补平衡方式，开展草原征占用补偿。草原补偿费用不足耕地补偿费的20%、林地的50%，且因征占用耕地、林地成本太高，草原被征占量大幅增加。同时，草牧场征收补偿的规定不够完善、计算依据不合理，难以体现草地的生态价值，未能突出对天然草原的特别保护。随着草原牧区的经济发展，草原牧区工业化、城镇化的快速推进，矿藏开采和工程建设、光伏发电等项目占用草原现象日益增多，违法违规征占用草原、开垦草原的现象屡禁不止，生态保护欠账较多。

2. 退牧还草工程

尽管退牧还草工程取得了明显成效，我国草原生态总体恶化的趋势也得到缓解，但随着退牧还草工程的深入实施，一些矛盾和问题日益凸显出来，草原生态保护与建设任务仍十分艰巨。在政策运行过程中还存在一些问题有待进一步解决，突出表现在以下几个方面。

（1）退牧还草工程区外草原退化趋势尚未得到有效遏制

工程区外的部分地区草原退化趋势未得到有效遏制，甚至有加剧的趋势。其主要原因在于：一是退牧还草工程区外草场条件同样较差，工程实施后，部分草场缺少投资和管护，造成区外草场生态条件退化；二是工程区内减少的牲畜部分转移到区外，尤其是未承包到户的集体草原超载过牧更加严重，监督执行难度较大。我国退牧还草工程区域生态状况具有空间差异性，总体转好、局部变差的总体趋势并未得到根本性改变（Zhang et al.，2018；王艳华等，2011）。

（2）退牧还草配套资金难以落实

由于工程区大多分布在少数民族地区和边远贫困地区，地方财政基本是"吃饭财政"，难以安排相应的配套资金。一些地方不得不以群众自筹和投工投劳折资抵顶地方配套资金。

（3）退牧还草工程措施与草原生态保护补助奖励政策尚需有效衔接

退牧还草政策实施后，畜牧业发展赖以生存的空间减少，而舍饲使饲养成本增加，如养殖棚圈建设、饲草料储备和劳动力投入等，致使农牧民的实际收入有所降低。国家草原生态保护补助奖励政策出台后，退牧还草饲料粮补助转为禁牧补助和草畜平衡奖励，中央财政按照一定标准对牧民给予禁牧补助，地方政府安排专职禁牧管护人员进行管护。在这种情况下，对禁牧区域全部进行围栏建设的必要性不大，必须合理布局草原围栏。同时，需要根据不同地区的实际情况，结合当地牧民收入，适当增加补助奖励力度。

（4）退牧还草工程相关规定和文件不能满足工作需要

农业部 2004 年制定的《西部地区天然草原退牧还草工程项目验收细则》在建设内容、审批程序、设计要求、质量规范、资金使用规定及投资效益等方面已不能满足目前验收工作需要，亟待出台相关验收试行办法。

（5）退牧还草后续产业开发滞后

饲草料基地的建设是草原建设的一项重要内容，但草原土壤有机质本来就低，水资源供应不足，饲草料基地的建设在某种程度上又会把草原土壤多年积累的有机质和土壤肥力很快消耗掉，导致土地生产力下降。同时草原改饲料地会造成原生植被毁坏，导致草原沙化，而目前大多数地方对饲草料基地的可持续利用问题考虑相对较少。再如牧民定居，牧民择水草而居是由千百年来处于干旱、半干旱的脆弱生态环境决定的，大范围开展牧民定居对草原环境带来的压力和影响，包括对牧民传统生活方式的改变等一系列问题都值得深入研究。

3. 草原生态保护补助奖励政策

在草原生态保护补助奖励政策的引领下，各地积极开展草原生态修复，部分牧区草原生态改善，取得较为明显的成效。但从整体来看，目前我国草原生态系统仍较脆弱，草原保护修复投入不够、科技力量薄弱等问题依旧突出，草原生态形势依然面临严峻挑战。由于草原管理和畜牧业发展的基础较薄弱，加大了政策落实难度，机构改革在一定程度上使政策实施过程中遇到一些困难与挑战，影响了政策的实施效率（宁颖等，2021）。

（1）草场确权承包不完善，经营管理水平不高

一些区域草原生态保护补助奖励政策补助资金仍然依据 20 世纪 80 年代的草场承包基数发放，存在草原经营权和联户承包权责不分明、季节性和局部区域超载过牧、草原监管体系不完善和监管力量力度不足以及粗放数量型畜牧业未得到根本扭转、草产业发展严重滞后等诸多问题（潘建伟等，2020）。与此同时，农牧户对草场的科学管理认识不足，只注重草场利用，而对于草场补播、施肥等管理较少；另外存在畜多草场

少、畜少草场多、闲置草场等载畜失衡问题，影响草场的高效利用。

（2）补偿标准偏低，生产性资料补贴难以平衡大小户

草畜平衡奖励的补贴标准单一且规定不明晰，难以体现不同草地区域生态功能的差异；补偿标准存在水平偏低、标准差距较大、未区分不同的草畜平衡标准、动态调整灵活性不足，不足以弥补农牧户的相关损失，影响农牧户对政策的配合（杨春等，2019；李静，2015）。同时，人均草场面积小的牧户，补奖资金少；而人均草场面积大的牧户，补奖资金多。由于生产性资料补贴以户为单位进行发放，但是农牧户养殖规模有大有小，发放依据存在大小牧户不均衡的问题。当前的草原生态保护补助奖励标准低于牧户减畜的机会成本是制约草原生态保护补助奖励政策减畜效果的重要原因（吴渊等，2020）。

（3）牧民转产转业难，社会保障制度不健全

政策实施后，尤其是对于禁牧区，通过禁牧政策，放牧转为舍饲圈养，牧户牧业劳动时间相对较少，闲暇时间明显增加，但是受牧民普遍文化程度低、少数民族牧户语言交流困难、就业渠道窄等影响，牧区存在劳动力闲置、牧民转产转业问题突出、增收渠道单一等问题。地区畜牧业生产方式较为单一，仍以基础的放牧、饲养和屠宰为主没有高附加值的产品和完整的产业链，由于缺乏与饲草相关的保险，相关畜牧企业、合作社的抗风险（如雪灾、火灾及旱灾等）能力较差（肖仁乾等，2021）。政策实施区保障机制不健全，教育、医疗等资源投入严重不足，在一定程度上影响了牧民参与政策的积极性（李静，2015）。其次，虽然草原生态保护补助奖励政策对多数牧户的非农就业和收入起促进的作用，但没有显著改变牧户以畜牧生产为主的生计方式（王丹等，2018）。

（4）对信息录入管理工作重视不够，削弱了政策信息管理能力

草原生态保护补助奖励政策实施范围大多处于少数民族居住的边疆落后地区，牧户信息采集工作存在量大面广、基础差、底子薄、底数不清、标准滞后等问题，加上一些地方绩效考核资金少，对信息采集录入工作不够重视，工作积极性不高。受机构改革影响，个别省份系统管理人员不稳定，基层数据采集人员流动较大，专业水平参差不齐，系统数据审核把关不严，多数省份存在补奖系统汇总数据与上报数据不一致的现象，无法及时为政策管理提供有效信息支撑，降低了政策的管理能力（王加亭等，2020）。

（5）监管队伍和机制不完善，影响了政策的实施效率

国家机构改革后，草原生态保护补助奖励政策补奖资金的发放由农业农村部门承担，实施效果的监管由林草部门承担，在政策执行过程中存在衔接不畅、标准不一、机制不明等问题。同时，草原管理工作普遍存在人员编制较少、待遇偏低、专业人才缺乏等问题，政策落实和监管体系相对比较薄弱，影响了政策落实工作的开展，需要不断完善草场管护机制（杨春等，2019；潘建伟等，2020）。

4. 退耕还草工程

(1)退耕还草土地的管理不足

退耕还草工程实施过程中，许多退耕土地属于贫瘠裸露土地、山地陡坡土地、漏沙地等，对退耕还草的栽种带来很多困难，且部分退耕户的思想意识转变滞后，对退耕还草使用的草种苗木生长过程、状态不甚了解，导致草种苗木生长滞后，同时病虫害侵蚀，并对农药的使用以及相关生态保护的意识淡薄，从而使退耕还草的苗木成活率低，植树造林种草效果不佳(王兴刚，2020)。

(2)退耕还草工程效果科学监测评价缺乏

改善生态环境是退耕还草的主导目标，生态效益优先是退耕还草的基本原则。由于目前退耕还草工程还缺乏全程的、有效的监测评价机制，检查验收的方式往往只能看到项目表现得很少的一些方面，如林草成活率、保存率等直观指标，这使生态效益优先原则面临诸多挑战(王闰平等，2006)。

(3)退耕还草成果面临"毁草复耕"的潜在威胁

实施退耕还草工程是具有可持续发展意义的生态环境工程，具有巨大的社会效益和长远的生态效益。但是退耕地区普遍农业生产基础薄弱，经济发展水平低下，产业结构调整难度很大。因此，大面积地推广退耕还草试点工程必然对当地的经济发展产生很大的影响(高进云等，2005)。国家相应生态补助政策力度不够、持续时间短，极有可能会导致退耕还草成果的破坏，一些退耕区重新复垦。

5. 京津风沙源治理工程

(1)工程区生态环境仍十分脆弱

当前我国沙化土地面积大、分布广、危害重、治理难，防沙治沙任务繁重。亟须治理的沙化土地，自然条件更差，沙化程度更重，治理成本更高，越往后越难。已完成治理的、种植时间久的植被出现衰退，种植时间短的植被还相对脆弱，极易出现反复，局部地区出现明显沙化趋势的土地，若不采取有效的保护措施，极易再次退化为沙化土地。相关研究表明，一期工程实施期间，土壤风蚀量总体呈逐年减小趋势，但是二期工程实施以来，风沙源区遭受风蚀危害又逐渐加重，尤其是沙化草原亚区，该区风蚀模数变化趋势达到了 $8.96t/hm^2$(巩国丽等，2020)。

(2)治理与保护工作不协调

从京津风沙源治理工作的现状来看，局部区域工程治理和保护工作不协调的问题较为突出。由于自然和人为等因素的影响，许多已经治理的地区没有及时跟进并进行持续性的生态保护，导致出现"重治理，轻保护"的现象，使治理工作难以取得良好的成效，短时间内便需要再次进行治理，浪费人力物力、消耗国家资源。

(3)缺乏因地制宜的科学规划

部分地区开展造林植草等工作时，与当地土壤、地质、水文、气候等条件结合得并不紧密，草种苗木种植种类单一，区域生态规划不科学，导致种植结构不合理，不利于提高草木种植的成活率，浪费大量的人力、物力和财力，风沙治理效果差。

（4）工程区生产与生计转型缓慢

农牧民对沙区资源的依赖程度相对较高，无序开发沙区资源、开垦沙化土地、开采地下水等现象时有发生，加剧了土地沙化，造成新的生态破坏。随着工程的实施，工程区内人们的生产生活方式已经逐步由游牧放养向舍饲圈养转变，由毁林开荒向植树种草转变，由传统农业向设施农业转变，但是要彻底转变一个地区的生产、生活方式，需要一个很长的过程，这不仅是一个经济过程，而且是一个社会过程、文化过程，如若不能有效解决农牧民的长远生计问题，就会导致毁草种粮回潮，再次造成土地沙化（刘彦平等，2013）。

6. 农牧交错带已垦草原治理工程

（1）草原生态环境问题严峻

农牧交错带地处半干旱半湿润地区，降水年变率大，对气候变化敏感，沙质土壤容易退化，出现沙化和水土流失现象；该区人口密度较大，经济相对落后，草原超载过牧严重，开垦草原的现象仍时有发生。在气候变化和人类活动的双重驱动下，草原风蚀沙化、水土流失、盐碱化现象仍较为突出，草原虫鼠害等灾害较为严重。

（2）缺乏长远科学规划

农牧交错带已垦草原治理工程自2016年开展以来，仅有国家发展改革委和农业部制定的《农牧交错带已垦草原治理试点建设工作方案》作为执行依据，国家和地方并未出台详细的科学规划指导工程的科学实施，导致工程区种植结构不合理，产业转型不成熟，一定程度上影响了工程的高效发挥。

（3）缺乏成熟的技术支撑

农牧交错带已垦草原治理工程的主要目标是通过建植优质稳定的多年生旱作人工草地等措施，提高治理区植被覆盖率和饲草生产、储备、利用能力，保护和恢复草原生态，促进农业结构优化、草畜平衡，但是由于缺乏人工草地建植技术、饲草料生产和加工技术、农业结构优化技术和草畜平衡调控技术等方面的技术储备，造成该重大工程的高质量推行存在一定难度。

（4）缺乏监管和评价机制缺乏

农牧交错带已垦草原治理工程目前缺乏科学、全面、有效的监测评价体系，其生态、经济效益的评估借用京津风沙源治理工程、退牧还草等工程的监测评价体系，往往造成工程实施效果的评价有失偏颇。另外，农牧交错带已垦草原治理工程没有形成专门的监督管理机构和工作机制，造成工程实施的全过程监管缺失，无法保障工程的实施质量。

7. 西南地区石漠化草地治理工程

由于特殊的地质背景、自然环境和人为因素等相互制约，西南地区石漠化治理存在治理成果难以有效维持、无法彻底消除人地矛盾、治理难度不断提高等问题。虽然西南地区石漠化整体发展趋势已发生逆转，呈现面积持续减少与程度显著改善的新态势(种国双等，2021)。但个别地域石漠化面积持续扩张，程度不断恶化加深(余梦等，2022)。在西南地区石漠化草地治理工程推进过程中，还存在以下两大问题。

(1)区域生态系统脆弱，石漠化治理任务仍然严峻

石漠化地区植被以灌木居多，大部分植被群落处于正向演替的初始阶段，稳定性差，稍有外来破坏因素影响就极有可能逆转，遭受破坏。虽然西南地区石漠化综合治理已取得一定成效，但还存在着"边治理、边破坏"甚至"反而加剧"的现象，特别陡坡耕种、过度放牧等现象仍然存在，需要治理的石漠化面积还很大。此外，随着石漠化治理任务推进，山高坡陡、基岩裸露度高和立地条件差等区域治理成本普遍较高。在西南石漠化地区干旱、暴雨、洪涝、有害生物等自然灾害及火灾背景下，区域贫困、人地矛盾等间接驱动因素依然存在，部分区域石漠化还在加剧(陈洪松等，2018；蒋忠诚等，2016；袁道先，2015)。因此如何提高生态恢复的质量和可持续性、提升生态系统服务能力，成为西南地区生态修复面临的新需求。

(2)工程关键技术问题未解决，工程建设技术支撑力度不够

工程建设的技术支撑程度尚不能满足实际工程建设的需要，个别地方仍有违背自然规律的现象。随着工程建设的持续推进，石漠化区域立地造林、生态经济型树种、草种筛选、坡耕旱地系统整治等一些关键性技术问题仍然没有得到很好解决，将严重影响工程建设质量的提高和效益的发挥。此外，工程实施进度与质量评价指标体系没有建立，对工程实施成效缺乏及时评价手段。

8. 草种基地建设工程

草种基地建设对重大生态工程的实施起到了支撑作用，但仍存在规模小、品种单一、管理不规范现象，运行管理成本高，抵御市场风险能力低等问题。

(1)缺乏科学规划和布局

我国牧草种类丰富，但气候资源条件差异明显，需要针对不同牧草种类、各地气候资源研究制订适宜的生态草种生产区域规划，充分发挥气候资源和牧草遗传优势，明确符合规模化、专业化种子生产的地域，建立种子高产稳产配套技术体系。但是，目前草种基地建设缺乏科学规划，仍然缺乏生态草种专业化生产优势产区的规划和布局，无法从根本上改变我国草种产量低的现状。

(2)种子生产认证等质量控制和监督管理制度不完善

尽管种子是新品种知识产权、商业价值和产品效益的综合体现，但市场营销受到更多关注，常常忽视了作为种业基础的种子生产环节。多年生牧草与一年生作物不同，多数是多倍体杂交种，遗传变异性更加明显，而在市场流通过程中缺少真实性评价，将导致市场优质不优价，严重影响种子生产企业积极性，必然会降低流通中的种子质量。按照种子生产认证管理的要求，重点控制种子生产、加工、贮藏等环节，对产前、产中、产后过程的严格监督就能达到保证种子纯度和种子质量的目的。保证了所生产

种子的真实性，也就保护了育种者权利，确保了种子经营者和使用者权益。种子市场监管与生产息息相关，市场监管薄弱将助长价格竞争，种子质量更趋于低劣。通过种子认证制度的建设与完善，制订种子生产加工技术标准，将为管理部门的科学规范监管提供依据。

（3）种子生产与加工的机械化水平低

我国草种加工机械还处于研发初级阶段，种子收获加工机械类型少。成熟种子在收获时，要求在短时间内进行集中作业，否则延迟收获可导致成熟种子落粒损失严重，若遇降雨则影响种子质量。因此，种子收获机械化体现了企业生产水平和经济实力。到2020年，国内已经研制并生产了草种采集、收获的机械设备，但多以禾草种子收获的中小型设备为主，最大工作幅宽3m，收获效率低。小粒种子收获机械主要是通过改装农作物联合收获机来完成的。国产牧草种子收获机械类型较少，通用性较差降低了机具的使用效率，同时增加了使用成本。种子加工机械则直接关系到种子品质和价格，但缺乏能够提高种子科技附加值的种子包衣、菌根接种等技术，品牌优势不明显。由于机械投入高，没有专业配套机械，使得我国草种子生产机械化、规模化、集约化、标准化程度低，造成生产成本高、种子质量无保证，市场竞争力不强。

（4）专业化种子生产技术不成熟

发达国家具有完善的草种产业体系，包括品种的研发、种子扩繁、收获、加工、销售服务等环节，当每个环节均有公司参与时才能使得科研与生产实际结合紧密，成果转化迅速，产业链条完整，利益联结机制完善。我国虽然有众多草种企业，但涉及牧草育种、种子生产的企业则屈指可数。我国草种子生产技术系统研究始于20世纪90年代，主要集中在苜蓿、老芒麦、无芒雀麦、新麦草、羊草、多花黑麦草、高羊茅等牧草中，围绕播种行距、施肥、灌溉、植物生长调节剂等技术环节开展了大量研究工作，在田间管理提高种子产量方面为生产实践提供了技术依据和参考经验。但在专业化种子生产中，需要从土地选择到种子收获加工等一系列配套技术，才能保障种子高产和稳产。因此，小区试验研究的单项技术，无法满足专业化种子生产配套技术体系要求，企业在种子生产实践中需要付出时间和经济的代价来积累大量经验，才能提高种子专业化生产水平，严重制约草种业的快速发展。另外，种子扩繁的专业化生产也要求很高的机械化水平。从播种、病虫杂草防治、施肥、灌溉、收获、清选、加工、贮运等各环节都需要相应的配套机械，尤其是收获机械对于种子产量和质量影响更大。对于收获机械等设备特殊要求和熟练掌握，也是专业化种子生产重要环节。

（5）缺乏种子专业科技人才

由于草种子扩繁对于气候土壤、种植生产技术、田间管理技术、收获加工等都有特殊要求，因此在各生产技术环节都与牧草生产截然不同，需要种业专门人才服务于田间生产和企业的专业化管理。涉草院校的学科建设和专业设置中，草种业科学与技术方面的课程设置缺乏系统性和针对性，导致培养学生的专业技能不强，无法满足种业发展和草种基地建设的需求。

五、草原重大生态工程战略布局

(一) 总体要求

1. 指导思想

深入践行习近平生态文明思想，牢固树立绿水青山就是金山银山理念，坚持尊重自然、顺应自然、保护自然、人与自然和谐共生，坚持节约优先、保护优先、自然恢复为主，以提升草原生态安全屏障作用、促进草原生态系统良性循环和永续利用为目标，以统筹山水林田湖草沙一体化保护和修复为主线，科学布局和组织实施草原重大生态工程，着力提高草原生态系统自我修复能力，切实增强草原生态系统稳定性，显著提升草原生态系统功能，全面扩大优质草原生态产品供给，推进形成草原生态保护和修复新格局，推动草原高质量可持续发展，使草原生态系统在构筑国家生态屏障、维护国家生态安全、推进草原生态系统现代化治理能力等方面做出新贡献。

2. 基本原则

(1) 坚持保护优先，自然恢复为主

尊重自然、顺应自然、保护自然，遵循顺应自然生态系统演替规律和内在机理，充分发挥大自然的自我修复能力，促进草原休养生息，维护生态系统安全稳定。宜林则林、宜草则草，林草有机结合，避免人类对生态系统的过多干预。把草原生态保护放在更加突出的位置，全面维护和提升草原生态功能。

(2) 坚持分区施策，突出重点难点

分别聚焦国家重点生态功能区、生态保护红线、自然保护地等重点区域，突出问题导向、目标导向，妥善处理保护和发展、整体和重点、当前和长远的关系，分区分类推进草原重大生态工程。突出围栏封育、禁牧舍饲等重点项目，尽快遏制天然草原生态环境恶化的势头。

(3) 坚持综合理念，推进科学治理

坚持山水林田湖草沙是生命共同体的理念，以生态本底和自然禀赋为基础，增强草原保护修复的系统性、针对性、长效性，关注生态质量提升和生态风险应对，强化科技支撑作用，因地制宜、实事求是，科学配置保护和修复、自然和人工、生物和工程等措施，推进一体化生态保护和修复。

(4) 坚持合理利用，绿色发展

牢固树立绿水青山就是金山银山理念，正确处理草原生态保护修复与草原资源科学利用的关系，促进草原地区绿色发展和农牧民增收。释放政策红利，拓宽投融资渠道，积极探索建立市场化、多元化投入机制和建管模式，吸引社会资本进入草原生态保护建设，推进形成政府主导、多元主体参与的生态保护和修复长效机制。

（5）坚持全民参与，深化交流

明确地方各级人民政府保护修复草原的主导地位，落实草长制，充分发挥农牧民的主体作用，提高全民生态保护意识，鼓励引导全社会参与草原保护修复。统筹国内国际两个循环、两种资源、两个市场为契机，建立健全国际多边、双边合作机制，严格履行国际公约，积极参与应对气候变化、生物多样性保护、生态治理等领域国际事务，增强草原国际话语权。

3. 战略目标

根据《中共中央、国务院关于建立国土空间规划体系并监督实施的若干意见》和《全国重要生态系统保护和修复重大工程总体规划（2021—2035年）》的总体战略布局，以国家重点生态功能区、生态保护红线、国家级自然保护地等为重点，实施草原重大生态工程，加快推进青藏高原区、黄河重点生态区、长江重点生态区、北方防沙带、东北地区、南方丘陵山地带等生态屏障建设。通过草原重大生态工程，积极借助自然的力量，修复受损的草原生态系统，使草原沙漠化、盐碱化和退化状况不断改善，使生态脆弱区、重要生态功能区的草原植被尽快恢复，遏制草原生态持续恶化的趋势。

近期目标：到2025年，草原生态保护修复制度体系基本建立，草畜矛盾明显缓解，草原退化趋势得到根本遏制，草原综合植被盖度稳定在51%以上，天然草原鲜草产量稳定在6亿t以上，草原生态状况持续改善。

中期目标：到2035年，草原生态保护修复制度体系更加完善，基本实现草畜平衡，退化草原得到有效治理和修复，草原综合植被盖度稳定在53%以上，草原生态功能和生产功能显著提升，草原在实现我国碳达峰、碳中和目标以及在美丽中国建设中的作用彰显。

远景目标：到21世纪中叶，全国草原生态系统质量和稳定性全面提升，草原生态系统实现良性循环，优质生态产品供给能力极大提高，实现"草原绿起来、草业强起来、农牧民富起来"，形成人与自然和谐共生的新格局，国家生态安全屏障坚实牢固，生态环境根本好转，美丽中国建设目标基本实现。

（二）分区布局

根据我国草原类型分布特点、生态环境特征及其存在的主要问题，因地制宜，因害设防，着眼于草原生态环境的整体改善，采用分区分类施策战略，确定各个区域、各个类型草原生态环境保护建设的重点。在统筹考虑生态系统的完整性、地理单元的连续性和经济社会发展的可持续性，并与相关生态保护与修复规划衔接的基础上，依据《全国重要生态系统保护和修复重大工程总体规划（2021—2035年）》，将全国草原重大生态工程规划布局在青藏高原区、黄河重点生态区、长江重点生态区、北方防沙带、东北地区、南方丘陵山地带等重点区域(彩图 8),在各个区域内开展草原重大生态工程支撑保障体系建设。

1. 青藏高原生态屏障区

区域特征:青藏高原是世界上山地冰川最发育的地区和河流发育最多的地区,是长江、黄河、澜沧江、雅鲁藏布江等大江大河的发源地,是全球生物多样性最丰富的地区之一,被誉为"世界屋脊""亚洲水塔",是我国重要的生态安全屏障、战略资源储备基地和高寒生物种质资源宝库,是我国乃至全球维持气候稳定的"生态源"和"气候源"。青藏高原植被类型以高寒草甸、高寒草原、高寒荒漠为主。70%的区域为高寒草原,是我国主要牧区之一。

生态问题:草原生态系统敏感脆弱,近一半草原存在不同程度的退化问题,且高寒草甸、高寒草原的自我修复能力差,存在边治理边退化、二次退化、鼠虫害反弹等现象。西藏和青海黑土滩型草原面积达 1100 万 hm²,草原鼠害严重。黄河、雅鲁藏布江、怒江等中上游地区和内陆湖周围草原出现大面积沙化现象,致使水源涵养功能减弱,大量泥沙流失,直接影响长江、黄河中下游地区的生态安全。

区域范围:涉及西藏、青海、甘肃、新疆、四川、云南 6 省份的 140 县份以及新疆生产建设兵团所属 3 个团。含三江源草原草甸湿地、若尔盖草原湿地、甘南黄河重要水源补给、祁连山冰川与水源涵养、阿尔金草原荒漠化防治、藏西北羌塘高原荒漠等国家重点生态功能区。

重点区域:以推动高寒生态系统自然恢复为导向,统筹考虑自然条件相似性、生态系统完整性、生态地理单元连续性和工程实施可操作性,将青藏高原区草原重大生态工程统筹布局在三江源、祁连山、若尔盖-甘南、阿尔金、藏东南、藏西北羌塘、西藏"两江四河"等草原重大生态工程重点区域。

主攻方向:全面加强"中华水塔"草原生态保护修复,切实加快长江、黄河、澜沧江等重要水源地草原生态修复治理,提高草原生态质量,提升草原保持水土、涵养水源等重要生态功能。以保护天然草原植被为主,严格落实草原禁牧休牧和草畜平衡制度,防止不合理开发。治理"三化"草原,通过补播改良、人工种草等措施,加大退化草原植被修复治理力度。实行围栏封育,建设部分高产人工草地,提高防灾抗灾能力,保证牲畜必需的饲草饲料。

区域目标:到 2025 年,完成退化草原修复治理 320 万 hm²;到 2035 年,完成退化草原修复治理 2675.2 万 hm²,草原综合植被盖度稳定在 51%以上,草原退化现象得到全面遏制,草原生态功能和生产功能显著提升。

(1)三江源草原生态工程区

重点在通天河流域、唐古拉山南北麓、澜沧江源、阿尼玛卿山脉、巴彦喀拉山脉、共和盆地、隆务河流域,加强草原生态保护,开展封山(沙)育草、退牧还草,落实草原禁牧轮牧措施。对中度以上退化草原进行差别化治理,科学分类推进补播改良、生物灾害防治，加强人工草地建设，加大黑土滩型退化草原和沙化草原综合治理力度，加强草原鼠害等有害生物治理。优化围栏布局，提升围栏工程效应。

（2）祁连山草原生态工程区

重点在青海湖流域、黑河河源区、湟水河流域、柴达木盆地、祁连山北麓，加强源头退化草原恢复和退化湿地修复。开展退耕还草、退牧还草、建设人工草场，实施草原禁牧休牧和草畜平衡、退化草原治理，加大沙化草原和"黑土滩"型退化草原治理力度。实施水土流失、沙化土地综合治理。

（3）若尔盖-甘南草原生态工程区

重点在若尔盖草原、甘南黄河首曲、甘南北部黄河补给地，大力开展重点水源涵养区封育保护，增强水源涵养功能。加强草原综合治理，全面推行草畜平衡、草原禁牧休牧轮牧，推动重点区域荒漠化、沙化土地和黑土滩型等退化草原治理，遏制草原沙化趋势，提升草原生态功能。

（4）昆仑山-阿尔金山草原生态工程区

重点在昆仑山、阿尔金山，采取自然修复和辅助再生，维系绿色走廊的生态功能，实现草原生态系统保护和修复。采取自然和人工相结合方式，加强退化高寒草原草甸修复，实施草畜平衡、草原禁牧休牧轮牧，恢复退化草原生态。加强重要物种栖息地保护和恢复，扩大野生动物生存空间。

（5）藏西北羌塘高原草原生态工程区

重点在羌塘高原腹地、羌塘高原西北部、念青唐古拉山，推进草原生态系统保护修复，实施草畜平衡管理，推行季节性禁牧休牧措施。采取自然和人工相结合方式，加大对中度及以上退化草原草甸修复治理，减少草原病虫鼠毒草害，提升草原质量。加强重要物种栖息地保护和恢复，扩大野生动物生存空间。

（6）藏东南-滇西北草原生态工程区

重点在藏东南、滇西北三江并流区，加强草地生态保护和修复，落实草原生态保护补助奖励政策，在生态脆弱区开展退耕还草，实行封育保护、季节性休牧，对中度及以上退化草地实施人工干预措施，开展人工种草与天然草原改良，提升草地质量。

（7）西藏"两江四河"草原生态工程区

重点在雅鲁藏布江、怒江及拉萨河、年楚河、雅砻河、狮泉河等区域，科学实施补播改良、毒害草治理、鼠虫害防治等人工干预措施，恢复退化草场，继续推行季节性休牧，实施草畜平衡管理，抑制对草原资源的过度利用。

2. 黄河重点生态区

区域特征：黄河流域既是中华文明发祥地，也是天然生态屏障，对于维护我国生态安全具有重要意义。该区域大部分位于干旱、半干旱地带，天然年径流量为 535 亿 m^3，属于资源型缺水地区。区域内植被覆盖率低，天然草地面积少，主要分布在高地草原区，草原植被是区内保育土壤的主要植被类型之一。包含世界上最大的黄土高原地区，水土流失面积占总面积的 70%，是江河泥沙的主要来源。

生态问题：本区域生态敏感区和脆弱区面积大、类型多，是全国水土流失最严重的地区，生态系统不稳定。由于受传统农耕思想、人口的不断增长和其他因素的影响，大量开垦草原，广种薄收，致使天然草原不同程度退化、水土流失进一步加剧，生态防护功能低，风沙危害严重，自然灾害频繁，生态环境恶化。

主攻方向：加大农业结构调整的力度，重点实施人工种草和改良草原工程，实行草、灌、乔结合，恢复和增加草原植被。在严重水土流失区大力种植抗逆性强的牧草。加强棚圈建设，提高秸秆利用率，增加草原畜牧业比重。

区域范围：涉及黄河流经的青海、四川、甘肃、宁夏、内蒙古、山西、陕西、河南、山东 9 省份 197 县份。含黄土高原丘陵沟壑水土保持生态功能区。

重点区域：以渭北、陇东、晋西南等地为重点，开展以小流域为单元的水土流失综合治理，以太行山、吕梁山、湟水流域等地为重点，加强草地植被保护和修复，以水定草，实施封山育草、退耕还草、草地改良，以库布齐、毛乌素等地为重点，通过人工治理与自然修复相结合、生物措施与工程措施相结合，建设完善生态防护体系。

主攻方向：以提升水土保持、水源涵养、生物多样性、防风固沙能力为导向，坚持以水而定、量水而行，科学开展草原植被保护和建设，加快退化草原综合治理，使区域重要生态空间得到全面保护和系统修复，生态系统服务功能显著提高，生态固碳增汇能力持续提升，黄河重点生态区生态安全屏障体系基本建成。

区域目标：到 2035 年，完成退化草原修复治理 53.2 万 hm^2，草原综合植被盖度稳定在 57% 以上，草原水土保持功能显著增强。

(1)黄土高原草原生态工程区

重点在河湟地区、陇中地区、陇东地区、陕北地区、渭北地区、晋北地区、晋西南汾河谷地、宁夏南部、腾格里沙漠、乌兰布和库布齐、毛乌素、吕梁山、太行山、豫西北，立足黄土高原丘陵沟壑水土保持生态功能区，以自然恢复和人工辅助修复为主，通过实施禁牧休牧轮牧封育、退耕还草、补播改良、鼠虫害治理、黑土滩等退化草原综合治理措施，提升草原质量，加快退化草原治理。

(2)秦岭草原生态工程区

重点在秦岭西麓区域，开展原生草原植被保护，提升区域水源涵养能力，恢复生物多样性和物种栖息地；重点在秦岭中麓(北部)区域，开展封山育草，提升区域水源涵养和生物多样性保护功能；重点在秦岭中麓(南部)区域，开展封育治理，建设生态廊道、生态缓冲带等，提升水源涵养能力。

(3)贺兰山草原生态工程区

重点在贺兰山东麓，针对水土流失严重、生物多样性受损等重点问题，通过草原植被保护恢复、生态廊道建设等，提升水土保持和生物多样性维护能力；重点在贺兰山西麓针对水土流失严重、风沙活动强烈、植被退化较严重等问题，因地制宜统筹开展草原植被重建与生态修复，不断提升防风固沙能力。

（4）黄河下游地区草原生态工程区

重点在黄河下游滩涂区，以水而定，全面开展土地综合整治，改善水土保持与生物多样性维护能力；在泰山-沂蒙山重度生态退化区域，针对水土流失等重点问题，加强植被保护修复，开展水土流失综合治理，建设滨海草带，提升水源涵养和水土保持能力。

3. 长江重点生态区

区域特征：本区地貌以丘陵为主，属于热带、亚热带季风气候，雨热同季，年平均降水量 1000~2500mm，生境类型复杂多样，分布着大量的草山、草坡等草原资源，草原对长江及南方丘陵山地带的生态环境保护、水土保持等具有重要作用。

生态问题：近几十年来，长江及南方丘陵山地带经济快速发展，受人为活动干扰，地表植被遭受破坏，草原面积不断缩小、裸露面积不断扩大、草原植被不断退化、草原生态功能下降、水土流失和石漠化问题突出，对经济及社会发展带来严重威胁。

区域范围：涉及四川、云南、贵州、广西、广东、湖南、湖北、江西、浙江、福建、安徽、海南、江苏、重庆等 14 个南方省份，含南岭山地森林及生物多样性国家重点生态功能区和武夷山等重要山地丘陵区。

重点区域：聚焦横断山区、长江上中游岩溶石漠化地区、大巴山区、三峡库区、洞庭湖湿地、大别山区、武陵山区等长江上中下游，以及南岭、武夷山、湘桂岩溶石漠化地区等，贯彻山水林田湖草沙生命共同体理念，聚焦重点，形成合力，科学布局和组织实施区域性系统治理项目。因地制宜采取封山育草、人工种草、退耕还草、草原改良等多种措施，着力加强草原植被保护与恢复，推进水土资源合理利用。

主攻方向：全面加强横断山区水源涵养、长江上中游岩溶地区石漠化和退化草原综合治理、大巴山区生态修复保护和恢复、大别山-黄山水土保护与生态修复。重点以治理石漠化和水土流失、坚守草原面积为主要目标，以恢复草原植被为主要措施，加快实施石漠化治理工程、已开垦草地（尤其是坡度大于 25°的开垦地）退耕还草工程以及草原植被恢复工程，加强草原自然保护区、重要生态功能区和江河两岸沿线的草原生态保护与管理，有效保护生物多样性。

区域目标：通过工程建设，草原生态系统质量明显改善，生态服务功能显著提高，生态稳定性明显增强，自然生态系统基本实现良性循环。到 2035 年，完成退化草原治理 103.89 万 hm²，草原综合植被盖度稳定在 81% 以上，长江上游草原生态环境根本好转。

（1）横断山区草原生态工程区

重点加强金沙江、雅砻江、大渡河和邛崃-岷山、大凉山、滇西北地区植被恢复和石漠化、水土流失综合治理，提高区域水源涵养能力。加强退牧还草，开展高原草原黑土滩土地改良，精准提升草原植被质量。强化金沙江干热河谷生态系统保护修复，提高区域生态系统稳定性。

（2）长江中上游岩溶地区草原生态工程区

重点在乌江流域、乌蒙山东部、赤水河流域、沅江源区、滇东北（中、西南）、鄂东幕阜山，以自然恢复、保育保护和人工辅助修复为主，精准开展草原修复、退牧还草等生态工程，优化乔灌草群落结构，促进草原自然恢复与演替，提升区域水土保持和水源涵养能力。

（3）大巴山区草原生态工程区

重点加强大巴山区天然草原保护，在丹江口库区及周边通过河湖岸线修复、生态护岸治理，恢复草原功能，提升区域水源涵养功能。

（4）武陵山区草原生态工程区

稳步推进退耕还草，保护和提升清江流域植被质量，加大石漠化治理力度，开展流域综合治理，提升水土保持能力。重点加强湘西北、渝东南、黔东北地区植被保护修复，开展水土流失治理，增强水源涵养能力。

（5）三峡库区草原生态工程区

重点在渝东北、三峡库首区，实施库区退耕还草等工程，提升植被质量。加强长江岸线保护及修复治理，加大水土流失综合治理。

（6）鄱阳湖、洞庭湖草原生态工程区

重点在江汉平原南部、洞庭湖流域、鄱阳湖流域、巢湖-龙感湖-升金湖流域、西溪湿地，以自然恢复和人工辅助修复为主，实施退耕还草。

（7）大别山-黄山地区草原生态工程区

重点在大别山地区、黄山地区、怀玉山区，以自然恢复、保育保护和人工辅助修复为主，开展岸线保护和修复，实施水土流失综合治理，提升水源涵养和水土保持能力。

4. 北方防沙带

区域特征：本区域是我国防沙治沙的关键性地带，是我国生态保护和修复的重点、难点区域，也是我国的主要牧区之一，其生态保护和修复对保障北方生态安全、改善全国生态环境质量具有重要意义。属大陆性干旱、半干旱地区，干旱寒冷，多风，大部分地区年降水量在 400mm 以下，是我国降水量最少的地理区域，水资源极度匮乏。植被稀疏，以草原、灌木、荒漠为主，土地沙化、次生盐渍化严重，草原生态环境非常脆弱。

生态问题：长期以来，由于大量开垦种粮，滥挖乱采，重利用轻管护建设，超载过牧严重，鼠虫害频繁发生，导致草原退化、沙化、盐碱化严重。风沙危害严重，水土流失面积约为 4500 万 hm^2，沙化土地面积约 13400 万 hm^2，内蒙古地区草原中退化沙化面积占 60% 左右。植被覆盖度大幅度下降，草原植被质量不高，水土流失和风沙危害日趋严重，草原功能退化，生态环境恶化。动植物自然栖息地受扰，野生物种减少，外来有害生物入侵严重，生物多样性受损。

区域范围：涉及内蒙古、陕西、宁夏、甘肃、新疆5省份217个县份，是"两屏三带"中的北方防沙带，含京津冀协同发展区和阿尔泰山地森林草原、塔里木河荒漠化防治、呼伦贝尔草原草甸、科尔沁草原、浑善达克沙漠化防治、阴山北麓草原等6个国家重点生态功能区。

重点区域：以推动草原和荒漠生态系统的综合整治和自然恢复为导向，立足北方防沙带6个国家重点生态功能区，将北方防沙带草原生态保护和修复重大工程统筹主要布局在京津冀协同发展区、内蒙古高原、河西走廊、塔里木河流域、天山和阿尔泰山地区、三北地区矿山等草原生态保护与修复重点区域。

主攻方向：在降水量250mm以下的地区和"三化"草原，主要措施是加强天然草原保护，通过封育围栏、划区轮牧，实行季节性休牧，防治鼠虫害的发生，加强草原监理体系建设，严禁毁草开荒、滥挖、乱搂、破坏草原植被；加强以人工种草、飞播牧草、草原改良为主要内容的草原建设措施，节水灌溉配套设施和棚圈建设。促进天然草原休牧、轮牧制度，草畜平衡制度的实施；在沙地和沙漠边缘以草治沙，大力种植旱生、超旱生牧草与灌木，倡导草灌结合，提高植被覆盖度，防风固沙，遏制草原沙化的势头。

大力开展草原保护修复、沙化土地治理等工程。大力开展封育保护，加强原生草原植被和生物多样性保护，禁止开垦草原，开展草原禁牧休牧和草畜平衡，提升水源涵养能力；推进水蚀风蚀交错区综合治理，积极培育草原资源，选择适生的乡土草种，统筹推进退耕还草、退牧还草，加大退化草原治理，开展草原有害生物防治。

区域目标：推进退化草原修复、水土流失综合治理、京津风沙源治理、退耕还草，进一步增加草原植被盖度，增强防风固沙、水土保持、生物多样性等功能，提高自然生态系统质量和稳定性，筑牢我国北方生态安全屏障。到2025年，完成退化草原治理270万hm²；到2035年，完成退化草原治理534.37万hm²，草原综合植被盖度稳定在43%以上，区域风沙危害得到有效遏制；到21世纪中叶，草原生态系统稳定性和质量得到明显提升，草原生态系统实现健康稳定，生态服务功能显著增强。

(1)京津冀地区草原生态工程区

重点在张承坝上地区、燕山、太行山、雄安新区，全面保护草原生态资源，加强人工种草建设，大力开展国土绿化，加强永定河、滦河、潮白河、大清河等河流两岸生态治理。开展退化草原修复提升，全面提升太行山、燕山和坝上等地区草原质量。

(2)内蒙古高原草原生态工程区

全面加强呼伦贝尔、科尔沁、锡林郭勒、乌拉特、阴山北麓等重要地区草原保护修复，实施退牧还草、人工种草，开展退化草原和已垦草原治理，严格落实禁牧休牧和草畜平衡制度。加强水土流失和荒漠化防治，对浑善达克等重要沙地和重要风沙源进行科学治理。加大生态系统保护力度，推动草原畜牧业转型升级，促进草原资源合理利用。加大退化草原生态修复力度，切实提升草原生态质量。

（3）河西走廊草原生态工程区

重点在石羊河中下游、黑河中游、疏勒河中下游，全面保护草原和荒漠生态系统，加强沙化土地封禁保护，恢复荒漠植被。实施退耕还草、退牧还草，增加草原植被。加大防沙治沙力度，实施精准治沙，加强荒漠绿洲保护。

（4）塔里木河流域草原生态工程区

重点在塔里木河干流、叶尔羌河-喀什噶尔河流域、阿克苏河流域、博斯腾湖，加强草原荒漠原生植被保护，大力实施河谷草原生态封育，加强绿洲内部草原生态修复，开展草原盐渍化、沙化综合治理。推进塔里木盆地南缘防沙治沙，强化沙化土地封禁管护。加强荒漠天然植被保护，开展退耕还草。

（5）天山和阿尔泰山草原生态工程区

重点在天山、阿尔泰山、伊犁河谷、准噶尔盆地，深入推进沙化草原治理，建设绿洲内部草原修复，大力实施退化草原修复，落实禁牧和草畜平衡，开展退牧还草和退化草原修复治理，提高草原生态质量。加强珍稀特有物种资源保护。

5. 东北森林–草原带

区域特征：该区是“两屏三带”国家生态安全战略格局的重要组成部分，气候寒冷，雨量充沛，森林覆盖率高，林下草资源丰富，也是森林草甸和草甸草原的分布区，但是受自然因素和人类活动的影响，该区草地退化和盐碱化严重，草地生产力不高，严重影响区域社会经济可持续发展。

区域范围：涉及黑龙江、吉林、辽宁 3 省及内蒙古呼伦贝尔和兴安盟地区。

重点区域：合理开发利用林下草资源，积极发展草地农业和草原畜牧业。加退化和盐碱化草原治理，恢复草原植被，减少水土流失和土壤沙化。重点实施退牧还草、新一轮退耕还林还草等工程和草原生态保护补助奖励政策。

主攻方向：加强农牧交错带、林草过渡带、吉辽西部草原防沙带等区域草原生态保护修复，实施退耕还草、退牧还草、风沙源治理等，开展草原封育、人工种草、草原改良等措施，通过近自然干预促进草原正向演替，逐步恢复顶级草原群落；加强林草过渡带生态治理，防治草原退化。加强农牧交错带已垦草原治理，恢复草原生态系统。

区域目标：到 2035 年，完成退化草原治理 162.3 万 hm^2，草原综合植被盖度稳定在 77%以上，草原生态功能和生产功能显著提升。

（1）大兴安岭草原生态工程区

重点在额木尔山、呼玛河流域、嫩江上游水源地、额尔古纳河流域、岭南林草过渡带，严格落实草原禁牧休牧制度，实施划区轮牧和草畜平衡，实施退化草原改良和人工种草，推进等重点区域的水土流失治理，控制山地丘陵地区坡面侵蚀，治理侵蚀沟道，控制水土流失。

（2）小兴安岭草原生态工程区

重点在小兴安岭，加强典型草原、草甸草原保护，实施退化草原改良和人工种草，推进重点区域的水土流失治理。

（3）长白山草原生态工程区

重点在张广才岭老爷岭、长白山东部、长白山主脉、辽东重要水源地，严格保护天然植被，稳步推进流域综合治理、坡耕地水土流失治理和侵蚀沟综合治理。

（4）三江平原草原生态工程区

重点在松花江下游、乌苏里江，严格落实草原禁牧休牧制度，严禁开垦草原，非法占用草原，全面推进退化草原改良和盐碱化草原修复，实施退牧还草。

（5）松嫩平原草原生态工程区

重点在嫩江中游、松嫩平原东部，加强典型草原、草甸草原保护，严格落实草原禁牧休牧制度，全面推进退化草原改良和盐碱化草原修复，实施退牧还草。

6. 南方丘陵山地带

区域特征：该区气候温和，雨量充沛，次生草地分布零散，产草量较高，但天然草原质量较差。目前30%的草原分布于居民点周围，利用过度；30%轻度利用，40%山地草场利用不足。部分地区由于毁草开垦种地，植被破坏严重，水土流失加剧，泥沙下泄淤积江河湖库，加剧洪涝灾害的发生，影响农业生产和经济发展。

区域范围：涉及云南、广西、贵州、四川、重庆5省份的157个县市。

重点区域：合理开发利用草原资源，积极发展草地农业和草食畜牧业。加快岩溶地区石漠化草原治理，恢复植被，减少水土流失。重点实施岩溶地区石漠草原综合治理、新一轮退耕还林还草和南方草原生态保护建设等工程、草原生态保护补助奖励政策。

主攻方向：保护与合理利用相结合，重点建设高产优质人工草场和改良草场，实行草田轮作，有计划、有步骤地使陡坡地退耕还草，强化草畜配套和资源的合理配置，加快地方产业结构调整步伐，发展草地畜牧业，使农牧民尽快脱贫致富。

区域目标：到2035年，完成退化草原修复治理8.26万 hm^2，草原综合植被盖度稳定在83%以上，南方丘陵区草原保水固土能力显著增强。

（1）南岭山地草原生态工程区

重点在东江源区、北江源区、湘江西源（东源）、资江源区，加强退化草原修复，提高植被盖度，推进长江流域退耕还草，构建林草综合立体生态屏障。

（2）武夷山草原生态工程区

重点在浙南（西）、闽西北、赣东、武夷山，加强退化草原修复，提高植被盖度，推进长江流域退耕林还草，构建林草综合立体生态屏障。

（3）湘桂岩溶地区草原生态工程区

重点在武陵-雪峰山、湘西南、大瑶山区、九万大山、红水河、湘桂岩溶地区，实施以草本为主的岩溶石漠化治理，加强人工种草、草原改良、封育禁牧，提高生态质量和覆盖度，减少水土流失。

（三）工程规划

在《全国重要生态系统保护和修复重大工程总体规划（2021—2035 年）》《"十四五"林业草原保护发展规划纲要》的总体布局下，参考各省份的草原生态保护修复"十四五"规划，持续推进天然草原保护与修复工程、退牧还草工程、退化草原修复工程，加强草原鼠害等有害生物治理工程和种子基地建设工程，提升草原生态功能。

1. 天然草原保护与修复工程

（1）建设目标

针对我国天然草原存在的突出矛盾和问题，实施天然草原植被保护与恢复工程总体目标以保护和恢复天然草原植被为核心，以促进天然草原生态环境的良性发展和增加农牧民收入、提高生活质量为目标，以重点区域保护和重点工程建设为突破口，采取自然、生物、工程等综合措施，把天然草原保护好、建设好。以转变经济发展方式为主线，大力发展"减压增效"可持续生态畜牧业，以草畜平衡为核心，通过牧草供给信息的精确获取，实现畜群调整、精准放牧，实现生态养畜的信息化和智能化。建立健全法制管理体系，依法治草，强化管理，逐步形成合理利用、建设和保护草原的科学机制。着力促进生态保护、民生改善和区域经济协调发展，由以治标为主的应急抢救型向标本兼治的长效机制型转变，实现生态保护治理与经济可持续发展同步协调推进。从总体上遏制我国天然草原生态恶化的趋势，建立起与国民经济和社会可持续发展相适应的良性草原生态系统，促进草原生态效益、社会效益和经济效益的协调统一。

至 2035 年，天然草原植被盖度明显增加，牧草产量在原有基础上提高 20%，退化天然草原得到恢复，风沙侵害得到有效遏制，草原区水土流失问题得到整治，基本控制草原鼠虫害，旱情减缓、水患减少。人为破坏草原的行为得到有效制止，牧区实现草畜平衡，资源合理配置，天然草原生态环境明显改善，经济全面振兴及实现可持续发展，建立起人与资源、环境之间协调统一的良性生态系统。

（2）建设思路

实施天然草原植被保护工程，大力推进草原封育、划区轮牧、围栏、治虫灭鼠和草原保护区建设等天然草原保护措施，保护天然草原植被 3360 万 hm^2；实施天然草原植被建设工程，在部分区域推广以补播、施肥、浅翻、灌溉以及以飞播牧草、人工种草、退耕还草、饲草料基地等措施为主要内容的天然草原改良和建设措施，改良和建设天然草原 2668 万 hm^2；完善省、地（州）、县（旗）三级草原监理和生态预警监测站网，草原监理站、生态预警监测站 400 多个，草原类型固定观测点 1000 个，建立起比较完善的天然草原保护和监测体系。

（3）基本原则

①坚持全面保护、重点建设的总体原则。

②统筹规划、分类建设。根据草原类型地域特点、生态环境特征及其存在的主要问题，因害设防，统筹规划，分类建设，着眼于草原生态环境的整体改善，确定各个区域、各种类型草原保护与建设的重点。

③突出重点，分步实施。按照草原退化严重程度的不同，优先抓好目前生态环境最脆弱、破坏最严重地区的治理，突出重点工程、重点项目，力求草原生态环境恶化的势头尽快得到遏制。

④先易后难、典型引路、积累经验、全面推进。

⑤生态可持续发展。把保护与建设同合理利用相结合，合理配置资源，促进区域经济持续发展。

（4）战略布局

自然保护地、生态脆弱区、江河源头关键生态功能区、高寒荒漠区等需要实行严格的天然草地保护制度。对于局部由于人为因素造成的天然草场退化，可通过封育、禁牧等自然恢复措施加以改善，禁止发展人工草地。

处于退化且超载的天然草地需实施休牧和草地修复。以阴山、鄂尔多斯高原、拉萨河流域为典型，通过休牧恢复天然草地生产力，不破坏原始植被并利用近自然草种补播促使草原植被复壮，减少毒杂草风险。在水热条件好的区域推广人工草地建设，加强区域间饲草资源调配以扩大饲草来源，推广异地育肥，实现休牧不休养、减畜不减产。

处于退化或不变但载畜平衡甚至欠载的天然草地需实施划区轮牧和草地改良。通过轮牧和草地改良促进天然草地恢复，在保护天然草地同时，科学地界定区划人工草地开发建设的适宜与不适宜发展区域，改良和提升人工草地种植技术，推广放牧型人工草地、减少刈割型草地。

农区和半农半牧区处于退化但仍超载的天然草地以改良为主。通过产业结构调整大力发展特色高效草牧业，利用草田轮作、粮改饲等提高补饲饲草种类和产量，改进人工草地播种方式、水肥管理方式、刈割或采食的时间、频度和总量等，实现可持续高产种植。加快现代牧业产业化、规模化、集约化程度，从而大幅度提高畜牧生产效率和经济效益。

其他处于恢复且载畜平衡甚至不足的天然草地严格实行以草定畜。以天山东段、锡林郭勒为典型，需要精确监测牧草产量和牲畜数量的年内季节甚至月动态变化，借鉴农区畜牧业与短期育肥生产体系，逐步增加冷季精料补饲量，从而达到精细地以草定畜、保持草地好转态势的目标。

2. 退牧还草工程

（1）建设目标

加强生态敏感脆弱地区退牧还草力度，增强防风固沙和水土保持等能力，开展封禁封育，推行舍饲圈养，以草定畜，减轻天然草原放牧压力，促进草原植被恢复。到

2035 年，退牧还草工程实施范围扩大至所有天然草原区，工程累计草原围栏面积达到 1.5 亿万 hm²，草原改良面积达到 5000 万 hm²，适当建设人工草地和饲草基地，退化草地得到有效治理与恢复，基本实现草畜生态平衡，显著提升草原生态功能和生产功能。

（2）建设思路

按照《国务院办公厅关于加强草原保护修复的若干意见》《全国重要生态系统保护和修复重大工程总体规划（2021—2035 年）》，延续退牧还草工程的已有空间布局，并依据前期退牧还草实施的成效，确定退牧还草工程的实施范围。同时，在退牧还草实施过程中，根据实施效果的不同，对工程实施范围进行适当调整：一是退牧还草工程实施近 20 年，有些省份的部分县严重退化草地已经得到有效治理，可从实施范围中逐渐移除；二是在已有退牧还草工程实施范围基础上，增加陕西、黑龙江、吉林、辽宁等与现有工程县相连的县为工程实施范围。

自然恢复为主，适度开展人工干预措施，开展种草改良，治理草原有害生物，科学建设草原围栏，推进划区轮牧管理，减轻草原放牧强度。退牧还草工程的主要措施有围栏禁牧、围栏休牧、季节性划区轮牧、人工种草、补播改良、饲舍建设、饲料地建设等。其中，草原围栏、禁牧围栏、季节性划区轮牧措施是通过人工干预的方法加大饲草供应量，解决满足休收后饲草短缺问题，促进天然草原恢复和草畜系统可持续生产。

（3）战略布局

在内蒙古东部退化草原治理区、蒙甘宁西部退化草原治理区、新疆退化草原治理区和青藏高原江河源退化草原治理区的内蒙古、西藏、新疆、青海、四川、甘肃、宁夏、云南、陕西、黑龙江、吉林、辽宁 12 省份以及新疆生产建设兵团，结合当地天然草原化的现状、草原类型和社会经济发展水平，每年保持在 200 个左右的县（旗、市、场）为退牧还草工程实施范围。四个区域各自形成一个明显的退牧还草工程建设带，发挥工程建设的整体治理效果，以取得最好的生态效益。

3. 退化草原修复工程

（1）建设目标

到 2025 年，草原保护修复制度体系基本建立，草原退化趋势得到有效遏制，草原生态状况持续改善。到 2035 年，草原保护修复制度体系更加完善，退化草原得到有效治理和修复，草原生态功能和生产功能显著提升。

（2）建设思路

轻度退化草原降低人为干扰强度，中度退化草原适度开展植被、土壤等生态修复，重度退化草原通过封育、种草改良、黑土滩治理等重建草原植被。

（3）战略布局

针对不同区域、不同退化程度的草原，制定有针对性的保护修复和治理措施。

轻度退化草原降低人为干扰强度，以轮牧休牧、自然恢复为主，促进草原休养生息。

中度退化草原适度开展植被、土壤等生态修复，采取围栏封育、补播改良、鼠虫病害和毒害草治理等措施恢复植被。

重度退化和沙化草原采取围栏封育、人工种草、工程治理等措施，加快恢复退化草原植被，提升草原生态功能和生产能力。

在不破坏或少破坏原生植被的前提下，补播优良草种改善草原生态质量，增加草原物种生物多样性，增加草原土壤有机碳含量，提高优质牧草比例，保持草原生态系统稳定性。

推广草原免耕补播试点，强化免耕补播新技术新装备应用，提高补播草种出苗率和成活率。

4. 草原类自然保护地建设及野生动植物保护工程

（1）建设目标

全国重要草原生态系统原真性、完整性和野生动植物资源及其重要栖息地得到有效保护，草原类自然保护地管理效能和生态产品供给能力显著提高，国家重点保护野生动植物种群保持稳定，国家公园等自然保护地和野生动植物保护管理达到世界先进水平，全面建成以国家公园为主体、自然保护区为基础、自然公园为补充的中国特色草原保护地体系，切实保障国家生态安全，促进人与自然和谐共生。

到 2025 年，完成草原类自然保护地整合归并优化，有序推进草原类国家公园设立，初步建成以草原类国家公园为主体的草原类自然保护地体系。基本建成国家公园等重要自然保护地及旗舰物种及重点物种监测监管系统。建设国家草原自然公园试点50 处。

到 2035 年，自然保护地布局进一步优化，国家公园等自然保护地和野生动植物保护管理达到世界先进水平，基本实现国家公园等自然保护地治理体系和治理能力现代化，全面建成中国特色的以国家公园为主体的草原类自然保护地体系。

（2）建设思路

将资源具有典型性和代表性，区域生态地位重要，生物多样性丰富，景观优美，以及草原民族民俗历史文化特色鲜明的草原纳入国家草原类自然保护地试点建设。

①设立国家草原类自然保护地。在生态系统典型、生态服务功能突出、生态区位特殊、生物多样性丰富、自然景观和文化资源独特的草原区域，设立国家草原自然公园，并根据自然属性和生态价值，科学合理纳入草原自然保护地体系，实行整体保护、严格管理、科学利用。继续推进国家草原自然公园试点建设工作，建立以草原自然公园为主体的草原保护新机制，扩大范围，持续推进，为加强草原生态保护、规范草原科学利用奠定基础。

②实施分区管控。开展草原自然保护区自然资源确权登记，在草原自然保护区的核心保护区，原则上禁止生产经营等人为活动；在草原自然保护区的一般控制区和草

原自然公园，实行负面清单管理，规范生产生活和旅游等活动，增强草原生态系统的完整性和连通性，加强藏羚羊、雪豹等草原重要物种及其栖息地保护，为野生动植物生存繁衍和迁徙留下空间，有效保护生物多样性。

③构建融合发展格局。在完善草原自然保护地体系过程中，遵循"生态优先、绿色发展、科学利用、高效管理"的基本原则，处理好草原生态保护修复和合理利用的关系。推进资源保护、生态修复、生态旅游、科普宣教、文化传承和市场化多元化投入机制等融合发展，着力提升草原资源生态、经济、社会功能，逐步探索草原生态保护新途径，加快构建草原生态保护修复与利用新格局。

（3）战略布局

自然保护区布局在我国典型或特有的草原生态系统、珍稀濒危野生动植物天然集中分布区、有特殊意义的自然遗迹所在区域，确保主要保护对象安全，维持和恢复珍稀濒危动植物种群数量及其赖以生存的栖息地。自然公园布局在我国重要草原生态系统、自然遗迹和自然景观分布区，具有生态、观赏、文化和科学等价值的区域，确保其中的珍贵自然资源及其所承载的景观、自然遗产、文化多样性得到有效保护。

在国家重点保护野生动植物物种的重要保护空缺区域，补充划建自然保护地。对不具备划建自然保护地条件的物种分布区，划定野生动物重要栖息地和野生植物原生境保护点（小区）进行保护。根据收容救护、迁地保护等工作需要以及现有基础，统筹布局建设由野生动物种源繁育基地、植物园、扩繁和迁地保护研究中心、种质资源库等构成的迁地保护体系。

5. 有害生物防治工程

（1）建设目标

聚焦主要草原有害生物防治管理难题，按照"生产生态有机结合、生态优先"的工作思路，突出重点、力求全面、分类管理、简化高效，以提高草原有害生物治理体系和治理能力现代化为目标。到 2025 年，草原有害生物防治制度建设全面加强，防控机制不断完善，防控管理全面强化，支撑保障能力有效提升。建设草原有害生物地面监测站 30 个以上，初步建成草原有害生物数据库，组建草原生物灾害监测与防治技术研究中心，年均防治约 2 亿亩。到 2035 年，建设草原有害生物地面监测站 50 个以上，建成草原有害生物监测预警站点网络体系，建成完善的草原有害生物数据库，年均防治约 5 亿亩。

（2）建设思路

针对不同草原类型、退化情况、资源禀赋、发展目标等主体功能的差异性，以草地承载力、有害生物种群特性为切入点，设定多重管理目标，因地制宜、分类施策。主要建设思路是优化防治设计，加大监管力度，凸显防灾、减灾成效。具体包括如下几点。

①强化监测预警。坚持问题导向、目标导向，立足当前、系统谋划，建立健全草

原生物灾害监测预警体系和应急防灾减灾体系，全面提升监测预警能力和应急处置能力，完善联防联控机制。重点建设草原鼠害、虫害、草地螟等草原有害生物监测预警站点网络体系。建立健全有害生物防治制度，强化草原鼠害、虫害、外来入侵物种常态化监测、精准化预报，做好中短期生产性预报，及时发布灾情预警信息。加大对关键时期、重点区域、重要种类的监测力度，加强对草原鼠害高发频发区、境内外飞蝗的监测预警，密切关注灾情动态，科学研判灾害发展形势。

②实行科学防治。突出抓好草原主要有害生物的防控，实行外来入侵物种"一种一策"、精准化治理，认真落实绿色防治计划。加强科技创新，大力推进智能化、航空遥感、无人机和雷达等先进监测技术应用，优先推广生物制剂、植物源农药、天敌调控、人工物理和生态治理等草原有害生物绿色防治措施。组织建立主要草原有害生物防治示范区，集成推广可复制的综合性防治技术和管理经验。

③完善应急机制。认真落实草原有害生物防控责任，完善工作机制，细化防治任务，在防治关键时期重心前移、靠前指挥，做好调度检查，确保各项措施落实到位。根据不同区域草原有害生物危害特点和防治工作实际需要，及时修订应急预案，制定防控实施方案。建立应急响应机制，细化实化防治措施，加强应急演练和实践，提前做好物资储备、组织动员、技术培训等工作，一旦出现灾情，迅速响应，及时高效采取措施，最大限度地减少灾害损失。

（3）战略布局

草原有害生物防治需要突出重点，内蒙古、四川、西藏、甘肃、青海、新疆等省份发生严重危害鼠虫病害草原是草原有害生物防治的重点区域。

结合实际防治工作的需求，在草原鼠害方面，以青海、内蒙古、西藏、甘肃、新疆、四川、宁夏、河北、黑龙江、吉林、辽宁、山西、陕西等省份为主，开展田鼠类、沙鼠类、跳鼠类、兔尾鼠类、鼠兔类、黄鼠类和鼢鼠类等害虫的防治。

在虫害方面，以内蒙古、黑龙江、新疆、四川、西藏等省份为主，主要开展迁飞性蝗虫、草地螟、非迁飞性蝗虫、草原毛虫以及夜蛾类的防治；关注外来入侵草原物种的防治，特别是中国—哈萨克斯坦、中国—印度、中国—巴基斯坦等边境地区亚洲飞蝗、西藏飞蝗等草原虫害的大规模迁入危害情况。

在毒害草方面，以内蒙古、青海、西藏、新疆、四川等省份为主，主要开展豚草、三裂豚草、黄花刺茄、少花蒺藜的防治。

在内蒙古、甘肃、青海、新疆等省份的农牧交错地区，防止农作物和栽培草地的病害严重发生时传播至天然草原。

6. 种子基地建设工程

（1）建设目标

围绕我国退化草原生态修复、草原生产力提高以及优质饲草种植加工对各类草种的需求，提高主要牧草草种和生态草种的生产能力和质量水平，实现我国牧草良种扩繁和生态草种用种的基本自给和草种业国产化目标。到 2025 年，初步形成专业化、规模化现代草种子产业体系，构建以大企业为主体、大基地为依托、产学研相结合、育繁推一体化的现代草种业繁育体系，为草原生态建设保护和现代草产业发展等提供物质基础。到 2035 年，实现草种业生产国产化，解决国内优质牧草种子的供求矛盾，扭转国内主要牧草种子进口的依赖性局面，建成我国主要牧草种子生产集中区域。实现草原生态建设、优质饲草种植生产种子自给，为现代草业发展提供物质保障。

（2）建设思路

我国国土资源辽阔，南北跨越 30 多个纬度，地形复杂，气候类型多样，草种产量在我国的不同区域具有明显的地域性差异。因此要以区域气候资源条件为基础，充分发挥利用区域水热资源优势，科学规划确定适宜草种生产基地，打造我国草种生产集中区。根据各省份生态、经济、技术条件，因地制宜制定主要草种专业化生产区域规划，培养草种扩繁专业技术人员，完善现代草种业发展配套政策；以品种保护利用为前提，加快推进种子生产认证制度，建立品种种子质量可追溯体系，保护育种家、生产者、消费者的合法权益。

（3）战略布局

①牧草种子生产产业带布局。充分利用西北地区降水量少、日照充分、完善的绿洲灌溉农业体系，建设优良牧草种子专业化生产集中分布带，建立规模化专业化的种子生产与示范基地 5~6 个，其中新疆区 1~2 个、甘肃 1 个、内蒙古西部 1 个、陕西 1 个、青海 1 个，重点以生产苜蓿、红豆草和无芒雀麦、冰草、披碱草、老芒麦、羊草、草地羊茅、草地早熟禾以及燕麦、苏丹草等草种为主，同时培育、扶持企业和新型经营主体进行种子生产基地建设。

②生态建设用种草种生产基地布局。围绕区域特点和生态草种业发展需求，科学规划草地野生植物种子采集区域，合理开展生态修复用草种的专业化采集与生产。建立生态建设用种草种产业基地 4 个，包括东北地区 1 个、西南地区 1 个、长江中下游 1 个、华南地区 1 个，挖掘利用不同区域草种质资源的优良抗逆特性，以碱茅、羊草、沙生冰草、沙蒿、绢蒿、木地肤、驼绒藜、沙米、霸王、牛枝子、花棒、羊柴、柱花草、狗尾草、巴哈雀稗等生态建设草种为主，建立种子专业化采集与生产基地，并制订相应的种子采集与生产技术规范。

六、草原重大生态工程战略措施

草原重大生态工程的战略对于切实提高草原重大生态工程的科学性、系统性，强化工程建设事中、事后监管，提高自然资源保护管理能力，巩固草原生态保护和修复建设成果具有重要意义，既是推进草原重大生态工程顺利实施的重要保障，也是维护国家生态屏障安全、推动高质量发展的重要基础。根据草原重大生态工程的总体战略布局，需要实施以下几大战略措施。

（一）提升科技支撑能力

通过国家科技计划，支持草原科技创新，开展草原重大生态工程的问题研究，尽快在退化草原修复治理、智慧草原建设等方面取得突破，着力解决草原保护修复科技支撑能力不足问题。加强草品种选育、草种生产、退化草原植被恢复、人工草地建设、草原有害生物防治等关键技术和装备研发推广。建设草原生态保护和修复重点实验室、技术创新平台，加强草原生态保护和修复基础研究、关键技术攻关、装备研制、标准规范建设以及技术集成示范推广与应用，推进草原生态保护和修复工程的技术创新和科技支撑能力。

各省、市草原行政主管部门要积极组织有关科研单位、高等院校和草原技术推广部门开展草畜品种改良、退化草原治理技术等研究，根据当地的自然条件和退牧还草工程建设的实际需要，筛选成熟的技术模式和草原治理模式，搞好成果转化，加大配套技术组装和推广应用，不断提高退牧还草工程的科技含量。要通过加强技术服务和市场引导，教育农牧民转变思想观念和生产方式，鼓励农牧民积极发展饲草饲料生产，采取舍饲圈养，优化畜禽结构，提高出栏率，减少冬季牲畜存栏量，加快畜禽周转，减轻草原压力。

（二）完善法律法规体系

《草原法》是草原保护建设的根本大法。要进一步加强制度建设，制定完善配套法规规章。各级政府和有关部门在研究制定经济发展规划时，要统筹考虑生态环境建设，在经济开发项目建设时，严格执行生态环境有关法律法规。依法保护和修复草原是社会主义市场经济建设的基本要求，依据《草原法》《国务院办公厅关于加强草原保护修复的若干意见》《中华人民共和国土地管理法》《中华人民共和国环境保护法》《中华人民共和国水土保持法》《中华人民共和国野生动物保护法》《中华人民共和国自然保护区条例》等法律和相关法规、规章，保护和建设草原，打击各种违法行为。全面认识确保草原面积不减少、质量不降低、功能不退化、服务不减弱的重要性。除了全面落实草原征占用管理制度，特别是生态红线内草原、基本草原实行最严格的审核审批制度，还需要坚持把节约草原资源放在优先位置，严格遵循不占、少占、短占基本原则，必须占用的应该缴纳征占用费用。

（三）加大政策支持力度

建立健全退牧还草工程财政投入保障机制，加大中央财政对重点牧业地区的转移支付力度。健全草原生态保护补偿机制，在继续推进和不断完善草原家庭承包制的同时，充分调动广大农牧民对草原生态保护的积极性，实现生态好转、草业发展、农牧民增收的目标，尽快制定并实施超载减畜补贴、种草补贴、牧草良种补贴等政策。

（四）强化工程项目管理

严格履行国家各有关项目管理程序和办法，实行按规划立项，按项目管理，按设计操作、考核、验收，建立健全天然草原植被恢复建设工程技术标准，实行工程监理制度，严格检查监督，确保工程建设质量。在组织管理方面，林业和草原局、省、县和草原基层实施单位分别建立项目管理组织，对项目的计划、资金及信息实行统一监督管理；在资金管理方面，根据项目性质，严格执行国家相关的基本建设和财政专项资金管理办法，按要求进行财务管理，实行政府统一采购，加强资金使用的追踪检查和审计监督，强化资金管理工作。工程验收需要严格执行国家林草、农业相关技术标准，包括《草原围栏建设技术规程》（NY/T 1237—2006）、《休牧和禁牧技术规程》（NY/T 1176—2006）、《草原划区轮牧技术规程》（NY/T 1343—2007）、《人工草地建设技术规程》（NY/T 1342—2007）、《草地资源调查技术规程》（NY/T 2998—2016）、《草原资源与生态监测技术规程》（NY/T 1233—2006）等。

（五）加强工程资金监管

建立目标管理责任制，由专人负责工程建设管理，把好工程质量关。围栏材料必须实行公开招投标，草原补播改良所需草种要依照《中华人民共和国政府采购法》采取集中采购或分散采购。工程监理要由具备草原工程监理资质的监理单位承担，确保工程建设质量和效益。

（六）强化工程效果评估

构建国家-地方互联互通的草原重大生态工程监测监管平台，提高工程实施、动态监管、绩效评估的信息化管理能力和水平，开展草原生态系统调查和监测评估，重点对草原保护修复区、重点生态功能区、放牧地区开展高时频高精度监测，进一步建立健全草原生态监测预警与草原监理站网，加强草原类型自然保护地、草畜平衡示范区等监测。分析工程区内外和工程实施前后植被、土壤变化情况，对比分析不同措施生态恢复效果，评估工程的生态、经济和社会效益。

1. 草原生态环境监测预警站网

实施范围：根据不同生态区域、气候、草原类型及畜牧业生产特点，分别选点建设草原类型固定观测点，形成由中心、区域、监测站、观测点四级构成的草原资源动态监测网络。

主攻方向：建立健全监测体系，完成长期监测天然草原资源面积、草原生产力、草原生态质量、自然灾害的变化动态的任务，并及时进行预测预警，为广大农牧民的生产生活提供服务，为各级政府和国家宏观决策提供科学依据。

2. 草原监理站网

实施范围：涉及各省份的省级、市级和县级草原监理体系。

主攻方向：依法建立健全草原监理体系，强化物化手段，配备必要的设施设备，健全执法队伍，依法查处破坏草原案件，全面实行对草原的监管。

（七）完善各级管理制度

各级草原基层组织是天然草原植被保护与恢复的骨干力量，发挥着落实保护与恢复任务、组织工程实施，推广科学技术和管理的重要作用。草原保护与恢复机构的健全、稳定和基层组织的完善是天然草原植被保护与恢复顺利实施，草原保护、恢复事业不断推进的基本保证。在机构改革过程中，必须保持各级草原部门的稳定性，强化其相应的机构和职能，加强基层草原站建设，确保经费来源，切实稳定队伍。

深入落实基本草原保护制度、草畜平衡制度、草原流转制度、休牧和划区轮牧制度。实行基本草原保护，以稳定草原面积、提高草原质量，实现草原面积总量动态平衡和改善草原生态环境为目标，使基本草原像基本农田一样得到保护。实行草畜平衡制度，在确保天然草原生态向良性发展的情况下实现草与畜的平衡，使草原的生态功能和生产功能和谐发展。实行草原流转制度，使草原资源配置更合理，既有利于农牧民共同富裕，更利于草原生态保护。推行休牧和划区轮牧制度，发展舍饲畜牧业，努力改变以放牧为主的经营方式，给草原植被提供休养生息的机会。

专题 5

草原监测评价体系发展战略

■ 专题负责人：韩国栋　杨秀春　李治国　孙　伟

■ 主要编写人员：平晓燕　王占义　吕世杰　林长存

　　　　　　　　郭　剑　兰鑫宇　王铁梅

一、草原监测评价体系的概念与内涵

(一)草原监测的概念

草原监测是指采用"3S"技术（RS、GPS、GIS），以景观尺度的遥感监测和景观斑块内生态因子的地面监测相结合为基本生态监测单元，形成以"空—天—地"监测平台构建的草原生态环境点、面以及时空动态的全方位监管体系。

由此可见，草原监测涵盖了现状、发展、趋势的整个动态变化过程，也涵盖了草原保护、修复和利用的整个动态过程，更涵盖了空、天、地的数据组装和数字化集成过程。这里所涉及的全部过程，均需要草原生态监测跟进。所以，草原生态监测是在草原保护中利用以及在利用中恢复的过程中所采用的一系列技术和措施，包括草原基况监测、草原年度动态监测、草原生态变化监测、草原应急监测。

(二)草原评价的概念

在草原监测的基础上，按照生态优先、生产生态兼顾的原则，全面摸清草原健康、退化、质量、生态功能状况及其动态变化情况，客观评价草原生态现状、健康水平以及生态系统服务和资产，为构建全国智慧草原管理信息平台，提高全国草原科学化、信息化和精细化管理水平奠定基础，为保障我国生态安全和边疆稳定、乡村振兴和食物安全，以及促进国民经济社会发展发挥基础性和战略性作用。

草原评价的重点是对阶段性时期内草原生态环境状况和发展变化趋势做出分析判断，对草原健康等级、退化程度、面积、分布、草原生态服务功能及草原生态资产等进行定量定性评价，为草原制定草原保护修复政策、编制规划等提供基础依据。优化草原健康、退化监测评价技术方法，完善关键敏感指标，提升可操作性。草原生态评价一般每5年开展一次，与国民经济社会发展五年规划同周期，逢整10年与草原资源基况监测结合开展。

(三)草原监测评价的内容

1. 草原基况监测评价内容

草原基况监测基本内容包括草原资源类型、数量、质量、结构和保护修复等5个方面，具体内容见表6-1。

表6-1 草原基况监测的主要内容

序号	监测内容	主要内容
1	草原类型	资源类型、草地类型、利用类型等

（续）

序号	监测内容	主要内容
2	草原数量	面积、草产量(总鲜重、总干重、可食鲜重、可食干重)等
3	草原质量	植被盖度、草原等级等
4	草原结构	草原权属、草原类别、功能类别、植被结构等
5	保护修复	工程项目、补奖政策等

2. 草原年度监测评价内容

（1）草原年度监测指标

根据草原资源、生态和植被特点，面向草原日常管理服务需求，采用天地一体化的信息获取技术，对草原即时性变化进行动态跟踪监测，定期获取监测数据，发布动态监测预警信息，产出以县为单位的主要指标，编制发布各级草原监测报告，为各级林草长制考核、草原监管提供支撑。

草原年度性监测任务重点是对草原即时性变化进行跟踪监测，定期获取监测数据，包括物候期变化、草原植被生长动态、产草量、自然生物灾害、草原生态修复工程政策实施效果、草原放牧利用和草畜关系等内容(表6-2)。此外，在开展年度性草原动态监测工作期间，进行草原基况监测、生态评价的资料积累，对局部地块、个别指标进行年度性补充更新，为定期开展草原基况监测和生态评价提供基础支撑。一般来讲，草原生态状况年度监测在小班进行。

表 6-2　草原年度监测指标

序号	指标类别	指标内容
1	基本信息	省、市、县、乡、村、草班、小班、面积等
2	资源状况	权属、地类、草原类、草原型、资源类型、草地类别、植被盖度、植被结构、功能类别、草产量等
3	保护修复	工程项目类别、工程项目等级、工程项目实施年度、工程项目实施年限、补奖政策、生态红线等
4	利用状况	利用方式、基本草原、分区轮牧等
5	立地条件	地形地貌、坡度、坡向、土壤质地、土壤厚度等

（2）草原生产力监测评价

生产力监测主要是利用遥感数据的植被指数与绿色植被生物量的相关关系，结合地面样地调查数据，建立遥感、地面相结合的生产力估产模型，并利用多时相遥感数据测算当年生产的最大地上生产力。草原生产力监测方法主要有直接收获法、生物量模拟模型和遥感统计模型等方法。其中遥感统计测产模型法是全国或区域尺度常用的监测方法，主要是采用分区分类建立基于遥感模型的测算方法。

（3）草原承载力监测评价

草原承载力评价的主要理论基础是草畜平衡监测与评价。草畜平衡监测与评价主要是在一定区域与时间内，利用现有的技术、工具监测和计算草地初级生产力、其他饲草饲料量、饲养牲畜需要的饲草饲料量，按照规定的载畜平衡标准，计算全国重点牧区半牧区草畜平衡状况，实现全国重点牧区、半牧区的草畜平衡监测。此外，为了掌握季节性草畜平衡状况，开展重点区域季节性草畜平衡评价。

①全年草畜平衡监测评价。全年草畜平衡根据一个地区（如乡、县、市、省）全年的草原产草量和家畜需求量之间的平衡状况，草畜平衡的等级划分也可依据监测面积的大小和当地的实际需要而定，一般分为极度超载、严重超载、超载、载畜平衡和载畜不足等5级。

②季节性草畜平衡监测评价。为了准确掌握不同季节草原承载力的情况，各地根据实际需要开展季节草场的草畜平衡监测。

3. 草原生态变化监测评价内容

草原生态变化监测评价体系主要对不同时期草原生态状况的变化程度进行监测评价，主要对草原生态变化进行过程性评价，突破了以往草原生态监测只对当前生态现状的评价。草原生态变化主要体现在草原退化和草原恢复等两个方面。

草原退化程度表征草原健康程度的降低，依据草原健康程度的降低，分为基本不变、轻度退化、中度退化和重度退化4个等级。草原恢复表征草原健康程度的增加，分为基本不变、轻度恢复、明显恢复、显著恢复4个等级。结合草原生态基况和年度动态监测来开展草原生态动态监测评价。

4. 草原应急监测评价内容

草原应急性监测主要是为了满足草原管理实际需求，为某一应急性具体工作提供数据和图件等信息支撑，具体是围绕社会热点、领导批示、重大灾情等内容开展的专项监测、应急性监测、临时性、区域性监测，近实时响应草原应急突发事件的动态监管和高效应急决策。

根据草原应急管理实际需求，针对应急事件发生特征，收集整理草原利用状况最新调查成果、第三次全国国土调查等相关资料，结合地面勘察与入户走访，应用卫星遥感、无人机、地面感知网络等先进技术手段，同时整合各类公共基础数据与地面调查数据，运用人工目视解译、半自动分类、决策树以及机器学习等方法，对草原应急事件所涉及的区域进行专项监测、应急性监测、临时性、区域性监测，并对监测结果进行汇总分析与专题制图，实现草原应急事件的精确监测和实时监管。草原应急监测评价包含旱情、雪情、火灾以及其他应急等。

（四）草原监测评价的内涵

1. 草原基况监测评价内涵

草原基况监测评价是对草原的生态基况开展系统的监测评价，确定草原资源的立地条件、资源的数量和质量特征以及利用和修复特征，为草原资源的多功能性和生态系统服务评价提供基础数据。

草原基况监测是草原监测的基础性工作，监测草原资源的气候、地形和土壤条件，草原资源的植被特征以及草原资源的保护和利用方向；草原基况评价是草原资源在某一时刻所具有的生产力、等级水平和具有的生态系统服务功能及其所提供的的各种生态产品的价值。

2. 草原年度监测评价内涵

草原年度监测评价是利用全国各地所设定的固定监测样地和生态修复工程区，系统监测草原的年度植物物候、植被长势、产草量、综合植被盖度以及生物灾害、草原工程效果、草畜平衡等，提供我国草原生态状况的年度详细数据。草原年度监测评价主要进行生产力、草原载畜量评价，为草畜平衡、草原工程实施效果以及生物灾害防治提供基础数据，并为草原生态变化监测评估提供基础数据。

3. 草原生态变化监测评价内涵

草原生态变化监测评价是综合草原基况和草原年度监测的数据，进行草原生态的动态监测，开展草原生态健康的评价，并评价草原生态系统服务以及草原生态资产价值。草原生态健康的评价涉及草原土壤的稳定性、生物学完整性以及草原水文学功能。草原生态系统服务包括草原的供给服务、调节服务、文化服务以及支撑服务等。

4. 草原应急监测评价内涵

草原应急监测评价是指发生草原旱灾、雪灾、火灾以及其他应急事件时，针对形成的天气状况、土壤状况、植被类型以及生物量、盖度等进行的系统动态监测，评价旱灾、雪灾和火灾以及其他应急事件的风险等级，为草原生态应急处置提出相应的预警措施和评价报告。

二、草原监测评价的发展过程

（一）20 世纪 50 年代前的草原监测与评价工作

新中国成立前，老一辈植物、生态与草原学家耿以礼、李继侗、刘慎谔、郝景盛、秦仁昌、侯学煜、曲仲湘、朱彦丞、何景、王栋、贾慎修、崔友文等，分别在甘肃、内蒙古、新疆、西藏、青海、贵州、云南等地，开展了一些植物资源、植物区系、植物地理、牧草与草地的调查与研究工作，涉及草地资源与生态本身的若干问题，其成果既有较深的理论探讨，也有广泛的实践探索，是我国最早的植被与草地资源研究资料。

（二）20 世纪 50 年代至 2010 年的草原监测与评价工作

新中国成立后，我国逐渐展开了区域性的草地调查监测工作。中央人民政府农业部、内蒙古自治区也邀请王栋、李世英、汤彦丞等一批科学家对锡林郭勒盟的乌珠穆沁草原进行考察，王栋与任继周还对甘肃省皇城滩和大马营草地进行了调查，中国畜牧兽医学会、农业部、内蒙古自治区农牧厅组织了内蒙古伊克昭盟(现鄂尔多斯市)草原调查队，新疆维吾尔自治区畜牧厅组建了草原调查队，对阿尔泰山、天山、帕米尔高原、昆仑山地区的天然草地进行了大规模调查，并按季节牧场进行了牲畜配置规划。

20世纪60~70年代中国科学院自然综合考察委员会以及有关省份草原勘测队和科研院校、业务部门对新疆、内蒙古、甘肃、青海、四川等10省份的草地进行了调查与评价，初步查清了这些地区草地资源的自然条件、数量、质量特征与空间分布规律，并针对资源研究的一些理论与实践问题进行了有益的探讨与探索。

20世纪70年代末期至80年代，由国家科学技术委员会、国家农业委员会下达任务，全面开展了对全国草地资源的普查工作。历时10余年，编制了全国、省级、县级1∶5万~1∶400万不同比例尺的草地资源图件，出版了若干地方草地资源专著及一大批理论和方法的论文。通过这一时期的工作，首次对我国的草地资源状况在整体上有了一个全面了解，基本掌握了我国草地资源的数量、质量与分布规律。代表了这一时期草地资源研究的水平，也标志着我国草地类型研究和草地调查工作跨入了一个新的发展阶段。

全国畜牧兽医总站组织全国草原专家对20世纪80年代草地调查的资料进行总结整理，分别于1993年、1996年出版《中国草地资源图集》和《中国草地资源》，这是第一套全面、系统集成我国草原调查、监测和评价成果的专著及图集。在此期间草地调查工作特点是新技术与新方法广泛应用，大大地缩短了调查时间，减轻了草地调查监测作用量。

21世纪的草地监测与评价工作迎来了高速发展期，比以往更具科学性、全面性。2000年开始的全国草地资源普查中，遥感技术就已经作为主要调查手段得以应用。为了提高天然草地资源利用、管护和制定科学合理的草地生态建设规划，农业部于2001—2003年下达了应用"3S"技术快速查清我国草地资源现状的任务，并由中国科学院地理科学与资源研究所牵头，会同有关单位开展工作，完成了1∶50万和1∶100万的数字化草地类型图，初步建立了我国草地资源本底资源数据库。

在国家农业部相关部门的牵头下，各调查工作的开展，也为遥感技术的进一步应用发展及草地资源数据库建设注入了新活力与动力。2000—2010年是政策的完善十年与技术的发展十年。新技术设备的引用大大增加了遥感与农林草业的发展速度。

(三)2011年至今的草原监测与评价工作

2011年以来我国更加重视草原生态功能的监测。2017年农业部办公厅印发了关于开展《全国草地资源清查总体工作方案》的通知。随后，全国各省份相继开展了全国性的草地资源清查工作。全国各省实施了草地资源清查工作采用了两个新的技术标准：

一是《草地分类》(NY/T 2997—2016)。在原有 18 类草地分类标准的基础上，提出新的 9 个分类标准。二是提出了《草地资源调查技术规程》(NY/T 2998—2016)。本次草地资源清查以新的草地分类标准为依据，结合遥感与地面植被监测，沿用了 20 世纪 80 年代草地资源监测的"四度一量"的指标内容，并同步结合开展草地资源等级、草地退化、沙化、石漠化程度等草地现状监测。全国各省份开始以这两个标准为指导，编制了各省份第二次草地资源监测的相关技术方法手册，并开展草地资源监测(王铁梅，2020)。

2011 年以来的草地监测发展与评价体系的发展更系统化，内容趋近于完善。新十年间新技术投入应用的速度有所放缓，转而更偏向于对已有技术的深化应用。这标志着我国的草地资源监测与评价技术水平已经走到了世界前列，在此现状的持续影响下，我国草地资源监测与评价未来数年的前进方向也逐渐清晰可见，那就是基于已有的各类技术水平进一步向深层次、多标准、高水平、全方位推进。随着国家提出构建山水林田湖草沙一体化的战略，结合草原管理部门划分、自然资源部的改革，未来草原监测与评价工作，会与其他自然资源的监测评价深入融合、交叉，深化已有的资源监测评价技术门类于实践中的应用，并积极展开对于多学科前沿的探索活动，并逐步建立起一套完整的、有实用性的、高效的草地资源监测和评价体系。逐步加强各高校、科研院所与实践生产单位的合作联系，为我国向高标准草原大国的前进道路打下坚实基础。

随着社会发展和人们对于草地资源开发利用的认识逐渐发生转变，同时伴随着林草机构的改革，过去的草地分级工作已经不能够适应当前发展的需要。草地等级划分新体系保留原有的评定指标，以自然属性的气候因子、土壤(地形)和植被因子进行综合评价草地等别，将经济属性和社会属性的多项指标作为草地级别划分的指标，使得新等级划分体系更加综合全面，且能够体现等级之间的内在联系。新方法的划分指标更加多样，考量因素更加符合社会经济发展的趋势，打破了传统"唯产量""唯数量"的限定，将社会经济指标融入级别划分体系中。同时新方法级别的确定是在等别基础上进行的级别划分，更加具体，也更富针对性(李治国等，2021)。

2019 年开始在全国范围内进行第三次草地资源监测，由自然资源部国土勘测规划院组织，委托各省份自行组织开展，监测的主要指标是综合植被覆盖度和生物量(陈亚东，2021)。

国家林业和草原局 2021 年在自然资源统一调查、监测、评价制度的基础上，构建了中国草原调查监测的"四梁八柱"，实现林草资源调查监测"一张图、一个库、一套数"的目标，统筹山水林田湖草沙统一保护、系统修复，服务于生态文明和美丽中国建设(唐芳林等，2021)。2021 年 6 月颁布了《国家林草生态综合监测评价技术规程》，用于系统指导我国林草生态监测与评价。

上述草原调查监测的"四梁八柱"中的"四梁"指草原资源基况监测、草原生态评价监测、年度动态监测和专项应急监测 4 个类型。资源基况监测是摸清家底，建立全国草原资源小班档案数据库，落实到山头地块。以第三次全国国土调查确定的草地及草原普查等进行草原资源调查，按照区划系统进行草班和小班区划，采用抽样和遥感技术落实调查因子，每10年开展一次，与国土调查同周期开展，待国土调查确定草地属性和范围后随即开展。生态评价监测等同于草原生态变化监测，是对国民经济社会发展规划期内对草原生态状况和发展变化趋势的定性、定量评价监测，为制定和完善草原保护政策、编制规划等提供基础依据数据支撑，每5年开展一次。年度动态监测是实现林草融合监测，年度出数，掌握资源利用及变化情况，为草原执法提供技术支撑，以年度遥感判读变化图斑为督查线索，查清草地图斑变化原因；构建基于GIS的草原资源变化信息数据库，开展年度更新，每1年开展一次。专项应急监测是满足草原资源保护和发展的专项需求，针对重点区域、关注问题、生态工程的特征指标进行动态跟踪，掌握变化情况，按照草原管理工作需求开展。

"八柱"是指草原类型区划体系、数据指标体系、样地布设体系、技术方法体系、质量控制体系、标准规范体系、数据软件平台体系以及组织管理体系等8个体系。草原类型区划体系是根据我国草原管理特点系统性和针对性地建立草原类型区划体系，为了对我国草原实施分类管理、分区施策。数据指标体系主要是新时期生态文明建设背景下，除草原综合植被盖度等质量指标外，创建与"森林覆盖率"相对应的"草原覆盖率"指标。样地布设体系包括布设布局均衡、数量适当、结构合理的监测样地、固定监测点、生态长期定位观测站等。技术方法体系是要在第三次全国国土调查成果基础上，利用空天地一体化技术，点面结合，开展专业调查，摸清草地分布和数量、草原类型与生态状况、草资源分布与利用状况，并落实到山头地块，建立草原小班档案，形成全国草原"一张图"，并与森林、湿地、荒漠接轨，开展生态评价监测和年度监测，结合管理需求开展专项应急监测。草原资源调查监测数据要可靠，经得起论证且能被普遍接受，落脚点在于构建符合草原特点的调查监测质量控制体系，明确质量检查要求，规范检查监督工序，保证调查监测工作质量。标准规范体系需要把专业理论和实践经验转化为标准规范，成为行业的共同遵循，是保障草原调查监测工作科学性、权威性的必然要求。数据软件平台体系的构建需要统筹利用各项调查监测数据，建设智慧草原管理信息平台，提高草原监督管理效能，主动融入"林草生态网络感知系统"，实现对大容量数据的高效管理应用。组织管理体系基于草原调查监测的各项工作需要大量机构人员去落实，必须建立一套坚强有力的组织管理体系，才能保证协调顺畅、高效运转。

三、草原监测评价体系的战略意义

草原具有不同于其他自然资源的许多属性和生态特性。草原功能的多样性决定了草原资源价值趋向和开发利用的多元性。党的十九大为实现"两个一百年"的奋斗目标，开辟了新征程。在新时期，草原由以畜产品生产所必需的生产资料正在转变为生态效益优先发展，兼顾经济、社会、生态的新载体。2017年7月，中央深化改革领导小组会议提出了"山水林田湖草是一个生命共同体"，使"草"的地位得到了进一步提升。十九大报告论述了"像对待生命一样对待生态环境，统筹山水林田湖草系统治理"的生态文明建设理念。因此，精准把脉草原生态的关键所在就是进行生态监测及评价体系构建。

草原不仅扮演着牧民生产资料的角色，还是我国北方重要的生态屏障。由于人为原因和自然环境的变迁，致使草地发生退化、沙化、盐渍化、石漠化现象的发生，使草原生态功能受到巨大的破坏。依据《草原法》和国务院相关规定，需要对全国草原资源进行适时监测。自20世纪60年代以来，对全国草原资源进行小尺度、中尺度和大尺度全国范围监测的经历与成果，农业农村部设置的县级草原监测网站、全国科研单位、大学设置的监测试验站的监测。草原监测旨在查清全国和各省份草原资源的种类、数量、质量、结构、分布，掌握年度消长动态变化情况，分析评价草原生态系统状况、功能效益以及演替阶段和发展趋势，为制定和调整草原资源监督管理和生态系统保护修复的方针政策，支撑碳达峰碳中和战略，编制林草发展规划、国民经济与社会发展规划，实现林业草原国家公园"三位一体"高质量融合发展，为切实履行统一行使全民所有自然资源资产所有者职责、统一行使所有国土空间用途管制和生态保护修复职责提供服务保障，为生态文明建设目标评价考核提供科学依据。

(一)草原监测评价是草原依法管理的重要手段

《草原法》第二十五条规定，国家建立草原生产、生态监测预警系统。县级以上人民政府草原行政主管部门对草原的面积、等级、植被构成、生产能力、自然灾害、生物灾害等草原基本状况实行动态监测，及时为本级政府和有关部门提供动态监测和预警信息服务。《国务院关于加强草原保护与建设的若干意见》指出，草原生态监测是草原保护的基础，要认真做好草原生态监测预警工作，对草原资源与生态监测预警工作提出了新的要求。

此外，《林草产业发展规划(2021—2025年)》以及自然资源部、国家林业和草原局自2018年下发多项通知，均强调生态系统定位观测研究站建设、林草生态系统监测体系和制度完善、野生药用资源种群监测、林草碳汇监测体系建立等内容。由此可见，建立草原生态监测预警体系，是全面贯彻《草原法》，落实国务院关于草原保护与草原建设、保护、利用及规划的重要举措。

(二)草原监测评价是草原资源可持续利用的需要

我国草原在历史上曾经水草丰盛、植被繁茂，放牧历史悠久，在提供各类畜产品方面仍有极大的生产潜力，并在我国产业结构变革方面有着重要的战略地位。草原的利用系统是一个复杂的社会、经济、生态系统，所以，草地资源可持续利用的本质是在不同尺度上、不同等级层次中社会、经济、生态等众多相互冲突目标之间的权衡与取舍。草地可持续发展涉及可持续经济、可持续生态和可持续社会三方面的协调统一，要求人类在发展中讲究经济效率、关注生态和谐及追求社会公平，最终达到人的全面发展。

草原资源是可更新资源，草原分布、面积、生产力、结构、功能及其动态变化，制约区域农牧业生产和生态平衡。适时监测、掌握草原资源的消长和生态系统的变化，据此合理安排农牧业生产布局、进行产业结构调整，对发展草原区经济、提高牧民收入、维持草地可持续利用、实现草原生态与经济双重利益、实现草地畜牧业全面可持续发展具有重要意义。

面对日益恶化的草原生态环境，国家迫切需要建立具有资源评估、产草量预测预报、动态载畜量调整、碳汇能力监测评估计定价、自然灾害监测预警功能的草地生态监测信息系统。草原生态监测预警工作，是全面获取草地生产力、了解草地生产力下降驱动因素、帮助提出草地有效改良和复壮措施的基础性工作。通过调查获取草原实际承载状况，监测轮牧、休牧、禁牧制度实施情况与效果，为核定草原合理载畜量、开展动态草畜平衡工作提供科学依据，也为开展适宜的草畜资源利用提供决策依据。

（三）草原监测评价是维护国家生态安全的重要保障

草原是我国陆地自然生态屏障的主体之一。随着草原地区的人口增长和人类对草原资源不合理的开发利用，在人为因素和自然因素的影响下，我国草原生态状况不断发生变化，草原面积不断减少，草原质量不断下降，植被覆盖度降低，退化、沙化、盐渍化严重，已是不争的事实。通过实施适时、适地的草原生态健康监测，掌握草原生态功能动态变化，进而提出改善草原生态屏障、维护国家生态安全的对策措施。

草原生态环境已成为制约社会可持续发展的重要因素，保护和改善生态环境已成为全球性的战略任务，草原资源的持续、稳定发展和草原生态系统的平衡是我国关注的焦点。近年来，国家对草原保护与建设的投入大幅度增加，先后启动了天然草原植被恢复与建设、草原围栏、退牧还草、草地生态补偿、游牧民定居工程、京津风沙源治理等重大草原保护建设工程项目。对草原生态保护与建设工程项目实施适时监测与效益评估，为政府部门及时了解、监控草地生态建设现状及需求，为制定相应的生态建设规划，提供科学依据。

（四）草原监测评价可促进草原相关机构和队伍建设

草原监测是耗费人力、物力、财力的工作，需要大量的资金投入才能有效开展。对于草原生态环境监测评价方面，需要建立长期稳定的资金投入机制和完善的监测体系，需要有相应机构负责体系的运行和监测工作的实施。然而，当前我国草原生态环境监测方面的资金投入尚难以满足草原监测体系建设和运行方面的需求，且监测站点人员流动性较大，难以形成稳定可靠的人才队伍。2018年机构改革前，与其他自然资源管理相比，草原管理机构队伍较为薄弱，与草原保护管理的繁重任务不相适应。机构改革后，虽然国家和省级层面草原行政管理力量得到一定的强化，但市级、县级草原行政管理机构存在明显弱化，特别是各级草原技术推广机构力量流失严重，草原监督管理机构残缺不齐，草原监管力量大幅削弱。我国现代草原管理机构分为中央草原管理机构和地方草原管理机构。中央草原管理机构由农业农村部畜牧业司、全国畜牧总站和国家林业和草原局草原管理司等组成；地方各级草原管理机构一般由草原行政主管机构、草原监督管理机构和草原技术推广机构组成。目前全国林业和草原管理机构，包括32个省级林业和草原局（含新疆生产建设兵团），333个市级林草局，2851个县级林草局，但原有的从事草原管理人员和基本技术人员调整、流失情况较大。随着国家对于草原保护、建设、利用需求的不断增加，人民群众生态保护意识的提升，草原生态监测工作也日益受到多方关注，这势必会在人才队伍建设、从业人员专业性方面有所促进。同时培养草学和信息学多学科交叉的人才，教育机构课程体系改革，人才和应用技术的涌入成为可能，进而推动人才队伍的发展壮大，形成一支懂专业、会技术的草原生态监测队伍。

（五）草原监测评价是推动"双碳"战略的有力支撑

在全球气候变化的背景下，生态系统固碳减排研究已逐渐成为全世界共同关注的课题。2020年12月召开的中央经济工作会议把"做好碳达峰碳中和工作"作为当年要抓好的八项重点任务之一，并把"开展大规模国土绿化行动，提升生态系统碳汇能力"作为重要措施之一。2021年3月15日中央财经委员会第九次会议指出，在"十四五"碳达峰的关键期和窗口期，要提升生态碳汇能力，有效发挥草原、森林、湿地、海洋、土壤、冻土的固碳作用，提升生态系统碳汇增量。

充分发挥我国草地生态系统生物固碳、土壤储碳、系统减排的能力和潜力，建立相应的技术模式和示范区，对有效减缓全球气候变化具有十分重要的现实意义。草地在作为重要的碳汇的同时，也是重要的温室气体排放源，主要排放的温室气体包括甲烷、氧化亚氮及二氧化碳等。因此，控制草地温室气体排放、有效利用草地生态系统的增汇功能是当前迫切需要解决的科学问题，也是草原监测评价的重要内容之一。

（六）草原监测评价是草原信息化建设的需要

草原在我国分布较广，长期以来在生产和生态领域的重要性并不突出，其现代化、科技化水平相对较低。鉴于国际信息化技术的迅猛发展，大数据、区块链技术的广泛应用在各个行业和领域逐渐展开，而对于草原资源而言通过生态监测网络建设布局和空天地技术的应用，草原数字化的先导工作将势必以草原生态监测工作为基础展开，进而为实现草原建设、利用、保护的可视化和智能化提供依据。

草原相关科学理论的创立完善，需要基于长期观察、监测和实践。草原监测网络是将覆盖全国不同草地类型区、不同部门、不同层次的监测站点联合起来组成监测网，并以此为基础可与国际监测网络接轨，实现成果和数据资源的共享。

当前传感器开发技术及应用相对比较成熟，可实现实时、动态、连续的信息感知和稳定高效传输。对于采集的草原数据需要不断加强对数据处理、深度挖掘的研究，突出云计算、大数据技术、数据融合、数据存储、数据挖掘等数据处理环节的重要性，实现互联网、物联网、大数据的深度融合。同时，实现草原信息服务系统的优化，还要强调决策、管理方面的研究。考虑草原生态保护和资源利用的可持续性，既要实现优化管理模式的借鉴作用，又需保证各地区、各类型草原因地制宜，能够获得适合当地的管理、决策方案。

数字草原是建立草业监测预警保障体系的基础，是未来草业全面、协调和可持续发展与建设的重要趋势，也是信息化社会发展的必然选择。数字草原是草原资源的信息系统集合，是运用5S技术（遥感技术、地理信息系统技术、全球定位系统技术、空间决策支持技术和管理信息系统技术）遥测、仿真–虚拟技术等对草原资源健康状况、生态服务功能、自然灾害等进行自动采集、动态监测管理和辅助决策服务的多分辨率、多尺度、多时空和多种类的技术系统。数字草原就是在草原生态建设，草原健康管理及草原畜牧业全面、协调和可持续发展中，充分利用数字化信息处理技术和网络通信技术，将草原资源的各种数字信息及信息资源加以整合并充分利用，为草原资源的健康管理和可持续发展提供科学依据。

四、草原监测评价体系成就与问题

（一）草原监测评价总体成就与存在问题

1. 草原监测评价的总体成就

（1）构建了全国草原调查分类体系

1979年我国在农牧渔业部的主持下开展了全国草地资源调查工作，为了便于全国统一调查方法和汇总结果，北方草场资源调查办公室于1980年5月向全国重点牧区和北方有关省份转发了《草场资源大纲和技术规程（试行草案）》，提出了中国草场分类原则及分类系统，根据这一分类系统全国的草地被划分为18类。1981年北方草场资源调查办公室印发《重点牧区草场资源调查大纲和技术规程》。1988年3月在农业部畜牧局的主持下，召开了南方和北方草地资源调查办公室的负责人及专家，对1987年提出的草地分类标准和分类系统修改方案进行了最后审定，确定了"中国草地类型的划分标准和中国草地类型分类系统"。

（2）完成了全国草原资源与生态本底的调查监测

从 1979 年下半年开始，在农牧渔业部畜牧局的统一领导下，我国开展了第一次全国草地资源的调查工作，分别在中国科学院自然资源综合考察委员会（简称综考会）、中国农业科学院草原研究所分别设立了南方草场资源调查科技办公室、北方草场资源调查办公室，从技术上协调、指导全国各省份的草地资源调查。全国草地资源调查按省份为单位开展，由各省份畜牧厅（局）组织调查技术队伍进行调查，每个省份以县为单位，开展野外调查和内业总结，然后按照地区—省—全国逐级汇总，形成全国草地资源调查成果，调查范围覆盖全国 2000 多个县、95% 以上的国土面积。全国草地资源调查取得的成果主要分为三类，即草地资源图件，包括县级 1∶10 万（农区 1∶5 万，牧区 1∶20 万）、市级 1∶20 万、省级 1∶50 万草地类型图、草地等级图和草地利用现状图；草地资源统计资料，包括各类草地面积、产草量、载畜量的草地资源统计册或数据库；文字报告，包括草地资源质量、区域分布、利用现状、生产潜力的草地资源调查报告。省一级的草地资源查结果，基本上查清了各地的草地资源及生态现状，为全国各地草原畜牧业发展、国土整治、环境保护提供了重要科学依据。

（3）构建了草原资源与生态监测的技术体系

进入 21 世纪，国家强化了草原监管和执法能力，在 2003 年成立了农业部直属正局级事业单位—农业部草原监理中心（简称草原监理中心）下设办公室、执法监督处、保护处、防火处、指导处、监测处、宣传信息处 7 个职能处室。自 2005 年起，农业部草原监理中心组织全国各地开展草原监测工作，每年发布草原监测报告，内容包括草原资源状况、草原生态状况、草原长势动态、草原保护修复成效、草原利用状况、生物灾害、执法监督、草业发展等。例如，2020 年全国草原监测报告表明，2006—2019年，全国草原鲜草产量和干草产量均呈现小幅增加趋势（图 6-1）；2011—2020 年，我国草原综合植被盖度呈现显著增加的趋势（图 6-2）。全国草原监测工作积累了大量有关我国草原资源和生态状况的相关数据，极大地促进了对全国草原资源与生态状况的准确掌握，同时为草原保护建设和合理利用提供了数据支撑。

为了准确反映草原生态变化及草原重大生态工程实施的效果，国家实施了固定监测样点建设工作，根据原农业部草原监理中心组织编制的《国家级草原固定监测点建设规划》，规划在全国范围内建设国家级草原固定监测点 376 个，监测草原植被恢复情况（工程区内外的植被盖度、高度、生物量等监测指标的变化），反映草地生态系统变化趋势。目前，已建 200 余个国家级固定监测点，规划建设约 800 个国家级固定监测点，各级草原部门已设置了 1 万余个监测样地，用于草原地监测和遥感监测数据矫正等。已建成 16 个草原生态定位观测站（国家站 7 个、部门站 9 个），规划建设 122 个，能为草原生态长期定位观测和生态系统功能评价分析提供翔实的基础数据。同时，国家和

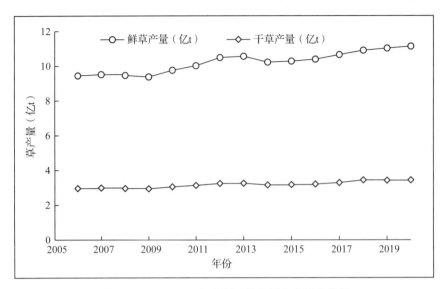

图 6-1 2006—2020 年全国天然草原产草量变化图

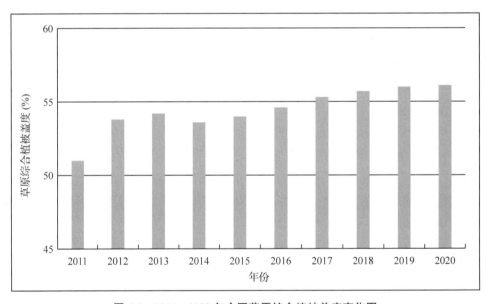

图 6-2 2011—2020 年全国草原综合植被盖度变化图

部门制订了草原生态监测的相关技术标准或规范，为全国草原生态监测提供了技术支撑。

（4）全面形成了新时期草原调查监测评价体系

2018 年，国家机构改革后，国家林业和草原局成立，原农业部草原监理中心整体并入国家林业和草原局，成立专门管理草原的司局级机构—草原管理司，草原监测工作得到了进一步加强。2021 年 3 月，国务院办公厅印发《关于加强草原保护修复的若干意见》（以下简称《意见》）。《意见》提出了 16 条工作和保障措施，包括建立草原调查体系、健全草原监测评价体系、编制草原保护修复利用规划、加大草原保护力度、完善草原自然保护地体系、加快推进草原生态修复、统筹推进林草生态治理、大力发展草种业、合理利用草原资源、完善草原承包经营制度、稳妥推进国有草原资源有偿使用制度改革、推动草原地区绿色发展、提升科技支撑能力、完善法律法规体系、加大政策支持力度和加强管理队伍建设。

2021 年 4 月，国家林业和草原局草原管理司组织局直属规划院和多家草原科研单位，在《自然资源调查监测体系构建总体方案》和林草综合监测的大框架下，编写并发布了全国草原监测评价技术方案及 13 个配套技术文件，围绕草原基况监测、年度草原动态监测、草原生态监测评价、专项应急性监测等四大任务展开，形成了草原监测评价的"四梁八柱"。新时期全国草原监测评价以第三次全国国土调查成果为基础，区划草班、小班，落实到山头地块，获取小班详细数据信息，建立小班资源档案；结合森林、湿地等其他调查成果，查清草原之外的草地资源状况，绘制形成"草原一张图"和"林草一张图"，展示全国草原资源管理基本底数，推进草原资源资产信息化和精细化管理，进一步促进草原合理保护和科学开发利用。新时期草原监测评价体系应用卫星遥感、人工智能、物联网等现代化技术，实现了草原管理决策服务的自动化、智能化、精准化，同时形成了全国林草融合的生态监测格局。

2. 草原监测评价存在问题

(1)草原资源本底不清、现状不明

草原资源本底不清问题突出，目前仍然沿用 20 世纪 80 年代草原调查的数据。经过 30 多年的自然变化与工程建设，草原的空间分布、物种组成、生物量等，已经发生了较大的变化。草原"三化"(退化、沙化、盐碱化)、开垦、建设等导致的草原类型、面积变化未进行年度更新，使得草原现状不清，且没有落实到山头地块，给科学保护和依法管理造成困扰。

(2)草原调查监测评价体系不尽合理

原有的草原调查监测体系偏重草原畜牧业开发利用和草业生产，不能满足新时期草原生态系统管理和生态文明建设的现实需求，需要建立多维度、多功能、多用途的草原调查监测评价体系。以畜牧业生产为主导功能时，监测评价更关注畜牧业相关的内容指标，生态文明建设的大背景下需要突出和强调生态内容指标。在生态文明和美丽中国建设评估指标体系中，只包括了森林覆盖率、湿地保护率、水土保持率、自然保护地面积占陆域国土面积比例、重点生物物种种数保护率 5 个生态良好指标，尚缺乏草原保护方面的指标，说明草原调查监测评价体系还不够完善合理。

(3)草原监测体系队伍薄弱

由于长期存在的自然资源分部门管理的现实，导致各部门的调查监测自成系统、纵深发展，造成草地与林地、湿地等地类交叉重叠。机构改革前，与其他自然资源管理相比，草原管理机构队伍就相对薄弱。机构改革后，虽然国家和省级层面草原行政管理力量得到一定的强化，但市级、县级草原行政管理机构存在明显弱化的情况。基层草原监督管理机构残缺不齐，草原调查监测体系队伍现状不容乐观。

(4)草原监测评价缺乏长期化和规范化规划

通过对国外相关领域的案例分析可看到，欧洲及美国、澳大利亚等草牧业先进国家无不建立了完备的草原生态环境保护法规和切实可行的生态环境保护、利用、监测标准，使得相关工作的开展有法可依、有规可循、有据可查，这对于草原生态环境监测工作的长期化、规范化开展是十分重要的。我国当前出台的《草原法》中明确规定了草原的总体规划，但还缺乏具体的战略布局和具体规划。

国内外经验表明，草原生态环境的改善是一个长期的过程，在尊重自然的基础上通过几十年乃至更长的时间的努力才能使得草原生态环境得到逐步改善。但我国目前在草原生态环境建设中还存在毕其功于一役的想法，缺乏长期战略政策为向导和稳定的投入机制，同时草原监测还没有将固定监测点、人才队伍建设和人员培训等有机结合。

(5)草原监测评价科技支撑力量不足

我国在草原生态监测体系方面的科学研究相比林业还较为落后，无法有效支撑新时期我国草原生态监测体系的高效构建。草原调查监测相关的国家标准和行业标准都是机构改革前制定的，部分标准已不适应当前草原监测的工作需要，亟待对现有调查监测标准进行修订。此外，机构改革后，市、县两级草原监管力量由原来在编执法监管人员近万人，减少到目前全国草原专业执法人员不足千人，很大程度上削弱了各级部门的草原管理能力。

(二)草原基况监测评价成就与存在问题

1. 草原基况监测评价主要成就

草原基况监测是详细了解草原资源现状的基础性工作，我国自1949年中华人民共和国成立后才开始草原基况的监测和评价研究。1950—1978年开展的是区域性草原基况监测，1979年开始首次全国草原普查(苏大学，2013)，形成大量图件、数据、报告、专著等成果，为我国草原管理工作发挥了积极作用。2001—2003年开展了草原遥感快查。2021年构建了新时期草原监测评价体系，践行山水林田湖草沙是一个生命共同体的理念，服务于草原与草业高质量发展。

2021年初，国家林业和草原局会同各直属院指导全国31个省份林草部门开展草原监测评价工作，完成2.9万个样地、8.7万个样方的外业监测，推进草原草班、小班区划，为摸清我国草原生态状况奠定了坚实基础。在外业监测数据基础上，草原管理司抽调各直属院技术骨干在北京成立草原监测评价数据汇总与指标测算专班，历时两个多月完成草原指标测算、成果汇总分析工作，为林草生态综合监测成果提供了重要技术支撑。

2021 年草原基况监测取得以下 8 大成果：

①扩大了样地覆盖范围和数量。监测范围由过去的 23 个省份扩展到全国 31 个省份。全国共完成草原样地 2.9 万个、样方 8.7 万个，数量约是往年的 4 倍。

②首次开展草原草班、小班区划，将数据落实到山头地块。在第三次全国国土调查图斑基础上，开展草班、小班区划，在全国初步划定约 2000 万个草地小班，开展了部分小班的现地核实，按照标准库进行小班数据整理，完成了全国草原小班数据的逻辑检查及数据入库。

③开展了首件必检、过程检查、数据检查三类质检等多层级、全覆盖数据质检，确保数据质量。

④加强了遥感技术应用，支撑主要指标测算。全面处理覆盖全国 100% 国土范围的"哨兵 2 号"10m 空间分辨率 9 波段多光谱遥感数据，采用全年植被生长最旺盛时期影像合成技术，从 69391 幅、约 140TB 影像中筛选出符合草原监测质量要求的遥感数据，同时开展多种遥感指数、多类模型研究。

⑤全部指标实现小班出数，保证图数合一。在完成草原植被盖度、鲜草产量、干草产量、生物量、碳储量、碳密度、净初级生产力等指标测算及草原分区、分级、健康评价的基础上，将全部指标与因子赋值到小班上，支撑了基于图斑的指标测算。

⑥首次系统评估了重点生态区域草原资源状况。对草原五大分区、重点战略区、国家公园、重要生态系统保护和修复区、重点生态功能区草原资源及生态质量进行了监测，开展了指标测算、制图与分析。

⑦汇总产出了 111 套草原监测报表。设计了支撑草地面积、类型、权属、分区、分级、盖度、产量、碳汇、健康等指标统计的 111 套草原监测报表，支持国家、省、市、县四级报表生成及不同地理单元的报表生成，初步实现了全国草原一张图、一套数、一平台。

⑧建立了支撑草原监测全流程的数据信息系统。研发了草原监测外业数据采集应用程序（APP）、林草综合监测草原监测与数据管理平台、草原小班数据入库检查及统计汇总软件，支撑了草原监测数据外业采集、数据质检及统计汇总工作。

2. 草原基况监测评价存在问题

草原基况调查虽然取得了诸多成果，但仍存在如下问题：

①取样点的布设方法有待改进，取样数量有待加强。特别是针对我国南北方草地分布特点，采取相应的布设方法。我国北方草地分布集中连片，草地分布较为均匀，而南方草地多为破碎化分布，异质性较强，因此南方草地在进行生态监测时应相应的增加取样点数量。

②我国至今只进行过 3 次全国范围的基况监测，相比每 5 年一次的林业清查，草原基况监测的频率和覆盖范围均有很大的差距，导致我国草原基况监测的基础数据缺乏，这与我国世界第一大草原大国的地位不匹配，也使我们缺乏草原管理的基础数据，

无法形成草原管理一张图。

③草原基况调查监测有助于深入了解我国草原类型、面积和基础状况，因此应该开展持续、阶段性的调查监测，从而为全面、客观和及时地掌握我国草原生态状况，为管理部门宏观决策提供科学依据。

(三)草原年度动态监测评价成就与存在问题

1. 草原年度动态监测评价主要成就

经过十几年的发展，草原监测工作不断完善，草原监测内容日益丰富。目前，草原监测内容包括草原资源、草原植被生长状况、草原生态状况、草原生产力、草原开发利用、草原火灾、草原雪灾、鼠虫灾害、草原执法监督、草原保护建设工程效益、草原生态保护补助奖励机制等，取得了如下成就。

(1)草原监测范围和样地数量不断扩大

2021年草原年度动态监测样地数量采用分层随机抽样的方法测算，样地位置采用内业遥感布设与现地踏勘相结合的方式确定，保证样地的代表性，部分样地与森林资源连续清查样地相结合。监测范围由过去的23个省份扩展到全国31个省份。全国共完成草原样地2.9万个、样方8.7万个，数量约是往年的4倍。

(2)草原固定监测点布置不断完善

草原固定监测点是我国草原地面监测网络的主体。2012年，国家启动了草原固定监测站(点)建设工作，截至目前，已建成国家级固定监测点200余个，国家级草原固定监测点建设工作取得一定成绩。省级层面上，各省根据需求，已陆续开展了省级草原固定监测点建设工作，如2018年云南省建立了26个国家级草原固定检测点、107个省级草原常规监测点、85个禁牧草地监测点、85个人工草地监测点、170个草畜平衡监测点；2020年甘肃省建立了草原固定监测站(点)1154个、草原鼠虫害测报站17个；新疆建设兵团建立37个固定草原监测点等。综上，我国已初步建立了"国家-地方"的草原地面监测网络。

(3)草原监测机构不断完善

经过几十年的发展，草原调查、监测队伍日益壮大，目前，已有四川、西藏、宁夏、甘肃、青海、辽宁、新疆、云南等主要草原省份成立了草原监理站(中心)，共计23个省份开展了草原地面调查监测工作，全国从事草原调查监测工作的技术人员约为4000余人。甘肃、西藏、内蒙古、四川、云南、山西等省份设立了省级层面独立的草原管理部门(草原管理处)，重点草原分布区域的市级、县级也设置了独立的草原管理部门(草原管理科)。

(4)草原监测评价技术不断加强

结合多光谱遥感技术、遥感影像合成技术、无人机和地面调查等空天地相结合的技术，提高了草原生态监测的精度和准确度，确保年度草原生态监测报告数据的准确性。且 2021 年国家林业和草原局的草原生态监测是在第三次全国国土调查图斑基础上，开展草班、小班区划，在全国初步划定约 2000 万个草地小班，开展了部分小班的现地核实，按照标准库进行小班数据整理，完成了全国草原小班数据的逻辑检查及数据入库。

2. 草原年度动态监测评价存在问题

(1) 草原监测体系不健全

目前，全国仅有 23 个省份担任草原监测任务，17 个省份发布草原全年监测报告，500 多个县开展了草原监测工作，草原监测机构设置和人员配置较为薄弱，机构小、人员少，各省份监测工作条件差，监测设施装备简陋，由于投入成本较少，交通工具不完备和监测仪器设备落后，与草原重要的生态地位和作用不相匹配，难以适应当前繁重的草原监测工作需要。使得草原监测体系布局不合理，缺乏精干的队伍，运转效率低。此外，草原监测体系没有技术支撑单位，不能有效地解决草原监测中遇到的实际技术问题，不能构建草原监测体系，无法全方位获取草原信息，缺乏对草原管理的科学化管理，共同协作完成草原监测最终目标。

(2) 草原信息化建设起步较晚

我国在草原信息化管理方面工作起步较晚，数据信息服务能力还很弱。我国当前草原生态监测站分属于农业、科技、教育等有关行业和部门监测指标体系和技术框架互不统一，相互之间交流、协作与数据共享尚不充分。没有实现对草原生产力和草原面积的实时监测。

(3) 草原监测机构和队伍人才流失严重

随着国家林业和草原局的成立及机构改革的完成，我国草原管理机构发生了重大变化，原有的从事草原管理人员的流失较大。省域范围内，不同省份不同层面草原管理机构设置不一。例如，河南省目前草原管理机构还未调整到位；安徽、浙江、福建、江西、广东等草原面积较小的省份在省级、市级、县级均未设置独立的草原管理机构，草原管理工作由相关森林资源处室负责；河北省除坝上、张家口等重点草原区域外，其他平原县未设置草原管理部门。人才队伍的流失导致草原生态监测难度倍增。

(四) 草原生态变化监测评价成就与存在问题

1. 草原生态变化监测评价主要成就

我国草原管理部门一直非常重视草原生态变化监测，包括对阶段性时期内草原生态状况和发展变化趋势进行分析判断，对草原健康状况、退化程度、面积和分布进行定量评价。我国年度草原生态监测报告中都会对草原保护建设工程区、退牧还草区域、草原生态保护补助奖励政策实施区、草原国家公园、退化草原生态修复区域等重点区域的草原健康、退化和生态服务功能进行阐述，这为制定和完善草原保护政策、编制规划提供基础依据，我国草原生态变化监测评价主要取得了以下成就。

（1）草原生态变化监测标准和技术规范颁布实施

草原生态变化监测目前大部分是基于草原健康度进行评价，也有研究对草原生态系统服务功能进行评价。我国相继建立了流域、湿地、森林等生态系统的健康评价体系。2008年颁布了我国草原生态系统健康评价的国家标准《草原健康状况评价》（GB/T 21439—2008），给定评价指标体系和具体评价方法，并在不同区域进行了草原生态系统健康评价。草原管理部门也相继出台了《草原资源与生态监测技术规程》（NY/T 1233—2006）、《草原资源与生态监测地面调查技术规范》（DB62/T 1283—2009）、《天然草原退化、沙化和盐渍化的分级指标》（GB/T 19377—2003）、《天然草地利用单元划分标准》（GB/T 34751—2017）等草原生态监测评价标准。

（2）草原生态变化监测评价指标体系不断完善

尹剑慧和卢欣石（2009）年将频度分析法、专家咨询法、层次分析法等三种方法相结合，提出了由水土保持、涵养水源、固碳释氧、维持生物多样性、净化空气、生态旅游、废弃物处理和营养物质循环等8项指标相结合的草原生态功能评价指标体系。国家林业和草原局草原管理司于2021年制定了草原生态现状和草原生态变化监测评价指标体系，颁布了《国家林草生态综合监测评价技术规程》，基于第三次全国国土调查结果和草原外业调查结果，对我国草原生态变化状况进行了系统的分析。

（3）重点区域的生态变化监测评价不断改进

在草原年度动态监测的基础上，我国草原管理部门也对重点区域的草原开展生态变化监测，包括草原生态保护补助奖励政策实施区域、草畜平衡区域、禁牧区域、退化草原生态修复区域等重点区域的草原植被组成、盖度、高度、物种数量、生物量和土壤状况进行综合调查，掌握草原生态保护补助奖励政策和禁牧政策的实施效果。

2. 草原生态变化监测评价存在问题

（1）草原生态系统健康评价的指标体系还不够完善

草原生态系统健康评价或草原生态变化监测是开展草原生态环境保护工程建设以及制定草原资源保护和草原合理利用政策的基础。基于当前生态优先，兼顾发展的草原保护与修复战略需求，我国未来要构建一定数量的固定监测点。当前草原生态健康评价指标体系需要的参数较多，监测难度大，限制了该指标体系的实际运用，并且当前草原生态健康评价或草原生态变化监测绝大部分都是在区域水平上的评价，缺乏国家级草原生态变化状况的总体监测。

（2）科技支撑力量较弱，缺乏政策支持

草原地面监测是耗费人力、财力的艰苦性工作，需要大量的资金投入才能有效开展。欧洲及美国、澳大利亚等基本上在草原生态环境监测方面都建立了长期稳定的资金投入机制并建立了完善的监测体系，有相应机构负责体系的运行和监测工作的实施。然而，当前我国草原生态环境监测方面的资金投入难以满足草原监测体系建设和运行方面的需求，且监测站点人员流动性较大，难以形成稳定可靠的人才队伍。

（3）草原生态变化监测指标缺乏系统性和综合性

当前草原生态变化监测是针对植被、土壤和水文特性等三个方面分别探讨生物完整性、土壤稳定性和水文功能，指标零散，缺乏系统性和综合性，难以用统一指标来综合反映草原生态变化程度。且大部分草原生态变化监测和生态系统健康评价体系以亚系统、多组分为重点，以表观为指标，在系统化和综合性方面比较薄弱。无法实现区域或大尺度草原生态变化状况的系统和综合监测。

（4）草原生态变化监测信息化建设不足

随着 3S 技术、物联网、大数据等新技术的快速发展，依靠传统的地面观测难以满足区域尺度草原生态变化的快速、定量监测。欧洲及美国、澳大利亚等国普遍对草原信息化建设和相关数据应用高度重视。建立了相对完善的信息网络，数据库开放共享程度较高，可以为政府部门提供管理决策信息，为科研人员提供科研数据，我国在草原信息化管理方面工作起步较晚，数据信息服务能力还很弱。

（五）草原应急监测成就与存在问题

1. 草原应急监测主要成就

（1）草原生物灾害防治工作卓有成效

2019 年，全国草原生物灾害防治工作投入经费 2.34 亿元，较 2015 年增加 77%。草原鼠害防治面积 7980 万亩，绿色防治面积 7027.8 万亩，绿色防治比例达到 88.1%，比 2016 年提高 7 个百分点；草原虫害防治面积 5341 万亩，绿色防治面积 4467 万亩，绿色防治比例达到 83.6%，比 2016 年提高 25 个百分点。成立了国家林业和草原局草原蝗虫防治指挥部，组建了专家指导组，起草制定草原蝗灾防控应急预案。组织召开草原生物灾害防控形势会商及工作部署会，科学研判草原生物灾害发生趋势，及时安排部署防控工作。深入重点省份开展督导调研，指导各地加强治蝗物资储备、技术培训和监测防控工作。

（2）草原应急监测能力不断增强

组建国家综合性消防救援队伍，支持各类救援队伍发展，加快构建以国家综合性消防救援队伍为主力、专业救援队伍为协同、军队应急力量为突击、社会力量为辅助的中国特色草原应急救援力量体系。对标全灾种、大应急任务需要，加大先进、特种、专用救援装备配备力度，基本建成中央、省、市、县、乡五级救灾物资储备体系，完善全国统一报灾系统，加强监测预警、应急通信、紧急运输等保障能力建设，灾害事故综合应急能力大幅提高，成功应对了多次重特大事故灾害，经受住了一系列严峻考验。

综合利用空天地各类监测手段，提高主动掌握草原火灾、旱灾和雪灾的能力。强化与应急、气象部门间会商研判、预警响应、信息共享等协同联动机制。建设国家和省级防火调度管理平台。强化东北、西南防火重点区域雷击火监测。同时也积极管控野外火源。开展草原火灾风险普查。在重点地段配置宣传警示、检查管控设施，推广"防火码"。会同公安机关严厉打击违法违规野外用火行为。科学开展计划烧除。

（3）草原应急监测体系不断完善

近些年草原应急监测体系不断完善，包括改革完善了应急管理体制，组建应急管理部，强化了应急工作的综合管理、全过程管理和力量资源的优化管理，增强了应急管理工作的系统性、整体性、协同性，初步形成统一指挥、专常兼备、反应灵敏、上下联动的中国特色应急管理体制。深化应急管理综合行政执法改革，建立完善风险联合会商研判机制、防范救援救灾一体化机制、救援队伍预置机制、扁平化指挥机制等，推动制修订一批应急管理法律法规和应急预案，全灾种、大应急工作格局基本形成。

（4）草原应急监测科技力量不断壮大

我国一直致力于提升草原应急监测的科技支撑力量。2021年成立国家林业和草原局森林草原火灾预防监测中心，承担森林草原火灾预防监测等具体任务及实施，为机关履职提供支持和保障。各地方也相继成立森林草原火灾预防监测中心。2021年成立中国消防救援学院森林草原火灾风险防控应急管理部重点实验室，面向应急管理实战需求，以森林草原防灭火基础理论、火灾预防技术、扑救技术与战术、技术装备研发检测、航空救援、职业安全与健康为重点研究方向，为推进森林草原火灾风险防控体系和治理能力现代化建设提供科技支撑。2021年7月10日，国家林业草原高寒草地鼠害防控工程技术研究中心在甘肃农业大学揭牌，着力攻克高寒草地鼠害检测预警和危害评价的技术瓶颈。同时，制定高寒草地鼠害防控技术标准，打造一批草地鼠害防控综合实验室、环境友好型示范基地和网络技术培训中心。使得草原应急监测科技力量不断壮大。

2. 草原应急监测存在问题

（1）对应急监测的重要性认识不够

对草原应急监测的重要性认识不足，缺乏统筹安排。草原生产力衰退，草地退化经历了一个逐渐发展的过程。在这个渐进的过程中，草原灾害也在逐渐形成，并蔓延成灾，除了自然因素外，人为因素是主要的。目前对这个过程认识不足，没有引起足够的注意，当造成了重大的经济损失，才引起重视，往往是匆忙决策，缺乏调研，不能从草原应急战略发展全局出发，措施简单，只能解决部分问题。管理工作分属不同的部门，缺乏统一权威的应急处置指挥协调机构，仅靠支持一、两个专业的研究或成果来改变草原应急监测的现状是不可能的。分散划拨经费以及经费投入明显不足，应急工作执行不力。

（2）应急反应机制不健全

草原应急监测队伍不健全，职责不明确，一旦有灾，缺乏迅速、有效的反应机制，往往会错过最佳救灾时期，使损失加大。自然灾害和灾难事故的报警渠道不清，信息阻塞迟缓；管理工作分属于不同的部门，缺乏统一、权威的应急处置指挥协调机构，抢险救灾专业队伍分散于相关部门，数量不足，实力不强，运行效率不高。

（3）基础设施建设薄弱

虽然国家及地方对草原应急监测进行了一定程度的投入，但从目前来看，投入不能完全满足草原应急监测事业发展的需求。同时，由于机制不尽合理、重复建设等多种原因，草原应急监测经费投入没有产生应有的整体效益，一定程度上影响了基础设施的建设和发展。基础设施差，对突发性、暴发性灾害应急反应能力有限。主要表现是：设防标准低、配套差，不成体系，工程数量少、质量差，形不成达标的抗灾能力，工程技术标准落后，难以达到预期的应急监测效果。

（4）工作体制和法制仍需完善

我国草原应急监测工作在体制、机制和法制等方面尚不适应自然灾害发生的现状，与畜业经济发展和人民群众的要求相比还有不小差距。各级政府的应急监测规划还不够系统化、规范化，相关法规还需进一步完善。近年来，草原生物灾害呈现愈演愈烈的态势，预测预报是关键，只有准确的监测，才能为国家和有关部门提供正确决策的依据。在信息技术高速发展的今天，草原应急监测预警技术显得异常落后。到目前为止，在草原应急监测方面的工作还没有一个专门的机构，还没有建立起草原应急监测预警体系，从国家行政主管部门到基层草原工作站，从基础设施到专门人才都需要全面加强建设，实现有效的草原应急监测。

（5）科技支撑有待持续加强

目前我国缺乏专门从事草原应急监测的研究机构，专业研究人员少，工作性质和任务很不稳定，专业人员流失严重。科研单位和事业单位的改制和转型极容易使这分专业人员流失，使原本草原应急研究起步晚、人才少的形势更加严峻。先进的研究成果少，成果应用率低。现代应急体系应当是快速、高效和科学的体系。目前我国在这一领域的科学技术及其应用，方面的技术相对薄弱。与灾害有关的科技成果转化缓慢，基础、高新技术应用研究不足，难以准确预测预报，甚至一些常规科技成果也往往迟迟推广不开。同时各机构和单位还缺乏先进的监测设备，新型监测设备如无人机配备较少，缺乏应急监测所需相应专业软件，还需在应急监测硬件和软件方面进行大力发展和运用。

五、中国草原监测评价体系战略布局

（一）指导思想

深入贯彻生态文明思想，把保护生态环境、坚持绿色低碳发展作为基本国策，践行绿水青山就是金山银山的理念，统筹山水林田湖草沙系统治理，加快构建科学、权威、高效的草原生态监测评价体系，健全草原监测评价制度，全面推进草原监测评价技术创新发展，系统提升现代化草原监测评价的能力，为摸清草原资源数量、质量、结构和服务功能的时空格局和动态变化规律，为科学指导草原保护修复和合理利用提供坚实基础，同时服务国家"碳达峰碳中和"战略。

（二）总体目标

1. 总体目标

按照空天地网融合、草原全覆盖、服务保护修复的思路，结合国家生态文明建设的目标任务以及林草湿综合监测的现实需求，构建新时代草原监测评价体系，针对国家、区域、省、市、县等不同尺度，每年开展一次草原年度监测评价，每 5 年开展一次生态状况监测评价，每 10 年开展一次基况监测评价，全面掌握全国草原资源数量、质量、生态状况及其变化。监测评价指标从常规指标向草原质量、结构、功能和稳定性指标以及风险预警指标拓展，加强成因机理解析；监测评价技术向空天地网、精细化、智能化、集成化方向发展，加大高分定量遥感、卫星精准定位、无人机监测、模型技术研究应用力度，加强草原生物多样性、碳汇计量等技术攻关；监测评价布局从单一化、规模化向差异化、综合化方向转变，推进点面融合监测；监测评价保障方面继续完善草原监测评价队伍，健全质量标准体系和制度建设，增强监测装备能力；形成国家地方一体、部门协同一致、公众参与的草原生态监测评价新格局。

2. 阶段目标

（1）近期目标

到 2025 年，草原监测评价体系初步建立，监测评价标准体系不断健全，覆盖全国草原的标准样地全面布设、重点区域草原监测网络初步搭建，包括长期生态系统定位观测站点达到 30 个、固定监测点达到 150 个、标准样地 2 万个。以第三次全国国土调查成果为底版，开展年度草原监测评价工作，划定草班、小班，基本解决长期存在的草原底数不清的问题。针对草原重点的生态问题溯源解析，揭示成因机理。草原监测评价制度体系不断完善；监测数据的真实性、准确性得到有效保证；草原监测评价人员综合素质和能力水平大幅提升，有效支撑草原保护修复和生态建设。

（2）中期目标

到 2035 年，科学、权威、高效的草原监测评价体系全面建成，信息化、智能化的监测评价能力进一步强化。全面掌握全国及重点草原区草原基况、生态现状及动态变化，草原监测点网络数量持续增加，包括长期生态系统定位观测站点达到 130 个、固定监测点达到 700 个、标准样地 2.5 万个。监测指标系统拓展，监测能力向多要素、多功能转变。草原监测评价标准健全完备，全天候、多角度、多维度的监测技术广泛应用，创新能力不断增强，监测评价总体水平跨入国际先进行列。

（3）远期目标

到 21 世纪中叶，草原监测评价体系更加完善，草原监测网络更加稳定，长期生态系统定位观测站点达到 300 个，固定监测点达到 1500 个，标准样地 3 万个。监测评价能力向智慧化的方向良性发展，草原监测评价能力与草原治理恢复能力现代化相适应，监测评价总体水平达到国际领先行列。

（三）布局原则

草原监测评价体系建设以了解、掌握草原生态系统状况及其变化、演变趋势，为草原保护修复和合理利用提供科学依据为目的，需遵循以下原则。

1. 统筹规划，科学布局

面向草原绿色低碳发展的目标，从整体和全局高度谋划草原生态监测评价体系建设，加强制度、网络、技术、装备、队伍等各方面的统筹兼顾，制定统一规划，科学布点，规范和创新监测评价工作，强化监测评价系统平台建设。

2. 突出重点，分步实施

瞄准重点区域、前沿领域和关键问题，前瞻布局，优先在重点牧区、典型草原区和生态脆弱区及灾害频发区域，加快草原监测评价体系建设。同时，以点带面、逐步推广，逐步将建设范围扩大到全国范围。

3. 科技引领，创新驱动

紧跟国际监测评价技术发展前沿，完善有利于监测评价技术创新的制度环境，推动科研院所和企业等创新主体的协同创新与联合攻关，大力推进新技术新方法在监测评价领域的应用，加快成果转化水平和效率，提高监测装备国产化水平。

4. 量化评价，高效实用

监测评价指标与信息需求具有明确的对应关系，通过使用系统的、规范的方法（包括模型）对草原状况作出量化综合评价，满足对全国及不同区域的草原监测评价需求。同时，监测评价方法具有较强的可操作性，利于实用。

（四）区域战略布局

根据中国草原最新分区成果，将中国草原划分为内蒙古高原草原区、东北华北平原山地丘陵草原区、青藏高原草原区、西北山地盆地草原区、南方山地丘陵草原区等 5 个一级分区进行战略布局。

1. 内蒙古高原草原区

坚持生态优先、绿色发展的基本原则，在内蒙古高原草原区全面开展草原基况、年度状况、生态变化和应急等监测评价，落实草原所有属性到小班和草班，全面摸清草原资源、生态状况和动态变化，服务草原高效监管。针对该区域防风固沙、土壤保持、草畜产品提供的主体生态功能，侧重加强防风固沙、水土流失、草产业等方面的指标权重，以准确反映草原的状况及变化。增加草原长期定位观测站、固定监测点、标准样地的数量，构建空天地一体化的监测网络；在锡林郭勒、呼伦贝尔等有代表性的重点区域开展定位观测和机理解析。增加无人机、高精度定位等设备，通过培训和实践提升监测人员队伍的水平，完善草原监测评价相关的制度建设。针对该区域草原雪灾、旱灾、火灾、虫灾、毒杂草等灾害，加强技术攻关，建立灾害预警机制。

2. 西北山地盆地草原区

在西北山地盆地草原区全面开展草原基况、年度状况、生态变化和应急等监测评价，全面摸清草原资源和草原生态等状况。针对该区域以生物多样性保护、防风固沙和水源涵养为主体的生态功能，重点评价物种多样性、土壤风蚀、水土流失等指标，以期准确反映该区域草原的状况及动态变化。在伊犁、阿勒泰、河西走廊等具有代表性的重点草原区域开展长时序序列动态变化监测和机制研究。形成西北荒漠区为主体的草原监测评价成果数据库，纳入国家草原综合平台；加强空天地网一体化监测设备的扩展和升级，提升监测评价人员的技术水平，提高监测精度。建立风沙灾害、雪灾、火灾、生物灾害等应急响应和预警机制。

3. 青藏高原草原区

青藏高原草原区是我国草原面积最大的区域，而且生态系统非常脆弱，在青藏高原草原区开展生态基况监测评价的基础上，重点开展草原基况、年度状况、生态变化，以及雪旱灾害等应急监测评价，在草原生态系统结构、质量、功能、稳定性等方面为草原监管和政策制定提供科学依据。针对该区域水源涵养、生物多样性保护和土壤保持的主体生态功能，在全国共性指标体系的基础上，突出该区域水资源、水土流失、生物多样性等方面的作用，形成适合该区域的监测评价指标体系。在那曲草原、三江源、青海湖、甘南等区域，增加生态系统定位观测站和固定监测点的数量，形成空天地一体化的监测网络；结合大数据、人工智能等技术开展创新研究和机理解析。在重点草原区和无人区适当增加定位观测和远程传输设备，以达到全面监测的目的；同时加强数据质量全程管理；健全草原雪灾、旱灾、火灾、鼠害等灾害的应急监测和预警机制。

4. 东北华北平原山地丘陵草原区

在东北华北平原山地丘陵草原区全面开展草原基况、年度状况、生态变化和应急等监测评价，全面掌握草原资源数量、结构、生态质量、生态健康、生态服务功能、生态资产、草原灾害等情况，为草原监督和精细化管理提供技术支撑。针对该区域水源涵养、土壤保持和防风固沙的主体生态功能，在全国共性指标体系的基础上，重点加强水资源、水土流失等个性指标权重，从而准确反映该区域草原的生态状况及变化。构建空天地一体化的监测网络，增加监测点的数量，研发综合监测评价平台。在松嫩平原、三江平原、华北平原、渭河谷地等有代表性的重点区域开展长期定位观测和机制研究。增加无人机、高精度定位仪、光谱观测仪等设备，加强培训监测评价人员，提升监测评价的精度。针对该区域水土流失、雪灾、旱灾、火灾、生物灾害等内容，加强技术创新，建立灾害应急预警机制。

5. 南方山地丘陵草原区

南方山地丘陵草原区草地生境破碎，地形条件复杂，草群生长茂盛，植被覆盖度较高，具有丰富的动植物物种多样性。在南方山地丘陵草原区开展基况监测评价的基础上，重点关注草原生态状况及其变化，草地水源涵养、土壤保持和生物多样性保护等主体生态功能，以及年度草原产草量、综合植被盖度等指标的监测评价，构建南方山地丘陵草原区监测评价成果数据库，并纳入国家层面草原生态综合监测评价平台；在贵州高原、滇西南、川渝等区域，增设草原生态系统定位观测站、固定监测点和标准化样地；增强技术研发能力，挖掘内在变化机理。同时，增强对石漠化的动态监测评价关键技术攻关，探索火灾、旱灾、生物灾害的应急监测和预警机制。

六、草原监测评价体系战略措施

依据《草原法》中"国家建立草原调查制度"和"国家建立草原生产、生态监测预警系统"的规定，按照《自然资源调查监测体系构建总体方案》的分工和要求，在自然资源统一调查、评价、监测制度的基础上，构建新时代中国草原监测评价体系，包括草原基况监测体系、生态变化监测评价体系、年度动态监测评价体系和专项应急监测评价体系，以适应新时期生态文明建设、自然资源管理、林草融合发展的需要，为国家生态保护和修复，制定草原发展方针政策、规划和顶层设计等提供决策依据。这些目标的实施需要一系列战略措施来保障。

（一）草原基况监测评价体系

1. 完善草原基况监测评价指标体系

在草原基况监测评价方面，由最初将土壤有机质的积累单一因子作为评价指标，发展到考虑多因素的综合评价指标。随着草原基况监测评价工作的深入，将草班、小班落实到山头地块，构建草原基况指标属性数据库；不断加强指标体系关联性研究，突破固有监测内容框架，深入解析生态指标监测与利用因素的关联性，全面构建草原基况监测指标体系和成果数据库，形成与评价指标相配套的评价指标体系，以反映草原现状与原生顶级状态的差异，为草原生态基础信息建设服务。

2. 提升草原基况监测评价的信息化水平

草原监测评价可以归结为定性和定量方法。定性方法是在确定诊断因子时，经验与知识相结合，常用专家咨询法、经验判断法等；对草原实施评价，定量方法是在定性的基础上，对诊断因子进行数量化，再根据诊断因子与评价结果之间的关系评定某一草地资源。定量化是草业科学发展现代化的主要标志之一。随着信息化的快速发展，草原基况监测评价积极引入先进的大数据、人工智能、物联网等技术方法，构建草原产草量、生物量、植被覆盖度等模型，提高反演精度；构建空天地一体化信息获取手段，不断提升监测评价的科技含量和信息化水平。

3. 强化草原基况监测评价体系的支撑保障

草原基况监测评价体系是指导草地保护修复和可持续利用的重要基础。根据草原类型的空间分布，划定不同类型草原原生群落相对完整的参照区域，以参照区域为核心，构建长期草原基况监测站点网络，形成国家（类）、省（亚类、型）、和重点区域（自然保护区、国家公园）的监测网络；利用数字化、信息化技术，实现生态基况监测和评价体系的可视化和动态化管理；提升装备建设水平，提高监测精度。同时，加强人才队伍建设，构建专业性强，技术过硬，覆盖面广的监测评价人员队伍。此外，加强国家政策推动，将草原基况监测站点建设列入草原建设总体规划之中，并使草原基况监测评价成果与草原保护修复成果相衔接，与草原生态保护补助奖励标准相衔接。

（二）草原年度监测评价体系

1. 增加草原固定样地和生态系统监测网络建设

草原固定监测点和长期生态系统定位观测站点建设是提高草原年度监测评价体系精度和时效性的重要保障。按需增加国家级草原标准样地数量、草原固定监测点的数量，开展常规监测和机制研究，扩展重点草原省区监测评价的广度和深度。设置长期生态系统定位观测站，按分区分级区划设置生态系统定位观测站的布局，为草原保护与利用提供数据支持和信息服务，实现不同层级用户对草原生态监测数据的利用需求，满足年度调查监测的国家需求。

2. 构建不同区域草原年度监测统一监测机制

草原监测评价是一项长期而系统的工程，草原产草量、综合植被盖度、灾害监测预警及草畜平衡管理均包含一系列复杂的因素，所以需要建立中长期监测评价机制，加大科技创新能力，有效防控灾害，分析草原生态变化规律，摸清草原资源和草原生态质量等的动态变化过程和机制，确保草原生态系统良性循环；结合草原分区分级分类研究，实现国家、省、市、县各层级草原生态监测的科学性、标准化、规范化，满足全国草原生态年度监测和重点区域综合监测的需求。

3. 加大人才队伍和制度体制建设

草原监测是耗费人力、财力的艰苦性工作，需要大量的资金投入才能有效开展。对于草原年度监测方面，需要建立长期稳定的监测和评价体系，需要有相应机构负责体系的运行和监测工作的实施。据此，草原年度监测体系建设应以长期的战略目标为指导，通过设立专项资金、完善监测评价体系、设立专门岗位、定期开展人员培训等手段，保持长期稳定的经费、人员和政策支持，逐步建立起覆盖全国主要草原、布局科学合理、监测结果科学权威的草原年度监测评价体系。

4. 加强关键技术创新研究

推动我国在草原年度监测方面的基础科学研究，进行关键技术创新研究必不可少。

创新研发国产监测设备，实现实时、动态、连续的信息感知，加强传感器的采集精度和抗干扰能力。建立协调一致的物联网标准、监测硬件的技术标准，优化数据传输方法，在保证数据安全的情况下，实现稳定、高效传输。针对草原年度信息服务系统，加强云计算、大数据技术、多源异构数据融合、海量存储、深度挖掘等数据处理地有效融入。同时，优化草原年度监测系统，加强与草原监管和决策方面的衔接。

（三）草原生态状况监测评价体系

遵循山水林田湖草沙是一个生命共同体的理念，在全面完成全国草原生态基况监测的基础上，按照生态优先、生产生态兼顾的原则，全面摸清我国草原健康、退化、质量、生态功能状况及其动态变化情况，客观评价草原生态现状，为构建全国智慧草原管理信息平台，提高全国草原科学化、信息化和精细化管理水平奠定基础。重点对阶段性时期内草原生态状况和发展变化趋势做出分析判断，对草原健康等级、退化程度、面积、分布、草原生态服务功能及草原生态资产等进行定量定性评价，为草原制定草原保护修复政策、编制规划等提供基础依据。优化草原健康、退化监测评价技术方法，完善关键敏感指标，提升可操作性。草原生态评价每 5 年开展一次，草原基况监测每 10 年开展一次。

1. 完善草原生态状况监测评价指标体系

草原生态系统健康评价或草原生态变化监测是开展草原生态保护工程建设，以及制定草原资源保护和合理利用政策的基础。当前草原健康评价指标体系需要的参数较多，获取难度大，限制了指标体系的实际运用；草原生态变化监测是通过对植被、土壤和水文特性等三个方面研究来探讨生物完整性、土壤稳定性和水文功能，指标零散，难以用统一指标来综合反映草原生态变化程度。而且大部分草原生态变化监测和生态系统健康评价体系以亚系统、多组分为重点，以表观为指标，在系统化和综合性方面比较薄弱。并且当前草原生态健康评价或草原生态变化监测绝大部分都是在区域水平上开展的评价，缺乏国家尺度草原健康评价、生态变化状况监测评价的成熟经验，亟须在充分分析和研究的基础上，建立具有科学性、可行性、系统性、综合性的评价指标体系。

2. 提升草原生态状况监测信息化水平

随着"3S"技术、物联网、大数据等新技术的快速发展，依靠传统的地面观测难以满足区域尺度草原生态状况的快速、定量监测。欧洲及美国、澳大利亚等国家普遍对草原信息化建设和相关数据应用高度重视，建立了相对完善的信息网络，数据库开放共享程度较高，可以为政府部门提供管理决策信息，为科研人员提供科研数据。而我国在草原信息化管理方面工作起步较晚，信息数据获取、数据深度挖掘和分析、数据共享服务能力等方面都有待加强。亟须利用大数据、人工智能、深度学习等技术赋能草原生态状况监测工作，以提升数据的信息获取、分析、应用和共享等信息化水平。

3. 增强草原监测评价的支撑机制

草原生态监测是耗费人力、财力的艰苦性工作，需要大量的资金投入才能有效开展。欧洲及美国、澳大利亚等在草原生态监测方面都建立了长期稳定的资金投入机制，并建立了较为完善的监测体系，有相应机构负责体系的运行和监测工作的实施。然而，当前我国草原生态监测方面的资金投入，尚难以满足草原监测体系建设和长期稳定运行方面的需求，且监测站点人员流动性较大，难以形成稳定可靠的人才队伍。需要从国家、省、市、县等各个层面加强对草原生态的重视，设立专项经费，增加装备和人员投入，完善相关制度建设，全面增强对草原生态监测评价工作的支持力度。

（四）草原应急监测评价体系

1. 健全应急监测能力和反应机制

对应急监测时间认识不足，就无法快速启动快速响应机制，往往会造成重大生态损害或经济损失；一旦缺乏调研就匆忙决策，往往不能从草原应急战略发展全局出发，缺乏统筹安排，措施简单，只能解决部分问题。例如，草原退化且干旱的背景下，草原灾害往往伴生，若对灾害应急事件认识程度不够，容易蔓延成灾。草原应急监测队伍不健全，职责不明确，一旦有灾，缺乏迅速、有效的反应机制，往往会错过最佳救灾时期，使损失加大；草原灾害和灾难事故的报警渠道不清，信息阻塞迟缓，延缓灾后救助的最佳时机。鉴于应急事件的突发性、破坏性等特点，应设立统一权威的应急处置指挥协调机构，健全应急事件反应机制，提升应急事件的处理能力和执行效率，最大限度地减少灾害损失。

2. 加强草原防灾减灾基础设施建设

虽然国家及地方对草原应急监测进行了一定程度的投入，但从目前来看，投入不能完全满足草原应急监测事业发展的需求。同时，由于机制不尽合理、重复建设等多种原因，草原应急监测经费投入没有产生应有的整体效益，一定程度上影响了基础设施的建设和发展。基础设施差，对突发性、暴发性灾害应急反应能力有限。主要表现为设防标准低、配套差，不成体系；工程数量少、质量差，形不成达标的抗灾能力；工程技术标准落后，难以达到预期的应急监测效果。亟须加强基础设施建设，提升应急监测的能力和救灾效果。

3. 提升草原应急监测预警预报水平

草原生物灾害突发性、危害性的问题越来越突出，预测预报是关键，只有准确的监测，才能为国家和有关部门提供正确决策的依据。现代草原应急监测预警预报体系应是快速、高效和科学的体系，要充分利用先进的通信、遥感、地理信息、生物技术等高新技术来构建我国应急监测预警预报体系，才能对灾害进行准确快速的预警预报、应急监测和救灾响应，进而采取有效的应急措施。应急监测预警预报工作是涉及自然科学、社会科学等多学科、多领域的科学技术，因此，有必要针对地面物联、无人机和遥感等监测预警装备及软件存在的问题或缺陷进行改进和研发，通过稳定而持续的项目经费支持，加大预警预报研究关键技术创新和高新技术的应用，增强科技成果的转化能力，稳定人员队伍，才能有效提升应急监测预警预报体系的建设水平。

专题 6

草原可持续发展保障战略

■ 专题负责人：林克剑　董全民　李　平　苏德荣

■ 主要编写人员：陈梅梅　钱政成　王　强　张春平

　　　　　　　　李广泳　贺　晶

一、草原可持续发展保障体系的概念与内涵

草原可持续发展保障体系对保障我国草原生态安全、维护边疆稳定、建设美丽中国具有重要战略意义，建立和完善草原可持续发展保障体系，是实现草原可持续发展的重要前提和基本要求。草原可持续保障体系包括政策法规保障体系、资金保障体系、科技教育保障体系、草原监督管理保障体系等方面。

草原可持续发展的政策法规保障体系是指中华人民共和国现行有效的及与草原可持续发展相关的法律、司法解释、行政法规、地方法规、地方规章、部门规章及其他规范性文件以及对这些法律法规的修改和补充。法律有广义、狭义两种理解。广义上讲，法律法规泛指一切规范性文件；狭义上讲，法律是指全国人大及其常委会制定的规范性文件，法规是指行政法规、地方性法规、民族自治法规及经济特区法规等。法律法规保障体系是指由法律、司法解释、行政法规、地方性法规、部门规章和地方性规章等组成的一系列规范性文件的总称。法律法规保障体系对人类社会的一切活动都有重大的指引、评价、预测、教育、强制的规范作用，特别是对于宏观性的产业发展具有巨大的宏观调控作用。建立健全草原生态可持续法律法规保障体系，是生态文明建设的需要，是依法治草的需要，是实现草原可持续发展的重要保障。

草原可持续发展资金保障是指依据国家法律、法规和政策的规定，为满足草原可持续发展的需要，通过各种渠道、采取各种形式筹集到的用于社会保障各项用途的专项资金。资金保障体系是指通过财政方式、市场方式和社会方式等进行稳定资金来源的保障体系。建立草原保护建设资金保障体系是国家生态文明建设的重要保障，草原可持续发展的前提。因此在草原保护建设中，必须建立中央、地方政府、金融机构、社会资本等多主体、多渠道、多元规范可持续的资金保障体系。

草原生态科技教育保障体系就是要以最新草原生态科学理念和现代科学技术来改造提升现有草原生态专业，从而实现草原生态学科建设和升级，使其能够紧扣乡村振兴战略和生态文明建设的内核，培育更强有力的人才保障体系。在新发展阶段，如何完善草原生态科技体系，培育完善教育保障体系，建设草原生态科技人才队伍，有效挖掘草原生态科技行业人力资源潜力，推动草原生态事业高质量发展，是关系草原生态未来发展的关键问题。我国草原生态学科定位于服务国家生态文明建设和生态保护、保障食物安全和生态安全，已经建立了比较完整的学科科技教育保障体系。

草原监督管理保障体系是指为保障草原各项规章和制度有效完成和正常运作而建立的监督管理制度，包括草原保障监督机构和监控机制。建立和健全草原监督管理保障体系，在维护草原生态平衡，保障草原生态安全、推动草原资源的合理利用、促进生态系统的稳定和持续发展及推动草原地区乡村振兴方面发挥着重要的作用。

二、草原可持续发展保障体系建设的发展过程

自新中国成立以来，党中央、国务院高度重视草原生态可持续发展，尤其是近年来，我国采取了一系列重大政策措施，极大地调动了社会各界参与草原生态可持续发展的积极性。在政策法规保障体系、资金保障体系、科技教育保障体系、草原监督管理保障体系等方面也经历了前所未有的发展过程，草原生态保护逐步规范，草原生态建设明显加强，草原地区社会经济稳步发展。

（一）政策法规保障体系

1. 起步阶段（1985 年之前）

新中国成立后，最早开展草原法律法规保障体系建设的是内蒙古自治区。1963 年 5 月 11 日，内蒙古自治区人民政府首次发布《内蒙古自治区草原管理条例（试行草案）》，对当时草原管理方面的一些重要问题作了法律规定，该条例后经多次修改完善，1984 年 6 月 7 日，内蒙古自治区人民代表大会第二次会议通过《内蒙古自治区草原管理条例》，1985 年 1 月 1 日起施行。除内蒙古自治区外，其他一些省份也进行了诸多法制减建设，出台了地方性草原管理法规、规章。例如，1983 年 9 月 12 日，宁夏回族自治区颁布了《宁夏回族自治区草原管理试行条例》；1984 年 8 月 27 日，黑龙江省颁布了《黑龙江省草原管理条例》；1984 年 11 月 2 日，新疆维吾尔自治区颁布了《新疆维吾尔自治区草原管理暂行条例》。

2. 发展阶段（1985—2001 年）

1985 年 6 月 18 日，第六届全国人民代表大会常务委员会第十一次会议通过了我国第一部《草原法》，《草原法》是我国草原管理的根本大法，是草原保护修复利用的总章程，标志着我国草原工作进入法治化轨道。1993 年 10 月 5 日，国务院颁布了《草原防火条例》，加强草原防火工作，积极预防和扑救草原火灾，保障人民生命财产安全，保护草地资源。2001 年 10 月 16 日，农业部出台了《甘草和麻黄草采集管理办法》，加强对甘草和麻黄草资源的管理，保护草原生态环境。《草原法》颁布施行后，全国部分省份相继制定或者修订出台了《草原法》实施细则或者草原管理条例等地方性法规、规章。

3. 完善阶段（2002 年至今）

2002 年 12 月 28 日，第九届全国人民代表大会常务委员会第三十一次会议审议通过了新修订的《草原法》，于 2003 年 3 月 1 日起施行。新修订的《草原法》总结了 1985 年《草原法》颁布实施 16 年来的实践经验，并根据新形势下生态建设和畜牧业发展的需要，进一步健全和完善了对草原保护、建设和合理利用等方面的法律制度，加大了对违法行为的处罚力度。新修订的《草原法》颁布实施后，农业部和各省份积极推进草原

法配套法规规章的制定或修订工作，进一步推进了草原法律法规体系的不断完善。党的十八大以来，以习近平同志为核心的党中央进一步把坚持全面依法治国上升为新时代坚持和发展中国特色社会主义的基本方略之一。面对实践中遇到的困难和问题，应围绕草原可持续发展中遇到的重点难点问题，以习近平生态文明思想为指导，加强草原依法管理，加快推进草原生产保护可持续发展法律法规系建设。

（二）资金保障体系

1. 萌芽阶段（1949—1978 年）

改革开放之前，国家对草原生态环境的保护属于早期的探索期、开创期，呈现出投资额度小、不稳定的特征。这一时期以国家投资为主，农牧民投资非常有限。1949年新中国成立后，国家已经开始对草原进行投资，但当时投资规模很小。据统计，1949—1996 年国家对 12 个省份的草原累计投资 46 亿多元，平均每年对每亩草原投资仅 3~4 分钱。

2. 探索阶段（1979—2000 年）

1978 年改革开放后，国家逐渐意识到草原生态保护和建设的重要性，进入了探索草原保护建设的阶段。国家投资幅度增加，实施草原保护建设项目如虫灾补助、飞播牧草等，投资力度具有较大提升。草原所有权和使用权逐步落实，农牧民投资主体地位基本确立，农牧民自家的投入逐渐增加。国家据统计，1978—1994 年中央财政对草原基本建设投资平均每年不到 2000 万元，其间的 1982 年仅有 160 万元。1995 年启动牧区开发示范工程项目，投资增加到 7000 多万元。截至 1999 年，国家投入资金近百亿元，取得了良好的生态、经济和社会效益。农牧民以草定畜、科学养畜的意识得到增强。

3. 增长阶段（2000—2010 年）

21 世纪以来，国家对草原保护建设的投入力度逐步加大，投入的资金呈现出快速增长的特征。随着西部开发和生态建设工程的实施，国家和自治区以生态建设和家畜疫病防治为重点进行大规模投资，同时开展多渠道融资发展草业。期间先后实施了牧草、牲畜种子工程、草原围栏、退牧还草、风沙源治理、动物保健、草原防火、育草基金等建设项目。实现了草原生态开始好转，畜牧业持续稳定发展。在资金投入方面，随着 1998 年国家增发国债后，开始利用国债资金加大草原投资，据农业部统计，2000—2005 年草原投资总金额为 98.64 亿元，其中国债项目投资金额为 96.81 亿元，约占到 98%（表 7-1）。期间草原国债项目资金投入占同期农业国债投资的 1/3 以上，大幅度提高了草原建设的基建投资力度，对草原生态环境保护发挥了重大作用。2006—2010 年，中央财政对草原投入资金约 170 亿，这一时期的资金利用仍以工程建设为主，新增加了游牧民定居工程、石漠化综合治理试点工程、西藏生态安全屏障保护与建设工程等，工程建设资金约占到了 93%。

表 7-1　2000—2005 年草原国债项目投资情况（亿元）

项目名称	2000 年	2001 年	2002 年	2003 年	2004 年	2005 年	合计
天然草原植被恢复与建设	2.00	4.00	4.00	3.00			13.00
种子基地	4.00	2.00	1.00	2.00			9.00
草原围栏			3.00				3.00
退牧还草				12.51	11.19	18.81	42.51
无鼠害示范区	0.10	0.30	0.30	0.30	0.30	0.30	1.60
虫灾补助	0.00	0.16	0.24	0.50	0.40	0.45	1.75
草原防火基建（含防火物资库等）	0.44	0.40	0.44	0.44	0.54	0.24	2.50
京津风沙源治理	2.23	2.45	4.63	4.86	5.15	4.14	23.46
合计	8.77	9.31	13.61	23.61	17.60	23.93	96.81

4. 成熟阶段（2011 年至今）

随着国家对生态文明建设的重视和要求，再加上草原生态环境面临的一系列危机，国家对草原生态环境保护已经进入成熟期，国家对草原保护建设的投入力度大于以往所有的阶段，资金投入已经趋于稳定的特征，这一时期是草原投入的黄金期。期间大力实施退牧还草、京津风沙源治理、生态移民搬迁、草原防火防灾、草原监测预警、石漠化治理、草种基地建设等一系列草原生态建设工程，2018 年各类建设总投入接近 300 亿元。据不完全统计，2000—2020 年，中央财政累计投入资金约 2400 亿元开展草原保护修复，尤其是 2011 年草原生态保护补助奖励政策实施以来，我国草原生态投资力度空前加大。2010—2020 年，国家在草原生态建设上的投资达 2000 亿元。以上资金投入有力促进了草原生态恢复，推动了草原保护制度落实，加快了草牧业生产方式转变，增加了农牧民收入。

（三）科技教育保障体系

1. 萌芽阶段（20 世纪 30 年代至 1949 年）

我国现代草业科技教育是从 20 世纪 30 年代开始的，这一阶段主要在高等学技开设了牧草学、草原学和饲料生产学等单一课程。中国最早开设牧草学的是棉花学家孙逢吉教授，他在 20 世纪 30 年代末于浙江大学开设了牧草学，并在《植作学》一书附有牧草章节。此后，王栋教授、贾慎修教授、蒋彦士教授和孙醒东教授分别在各自所在的大学开设了牧草学相关课程。在开设牧草学课程的同时，我国也开始了牧草学或草原学的研究。例如，植物学家李继侗于 1930 年发表了《植物与气候的组合》，阐述了我国森林、草原、荒漠之分布；生态学家侯学煜、曲仲湘、朱彦丞等都对我国的草原植被进行了多方面的研究。刘慎愕（1930—1932 年）在疆天山、昆仑山地区和西藏阿克塞钦地区以及内蒙古西部，进行植物采集及调查，并于 1934 年发表《中国北部及西北部植物地理概论》；土壤学家马溶之于 1943—1944 年考察了新疆天山南北麓、东疆及伊犁地区的草原土壤。同期，吴青年在东北地区开始牧草引种栽培试验，叶培忠在西北地区进行了牧草引种试验。经过早期这些科学家的努力，初步查清了我国草原植物的种属，对草原与荒漠等草原植被及其自然条件的性质有了初步认识，开始了牧草、草原的教育工作，这些都标志着现代意义上的草业科技教育在我国正式开启。

2. 兴起阶段（1949—1978 年）

新中国成立初期，国民经济处于恢复时期，草原的开发规划和草原畜牧业生产受到政府的重视，拉开了全面认识我国草原资源的序幕。从 20 世纪 50 年代中后期开始，各地政府和农牧部门组织了草原资源调查，对当时重点牧场的总体规划、单原建设方向、草原勘测与设计、重点牧区的草原畜牧业生产发挥了关键性指导作用。内蒙古自治区畜牧厅草原管理局组建了草原队，于 1956—1959 年对内蒙古自治区的草原开展了首次大规模调查。1955—1958 年新疆畜牧厅组建了草原调查队，先后对阿尔泰山、天山、帕米尔高原、昆仑山地区草原自然条件、草原类型进行了调查并进行了产草量测定，按季节牧场进行了牲畜配置规划。1956—1967 年青海省畜牧厅组建草原队，对青海省的草原资源进行全面普查，陆续编写了以县为单位的草原调查报告，并编制了青海省天然草场类型图和青海省季节草场利用现状图。20 世纪 50 年代后半期，甘肃省畜牧厅组建了甘肃省草原调查队，对甘肃省甘南草原和祁连山的草原进行有重点的调查，1959 年编写出版了《甘肃省草原概况》《甘肃省各专州各类型草原生产力估草表》，为国营畜牧场、种畜场的规划建设和草原畜牧业生产起了重要支撑作用。20 世纪 50 年代中后期，大规模的自然资源综合考察随国民经济发展需求而蓬勃发展，中国科学院与有关单位组织了一系列大规模的自然资源综合科学考察队，其中以草原资源或草原植被调查为主的 13 个考察队基本上查清了我国北方和西部牧区的天然草原资源，为我国草原畜牧业生产建设与规划提供了可靠的科学依据，同时也为合理利用草原、防止水土流失、建立绿色屏障提供了决策依据。

20 世纪 50~60 年代，我国草原科学家在草原调查的基础上，借鉴国外草原分类学理论，提出了我国的草原分类体系。1964 年贾慎修提出植物-生境学分类法和类、组、型三级分类原则，并将中国草原划分为 18 类。1965 年任继周提出了中国草原类型第一级分类的气候指标。20 世纪 60 年代以后进行的草原资源调查，在学术上丰富了从苏联吸收来的草原类型学，使之更趋完善，更适合于我国国情。以等级评价、生产力评价、营养评价、利用评价、立地条件评价为中心的草原资源评价理论和方法初步形成，草原资源调查方法更趋完善和系统。同时，提出了草原季节性畜牧业，建立我国草原自然保护区等学术见解。

20 世纪 50 年代，任继周在我国首次提出了划破草皮、改良高山草原的理论，通过试验，使改良的草原生产力提高 2.5 倍，并研制出第一代草原划破机——燕尾犁，进而发展为划破草皮机。任继周还最早将西方和苏联的划区轮牧先进理论和方法全面引进我国，并在试验和实践的基础上，提出了具有我国特色的高山草原整套划区轮牧实施方案。针对我国不同草原类型，提出了划区轮牧的周期与频率、轮牧分区及其布局、划区轮牧规划、牧场轮换和轮牧分区障隔的设立等，为在我国实行划区轮牧提供了技术准备。

20世纪60年代开始，东北师范大学祝廷成教授带领的学术集体从植被、群落等角度开展了系统的羊草草原生态学的研究，对我国特有的羊草草原开始了全面研究，从基础理论、应用研究以及改良利用技术等为草原科学提供了指导。1964年中国农业科学院草原研究所成立，成为全国唯一的研究草原资源与生态、草原生产等方面的国家级科研机构。20世纪70年代我国在草原生态学、放牧生态学理论和技术研究方面取得了丰硕成果。任继周在甘肃天祝高山草原开展的藏系绵羊、牦牛的划区轮牧和放牧习性的研究成果是我国在放牧生态学领域最早的研究成果。任继周针对载畜量单位在评定草原生产力中存在的缺陷，提出了畜产品单位的概念。1973年，贾慎修开始在湖南南山牧场建立了中国南方第一个草山草坡改良试验研究站，全面开展了南方草地利用技术的研究，并与新西兰、澳大利亚合作开发我国水热条件优异的南方草地，开创了我国亚热带草地农业研究的先河，其理论与技术为我国南方草地农业的研究奠定了基石。

在加强科学研究的同时，国家也十分重视草原教育工作，1958年春内蒙古畜牧兽医学院(现内蒙古农业大学)在畜牧系内创立了我国第一个草原本科专业。其后，甘肃农业大学、新疆八一农学院(新疆农业大学)、四川农业大学等先后在畜牧系设立了草原本科专业，1972年甘肃农业大学成立了全国第一个草原系，加大了草原专业高级人才的培养力度。同时，为适应开展大规模草原建设和草原调查的需要，在全国范围内举办些草原科技培训班，原农业部1957年举办了全国草原讲习班，邀请李继侗等专家讲学；1958年举办了全国草原训练班，邀请苏联草原学家伊万诺夫等专家讲学。这些培训活动为我国培养了一批国家急需的草原调查、草原建设与管理技术人才，成为我国草原资源建设与管理的中坚力量。

3. 发展阶段(1978—1998年)

1976年以后，各高校均恢复了草业科学本科专业招生。1978年我国恢复研究生招生，1981年正式建立学位制度，甘肃农业大学、东北师范大学、内蒙古农牧学院(现内蒙古农业大学)、北京农业大学(现中国农业大学)等院校建立首批草原科学和草原生态学硕士学位授权点，1984年甘肃农业大学建立了草原科学博士学位授权点，1987年东北师范大学建立了草地生态学博士学位授权点。1987年农业部成立了教材指导类员会，加大了草原科学本科教材建设的力度，连续制定了"七五""八五""九五"教材建设规划，重新组织编写了专业配套教材，经过20多年发展，形成了我国草原科学本专科、硕士、博士教育的基本格局。

在科技支撑方面，部分省份相继成立了草原科学研究的专门机构，增强了草业科学研究的技术和人才力量。1981年，甘肃草原生态研究所成立。其后，新疆、四川、青海等省份以及东北师范大学、中国农业大学、中国农业科学院畜牧兽医研究所等陆续成立草原方面的研究所。同时，中国科学院植物研究所、西北高原生物研究所、沈阳应用生态研究所、新疆生物土壤沙漠研究所等单位先后建立了植物生态学研究室或研究组，分出专人从事草原生态研究，国家自然资源综合考察委员会也设立专门研究室，从事草原资源研究。1979年，中国科学院分别在内蒙古和青海建立了典型草原和高寒草原两个草原生态系统定位研究试验站。各省及相关市、县成立了草原站，成为我国草原建设管理和技术推广工作的主体，同时和草业科研教学部门配合，成为我国草业研究、特别是区域性研究的重要力量，与快速发展的高等院校的草原教育研究队伍相结合，形成了我国草原科学研究和技术推广体系相结合的基本格局。

在科学调查研究方面，1979年在农牧渔业部畜牧局的统一领导下，以省为单位开始了全国范围的草原资源统一调查，调查中采用了遥感等先进技术，绘制了全国草地资源分布图，并编写了专著《中国草地资源》以及各省份的草地资源专著。在草原资源调查和草原自然保护区规划建设过程中，1979年确定采用贾慎修教授等提出的植物-生境分类法开展全国草原资源的统一调查，其后许多草原学家亦提出了各自关于中国草原类型的分类原则、标准和高级分类单位，推动了我国草原类型学的发展。同时，通过大量实地调查，丰富了对南方草地类型的认识，取得了一批草地类型分类的重要成果，首次在我国亚热带中山地带划分出暖性草丛和暖性灌草丛类型。这个时期建立了许多生态系统的长期定位研究站，开展各类型草原生态系统的定位研究，如内蒙古锡林郭勒草原生态定位站(典型草原)、甘肃草原生态研究所黄土高原草地农业生态系统定位站、东北师范大学松嫩平原生态定位站以及中国科学院西北高原所高寒草甸生态系统定位站等，从能量流动、物质循环等角度进行了系统研究，研究成果提升了我国草原生态研究水平。草原管理方面开展了季节性畜牧业和划区轮牧的研究，大量成果已应用于生产，如新疆阿勒泰肥臀羊、内蒙古乌珠穆沁羊当年公羔育肥出栏技术、贵州灼圃示范牧场划区轮牧制度等。

20世纪70年代末开展了退化草原改良和人工草地建植管理技术研究，全国畜牧、草原科研管理部门与民航系统合作，开展了飞播牧草的系统研究，有20项获部省级科技进步奖。例如，豆科牧草根瘤菌选育、生产、应用、推广，内蒙古腾格里沙漠东缘飞播旱生牧草沙拐枣，新疆荒漠草原顶凌飞播伏地肤，黄土高原和海拔3000m的青藏高原飞播沙打旺，东北碱斑草原飞播星星草，中南部亚热带高山区和云贵高原飞播三叶草、黑麦草，海南热带草地飞播柱花草等研究，在科学技术上均有重大突破。在大面积飞播牧草技术研究基础上，研究建立起了飞播牧草技术管理体系，掌握了在不同草原类型区组织飞播牧草和开展播区管护利用的基本规律，形成了比较完整的技术管理体系，对我国退化草原植被的恢复与重建起了重要作用。与此同时，还产生了一大批应用于实践的草原改良成果，包括浅耕翻、翻耙压、叶面施肥、化学除莠、微量元素改土、青藏高原改良黑土滩、引水灌溉、喷灌和滴灌、生物改造盐碱滩、生物围栏等技术。同期，还与国外合作，建立了一批技术试验示范牧场，如湖南省城步南山高山示范草场、贵州威宁的灼圃高原示范草场、湖北宜昌和钟山亚热带山区示范草场等。

在理论研究方面，1984 年我国科学家钱学森把现代系统工程学的理论和方法运用于草地资源综合开发，首次提出了知识密集型草业的理论，即以草地和牧草为基础，通过家畜、生物、化工、机械等一切可以利用的现代科技手段，建立高度综合的、能量循环的、多层次高效益的生产系统。其后，在任继周等草业科学家的研究发展下，这一理论得到中国科学界的肯定和采纳。任继周先生提出了草原生产的层次与界面理论，许鹏先生提出了草原生产的置换理论，这些理论为草业产业化发展奠定了理论基础，把中国草业科学发展推进到了新的高度，对我国草原资源的优化开发、草原畜牧业的现代化和草原科研事业的发展具有深远的作用。这一时期，相继成立了中国草原学会和 10 多个省级草原学会，开展了一系列学术活动，创建了《中国草地》《牧草与草原》《草业科学》《四川草原》《草地学报》《草业学报》等专业杂志，全面推动了草业管理科技教育事业的发展。

4. 提升阶段(1998 年至今)

随着我国草业的迅速发展，高等教育体制改革和扩大招生，特别是西部大开发战略计划的实施和大规模的生态环境建设的进行，草业高等教育得到了迅猛的发展。1998 年，教育部调整全国本科专业目录，本科的草原科学专业改称为草业科学专业，并由二级学科提升为一级学科，本、专科专业设置和招生规模增长迅猛，此后 20 多年，我国草业科学本科教育飞速发展，2002 年本科专业由 1998 年的 7 个增加到 15 个，2008 年达 30 个，2020 年达 32 个，几乎遍布全国东西南北各省份。20 世纪 90 年代新疆农业大学和中国农业科学院陆续建立草业科学博士学位授权点，增加了一批草业硕士、博士学位授权和挂靠点。2011 年，研究生学科升格为农学学科门类的草学一级学科，下设有草原学、牧草学、草坪学、草地保护学、草业经营学等 5 个二级学科。2011 年，草学一级学科获得批准，研究生按照草学一级学科独立招生；截至 2022 年，全国高校和研究所共有一级学科博士点 17 个、硕士点 30 个。2017 年和 2021 年，兰州大学、中国农业大学草学科学入选国家"一流"学科建设。甘肃农业大学、南京农业大学、新疆农业大学、内蒙古农业大学、四川农业大学等高校先后改系建院，成立了草业学院，兰州大学在原甘肃草原生态研究所的基础上，2002 成立了草地农业科技学院。截至 2024 年 1 月，全国有 16 所高校成立了涉草的独立二级学院(表 7-2)。此外，依托中国农业科学院草原研究所、内蒙古自治区人民政府和中国农业科学院合作共建了内蒙古草业与草原研究院。我国草业教育体系适应时代发展的需求，进一步完善提高，成为世界上草业科学专业数量最多、培养层次最完整的国家之一。

表 7-2　中国高校成立的 16 个草学相关学院

序号	成立机构名称	成立时间
1	甘肃农业大学草业学院	1992 年
2	兰州大学草地农业科技学院	2002 年 4 月
3	新疆农业大学草业与环境科学学院	2007 年 11 月
4	南京农业大学草业学院	2012 年 10 月
5	内蒙古农业大学草原与资源环境学院	2016 年 6 月
6	西北农林科技大学草业与草原学院	2018 年 11 月
7	北京林业大学草业与草原学院	2018 年 11 月
8	中国农业大学草业科学与技术学院	2018 年 12 月
9	青岛农业大学草业学院	2019 年 5 月
10	山西农业大学草业学院	2020 年 10 月
11	四川农业大学草业科技学院	2021 年 1 月
12	吉林农业大学林学与草原学院	2021 年 7 月
13	宁夏大学林业与草原学院	2023 年 3 月
14	南京林业大学林草学院	2023 年 9 月
15	西南民族大学草地资源学院	2023 年 10 月
16	内蒙古民族大学草业学院	2024 年 1 月

　　自 20 世纪 90 年代以来，我国陆续在东北师范大学、甘肃农业大学、中国农业科学院草原研究所、兰州大学建成了 1 个国家和 10 余个省部级草业重点实验室。兰州大学、中国农业大学、东北师范大学、中国科学院地理与资源科学研究所、中国科学院青藏高原研究所、中国科学院西北高原生物研究所、中国农业科学院区划研究所等单位建立了 11 个国家级草学野外科学观测研究站。20 世纪 90 年代后期，随着我国草业产业化的兴起和快建发展，草业企业迅速发展。目前，已有草业企业 200 余个，涉及生态、草坪、种子、机械、草产品加工等草业各个领域，成为我国草业技术、品种、机械引进推广、草产品生产加工的重要力量，部分企业亦参与了国家草原生产建设工程项目，并成立了相应的草业研发机构，进一步完善和提高了我国草业科学研究与技术推广体系。从"七五"科技攻关项目开始，陆续开展了北方农牧交错带和南方草地畜牧业研究，形成了亚热带草地的划区轮牧技术、放牧奶牛的补饲技术、亚热带退化人工草地的植被恢复与重建技术等牧草种子生产及产业化技术等一批有影响力的研究成果。与此同时，中国农业大学、甘肃草地生态研究所等单位开始了牧草种子生产技术的系统研究，研发了苜蓿机械化种植、管护、牧割技术，苜蓿草捆、草粉、叶蛋白提取、深加工等产业化技术及机械设备等。草业信息技术开发研究也得到了快速发展，中国农科院草原研究所、兰州大学等单位利用"3S"技术进行草原资源及草原灾害的动态监测研究，建立起了草原资源退化监测体系与规范、草原火灾监测、草原建设重大工程监测、全国草原资源的遥感快查、草畜平衡监测技术等，极大地推动了草原生态监测评价研究

工作。草原可持续放牧管理技术研究也得到了快速发展，中国农业大学、内蒙古农业大学、甘肃农业大学、东北师范大学、兰州大学、中国科学院植物研究所、青海大学等高校和研究单位陆续开始了草原放牧管理方面的研究工作，并取得了一系列创新型科研成果，许多研究成果已应用到草原管理实践工作中。

党的十八大以来，草业科技教育事业得到了空前发展，国家加大了草学科研投入，2016—2020年，在国家重点研发计划项目、国家基金委重大和重点项目、国家公益性行业目等方面投资4亿多，重点开展了草地生态、草地管理与利用、草地恢复与改良、牧草种质资源收集与评价、牧草育种、牧草加工利用、草地保护、草坪管理以及草业经营等方面的研究（表7-3）。2016—2020年，中国科学院西北高原生物研究所、四川省草原科学院研究院、中国农业大学等单位获得草学类国家科技进步二等3项，中国农业大学、兰州大学、中国农业科学院等单位获得草学类省部级一等奖8项（表7-4）。这些科研成果全面支撑了草原生态保护修复与草业绿色发展的需求。

表 7-3　2016—2020 草学学科重大科研项目

项目类别	项目数量	经费(万元)
"973"项目	2	5619
国家重点研发计划	7	18569
国家自然科学基金重大项目	1	1490
国家自然科学基金重点项目、重大项目课题	9	2604
国家自然科学基金国际合作项目	3	519
中美 Dimensions 合作研究项目	1	300
公益性行业(农业)科研专项子课题	1	1569
国家公益性行业项目	2	2663
农业部公益行业(农业)科研专项	1	1600
科技部基础数据专项	1	1250
国家科技部基础资源调查工作专项	1	2195
国家自然科学基金区域创新发展联合基金	1	249
国家自然科学基金联合基金重点项目	4	1040
合计	34	4.0 亿元

表 7-4　2016—2020 草学学科重要成果获奖

序号	成果类型	完成单位
1	国家科技进步二等奖	中国科学院西北高原生物研究所
2	国家科技进步二等奖	四川省草原科学研究院
3	国家科技进步二等奖	中国农业大学
4	教育部科学技术进步一等奖	北京师范大学、甘肃农业大学
5	神农中华农业科技一等奖	中国农业大学

（续）

序号	成果类型	完成单位
6	内蒙古自治区科技进步一等奖	中国农业科学院
7	青海省科技进步一等奖	青海大学
8	内蒙古科技进步一等奖	内蒙古草都草牧业股份有限公司
9	甘肃省科技进步一等奖	兰州大学
10	内蒙古科技进步一等奖	内蒙古农业大学
11	内蒙古科技进步一等奖	内蒙古自治区草原工作站

（四）草原监督管理保障体系

为加强草原监督管理工作，2003年4月，农业部根据修订后的《草原法》要求设立草原监督管理机构的明确规定，正式批准成立了农业部草原监理中心，中心为参照公务员法管理的农业部直属正局级事业单位，财政补贴编制40名。内设办公室、执法监督处、保护处、防火处、指导处、监测处、宣传信息处7个职能处室。

草原监理中心的工作职责主要包括：①依法承担全国草原保护的执法工作；负责查处破坏草原的重大案件；负责对地方草原监理工作的指导、协调；负责草原法律、法规的宣传和全国草原监理系统的人员培训。协助有关部门协调和处理跨地区的草原所有权、使用权争议。②组织协调、指导、监督全国草畜平衡工作，拟定草原载畜量标准，组织核定草原载畜量。组织编制全国草原资源与动态监测规划和年度计划，组织、协调、指导全国草原面积、生产能力、生态环境状况及草原保护与建设效益的监测、测报；组织国家级草原资源与生态监测和预警体系的建设、管理工作。③组织编制草原资源与生态监测报告；承担全国草原资源的调查和普查工作。组织协调、指导、监督全国草原防火及其他草原自然灾害预警和防灾、减灾工作，承担农业部草原防火指挥部办公室的日常工作。④承办草原野生植物资源的保护和合理开发利用工作，承办草原自然保护区的管理工作。

国家层面的草原监理中心成立以后，全国草原监理体系建设快速取得了进展。到2011年年底，全国县级以上草原监理机构共有816个，其中国家级1个、省级23个、市级134个、县级658个。现有机构中，单独设置的机构288个，占机构总数的35.3%；实行参照公务员法管理的机构262个，占机构总数的32.1%。23个省级机构中，内蒙古、新疆、青海、甘肃、四川、西藏和黑龙江等7个省份的草原监理机构是单独设置的；内蒙古、新疆、青海、甘肃、四川、西藏、辽宁、吉林、湖北、湖南、广西和贵州等12个省份的草原监理机构实行了参照公务员法管理。全国县级以上草原监理人员共有9518人，其中国家级33人、省级357人、市级1370人、县级7758人。

全国草原监理体系建立以后，不仅从机构、人员上为草原监督管理提供了基础条件，而且监督管理队伍具备良好的专业背景。全国草原监督管理机构中，草原专业人员占

22.3%，法律专业人员占 7.1%，大专以上学历的人员占 70.1%，63.1% 的人员有行政执法证。各省份的情况有所不同，其中内蒙古自治区草原监理机构和人员数量最多，其次是新疆维吾尔自治区第二。为改善草原监理基础设施条件，各级草原监理机构积极争取各级党委政府和有关部门的支持，努力改善草原监理装备条件，增强了履行职责、做好工作的能力。

2018 年 3 月，根据第十三届全国人民代表大会第一次会议批准的国务院机构改革方案，组建了国家林业和草原局。承担草原监督管理的主要部门是草原管理司，其主要职责包括：①起草草原生态保护修复法律法规、部门规章草案，拟订相关政策、规划、标准并组织实施。②负责全国草原行政执法监督工作，协调处置破坏草原重大案件。③指导全国草原生态保护工作，组织实施草原生态补偿工作，负责禁牧和草畜平衡工作，指导草原休牧、轮牧工作，组织开展基本草原划定和保护工作。④负责全国草原生态修复治理工作，组织实施草原生态保护修复工程，组织开展工程项目建设监督检查和效益评估。⑤负责全国草原鼠虫病等生物灾害防治工作，组织开展退化草原治理改良、飞播种草、人工草地建设和种草绿化等工作。⑥监督管理草原的开发利用，组织开展草原功能区划定工作，承担草原征占用审核审批工作。负责草原旅游工作。⑦负责全国草原资源动态监测工作，组织开展草原生态状况、利用状况以及保护建设效益监测与评估。承担草原统计和草原信息化建设相关工作。⑧负责草原改革工作，组织开展草原重大问题调研等。国家林业和草原局的组建，从草原监督管理机制上系统提升和强化了草原的监督管理工作，但是，草原监督管理保障的具体执行实体及其基层保障体系有待进一步建立和加强。

三、草原可持续发展保障体系建设的战略意义

（一）政策法规保障体系

1. 有利于保障草原生态功能发挥

草原是我国面积最大的绿色生态屏障，在防风固沙、保持水土、涵养水源、调节气候、美化环境、净化空气等方面发挥着独特的作用。草原还是众多野生动植物的栖息地，对维护生物多样性也具有重要的作用。政策法规保障体系建设，有利于草原在维护国家生态安全、建设生态文明方面发展重要的制度保障作用。随着《草原法》和最高人民法院《关于审理破坏草原资源刑事案件具体应用法律若干问题的解释》等一系列法律法规的实施，保障了依法严厉打击违法违规开垦、占用等破坏草原林地的违法违规犯罪行动，切实增强了全社会遵守草原生态保护相关法律的自觉性和主动性，努力形成了全社会共同保护草原、共同打击草原违法犯罪行为的新局面。

2. 有利于增加草原地区农牧业收入

草原是重要的畜牧业生产基地，是牧区和半牧区县牧民的主要收入来源。《关于加强草原保护修复的若干意见》提出坚持尊重自然、保护优先，也提出要坚持科学利用、绿色发展。正确处理保护与利用关系，在保护好草原生态的基础上，科学利用草原资源，促进草原地区绿色发展和农牧民增收。通过法律法规保障体系建设，一是促进畜牧业经济发展，牧区发展经济主要依靠草原，农牧民增加收入也主要依靠草原，草原畜牧业是促进农牧民增加的重要途径；二是大力发展草业，在大食物观下，藏富于草，藏粮于草，大力发展草业，是夯实草原地区产业发展根基、建设生态宜居乡村、促进农牧民增收的物质基础；三是加快建设草种业，推进饲草种植业，积极发展草产品加工业，扎实推进草坪产业，实现草原地区绿色低碳高质量发展；四是发展特色产业，草原上拥有非常丰富的动植物资源，是我国食品、医药、纺织等产业的重要原料基地；五是发展休闲产业，针对草原丰富的自然人文资源，大力发展草原旅游、草原文化、康养等休闲产业。

（二）资金保障体系

1. 建立多元规范可持续的资金保障体系是国家生态文明建设的重要保障

为进一步加强草原保护修复，加快推进生态文明建设，2021 年 3 月《国务院办公厅关于加强草原保护修复的若干意见》提出加大政策支持力度，从政策顶层设计的层面提出了建立健全草原保护修复的财政保障机制，是我国草原保护修复制度建设的重要内容。要求地方各级人民政府要把草原保护修复及相关基础设施建设纳入基本建设规划，加大投入力度，完善补助政策。探索开展草原生态价值评估和资产核算。鼓励金融机构创设适合草原特点的金融产品，强化金融支持。鼓励地方探索开展草原政策性保险试点。鼓励社会资本设立草原保护基金，参与草原保护修复。整体思想是加大投入力度，拓宽融资渠道，构建多元化的草原生态保护修复投资机制。

2. 建立多元规范可持续的资金保障体系是草原可持续发展的前提

加强草原保护修复是推进生态文明建设的重要内容，对于促进少数民族地区团结，保持边疆安定和社会稳定，维护生态安全，加快牧区经济发展，提高广大牧民生活水平，都具有重大意义。但目前草原工作中最主要的短板之一就是草原保护修复投入严重不足、草原生态保护建设工程建设标准低，退化草原综合治理等一些十分迫切的建设内容尚缺乏资金支持，治理退化草原亟须的乡土草种繁育缺少必要投入。发展和建设草原需要稳定的资金投入，但我国草原保护修复资金保障存在投入渠道较为单一、资金投入整体不足的问题。因此必须加大投入力度，拓宽融资渠道，构建多元化的草原生态保护修复投资机制。

（三）科技教育保障体系

1. 完善草原科技教育保障体系是高质量发展的重要前提

完善草原科技教育保障体系能够极大地促进草业"提点、扩面、增值"，符合高质量发展新理念"创新、协调、绿色、开放、共享"的要求。草业是农牧区的重要产业，通过种草养畜，实现藏粮于草，对于保障国家粮食安全具有重要意义。通过发展高质量草业，以草原生态科技创新为动力，实现农牧区绿色发展，既能助推现代草业转型升级，支撑现代农牧业转型发展，又能实现城乡协调发展，提高农牧区群众收入；还是草原牧区、贫困边远地区乡村振兴的重要抓手，对于乡村全面振兴中的"产业兴旺、生态宜居、乡风文明、治理有效、生活富裕"具有极大的促进作用；同时，对于草原牧区融入国家新发展格局具有重要意义。

2. 完善草原科技教育保障体系是生态文明建设的重要保障

完善草原科技教育保障体系有利于提高在利用和改造草原生态系统过程中，主动保护草原生态的意识、建立健康有序的草原生态运行机制和良好的草原生态环境。草地是我国面积最大的陆地生态系统和战略资源，其面积是耕地的 3.3 倍、林地的 2.6 倍，其中 84.4% 的草地分布在我国西部。草地不仅是我国草地畜牧业生产基地，养育着多民族群众和丰富的草原文化，也是我国重要的生态屏障与天然集水区，更是长江、黄河、澜沧江等大江大河的发源地。因此，草原生态系统是山水林田湖草沙系统治理的重要方面，其生态保护修复事关国家生态文明建设的战略性、长期性、基础性工作，是一项综合性、长期性的系统性工程，需要草原生态科技教育提供常态化长效性保障体系。同时，草原生态科技教育对于民族地区的区域稳定安全也具有重要意义。

四、草原可持续发展保障体系建设成就与问题

（一）政策法规保障体系

1. 政策法规保障体系建设成就

自 1985 年《草原法》颁布以来，至 2021 年 10 月 1 日，我国草原管理工作已有 1 部法律、1 部司法解释、1 部行政法规、4 部部门规章、13 部地方性法规和 14 部地方性政府规章，草原管理法律法规体系已基本形成（表 7-5）。

表 7-5　我国草原法制法规建设情况

类别	制定机关	名称	施行日期
法律	全国人大及其常委会	中华人民共和国草原法	2003 年 3 月 1 日起

（续）

类别	制定机关	名称	施行日期
司法解释	最高人民法院、最高人民检察院	最高人民法院关于审理破坏草原资源刑事案件应用法律若干问题的解释	2012 年 11 月 22 日起
行政法规	国务院	草原防火条例	2009 年 1 月 1 日起
地方性法规	省(自治区、直辖市)的人民代表大会及其常务委员会	内蒙古自治区草原管理条例	2005 年 1 月 1 日起
		内蒙古自治区基本草原保护条例	2011 年 12 月 1 日起
		内蒙古自治区森林草原防火条例	2016 年 12 月 1 日起
		新疆维吾尔自治区实施《中华人民共和国草原法》办法	2011 年 10 月 1 日起
		西藏自治区实施《中华人民共和国草原法》办法	2007 年 3 月 1 日起
		青海省实施《中华人民共和国草原法》办法	2008 年 1 月 1 日起
		甘肃省草原条例	2007 年 3 月 1 日起
		四川省《中华人民共和国草原法》实施办法	2006 年 1 月 1 日起
		宁夏回族自治区草原管理条例	2006 年 1 月 1 日起
		陕西省实施《中华人民共和国草原法》办法	2014 年 11 月 27 日起
		贵州省实施《中华人民共和国草原法》暂行办法	1986 年 12 月 29 日起
		吉林省草原管理条例	1987 年 4 月 1 日起
		黑龙江省草原条例	2006 年 1 月 1 日起
部门规章	国务院各部、委员会、中国人民银行、审计署和具有行政管理职能的直属机构	甘草和麻黄草采集管理办法	2001 年 9 月 17 日起
		草种管理办法	2006 年 3 月 1 日起
		自然资源统一确权登记暂行办法	2019 年 7 月 11 日起
		林业草原生态保护恢复资金管理办法	2020 年 4 月 24 日起
地方政府规章	省(自治区、直辖市)的人民政府	内蒙古自治区草原管理条例实施细则	2006 年 5 月 1 日起
		内蒙古自治区草原野生植物采集收购管理办法	2009 年 3 月 1 日起
		内蒙古自治区草原植被恢复费征收使用管理办法	2012 年 1 月 20 日起
		内蒙古自治区森林草原防火工作责任追究办法	2015 年 8 月 1 日起
		内蒙古自治区草畜平衡和禁牧休牧条例	2021 年 10 月 1 日起
		内蒙古自治区禁牧和草畜平衡监督管理办法	2021 年 10 月 1 日起
		新疆维吾尔自治区草原禁牧和草畜平衡监督管理办法	2012 年 2 月 2 日起
		西藏自治区冬虫夏草采集管理暂行办法	2006 年 4 月 1 日起
		甘肃省草畜平衡管理办法	2012 年 11 月 1 日起
		甘肃省草原禁牧办法	2013 年 1 月 1 日起
		甘肃省草原防火办法	2010 年 5 月 1 日起
		四川省草原承包办法	2003 年 3 月 1 日起
		吉林省草原使用管理费和草原培育费收取使用管理办法	1998 年 1 月 1 日起
		辽宁省草原管理实施办法	2009 年 5 月 10 日起

（1）《草原法》

1985年6月18日，第六届全国人民代表大会常务委员会第十一次会议通过并颁布了我国第一部草原大法《草原法》，从此我国草原保护建设和执法监督工作开始步入了有法可依的轨道。依法保护草原和加强草原执法监督工作逐步引起各级党委、政府和主管部门的重视，草原执法体系建设步伐明显加快，草原执法工作逐步走上正轨。2002年12月28日，新修订的《草原法》经第九届全国人民代表大会常务委员会第三十一次会议审议通过，并于2003年3月1日起施行。新修订的《草原法》，新增并完善了一系列制度和措施，加大了对草原违法行为的处罚力度，内容更加全面，层次更加清晰，可操作性更强。

党的十八大以来，国家出台了一系列关于生态文明建设的制度法规。为适应生态文明建设的需要，社会各界希望再次修订《草原法》。2015年，党中央、国务院印发了《关于加快推进生态文明建设的意见》和《生态文明体制改革总体方案》，明确将草原法修订列为重要改革保障内容。2018年9月，草原法修改正式列入十三届全国人大常委会立法规划二类项目。2018年，国家林业和草原局组建后，高度重视《草原法》修改工作，审定通过《草原法修改工作方案》。2019年，机构改革后首次全国草原工作会议召开，国家林业和草原局明确将《草原法》修改列为重点工作，《草原法》修改工作进入了快车道。

党的十九大指出，统筹山水林田湖草系统治理，实行最严格的生态环境保护制度。党的十九届四中全会作出了完善生态环境保护法律体系和执法司法制度的重大决定。在2019年和2020年全国两会内蒙古代表团分组审议时，习近平总书记都对草原生态保护工作作出重要指示，体现了中央一以贯之加强草原生态保护修复的坚定决心。《草原法》作为生态文明制度体系的重要组成部分，事关草原保护修复长远发展，涉及亿万农牧民切身利益，是草原治理体系和治理能力现代化的重要保障。

（2）草原生态保护相关的法规

1993年10月5日，国务院发布的《草原防火条例》，对预防和扑救草原火灾，发挥了积极的作用。但随着经济社会的发展，我国草原防火工作面临的形势也发生了一些变化，一是草原作为重要的生态保护屏障和牧民的基本生产资料，其作用日益凸显，对草原防火工作的要求越来越高，需要在总结实践经验的基础上，完善草原火灾预防、扑救和灾后处置等制度；二是为了完善草原防火责任制，需要进一步明确各级人民政府、草原防火主管部门、有关部门及单位在草原防火工作中的责任；三是按照应急管理工作的要求，需要进一步加强草原火灾监测预警、快速反应和综合扑救等方面的制度建设；四是法律责任部分对违法行为的处罚力度偏轻，对一些违法行为没有规定相应的处罚措施，难以有效制裁各种违法行为，需要进一步完善。2008年11月29日，国务院对1993年的《草原防火条例》进行了修订，并于2009年1月1日起施行。新修订《草原防火条例》，进一步明确了草原防火工作实行行政首长负责制，完善了联防制度，加强了草原火灾扑救队伍的建设，落实了草原使用者的草原防火责任，加大了对草原违法行为的处罚力度。为加强草原防火工作，2020年11月23日国务院办公厅发布了《国家森林草原火灾应急预案》建立完善了防治火灾的应急预防机制。

各省份已依据《草原法》《草原防火条例》的有关规定，加快制定和完善地方性法规，一批地方性法规也已陆续出台，如《内蒙古自治区草原管理条例》《内蒙古自治区基本草原保护条例》《内蒙古自治区森林草原防火条例》《甘肃省草原条例》《宁夏回族自治区草原管理条例》《黑龙江省草原条例》等。

（3）与草原生态保护相关的其他相关法律法规

①《中华人民共和国土地管理法》。1986年6月《中华人民共和国土地管理法》（以下简称《土地管理法》）颁布实施，2020年1月新修订的《土地管理法》施行。新修订的《土地管理法》依法保障农村土地征收、集体经营性建设用地入市、宅基地管理制度等改革在全国范围内实行，对促进草原牧区乡村振兴和城乡融合发展具有重大意义。新修订的《土地管理法》第四十条规定："禁止毁坏森林、草原开垦耕地，禁止围湖造田和侵占江河滩地。根据土地利用总体规划，对破坏生态环境开垦、围垦的土地，有计划有步骤地退耕还林、还牧、还湖。"上述规定，为禁止非法开垦草原、促进退耕还草提供了法律支持与保障。

②《中华人民共和国农村土地承包法》。2002年8月《中华人民共和国农村土地承包法》（以下简称《农村土地承包法》）颁布实施，2019年1月新修订的《农村土地承包法》施行。新修订的《农村土地承包法》明确了农村集体土地所有权、土地承包权、土地经营权"三权"分置，明确了农村土地承包关系保持稳定并长久不变，有利于解决实际中的草原纠纷问题。该法第十二条规定："国务院农业农村、林业和草原主管部门分别依照国务院规定的职责负责全国农村土地承包经营及承包经营合同管理的指导。县级以上地方人民政府农业农村、林业和草原等主管部门分别依照各自职责，负责本行政区域内农村土地承包经营及承包经营合同管理。"上述规定，为草原承包经营权流转提供了法律支持与保障。

③《中华人民共和国环境保护法》。1989年12月《中华人民共和国环境保护法》（以下简称《环境保护法》）颁布实施，2015年1月新修订的《环境保护法》施行。新修订的《环境保护法》明确了新世纪环境保护工作的指导思想，加强政府责任和责任监督，衔接和规范相关法律制度。该法第三十一条规定："国家建立、健全生态保护补偿制度。国家加大对生态保护地区的财政转移支付力度。有关地方人民政府应当落实生态保护补偿资金，确保其用于生态保护补偿。国家指导受益地区和生态保护地区人民政府通过协商或者按照市场规则进行生态保护补偿。"上述规定，为草原生态补偿提供了法律支持与保障。

④《中华人民共和国民法典》（以下简称《民法典》）于2021年1月1日起施行。《民法典》是新中国第一部以法典命名的法律，开创了我国法典编纂立法的先河，具有里程碑意义。它关系到社会生活的每一个角落，堪称社会生活的百科全书。该法典为草原

可持续发展过程中涉及的物权、合同、继承等民事法律支持与保障。

⑤《中华人民共和国生物安全法》(以下简称《生物安全法》)于 2021 年 4 月 15 日起施行。生物安全不仅影响个体生命安全，更关乎国家公共安全，关乎人类安全。当前，随着气候的变化，自然环境的恶化，全球生物安全的问题愈加突出，重大新发、突发传染病、动植物疫情不断发生，人类社会之间的斗争运用生物恐怖袭击的风险加大，生物安全的形势日益严峻，十分需要运用法律来防控生物安全风险，维护国家生物安全。该法的出台，为草原防范外来物种入侵提供了法律支持与保障。

除上述相关法律外，国务院颁布的《中华人民共和国自然保护区条例》中明确规定："具有特殊保护价值的草原，应当建立自然保护区。"《中华人民共和国野生植物保护条例》中规定："采集草原上的野生植物的，依照草原法的规定办理。"上述法律规定，为建立草原自然保护区和规范草原地区野生植物采集提供了法律支持与保障。

(4) 国家出台的指导性意见、通知

①《关于加强草原保护修复的若干意见》。2021 年 3 月，国务院办公厅印发了《关于加强草原保护修复的若干意见》(以下简称《意见》)。《意见》要求，坚持绿水青山就是金山银山、山水林田湖草是一个生命共同体，按照节约优先、保护优先、自然恢复为主的方针，以完善草原保护修复制度、推进草原治理体系和治理能力现代化为主线，加强草原保护管理，推进草原生态修复，促进草原合理利用，改善草原生态状况，推动草原地区绿色发展。《意见》提出，加大政策支持力度，从政策顶层设计的层面提出了建立健全草原保护修复的财政保障机制，是我国草原保护修复制度建设的重要内容。整体思想是加大投入力度，拓宽融资渠道，构建多元化的草原生态保护修复投资机制。《意见》明确指出，草原生态保护修复中，中央、地方政府、金融机构、社会资本等多主体多渠道资金投入形式；要探索开展草原生态价值评估和资产核算。

②《关于全面推行林长制的意见》。2021 年 1 月，中共中央办公厅、国务院办公厅印发了《关于全面推行林长制的意见》，适用于森林和草原地区，充分体现了党中央、国务院对林草资源保护发展的高度重视。森林和草原是重要的自然生态系统，对维护国家生态安全、推进生态文明建设具有基础性、战略性作用。全面推行林长制，从根本上解决保护发展林草资源力度不够、责任不实等问题，让守住自然生态安全边界更有保障。全面推行林长制是压实地方生态保护责任的关键举措。这项举措强化了地方党委政府保护发展林草资源的主体责任和主导作用，将各级林长明确为党委、政府主要负责同志，使保护发展林草资源的责任由林草部门提升到党委政府、落实到党政领导，是林草管理责任制的突破和升级。全面推行林长制，有利于聚集资源和力量推进林草事业发展，使林草资源保护发展更有力度、更高质量。

(5) 国家部委及组成部门制定的指导意见、规定、规划、办法

①《草原生态保护补助奖励政策实施指导意见》。2009—2010 年，国家在西藏试点了草原生态保护补助奖励机制。试点之后，2011 年国家实施了草原生态保护补助奖励

机制，内容包括草畜平衡奖励、禁牧补助、良种补贴、家畜良种补贴、生产资料综合补贴和绩效奖励。2016年国家继续实施第二轮草原生态保护补助奖励政策，政策内容调整为草畜平衡奖励、禁牧补助和绩效奖励。经国务院批准，2021年继续实施新一轮草原生态保护补助奖励政策。补奖政策实施以来，草原植被整体呈好转的趋势，促进了农牧民增收和草牧业产业升级，助推了牧区的精准脱贫工作，提高了农牧民保护草原的意识，促进了社会和谐。但仍然存在一些问题，如补奖政策的内容措施和标准均较为单一；草原管理的基础工作依然薄弱，给政策的精准落实带来一定困难。

②《"十四五"林业草原保护发展规划纲要》。2021年8月18日，国家林业和草原局、国家发展改革委联合印发《"十四五"林业草原保护发展规划纲要》（以下简称《规划纲要》），明确了"十四五"期间我国林业草原保护发展的总体思路、目标要求和重点任务。《规划纲要》提出草原综合植被盖度达到57%，湿地保护率达到55%，以国家公园为主体的自然保护地面积占陆域国土面积比例超过18%，沙化土地治理面积1亿亩等。《规划纲要》从6个方面提出进一步完善林草支撑体系，包括建立生态产品价值实现机制，推进法治建设，强化科技创新体系，完善政策支撑体系，加强生态网络感知体系建设，加强人才队伍建设。《规划纲要》提出建立规划衔接协调机制，实施评估机制，将规划目标任务完成情况纳入林长制考核。

③《乡村护林（草）员管理办法》。国家林业和草原局印发《乡村护林（草）员管理办法》（以下简称《办法》）自2021年10月1日起施行。《办法》对乡村护林（草）员的选聘条件和程序、责任和权利、劳务报酬和工作保障以及相关管理部门的管理职责进行规定。《办法》提出，县级以上地方人民政府林业和草原主管部门应当为乡村护林员提供必要的专业指导和技术支持。县级林业和草原主管部门在县级人民政府领导下可以根据实际工作需要安排必要的经费，用于为乡村护林员购置巡护装备、建立巡护信息系统和开展培训等支出。鼓励有条件的地方为乡村护林员购买人身意外伤害保险。鼓励各地建立巡护系统，应用无人机、卫星定位系统等新技术，实行巡护网络化管理和乡村护林员管理动态监控。

2. 政策法规保障体系建设存在问题

当前受气候变化、超载过牧和人类活动影响，草原生态总体恶化的趋势尚未得到根本扭转，草原畜牧业粗放型增长方式难以为继，草原仍然是我国生态建设的难点，这与我国草原可持续发展法律法规保障体系现存问题相关。

（1）草原可持续发展法律制度不健全

《草原法》关于草原可持续发展部分规定多为原则性表述，实践中草原生态补偿缺乏可操作性。例如，《草原法》第三十五条："国家提倡在农区、半农半牧区和有条件的牧区实行牲畜圈养。草原承包经营者应当按照饲养牲畜的种类和数量，调剂、储备饲草饲料，采用青贮和饲草饲料加工等新技术，逐步改变依赖天然草地放牧的生产方式。在草原禁牧、休牧、轮牧区，国家对实行舍饲圈养的给予粮食和资金补助，具体办法由国务院或者国务院授权的有关部门规定。"第三十九条："因建设征收、征用集体所有的草原的，应当依照《中华人民共和国土地管理法》的规定给予补偿；因建设使用国家所有的草原的，应当依照国务院有关规定对草原承包经营者给予补偿。因建设征收、征用或者使用草原的，应当交纳草原植被恢复费。草原植被恢复费专款专用，由草原行政主管部门按照规定用于恢复草原植被，任何单位和个人不得截留、挪用。草原植被恢复费的征收、使用和管理办法，由国务院价格主管部门和国务院财政部门会同国务院草原行政主管部门制定。"第四十八条："国家支持依法实行退耕还草和禁牧、休牧。具体办法由国务院或者省、自治区、直辖市人民政府制定。对在国务院批准规划范围内实施退耕还草的农牧民，按照国家规定给予粮食、现金、草种费补助。退耕还草完成后，由县级以上人民政府草原行政主管部门核实登记，依法履行土地用途变更手续，发放草原权属证书。"上述规定中均有草原生态补偿的相关内容，但对草原生态补偿涉及补偿标准等具体要素未明确规定，缺乏可操作性。目前，作为草原生态补偿实践主要操作依据的是3部"指导意见"，虽然可操作性较强，但是存在法律位阶较低、约束力较差的问题，法律责任条款的缺失更是其硬伤。

（2）存在"一地多证，一地多补贴"案件纠纷

由于政策法规、历史遗留、管理体制等多方面的原因，各地不同程度出现了"一地多证，一地多补贴"案件纠纷。一地多证是指同一土地多次登记，草原证、林权证、土地证等多种权利证书并存的情形，一地多补贴是指一地多证地块，由于不同证书带来不同补贴收益，可能同时享受草原生态保护补助奖励、森林生态效益补偿等多种补贴。在实践中，取消任何一证，会取消相应带来的补贴收入，也会影响证件所有者家庭收入，在纠纷解决中存在一定的现实障碍。

（3）承包经营制度实施过程中出现新问题

"草畜双承包"以后，草场碎片化与划区轮牧存在矛盾。草原使用权通过长期承包方式分配给单个牧户，随着家畜数量的快速增长，草原网围栏建设力度不断增强，草原碎片化使用问题突出，在小面积草场上落实休牧、轮牧政策难度大，容易出现超载过牧现象，导致草场局部退化。

（4）草原违法案件多发

草原上生长较多稀有植物与药材，具有较高的经济价值，部分地区为追求眼前经济利益，破坏草原植被，导致草原被大面积破坏；同时，草原深处拥有许多矿产资源，煤炭、石油、天然气勘探、开采、储存、运输和净化加工过程中破坏草原污染环境或破坏生态的行为较为突出，为草原生态环境治理工作增添难度。

（5）草原执法基础薄弱

现有草原执法中，一是草原执法队伍素质有待提高，草原执法人员数量和质量偏低，执法理论水平和技术能力需要提升；二是草原执法对象法治意识不强，地处边远地区，普遍法律意识不强，实际执法环境较差；三是执法装备配备不全，多数地区执

法装备配置不足，如执法车辆少、车况差，导致执法及时性差；四是草原执法机构多与其他部门合署办公，管理体制与所承担的行政执法职责不相适应。

（二）资金保障体系

1. 资金保障体系建设成就

新中国成立后，党和国家高度重视草原保护建设工作，推行以"草畜双承包"为内容的家庭承包经营责任制，实现管理理念、指导思想、管理方式的变革，实施退牧还草、京津风沙源治理、生态移民搬迁等一系列草原生态建设工程（表7-6），创设草原生态保护补助奖励政策，草原生态实现了从全面退化到局部改善，再到总体改善的历史性转变。国家持续加大草原资金支持力度，不断完善资金保障体系，为草原生态环境可持续发展提供了重要保障。从新中国成立到1990年，国家对草原的投资是每公顷0.45元。进入21世纪以来，投资显著增加，2018年各类建设总投入接近300亿元，每公顷约为75元。从0.45元到75元，增加了166倍，是巨大的提高。特别是党的十八大以来，国家对草原生态保护建设的投入力度不断加大，各地不断强化草原保护修复工作，实施了一系列草原生态建设重大工程，推动建立了草原生态保护补助奖励机制。草原保护修复工作取得显著成效，草原生态持续恶化的状况得到初步遏制，部分地区草原生态明显恢复；草原生产方式发生转变，牧民收入明显提高，草原保护意识进一步增强。随着草原投资力度的加大，草原投资也出现新的变化，投资主体逐渐多元化，投资方式逐渐多样化，投资结构进一步优化，投入资金更加规范，投入渠道更加稳定。

表7-6 草原生态保护与修复项目

年份	2000年前	2000—2005年新增	2006—2010年新增	2011—2015年新增	2015—2020年新增
项目	虫灾补助、育草基金、飞播牧草、草原监测、牧草保种	天然草原植被恢复与建设、种子基地、草原围栏、退牧还草、无鼠害示范区、防火、京津风沙源治理	游牧民定居、石漠化综合治理试点工程、西藏草原生态保护奖励机制试点、西藏生态安全屏障保护与建设工程	退耕还林还草、草原生态保护补助奖励政策、抗灾救灾、南方现代草地畜牧业推进行动、草种质量安全监管、草原补奖信息系统管理项目	现代种业提升工程、石渠鼠害防治、内蒙古自治区退化草原人工种生态修复国家试点项目

退牧还草工程是我国草原生态建设的主体工程，该工程从2003年开始实施，到2018年中央已累计投入资金295.7亿元，工程的实施累计增产鲜草8.3亿t，约为5个内蒙古草原的年产草量。草原生态保护补助奖励政策是我国草原制度的重要内容，2011年起在内蒙古、新疆（含新疆兵团）、西藏、青海、四川、甘肃、宁夏和云南8个主要草原牧区省份实施草原生态保护补助奖励政策，对牧民实施草原禁牧给予补助，对实施草畜平衡给予奖励，10年累计投入中央资金1701.64亿元，是所有草原项目中投资最大的单项项目。草原生态保护补助奖励政策的实施，调动了广大草原地区农牧民自觉保护草原、维护草原生态安全的积极性，也显著增加了收入，实现了减畜不减

收目标。

(1)退牧还草工程

退牧还草工程旨在通过对天然草原进行围栏建设、补播改良以及禁牧、休牧、划区轮牧等措施，达到恢复草原植被，改善草原生态，提高草原生产力，促进草原生态与畜牧业协调发展的目标。2003 年年初，国家根据草原实际退化情况，在内蒙古、新疆、青海、甘肃、四川、宁夏、云南、西藏等省份及新疆生产建设兵团的 108 个重点县(旗、团场)实施退牧还草工程，到 2018 年中央已累计投入资金 295.7 亿元，累计增产鲜草 8.3 亿 t，约为 5 个内蒙古草原的年产草量。2003—2015 年退牧还草工程建设情况中，累计建设草原围栏 7513.20 万 hm²，其中禁牧面积累计为 2621.73 万 hm²，休牧面积累计为 4548.13 万 hm²，划区轮牧面积累计为 513.93 万 hm²，石漠化治理面积累计为 32.80 万 hm²；补播面积达到 1856.60 万 hm²，人工饲草料面积为 69.08 万 hm²，舍饲棚圈建设面积为 4.36 万 hm²，黑土滩、毒害草治理、已垦草原治理面积为 7.87 万 hm²，毒害草治理面积为 7.47 万 hm²(表 7-7)。

表 7-7 2003—2015 年退牧还草工程资金任务汇总(万 hm²、亿元)

年份	建设任务								资金		
	围栏任务				补播	人工饲草地	舍饲棚圈		资金合计	中央资金	地方配套
	禁牧	休牧	划区轮牧	石漠化治理							
2003	358.00	268.40	40.27						17.67	12.51	5.16
2004	263.33	316.67	20.00						15.98	11.19	4.80
2005	305.33	336.00	25.33		200.00				25.47	18.81	6.66
2006	463.87	533.47	0	2.67	299.20				38.26	28.19	10.07
2007	263.07	264.00	0	2.67	158.13				20.36	15.00	5.36
2008	274.13	248.67	0	2.67	156.87				20.36	15.00	5.36
2009	304.00	219.00	0	2.67	156.73				20.40	15.00	5.40
2010	390.00	280.00	0	2.67	270.00				26.72	20.00	6.72
2011		365.33	81.33	3.73	145.87	4.67	0.41		23.81	20.00	3.81
2012		341.33	95.33	3.73	146.07	5.53	0.43		23.81	20.00	3.81
2013		307.33	80.00	5.87	129.07	8.80	0.57		23.93	20.00	3.93
2014		220.00	88.33	8.00	106.07	13.87	0.79		24.11	20.00	4.11
2015		184.07	83.33	8.00	88.60	16.10	0.89		24.30	20.00	4.30
合计	2621.73	3884.27	513.93	42.67	1856.60	48.97	3.10		305.17	235.69	69.48

退牧还草工程主要用于项目区草原围栏建设资金补助和饲料粮补助。补助标准根据草原类型和区域范围来确定。2003 年的补贴标准中，内蒙古、甘肃、宁夏西部荒漠草原，内蒙古东部退化草原，新疆北部退化草原按全年禁牧每亩年中央补助饲料粮 5.5kg，季节性休牧按休牧 3 个月计算，每亩年中央补助饲料粮 1.375kg，草原围栏建

设按每亩 16.5 元计算，中央补助 70%，地方和个人承担 30%；青藏高原东部江河源草原按全年禁牧每亩年中央补助饲料粮 2.75kg，季节性休牧按休牧 3 个月计算，每亩年中央补助饲料粮 0.69kg，草原围栏建设按每亩 20 元计算，中央补助 70%，地方和个人承担 30%。饲料粮补助资金实行挂账停息，中央按每千克 0.9 元对省级政府包干，饲料粮调运费用由地方政府负担，纳入地方财政预算。饲料粮连续补助 5 年。2003 年实际安排退牧还草工程围栏任务 1 亿亩，其中禁牧围栏 5370 万亩，休牧 4020 万亩，轮牧600 万亩。饲料粮补助总量为 2.7 亿 kg。从 2016 年起提高退牧还草工程补贴标准，其中围栏建设青藏高原地区每亩补助由 20 元提高到 30 元，其他地区由 16 元提高到 25元；退化草原改良每亩补助从 20 元提高到 60 元；人工饲草地每亩补助由 160 元提高到200 元；舍饲棚圈(舍储草棚、青贮窖)补助由 3000 元提高到 6000 元，舍饲棚圈补助根据实际情况不得高于中央投资补助测算标准的 30%；黑土滩治理每亩补助由 150 元提高到 180 元；毒害草退化草地治理每亩补助由 100 元提高到 140 元；岩溶地区草地治理每亩补助由 100 元提高到 160 元。

退牧还草工程的实施，对于草原生态环境保护具有重要的意义。以 2017 年为例，全国天然草原鲜草总产量 10.65 亿 t，全国天然草原鲜草总产量连续 7 年超过 10 亿 t，实现稳中有增。2017 年草原综合植被盖度达 55.3%，较 2011 年提高了 4.3%。2017 年全国重点天然草原的家畜平均超载率为 11.3%，较 2010 年降低了 18.7%，草原利用更趋合理。工程的实施，转变了农牧民畜牧业生产方式，遏制了草原生态环境恶化的势头，改善了草原生态环境和草原畜牧业基本生产条件，促进了退化、沙化和盐碱化草原的自身恢复，增加了草原植被，实现了草原资源永续利用。对于维护国家生态安全，实现我国草原畜牧业可持续发展，对于改善农牧民的生产生活条件，实现牧区全面建设小康社会的目标，产生了十分重要的意义。

(2)草原生态保护补助奖励政策

草原生态保护补助奖励政策是通过在全国可利用天然草原范围内，实施禁牧补助和草畜平衡奖励、对牧民给予生产性补贴等一整套支持政策，划定禁牧区和草畜平衡区，推进草原畜牧业转变发展方式，实现草原生态保护和牧民增收。我国从 2011 年开始实施草原生态保护补助奖励机制，每 5 年为一个周期，2016 年起改为"草原生态保护补助奖励政策"，2019 年起将原政策中发放给农牧民的补助奖励资金单独立项，改为"农牧民补助奖励政策"，这项机制(政策)通常简称为"补奖政策"。补奖政策是我国在草原地区实施的一项资金量最大、覆盖面最广、受益牧民最多、成效最为显著的强牧惠民项目。

2011—2015 年，中央财政共安排资金 763.64 亿元，其中直补到户 620.34 亿元(表7-8)。2011 年起，在内蒙古、新疆(含新疆生产建设兵团)、西藏、青海、四川、甘肃、宁夏和云南 8 个省份实施补奖政策，主要内容是落实禁牧和草畜平衡制度，中央财政按照每公顷每年 90 元的测算标准给予禁牧补助，对履行超载牲畜减畜计划的牧民按照每公顷每年 22.5 元的测算标准给予草畜平衡奖励。实行畜牧品种改良、牧草良种和牧民生产资料综合补贴，中央财政按照每公顷每年 150 元的标准给予牧草良种补贴、按照每年每户 500 元的标准对牧民给予生产资料综合补助。中央财政每年还安排绩效考核奖励资金，由地方政府统筹用于草原生态保护等工作。2011 年共落实草地禁牧面积 7809.8 万 hm²、草畜平衡面积 17366.7 万 hm²，中央财政共安排补奖政策资金 136 亿元（表 7-9）。2012 年起进一步扩大了补奖政策范围，将河北、山西、辽宁、吉林、黑龙江 5 省和黑龙江省农垦总局的全部牧区半牧区县纳入政策范围，禁牧面积增加到 8217.6 万 hm²，草畜平衡面积维持不变，中央财政共安排补奖政策资金 147 亿元。2013—2015 年，绩效奖励资金逐年增加，2015 年中央财政共安排补奖政策资金 166.49 亿元。

表 7-8　2011—2015 年草原生态保护补助奖励资金（亿元）

年份	禁牧补助	草畜平衡奖励	生资综合补贴	到户总资金	种草补贴	畜牧良种补贴	绩效考评奖励资金	总计
2011	70.29	39.08	9.95	119.31	10.32	2.00	4.37	136.00
2012	70.29	39.08	9.95	119.31	10.32	0.00	7.69	147.00
2013	73.96	39.08	14.20	127.24	12.07	0.00	17.15	156.46
2014	73.96	39.08	14.20	127.24	12.07	0.00	18.39	157.69
2015	73.96	39.08	14.20	127.24	12.07	0.00	27.18	166.49
合计	362.45	195.38	62.51	620.34	56.85	2.00	74.79	763.64

表 7-9　2011 年草原生态保护补助奖励各省份资金分配（亿元）

省份	禁牧补助	草畜平衡奖励	生资综合补贴	到户总资金	种草补贴	畜牧良种补贴	绩效考评奖励资金	总计
内蒙古	24.29	9.23	2.41	35.93	4.52	0.57	0.70	41.71
辽宁	7.76	11.47	0.76	19.99	0.11	0.26	0.70	21.06
吉林	9.00	8.11	1.38	18.49	0.58	0.39	0.70	20.16
黑龙江	14.73	3.43	0.86	19.02	0.45	0.22	0.60	20.29
四川	6.00	2.12	1.11	9.22	2.21	0.11	0.40	11.94
云南	4.20	2.13	2.26	8.59	0.86	0.21	0.67	10.33
西藏	2.13	0.00	0.89	3.02	0.57	0.08	0.40	4.07
甘肃	1.64	2.26	0.17	4.07	0.72	0.15	0.10	5.04
青海	0.53	0.33	0.12	0.98	0.30	0.02	0.10	1.40
宁夏	70.29	39.08	9.95	119.31	10.32	2.00	4.37	136.00

2016—2020 年继续在 13 个省份和新疆生产建设兵团、黑龙江省农垦总局实施新一轮草原生态保护补助奖励政策，并将河北省兴隆、滦平、怀来、涿鹿、赤城 5 个县纳入实施范围，构建和强化京津冀一体化发展的生态安全屏障。内蒙古、四川、云南、西藏、甘肃、宁夏、青海、新疆 8 个省份和新疆生产建设兵团实施禁牧补助、草畜平衡奖励和绩效评价奖励；河北、山西、辽宁、吉林、黑龙江 5 个省份和黑龙江省农垦总局实施"一揽子"政策和绩效评价奖励，政策资金可统筹用于国家牧区半牧区县草原生态保护建设，也可延续第一轮政策的好做法。中央财政按照每公顷每年 112.5 元的标准给予禁牧补助；按照每公顷每年 37.5 元的标准给予草畜平衡奖励；每年安排绩效评价奖励资金，由地方政府统筹用于草原生态保护建设和草牧业发展。2016—2020 年，每年落实禁牧面积 8043.2 万 hm^2，草畜平衡面积 17366.7 万 hm^2，中央财政每年安排补奖政策资金 187.6 亿元，其中绩效奖励资金 32 亿元（表 7-10）。2019 年起，用于禁牧补助和草畜平衡奖励的资金共计 155.6 亿元，单独设立为农牧民补助奖励政策，由农业农村部门继续用于农牧民开展禁牧和草畜平衡的补助奖励；绩效奖励资金 32 亿元由林草部门统筹用于草原生态保护等工作。

表 7-10　2018 年草原生态保护补助奖励各省份资金分配（万 hm^2、亿元）

省份	禁牧面积	禁牧补助资金	草畜平衡面积	草畜平衡奖励资金	实际拨付绩效考核奖励资金	资金合计
河　北	116.49	1.31	0.00	0.00	1.50	2.81
山　西	5.21	0.06	0.00	0.00	0.38	0.44
内蒙古	2699.33	30.37	4100.67	15.38	4.84	50.58
辽　宁	33.83	0.38	0.00	0.00	1.25	1.63
吉　林	51.41	0.58	0.00	0.00	0.88	1.46
黑龙江	83.77	0.94	0.00	0.00	1.08	2.02
四　川	466.67	5.25	946.67	3.55	2.75	11.55
云　南	182.07	2.05	1004.60	3.77	2.93	8.74
西　藏	862.53	9.70	5097.47	19.12	3.85	32.67
甘　肃	666.67	7.50	940.00	3.53	2.64	13.66
青　海	1636.47	18.41	1525.87	5.72	2.88	27.01
宁　夏	173.27	1.95	0.00	0.00	1.06	3.01
新　疆	1000.00	11.25	3606.00	13.52	3.90	28.67
新疆兵团	59.00	0.66	145.47	0.55	1.56	2.77
黑龙江农垦	6.55	0.07	0.00	0.00	0.50	0.57
合　计	8043.25	90.49	17366.73	65.13	31.99	187.60

2011—2020 年，中央财政共投入补奖政策资金 1701.64 亿元，其中直补到户 1474.61 亿元。政策的实施范围覆盖内蒙古等 13 个省（自治区），657 个县（旗、团场、农场），1210 万户牧户、5066 万牧民，覆盖了所有的 268 个牧区半牧区县，涉及草原

面积 38.4 亿亩，占我国草原面积的 65%。补奖政策是新中国成立后，我国在草原地区实施的一项资金量最大、覆盖面最广、受益牧民最多、成效最为显著的强牧惠民项目。通过推行草原禁牧休牧轮牧和草畜平衡制度，划定和保护基本草原，促进草原生态环境稳步恢复；加快推动草牧业发展方式转变，提升特色畜产品生产供给水平，促进牧区经济可持续发展；不断拓宽牧民增收渠道，稳步提高牧民收入水平，为加快建设生态文明、全面建成小康社会、维护民族团结和边疆稳定做出积极贡献。

2. 资金保障体系建设问题

草原生态保护和修复工作具有明显的公益性、外部性，受盈利能力低、项目风险多等影响，加之市场化投入机制、生态保护补偿机制仍不够完善，缺乏激励社会资本投入生态保护修复的有效政策和措施，生态产品价值实现缺乏有效途径，社会资本进入意愿不强，仍然还是以政府财政投入为主，投资渠道较为单一，资金投入整体不足，多元化投入机制尚未建立。

草原大部分分布在经济落后的地区，地方财政较紧，不能拿出配套资金，地方配套资金不足，耽误了草原生态建设进程。我国的生态建设项目要求地方按一定比例配套资金，而地方在申报方案时为了获得相应的财政补助都承诺落实配套资金，但生态脆弱区因地方财政状况较差，大多不能按时足额完成配套资金，影响了中央财政的正常下拨，也影响了草原生态建设工程的顺利开展。此外，多数农(牧)民从承包的荒山、荒坡上还不容易看到未来的收益，社会投资的积极性不高，多方集资的渠道尚未形成，也导致草原生态建设资金投入相对不足。

生态保护补偿机制仍不够完善，生态价值和代际补偿未能得到充分体现，尚未建立起生态补偿长效机制，仍存在生态补偿标准偏低、生态效益补偿筹资来源少等问题。此外，生态保护补偿是由政府主导、市场化机制、企业和社会组织团体多方参与，采用资金、技术、人才、项目等多种形式补偿。但草原生态补偿主要依赖中央和地方政府财政拨款投入，应该构建以企业为主体、以市场为枢纽，以专业化为平台的多元化补偿市场机制。

(1)资金投入整体不足

我国草原修复投入严重不足，草原生态保护建设工程建设标准低，退化草原综合治理等一些十分迫切的建设内容的资金支持力度有限。国家对草原生态环境保护的投入资金逐年增加，有效地减缓了草原生态环境恶化的速度，但资金短缺是草原保护和生态环境建设中的难题之一。由于草原地区生态环境恶化问题突出，草原"三化"面积太大，历史欠账较多，生态保护修复任务重，资金压力大。草原地区水利、交通、通讯、防灾减灾基础设施建设等方面落后于其他地区，难以适应草原保护建设及牧区经济发展的需要。

目前草原生态治理改良资金的投入与需求存在着较为突出的矛盾，资金缺口过大已经直接影响了草原改良建设的进程。与林业建设的投资相比，草原方面的投资明显不足。2019年全国林草完成情况中生态修复治理的投资总额为2375.89亿元，其中用于草原保护修复的投资额为52.95亿元，仅占到2.23%；用于造林与森林抚育的投资额为1575.2381亿元，占到66.30%；造林与森林抚育的投资额是草原保护与修复的29.75倍。

（2）投资渠道较为单一

我国草原保护与建设的资金来源目前仍然以中央资金为主，地方资金作为补充。国家资金为主的资金来源结构中，大部分资金主要来源于政府，社会资金虽逐年有所增加，但比重较小。以2019年林草生态修复治理中的草原保护修复的投资情况为例（表7-11），投资完成总额52.9534亿元，从资金来源看，中央资金投资完成额为43.03亿元，其中中央预算内基本建设资金为18.52亿元，中央财政资金24.51亿元，共占全部完成投资额的81.26%；地方财政资金投资完成额为9.49亿元，占全部完成投资额的17.92%；社会资金投资完成额为0.44亿元，其中自筹资金0.06亿元，其他社会资金0.38亿元，共占全部完成投资额的0.82%。与其他生态修复治理项目的投资情况相比，草原保护修复投资的国家资金（含中央资金和地方资金）占到99.18%，而造林与森林抚育、湿地保护与恢复、防沙治沙的国家资金占比分别为69.10%、68.54%、70.22%，说明草原投资主要以国家资金投资为主。此外，在资金结构中，没有来自国内贷款和利用外资的资金，说明社会资金方面的来源较为单一。

表7-11　2019年林草生态修复治理投资完成情况（亿元）

指标名称	本年实际	中央资金		地方资金	国内贷款	利用外资	自筹资金	其他社会资金
		中央预算内基本建设资金	中央财政					
造林与森林抚育	1575.24	150.24	319.90	618.29	147.30	3.51	181.49	154.51
草原保护修复	52.95	18.52	24.51	9.49	0.00	0.00	0.06	0.38
湿地保护与恢复	69.65	5.42	19.99	22.34	5.78	0.00	11.47	4.67
防沙治沙	24.76	11.95	2.13	3.31	6.12	0.14	0.94	0.18
合计	2375.89	217.41	611.59	789.57	220.50	4.47	271.10	261.25

不同项目投入资金的来源具有差异性。以草原生态保护补助奖励政策为例，资金投入方面，在中央财政安排补奖资金的基础上，地方各级财政部门安排必要的工作经费，用于基础数据统计、草原资源监测等管理支出。2011年我国开始实施草原生态保护补助奖励政策，截至2020年，政策已实施10年，中央财政共投入补奖资金1701.64亿元，其中禁牧和草畜平衡等到户资金1474.61亿元，绩效奖励资金227.03亿元，惠及1200多万户农牧民。以退牧还草工程为例，2003—2015年，共投入资金总额为305.17亿元，其中中央资金235.69亿元，占到77.23%；地方配套资金69.48亿元，占到22.76%。以农牧交错带已垦草原治理工程为例，2016—2018年的投资总额为11.50亿元，其中中央资金9.20亿元，占到80%；地方资金2.30亿元，占到20%。

（3）资金分配不合理

在资金用途方面，国家对草原投入资金大多以补助的形式发给农牧民，真正用于草原生态修复工程建设的比较少。以内蒙古自治区为例，2000—2020 年草原总投入 550 亿，其中工程 101 亿，补奖 450 亿；但直接用于草原生态保护建设的资金仅 97 亿元，占总投入的 17.6%。按照 10.2 亿亩可以利用草原算，平均每亩每年投入不足 0.5 元。而全区牲畜从 1953 年的 1503 万头只，增加到 2019 年的 1 亿头只以上；草原退化比例从 18% 增加到了 61%。

在工程项目资金分配方面，大部分草原保护和建设工程项目设计资金使用方案时，各科目资金分配存在一定的不合理现象。多数主要以工程建设资金和补偿资金为主，对于草原管护资金、科技支撑资金等投入较少。部分项目分配较少的管护资金，部分在实施期间没有对项目区进行管护，导致工程效果不好，还有少部分在实施前期利用了大部分的管护资金，导致后期管护资金缺乏。很多项目建设资金中科技支撑费用的占比非常低，如内蒙古自治区退化草原生态修复项目的建设资金中科技支撑费用计划资金为 175.7 万元，仅占到总项目计划资金的 0.71%，在所有投资科目中占比最低，说明相关单位对科技支撑的重视不足。

（三）科技教育保障体系

1. 科技教育保障体系建设成就

（1）形成了较为完整的草原生态科技教育保障体系

我国草业教育体系自 20 世纪 40 年代起步，经历了萌芽、兴起、发展和提高等阶段。经过 80 多年的发展，我国草业教育经历了从单门课程教学到本科专业体系初步形成，再到教育体系完善三个发展阶段。目前，全国已有 16 个草业学院或林草学院，草业科学或草坪科学与工程本专科专业 31 个，草学一级学科硕士学位点 30 余个，博士学位点 18 个，博士后流动站 7 个，已形成专科、本科、硕士、博士、博士后完整的高等教育人才培养体系，达到年培养本专科生近 200 名、硕士 500 名、博士 100 名、博士后 5~10 名。草业高等教育已处于专业发展十分迅速、空间布局合理的状态，在具有中国特色的先进草业科学理论指导下，教学内容获得明显的扩大和提升，基本建起了较为完整的草业教育体系，为草原可持续发展提供了较为坚实的教育基础保障。

与此同时，我国的草业科技也取得了丰硕的成果，经历了农业科学院草业研究室建立、专业化研究所建设、重点实验室和定位站建设等过程，已建立国家级研究所 1 个，国家重点实验室 1 个，国家级野外科学观测研究站 11 个，省级研究所 5 个，省部级重点实验室 10 余个，科技人员总数达万人，已形成了中央和省级研究所、重点实验室、定位站、研究室并举，与高等院技草业教育部门相辅相成、各级草业管理推广部门联系配合的较为完整的草业科学研究体系。草学领域国家级重大项目数量、科研经费、科技成果实现了成倍增长。全国各省份及主要市、县成立了以草原站或林草工作站为主体的科学技术推广体系。近20年来，随着草业企业的快速发展，草业企业在牧草品种、机械等实物产品型推广中，发挥了愈来愈重要的作用，形成了以各级草原工作站为主，草业企业、草业科研教育部门相互配合的草业科技推广体系，推动了我国草原可持续发展的科技保障体系发展。

（2）建立了较为系统的草原可持续发展科学理论

我国草业科学理论体系的发展，经过了从草原发生学分类系统、草原土-草-畜三位一体管理、草原季节畜牧业、草原植被演替、划破草皮、草原生产力评定、草原放牧管理、草地农业系统、草地生物多样性-稳定性理论、系统性修复、近自然恢复等多项理论，逐步形成了适应我国国情的现代草业理论体系。其中，草地农业系统理论影响最为深远。1984年钱学森院士创造性地提出了知识密集型草产业的理论，1985年进一步诠释了知识密集型草产业的含义，并提到了农区和林区的草业，确定了较完整的草业生产范畴。在这一科学认知的基础上，经过老一辈草业科技教育工作者的共同努力，将草原科学发展为草业科学。与此同时，任继周院士（1984）提出了草地农业生态系统的概念并论证了草业发生与发展的基本理论，认为草地农业系统科学就是草业科学。其后，提出了草地农业生态系统的前植物生产层、植物生产层、动物生产层和后生物生产层的"四个生产层"理论以及草丛—地境界面、草地—家畜界面、草畜—社会界面的"三个界面"的理论，以此完整地论述了草地农业生态系统的基本概念、结构、功能、效益评价等问题，进一步丰富了草业科学理论。在草业科学理论的指导下，草业教育适应草业的发展要求，教学内容已从传统的土-草-畜系统，扩大、提升到草业生态系统，专业面在四个生产层的基础上得到扩大，培养的人才能适应牧区、农区、城市草业各子系统的要求。

进入21世纪以来，随着退化草原保护修复日益得到重视，草原可持续利用和生态恢复方面的理论得到快速发展，如董世魁等吸收国外先进的恢复生态学理论，提出基于人为设计理论的青藏高原退化草地恢复方略；王德利和王岭通过总结松嫩草地的生态恢复实践，提出了基于草地生态系统结构、功能和过程的系统性恢复理论；贺金生通过综述、整理国内外草地生态恢复的大量案例，借鉴森林生态系统近自然管理的理念，提出了退化草地近自然恢复的理论。在草地可持续利用管理方面，赵新全等通过多年的研究积累，总结提出了应对气候变化的高寒草甸适应性管理理论；王岭和王德利提出了温性草原适应性放牧管理理论，张英俊提出了免耕补播理论等。这些理论不但丰富了草业教育的课程素材，同时为我国草原生态系统可持续发展奠定了坚实的科学基础。

（3）研发了较为先进的草原可持续发展技术模式

随着草业科学理论的不断创新，草业生产和生态技术实践也不断发展，草原改良、草原保护、划区轮牧、草畜平衡调控、农牧耦合、生态草牧业、牧草育种与栽培、人工草地建设、草原灌溉、草原鼠虫害防控、沙化草原治理、盐碱化草原治理、退化草原生态修复等方面的技术和模式得到了全面发展，形成了呼伦贝尔草原草牧业可持续发展模式、内蒙古赤峰市阿鲁科尔沁旗草都苜蓿高产培育模式、内蒙古通辽市开鲁县羊草小镇模式、甘肃庆阳环县草地农业模式、河西走廊临泽荒漠绿洲草地农业模式、青海省贵南县草地可持续管理模式、贵州威宁人工草地模式、湖南南山牧场模式等一批典型的草地农业生态系统可持续发展模式。同时，也集成了东北松嫩平原盐碱化草地治理模式、内蒙古浑善达克沙化草原生态修复模式、毛乌素沙化草原生态修复模式、青海三江源区黑土滩(山)型退化草原生态修复模式、甘南退化沼泽草甸生态修复模式、四川若尔盖高原沙化草原生态修复模式、山西丘陵山地退化灌草丛生态修复模式、湖南南山牧场退化草地生态修复模式、东南地区风电场溜渣坡近灌丛化草地生态修复模式。这些模式为全国各地退化草原治理提供了可借鉴、可复制的范式，通过各级草原部门的推广，可以有力支撑草原可持续发展。

2. 草原科技体系建设问题

(1) 人才队伍建设难以满足新时代草原高质量发展的需求

草原事业具有区域性和公共属性强的特点，人才培养的长期性、战略基础性属性鲜明。我国草原事业能有今天的成就，从退耕还草工程到荒漠化防治、从有害生物防治到草原防火、从退化草地生态修复到生物多样性保护，这些重大工程的建设、重点热点问题的解决，都离不开大量高端科研人才和高级管理人才的有力支撑。但当前林草行业一流学科少，高水平大学少，优秀人才缺乏，结构不尽合理，这种状况必然导致生态脆弱地区的自然环境修复、濒危野生动植物保护等新的重点、难点、热点问题突破缓慢。这些问题需要引起有关部门的重视，出台相关政策，创造更加优越的条件，培养和吸引更多高端人才，服务草原事业发展。

(2) 传统学科专业设置不能适应当前草业发展的需求

当前，在草原主管部门职责由生态建设为主向生态保护修复为主转变的大背景下，需要更多新兴交叉学科的支持。而目前的草原学科建设仍相对滞后，学科主要分布在农学门类，与新的职能要求不相称。草原保护管理、国家公园建设管理都需要大量的基层专业人才，但这类专业的人才培养才刚刚起步，供需矛盾十分突出，迫切需要相关部门出台政策，优化学科和专业结构、完善人才队伍培养机制，促进草原专业教育与国家需求有效衔接，为草原事业的发展培养出更多的人才。

(3) 社会大众对草原行业的重视程度仍然不高

当前，绿水青山就是金山银山的理念已经深入人心，社会大众保护自然环境的意识越来越强，整体的社会舆论环境对林草事业发展十分有利。但社会大众的这种重视大多还停留在思想上一闪念、口头上一瞬间，距离深入到观念里、落实到行动上还存在较大距离。大众对草原行业的认识，更多地还停留在种草管草上，加之行业职工的低收入、就业地点偏远等问题，人们提起草原行业，更多的便是敬而远之了。解决这个问题，需要在从业环境建设、大众宣传教育、法制建设等方面多措并举，持之以恒不断改善，不仅需要勇气、智慧和恒心，更加需要一代又一代热爱草原事业的专业人才投身其中。经过几代人的努力，草业学科取得了巨大的发展和成就，但总体而言，力量仍明显薄弱。截至2018年年底，全国涉草的高校共32家，在校专职教师约1000人，在校学生约为10000人，年均毕业人数近1000人，按照目前草学人才培养规模和速度，我国未来草业科技力量在数量和质量上与草地面积相比仍然严重不相匹配，这就急需培养理论基础扎实、实践动手和创新能力强、懂草业、爱草业、爱农牧区的草学复合型人才，以为草牧业发展、农牧区振兴和生态文明建设服务。

(4)草原科技支撑能力不足

目前，我国草原(草业)科技贡献率不足30%，远低于国外草业科技贡献率(已达到70%以上)，科技支撑能力提升任务紧迫而艰巨。首先，草原生态和生产功能发挥的关键机制还没有彻底厘清，基础研究薄弱；其次，草原资源和生态保护的重大技术创制缺乏突破性成果，转化率低；第三，草原资源和生态保护的成功模式短缺，示范推广难度大。提升草原生态科技支撑能力是解决草原资源和生态保护的关键。运用科技推动草原畜牧业生产提质节本增效，可能是有效解决草畜矛盾、促进草原资源和生态保护的重要途径。我国草原保护面临地缘广袤、问题复杂、科技贡献率低等诸多挑战，草原资源和生态的保护与建设必须建立在对生态系统科学现象的清楚认识，以及对生态系统运行规律准确把握的基础上，予以精准施策，方能事半功倍。新时代草原保护要求从资源、生态、经济、环境等多维度破题立新，但长期以来，我国草原科技教育发展多偏重于基础理论的研究与技术的创制，技术集成与模式优选未能实现同步发展。

(四)草原监督管理保障体系

1. 草原监督管理保障体系建设成就

草原监督管理机构的设立、专业队伍的建设以及监督管理装备条件的改善有力地推动了草原监督管理工作的开展。

(1)草原执法监督力度不断加大

草原执法监督是草原监督管理工作的一项核心职能，从中央到地方各级草原监理机构，认真贯彻实施草原法律法规，不断加大草原违法案件查处力度，努力提高草原执法监督工作水平，为依法保护草原资源和生态环境，维护农牧民合法权益，做出了积极贡献。

(2)草原监测水平不断提高

草原调查与监测是草原保护建设和管理重要的基础性工作。在各级草原监督管理机构组织专业草原监测人员，克服各种困难，使全国草原监测工作从无到有、从粗到细开展起来，积累了大量的草原调查监测数据和成果，为分析草原资源和草原生态变化规律，指导草原保护和管理提供了重要的科学依据。

(3)草原监督管理能力不断加强

通过制定监测技术规程、监测标准和方法，草原监督管理的规范化水平显著提高。

从2005年起国家每年编制发布全国草原监测报告，组织各地开展春季返青监测、牧草生长关键期月度动态监测、干旱等特殊气象条件监测等工作，及时提供长势动态和趋势性预测，对科学安排草原生产管理、制定政策、规划项目和应急救灾等提供基础信息，推动了草原工作由经验型管理向科学化、精细化的转变。草原监测在从工作组织、技术培训、数据审核、结果会商和信息发布等方面形成了一整套比较成熟的工作机制，并在草原沙化遥感监测、草原碳汇研究等方面取得重要进展。

（4）草原监督管理专业素质不断提升

在草原监督管理工作中特别重视技术培训，原农业部草原监理中心组织编印了《草原执法手册》《草原执法培训教材》《草原执法案例汇编》《中国草原执法概论》《草原执法理论与实践》，国家林业和草原局组织编写出版了《草原知识读本》等学习培训教材，内容涉及草原基础知识、法学基础知识、草原执法程序、草原执法管理等方面的内容，这对草原监督管理人员履职尽责起到了积极作用。

2. 草原监督管理保障体系建设问题

（1）机制问题

目前全国拥有草原的省份都设立了省、市、县三级林业和草原局草原管理机构。例如，内蒙古自治区林业和草原局设立了草原管理处和草原监督处，草原管理的主要职能是拟订草原生态保护修复与合理利用的政策规划并组织实施；指导草原生态保护工作；组织实施草原生态补偿工作；负责禁牧和草畜平衡及草原休牧、轮牧工作；组织开展基本草原划定和保护工作；负责指导草原生态修复治理工作，组织实施草原生态保护修复工程；指导草原鼠虫病等有害生物灾害防止和预测预警；组织开展草原资源动态监测与评价等相关工作。草原监督的主要职能是，拟订草原生态保护监督相关政策措施并组织实施；负责草原行政执法监督工作，协调处置破坏草原重大案件，监督管理草原的开发利用等。

从目前的机制上，多数以草原管理替代了草原监督管理，从机构的设置、职责定义上将草原管理与草原监督综合在一起，在一定程度上弱化了草原监督体系。草原监督管理的主要职责应当是监督草原法律、法规、政策的实施情况并对此开展监督检查，对违反草原法律、法规的行为进行查处。强化的是草原执法职能，履行依法保护草原生态环境、维护草原生态安全和农牧民合法权益等职责，查处破坏草原的违法行为，目的是促进草原生态保护和草地资源的合理利用，保障草原可持续发展。但是，草原监督管理保障的任务重在执行，目前监督执行机构不健全，人员保障不到位，执法人员专业素质参差不齐都是影响草原监督保障体系建设的重要问题。

（2）机构队伍问题

加强草原监督管理最根本的一条就是要有一支思想上过硬、专业素质高、作风优良的草原监督管理队伍，要有大局意识、政治意识、法制意识和责任意识。目前，主要草原省份草原监督管理队伍无论是人员数量还是专业素质都不是历史最好水平。尤

其是县级草原监督管理还存在管理机制不顺、专业人员不足、监督能力欠缺的问题，造成草原监督管理工作缺位、监督不到位等情况时有发生。

五、草原可持续发展保障体系战略布局

（一）指导思想

以习近平新时代中国特色社会主义思想为指导，全面贯彻党的二十大精神，深入贯彻习近平生态文明思想，牢固树立绿水青山就是金山银山的生态文明理念，坚持山水林田湖草沙生命共同体，加强草原可持续发展保障体系建设，为建设生态文明和美丽中国奠定重要基础。

（二）基本原则

（1）坚持政府主导，顶层设计

明确中央及各级地方人民政府保护草原的主导地位，强化政府在草原保护的立法、政策、资金、科教、宣传等方面的主要责任。加强顶层设计，建立健全草原保护修复基本保障制度。

（2）坚持体系建设，基础保障

坚持保障体系建设，建立健全草原保护修复法律法规体系、制度政策体系、资金体系、人才队伍体系、科技支撑体系，为草原保护修复提供全方位系统保障。加强基础保障，强化科技投入，增强草原保护修复的科技支撑能力。

（3）坚持创新引领，科学保障

坚持创新保障体制，完善保障体系，分类分级制定保障措施，明确重点保障和基本保障的关系，最大限度科学保障草原可持续发展。

（4）坚持综合施策，协同保障

坚持法律法规、科学教育、监督管理、资金筹措多管齐下，综合施策，提升保障能力。充分发挥不同部门、集体、个人在草原保护中的作用，积极引导社会各方力量保障草原保护修复与可持续发展。

（三）战略目标

1. 短期目标

到 2025 年，草原可持续发展保障体系框架基本建立，初步构建全国草原可持续发展法律法规保障体系、资金保障体系、科教保障体系、监督管理保障体系。基本建立草原可持续发展保障体系四梁八柱，保障体系在草原保护建设和可持续发展中发挥基础保障作用。

2. 中期目标

到 2035 年，草原可持续发展保障体系进一步完善，草原法律法规保障体系、资金保障体系、科教保障体系、监督管理保障体系初步建成，可为草原保护修复和可持续发展提供全面保障，全国草原保护建设保障一盘棋，草原生态文明建设初步实现。

3. 长期目标

到 21 世纪中叶，健全草原可持续发展保障体系，可以充分发挥作用，草原保护和科学利用得到充分保障，生态、社会、经济效益三者协调统一，建成人与自然和谐共生的新格局，草原实现可持续发展。

(四)战略布局

1. 政策法规保障体系

健全法律法规保障体系，尽快制定推出基本草原保护办法，研究制定草场承包、流转管理办法；推动地方性草原相关法律法规的修制定，建立最严格最全面的草原保护修复法律法规体系，为草原保护修复和可持续发展提供法律依据。加强草原法律法规宣贯和执法队伍建设，建好用好草原管护员队伍，壮大草原执法力量。

2. 资金保障体系

完善草原保护修复资金保障体系，明确各级政府在草原保护修复和可持续发展方面的主导责任，将草原保护修复纳入各级财政预算。推动市场化、多元化草原生态保护补偿制度落地，研究推出生态债券、生态彩票、生态贷款、生态保险等草原保护金融产品，拓宽草原保护修复资金来源。

3. 科技教育保障体系

加强草原保护修复科技教育保障体系，尽快筹建草原保护修复产业技术体系，完善国家重点实验室、野外监测台站等平台体系，研究制定草原保护修复标准体系，进一步完善草原草业高等教育体系，推进建立职业教育体系，为草原保护修复培养人才队伍，研发关键技术。

4. 草原监督管理保障体系

加强草原监督管理保障体系，尽快稳定壮大草原监督管理队伍，研究创新草原监管机制，完善空天地一体化监管技术，加强监管人员技术培训，提高监管装备水平，提升监管能力。

六、草原可持续发展保障体系战略措施

（一）政策法规保障体系

1. 完善草原法律法规体系建设

首先，明确将"坚持生态优先、综合治理、科学利用"作为新时代草原保护修复利用的总体方针。按照十九届五中全会精神，将推行草原休养生息写入法条中。按照《关于全面推行林长制的意见》，在政府责任方面，增加了"地方政府应当建立林（草）长制，明确各级林（草）长的草原资源保护发展职责和保护发展目标"。其次，完善《草原法》中草原生态保护补偿的具体内容，规定草原生态保护补偿的基本原则、禁牧补助、草畜平衡奖励等重点措施，明确补偿测算标准等规定，增强操作性。最后，贯彻习近平生态文明思想，落实中央决策部署，将《国务院办公厅关于加强草原保护修复的若干意见》等有关文件要求，体现在相关草原法律法规体系建设中。

2. 建立健全草原权属制度

草原权属与耕地、林地有所不同，其特殊性需要在法律中有所体现。在具体措施方面：一是落实草原调查制度，全面掌握草原范围、类型、质量、利用现状等变化情况，并落地上图。二是排查清理基本草原被蚕食、侵占后，未严格按照程序确权就发放土地承包证的地块。三是排查清理退耕还草地到期未注销土地承包证、发放林权证的情况，尤其是严厉查处"复耕复垦"的情况；四是排查清理未严格按照程序确权发放草原证、草场承包证的情况。

3. 转变草原畜牧业发展方式

一是推动草原多功能利用。通过发展发展多种经营、旅游休闲等绿色产业，将生态产品作为牧区经济增长点，提高牧民政策性收入。二是鼓励建立新型牧民专业合作社。按照牧民自愿的原则，依据草畜平衡的标准，将承包经营的草场及牲畜入股，组建新型股份制专业合作社，牧民成为股东和社员，制定规章制度，以现代企业制度设置股份，量化股权，解决草场规模破碎化问题。三是草原畜牧业转型升级。按照草畜平衡原则，制定牲畜划区轮牧方案，科学划分四季轮牧草场和打草场，探索草原畜牧业转型升级新路径。

4. 推进草原公益诉讼工作

推进草原公益诉讼工作，不断加大法律监督力度，为经济社会高质量发展提供强有力的司法保障。一是对草原生态保护既要尊重历史，又要考虑现实，对于天然草原行政机关要履行监管职责，督促恢复草原植被。二是草原保护公益诉讼专项监督活动，对临时占用草原、非法占用草原、污染草原和土壤环境、破坏草原植物资源等的重点问题进行深入调查，切实加强草原生态公益司法保护，为恢复和维护草原生态平衡，打造山水林田湖草沙生命共同体贡献检察智慧和力量；三是重点监督因煤炭、石油、天然气开发造成的破坏草原生态、污染环境的行为，解决矿产资源开发破坏草原的突出问题。四是建立沟通协调机制，检察机关加强与行政机关的沟通协调，探索建立行政执法与公益诉讼信息共享机制，发挥公益诉讼治理效能，促进国家治理体系和治理能力现代化。

5. 加强草原保护执法监管

一是进一步加强执法队伍能力建设，组织开展教育培训，全面推行草原执法人员持证上岗，不断提高草原执法人员的思想政治素质和业务工作能力。二是加强普法工作。采取传统媒体与新媒体相结合模式，加大草原法律法规的宣传力度，不断提高农牧民的法律素质，增强全社会依法保护草原的意识。三是加强草原保护监督检查和执法力度，重点监督禁牧和草畜平衡制度落实，严厉打击开垦草原违法行为，重点打击非法采挖草原野生植物行为。四是以全面推行林(草)长制为契机，整合林草系统执法监管力量，深入推进草原执法监管工作，推进协作协同执法，提升执法质量效率。

(二)资金保障体系

1. 建立健全草原保护修复财政投入保障机制

在坚持政府因素积极投入、统筹结合利用现有相关资金的同时，积极发挥市场在资源配置中的决定性作用和政府引导作用，加强与金融资本合作，发挥政策性银行融资优势，多渠道、多层次、多方位地筹集资金，积极引导和利用外资企业、民营企业、农牧民个人等社会资金，加大对草原保护建设利用的支持力度，建立中央、地方政府、金融机构、社会资本等多主体多渠道资金投入形式。

2. 加大财政投入力度

加大中央对草原生态环境保护财政投入力度，鼓励各地统筹多层级、多领域资金，集中开展重大工程建设，形成资金投入合力，提高财政资源配置效率和使用效益。让草原生态保护成为各级财政的重点支持领域，进一步明确支出责任，切实加大资金投入力度，建立稳定的财政资金投入渠道。在明确中央与地方生态保护修复事权划分的基础上，按照任务与资金相匹配的原则，建议财政部门建立上下联动的资金保障体系，在地方各级财政设立相应专项，稳定支持渠道，确保财政资金投入与草原生态保护修复目标任务相适应。地方各级人民政府要把草原保护修复及相关基础设施建设纳入基本建设规划，加大投入力度，完善补助政策，逐步增加对重点工程及草原监理、监测、科研、防灾等的投入。

3. 加大对重点生态功能区转移支付力度

持续加大中央财政对重点生态功能区转移支付力度，提高其财政保障能力，加快生态文明建设进程。继续完善重点生态功能区转移支付办法，完善转移支付制度，加大支持力度，提高资金使用效益；促进区域产业转型升级和绿色发展，推动生态文明建设、牧区乡村振兴和现代化建设。建立有效的生态扶贫保障制度和完善的监督监管机制，包括落实生态脱贫攻坚责任制，制定和完善有关生态扶贫干部考核管理制度，建立严格的生态扶贫资金审批、拨付、使用流程。

4. 健全草原生态保护补偿机制

完善生态保护补偿机制，逐步提高草原生态保护补偿标准，建立健全能够体现碳汇价值的生态保护补偿机制。健全国家公园等自然保护地生态保护补偿制度，研究设立国家公园基金。发挥市场机制作用，加快推进多元化补偿路径，按照受益者付费的原则，合理界定生态环境权利，促进生态保护者利益得到有效补偿，激发全社会参与生态保护的积极性。

5. 探索开展草原生态价值评估和资产核算

以自然资源和生态环境调查监测体系为依托，在生态产品基础信息调查基础上，探索建立科学合理、可工程化实施的价值评估和资产核算方法体系核算体系，推进草原生态产品价值核算标准化，推动生态补偿政策和区域生态系统价值（GEP）核算政策的落实，为后续探索多元化生态产品价值实现路径夯实基础。探索绿化增量责任指标交易，合法合规开展森林覆盖率等生态资源权益指标交易。积极参与国家碳市场制度建设，鼓励社会主体参与林草碳汇项目开发建设，指导开展草原碳汇项目开发交易和碳中和行动。

6. 强化草原生态保护和修复领域金融支持

将草原生态保护和修复领域作为金融支持的重点，建立健全金融介入生态产品价值实现的配套制度，特别是有关生态产品价值核算规范、环境信息披露、信用评级标准、风险管控等方面的制度规范，鼓励金融机构创设适合草原特点的金融产品。探索建立政府主导、企业及社会资本参与、绿色债券融资等多渠道、多层次的投融资机制。

7. 鼓励地方探索开展草原政策性保险试点

鼓励有条件的地区积极探索开展政策性草原保险，挖掘保险功能作用，设计符合地方草原环境的保险产品，为草原生态保护和畜牧业生产设计保险解决方案。建立保护草原生态、防范草原灾害、促进灾后恢复的草原保险保障体系，提升标的草原抵抗风险的能力，缓解当地畜牧业受自然灾害的不利影响。逐步总结经验，完善保障机制，稳步推进，有计划分步骤地实现草原保险落地。

8. 鼓励社会资本设立草原保护基金

鼓励社保基金、保险基金等大型机构投资者投资草原，探索利用信托融资、项目融资、融资租赁、绿色金融债券等多种融资方式和工具，搭建社会资本投资草原的投融资平台，参与草原保护修复。鼓励有条件的地方政府和社会资本共同发起区域性草原绿色发展基金，支持地方草原生态保护和产业发展。完善扶持政策，加大开发性、政策性贷款支持力度，完善草原贷款贴息政策。

（三）科技教育保障体系

1. 提高对草原科技人才队伍建设重要性的认识

草原行业总体上属于科技起步较晚、基础薄弱的行业，在基础、应用、产业化开发研究等方面都比较薄弱，尚未形成综合攻关、解决重大科技问题的良好体系，草业高层次人才培养任务十分迫切。要拓宽草原人才培养途径，加大培养力度，实施科技创新人才培育工程，提高培养质量，建立人才脱颖而出的新机制，培养大批草原科技创新领域的拔尖人才。2016年，中央印发《关于深化人才发展体制机制改革的意见》，着眼于聚天下英才而用之，明确了改革的指导思想、基本原则和主要目标。近两年中央又出台了一系列推动人才队伍建设的制度文件，这为草原人才工作和人才队伍建设提供了基本遵循。当前，需要不断提高对做好人才工作重要性的认识，密切联系实际，以习近平总书记关于人才工作的重要论述为指导，加快推进草原科技人才培养，更好地服务草业现代化建设。

2. 创新草原人才队伍建设机制

（1）强化党管人才的领导机制

草原行业主管部门要把人才队伍建设列入重要的议事日程，作为一项重大而紧迫的战略任务。要紧紧围绕草原中心工作，结合本地区实际，研究制定本地区的人才发展战略和规划，特别是要以实施重大人才工程为抓手，明确任务重点，制定详细的落实方案，建立监督评价机制，扎实推进人才培养工作。

（2）完善草原人才培养机制

紧贴草原事业发展需要，针对草原人才队伍建设的突出问题，着力加强和改进人才工作，开展多种形式的培养模式。通过搭建科技平台、创新创业平台，实施重大项目工程，吸引和凝聚高层次人才，发挥科技协作和团队合作作用，不断促进高层次人才培养。着力完善基层草原人才队伍建设体制机制，增加基层人才接受培养培训的机会，不断提升草原人才队伍整体素质。

（3）不断改进草原人才的选拔任用机制

着力拓展基层草原人才发展渠道，健全基层人才的激励机制，形成兼顾能力、业绩、品德等要素的人才评价机制，建立与职业待遇挂钩的技能等级标准体系，不断改进人才评价方式与手段。扩大并落实用人单位的自主权，不断完善专业技术人才聘任制度，建立健全人尽其才的选拔任用机制。打破部门、地区人才分割局面，畅通人才流动渠道，形成院校、企业、用人单位对接良好的人才组织服务体系。探索建立各级、各类草原专业技能人才信息库，为人才的合理使用和流动提供基础信息和数据。

3. 建立现代草原科技教育培训体系

（1）进一步强化草原科技教育培训体系建设

适应草业发展需要，加强草原高校、职业院校、培训机构建设，形成草原高等教育、职业教育、行业培训互通有无、资源共享、共同促进的现代草原科技教育培训体系，构建以培养草原中高级人才为核心，以培养技术技能人才为重点，以全面提升草原人才队伍专业化水平为目标的培养机制，打造一支素质优良、能力突出、结构合理的草原专门化人才队伍。

（2）进一步强化草原职业教育和行业培训的功能

推进教育培训与行业发展的深度融合，以服务生态建设和产业发展为目标，面向基层一线，加强职业技能培训、行业培训，强化就业导向，培养一批能够满足基层草原事业发展的技术技能人才。

（3）进一步加强和引导毕业生基层就业

出台鼓励草业毕业生到基层工作的就业政策与优惠措施。推动人社部门、教育部门共同建立订单培养、对口招生等机制，培养大批"下得去，留得住"的草原行业基层人才，逐步解决基层人才断层问题。

（四）草原监督管理保障体系

1. 健全草原监督保障机构

建立健全草原监督管理保障体系的组织机构，涉草原省、市、县林业和草原局应有专门负责草原监督管理的相关部门或机构，或者在现有的省、市、县林业和草原局草原管理部门中增加或明确草原监督的职能，明确草原管理和草原监督的区别。草原管理重在草原保护、建设、监测的管理，草原监督重在草原管理法律、法规、政策的执法监督。草原监督管理的主要职责是依法对草原管理中的问题，如破坏草原、草原非法征占用、各种草原管理政策的实施，进行监督和执法。

2. 建立草原监督保障体系

草原监督管理并非是设立一个机构、增加一些人员就能做好的事。草原监督保障体系应包括专门机构的监督、民主监督、法律监督、舆论监督，让专业机构常态化监督，让人民群众监督草原法规政策的落实情况，让法律监督草原各类违法案件，让社会舆论监督破坏草原等问题。草原监督保障体系建设就是将专业监督与人民群众、社会舆论、法律监督有效地结合起来，形成强大的人民群众监督草原保护和生态建设的社会基础，专业监督机构按一定的工作目标和周期对草原监督信息进行收集、分析和评价，在此基础上开展深入的监督过程。因此，草原监督管理不是一个机构几个人就能完成或做好的事，而是一个体系的建设。

3. 充实草原监督基层组织

我国原有的草原管理机构主要包括各级草原行政管理部门、草原监督管理机构和草原技术推广机构。依据国家和省有关法律法规及编制管理部门授权，省、市、县各级政府农牧行政主管部门负责本辖区内的草原行政管理工作。各级草原监理及草原技术推广机构受同级草原行政主管部门的委托，分别负责辖区内草原执法监管及技术推广工作，行政上受同级草原行政主管部门领导，业务上受上级草原监理及技术推广机构的监督和指导。形成了国家、省、市、县四级草原监理与草原技术推广机构。随着国家机构的调整，部分地方草原基层监理与技术推广机构、有些省份原有草原工作总站保留至省农业厅，有些划归省林草局。目前亟待解决的问题就是建立健全草原监督基层组织体系，充实草原监督保障机构，明确草原监督保障基层组织的架构、工作内容、任务要求、工作条件、队伍建设和保障机制。完善基层草原监督保障体系，发挥基层草原监督机构在监督保障体系中的作用。对于草原大省，还应注重县以下草原牧区基层监督保障体系建设，发挥草原牧区民众的草原监督作用，必要时设立县级草原监督派出机构，实现草原监督点加密，监督范围全覆盖。

4. 加强草原监督科技支撑作用

科学技术在草原监督保障体系建设中的作用将越来越显著。草原监督保障并非人海战术，应有效利用科技手段增强草原监督管理。现代科技在草原生态保护和草原生态建设以及草原畜牧业生产中发挥着越来越大的作用，同样，科技在草原监督方面也将显示出巨大的应有前景。要逐步建立县域草原遥感监测站点，建立重点草原区空天地一体化的草原动态监测系统，建立实时草原监督信息传输报送系统和草原违法、破坏案件技术鉴定体系。因此，要从国家林业和草原局层面支持草原监督保障体系科技与应用示范方面的课题研究，逐步形成草原监督保障体系建设的科技支撑。其次，要明确草原监督保障体系建设的重要意义，引导各方面的科技力量投入草原监督保障体系的专项研究和基金支持。

5. 草原监督保障体系人才队伍建设

加强草原监督保障体系人才队伍建设是实施草原监督管理的基本保证。首先要有良好的用人机制。良好的用人机制是草原监督管理队伍成长的前提和保障。草原监督管理机构要营造有利于人才稳定，有利于人才发展的机制和环境，完善公开、平等、竞争、择优的用人机制，做到人尽其才，才尽其用。完善考核制度，真正实现能者上、平者让、庸者下的用人制度。其次，要加大草原监督管理人才的培养力度。草原监督保障体系的建设要采取多种渠道、多种形式，利用现有的教育资源，培养更多、有用、安心地方草原监督管理的专业人才。再次，草原监督管理机构要充分认识草原监督工作的需求，有计划、有重点地加强草原监督管理人员的培训，采取在职学习、脱产培训、短期培训等形式为草原监督管理人员充电。建立激励机制，提升草原监督管理人员的知识和专业水平。只有人人都接受教育培训，人人都能提高综合素质，才能为实现草原监督保障体系的健康发展。

6. 加强草原监督保障体系的宣传

草原监督保障体系建设，是在我国草原建设与生态保护工作相比其他行业滞后、基础工作差距较大、草原发展与生态保护环节薄弱的基础上进行的，是一项为加强草原生态建设的战略性举措，也是一项加强草原生态建设与保护的重要措施。为此，要组织编写相关学习材料，通过电视、互联网、报纸等多种媒体向社会宣传草原监督保障体系建设的目的和意义，明确草原监督保障体系的主要内容以及实施的计划、预期的效果，使全社会认识草原监督保障的重要性，鼓励公众积极参与和监督。

参考文献

白永飞，潘庆民，邢旗，2016. 草地生产与生态功能合理配置的理论基础与关键技术[J]. 科学通报，61(2)：201-212.

不列颠百科全书国际中文版编辑部，1999. 不列颠百科全书(国际中文版)：草原[M]. 北京：中国大百科全书出版社.

常秉文，屈璐璐，2021. 大力发展现代草种业筑牢北疆生态安全屏障[J]. 北方经济，(7)：33-36.

陈洪松，岳跃民，王克林，2018. 西南喀斯特地区石漠化综合治理：成效、问题与对策[J]. 中国岩溶，37(1)：37-42.

陈亚东，朱正辛，邹军，等，2021. 浅析我国草原资源调查的制度与方法[J]. 南方农业，15(30)：213-214.

德米特里也夫 A. W.，1948. 草地经营[M]. 蔡元定，章祖同，译. 北京：财经出版社.

丁香香，2019. 中国与加拿大农业现代化发展的差异性分析[J]. 世界农业，(5)：39-44.

董世魁，唐芳林，平晓燕，等，2022. 新时代生态文明背景下中国草原分区与功能辨析[J]. 自然资源学报，37(3)：568-581.

董世魁，杨明岳，任继周，等，2020. 基于放牧系统单元的草地可持续管理：概念与模式[J]. 草业科学，37(3)：403-412.

方精云，景海春，张文浩，等，2018. 论草牧业的理论体系及其实践[J]. 科学通报，63(17)：1619-1631.

方精云，李凌浩，蒋高明，等. 2015. 如何理解"草牧业"？[J]. 环境经济，(18)：29.

付晶莹，彭婷，江东，等，2020. 草地资源立体观测研究进展与理论框架[J]. 资源科学，42(10)：1932-1943.

高进云，乔荣锋，2005. 退耕还林还草地区面临的问题及对策研究——以张家口地区为例[J]. 水土保持研究，(6)：136-138.

巩国丽，要玲，任丽霞，等，2020. 京津风沙源区生态保护与建设工程对防风固沙服务功能的影响[J]. 水土保持通报，40(5)：181-188+2.

郭旭东，谢俊奇，李双成，等，2015. 土地生态学发展历程及中国土地生态学发展建议[J]. 中国土地科学，29(9)：4-10.

韩成吉，王国刚，朱立志，2020. 国外草牧业发展政策及其启示[J]. 世界农业，(1)：49-57.

侯向阳，2015. 我国草牧业发展理论及科技支撑重点[J]. 草业科学，32(5)：823-827.

胡秀芳，赵军，钱鹏，等，2007. 草原生态安全理论与评价研究[J]. 干旱区资源与环境，(4)：93-97.

胡振通，2016. 中国草原生态补偿机制[D]. 北京：中国农业大学.

黄宝龙，黄文丁，1991. 林农复合经营生态体系的研究[J]. 生态学杂志，(3)：27-32.

黄景金，杨郑贝，唐长增，等，2021. 自然资源统一分类标准研究——以广西阳朔县为例[J].

测绘通报，(9)：136-139+156.

黄敬峰，王秀珍，王人潮，等，2001. 天然草地牧草产量遥感综合监测预测模型研究[J]. 遥感学报，(1)：69-74.

黄麟，曹巍，祝萍，2020. 退耕还林还草工程生态效应的地域分异特征[J]. 生态学报，40(12)：4041-4052.

黄麟，吴丹，孙朝阳，2020. 基于规划目标的京津风沙源治理区生态保护与修复效应[J]. 生态学报，40(6)：1923-1932.

黄麟，祝萍，曹巍，2021. 中国退耕还林还草对生态系统服务权衡与协同的影响[J]. 生态学报，41(3)：1178-1188.

蒋忠诚，罗为群，童立强，等，2016. 21世纪西南岩溶石漠化演变特点及影响因素[J]. 中国岩溶，35(5)：461-468.

康琳琦，周天财，干友民，等，2018. 1984—2013年青藏高原土壤侵蚀时空变化特征[J]. 应用与环境生物学报，24(02)：245-253.

雷燕慧，丁国栋，李梓萌，等，2021. 京津风沙源治理工程区土地利用/覆盖变化及生态系统服务价值响应[J]. 中国沙漠，41(6)：29-40.

李辉霞，刘淑珍，2007. 基于ETM+影像的草地退化评价模型研究——以西藏自治区那曲县为例[J]. 中国沙漠，(3)：412-418.

李会科，张广军，赵政阳，等，2007. 生草对黄土高原旱地苹果园土壤性状的影响[J]. 草业学报，16(2)：32-39.

李静，2015. 我国草原生态补偿制度的问题与对策——以甘肃省为例[J]. 草业科学，32(6)：1027-1032.

李世东，陈应发，2021. 退耕还林还草工程综合效益监测进展与展望[J]. 林业资源管理，(5)：1-9.

李文华，2000. 可持续发展的生态学思考[J]. 西华师范大学学报(自然科学版)，21(3)：215-220.

李新一，程晨，尹晓飞，等，2020. 中外草牧业发展历程、重点与中国草牧业发展措施. 草原与草业，32(4)：6-13.

李治国，王占义，屈志强，等，2021. 中国草地等级划分体系回顾与新体系构建[J]. 资源科学，43(11)：2192-2202.

梁天刚，崔霞，冯琦胜，等，2009. 2001—2008年甘南牧区草地地上生物量与载畜量遥感动态监测[J]. 草业学报，18(6)：12-22.

蔺琳，袁惠林，殷耀国，2013. 土地变更调查现状及其问题与对策[J]. 测绘与空间地理信息，36(10)：245-247+254+257.

刘黎明，张凤荣，赵英伟，2002. 我国草地资源生产潜力分析及其可持续利用对策[J]. 中国人口·资源与环境，(4)：102-107.

刘文超，刘纪远，匡文慧，2019. 陕北地区退耕还林还草工程土壤保护效应的时空特征[J]. 地理学报，74(9)：1835-1852.

刘彦平，张国红，杨跃军，等，2013.《京津风沙源治理工程二期规划》战略调整[J]. 林业调查规划，38(6)：92-95.

刘艳慧，蔡宗磊，包妮沙，等，2018. 基于无人机大样方草地植被覆盖度及生物量估算方法研究

[J]. 生态环境学报，27(11)：2023-2032.

刘玉平，慈龙骏，1998. 毛乌素沙区柳湾灌丛草场荒漠化评价的指标体系[J]. 草地学报，(2)：124-132.

卢欣石. 草地农业是改变我国传统农业的新途径[C]// 第六届(2015)中国苜蓿发展大会暨国际苜蓿会议. 中国畜牧业协会，2015.

马世骏，王如松，1984. 社会-经济-自然复合生态系统[J]. 生态学报，27(1)：1-9.

孟林，2000. 草地资源生产适宜性评价技术体系[J]. 草业学报，(4)：1-12.

孟林，杨富裕. 果园生草及草地利用[M]. 北京：中国农业出版社，2016.

孟林，俞立恒，毛培春，等，2009. 苹果园间种鸭茅和白三叶对园区小环境的影响. 草业科学，26(8)：132-136

孟林，张英俊，2010. 草地评价[M]. 中国农业科学技术出版社.

孟林，毛培春，郑明利，等，2021. 浅析林草复合种植模式下的草地生态功能[J]. 草学，(4)：1-5.

苗泽华，2018. 京津冀资源型企业实施生态工程的路径与措施[J]. 中国国土资源经济，31(11)：10-14+54.

宁颖，田艳丽，2021. 中国草原生态保护的研究现状及趋势分析——基于中国知网(CNKI)期刊文献数据(1992—2021 年)[J]. 畜牧与饲料科学，42(6)：68-75.

潘建伟，张立中，辛国昌，2020. 草原生态补助奖励政策效益评估——基于内蒙古呼伦贝尔新巴尔虎右旗的调查[J]. 农业经济问题，(9)：111-121.

潘影，张燕杰，武俊喜，等，2019. 基于遥感和无人机数据的草地 NDVI 影响因子多尺度分析[J]. 草地学报，27(6)：1766-1773.

彭慧，昌亭，薛红琳，等，2013. 土地生态评价研究综述[J]. 国土资源科技管理，30(6)：28-35.

屈芳青，周万村，2007. RS 和 GIS 支持下的若儿盖草原生态安全模糊评价[J]. 干旱地区农业研究，(4)：24-29.

任继周，1984. 南方草山是建立草地农业系统发展畜牧业的重要基地[J]. 中国草原与牧草，(1)：8-12.

任继周，1989. 森林—草地生态系统的农学含义[J]. 草业科学，6(4)：1-4.

任继周，2015. 我对"草牧业"一词的初步理解[J]. 草业科学，32(5)：710.

尚占环，董世魁，周华坤，等，2017. 退化草地生态恢复研究案例综合分析：年限、效果和方法[J]. 生态学报，37(24)：8148-8160.

苏大学，2013. 中国草地资源调查与地理制图[M]. 北京：中国农业大学出版社.

苏维词，2002. 中国西南岩溶山区石漠化的现状成因及治理的优化模式[J]. 水土保持学报，(2)：29-32+79.

孙建，张振超，董世魁，2019. 青藏高原高寒草地生态系统的适应性管理[J]. 草业科学，36(4)：933-938+915-916.

孙文义，邵全琴，刘纪远，2014. 黄土高原不同生态系统水土保持服务功能评价[J]. 自然资源学报，29(3)：365-376.

孙志华，2018. 我国奶业发展现状浅析[J]. 中国畜牧业，(11)：36-37.

唐芳林，周红斌，朱丽艳，等，2020. 构建林草融合的草原调查监测体系[J]. 林业建设，(5)：11-16.

陶梦，2012. TM 影像技术在草地资源调查中的应用[J]. 草食家畜，(2)：31-36.

王红柳，岳征文，卢欣石，2010. 林草复合系统的生态学及经济学效益评价[J]. 草业科学，27 (2)：24-27.

王焕炯，范闻捷，崔要奎，等，2010. 草地退化的高光谱遥感监测方法[J]. 光谱学与光谱分析，30(10)：2734-2738.

王加亭，闫敏，乔江，等，2020. 草原生态补奖政策的实施成效与完善建议[J]. 中国草地学报，42(4)：8-14.

王俊丽，任世奇，张忠华，等，2019. 基于文献计量评价的无人机生态遥感监测研究进展[J]. 热带地理，39(4)：616-624.

王闰平，陈凯，2006. 中国退耕还林还草现状及问题分析[J]. 水土保持研究，(5)：188-192.

王世杰，2002. 喀斯特石漠化概念演绎及其科学内涵的探讨[J]. 中国岩溶，(2)：31-35.

王涛，2014. 基于 RS 和 GIS 的西藏草地产草量评估研究[D]. 南京：南京信息工程大学.

王铁梅，2020. 我国草原资源调查的制度与方法思考[J]. 中国土地，(3)：39-41.

王兴刚，2020. 退耕还林还草的现状及问题分析[J]. 河北农机，(9)：22.

王艳华，乔颖丽，2011. 退牧还草工程实施中的问题与对策[J]. 农业经济问题，32(2)：99 -103.

王洋洋，肖玉，谢高地，等，2019. 基于 RWEQ 的宁夏草地防风固沙服务评估[J]. 资源科学，41(5)：980-991.

王义祥，王峰，翁伯琦，等，2010. 果园生草模式土壤固碳潜力——以福建省为例[J]. 亚热带农业研究，6(3)：189-192.

王媛，何建勇，2021. 京津风沙源治理工程已造林 896 万亩[J]. 绿化与生活，(7)：2.

文林琴，栗忠飞，2020. 2004—2016 年贵州省石漠化状况及动态演变特征[J]. 生态学报，40 (17)：5928-5939.

吴丹，巩国丽，邵全琴，等，2016. 京津风沙源治理工程生态效应评估[J]. 干旱区资源与环境，30(11)：117-123.

吴渊，吴廷美，林慧龙，2020. 黄河源区草原生态保护补助奖励政策的减畜效果评价[J]. 中国草地学报，42(2)：137-144.

肖继东，石玉，李聪，等，2009. 基于 CBERS 和 MODIS 数据的草地资源监测评价研究[J]. 草业科学，26(8)：24-33.

肖仁乾，宁攸凉，何友均，等，2021. 草原生态保护补助奖励政策实施效果评估[J]. 林业经济问题，41(6)：645-650.

徐国劲，谢永生，骆汉，等，2018. 重大生态工程规划设计的理论探讨[J]. 自然资源学报，33 (7)：1139-1151.

徐田伟，赵新全，张晓玲，等，2020. 青藏高原高寒地区生态草牧业可持续发展：原理、技术与实践[J]. 生态学报，40(18)：6324-6337.

许鹏，1985. 中国草地分类原则与系统的讨论[J]. 四川草原，(3)：1-7.

严恩萍，林辉，党永峰，等，2014. 2000—2012 年京津风沙源治理区植被覆盖时空演变特征[J].

生态学报，34（17）：5007-5020.

颜京松，王如松，2001. 近十年生态工程在中国的进展[J]. 生态与农村环境学报，（1）：1-8.

颜景辰，张俊飚，罗小锋，等，2007. 刘歆海. 世界生态畜牧业发展现状、趋势及启示[J]. 世界农业，（9）：7-10.

杨春，朱增勇，孙小舒，2019. 中国草原生态保护补助奖励政策研究综述[J]. 世界农业，（11）：4-11+130.

杨振海，2015. 多措并举试点先行加快发展草牧业[J]. 草业科学，32（8）：1201-1205.

叶鑫，顾羊羊，张琨，等，2020. 西南喀斯特地区石漠化治理现状分析与对策研究——以贵州省黔西南州为例[J]. 环境保护，48（22）：30-34.

尹剑慧，卢欣石，2009. 中国草原生态功能评价指标体系[J]. 生态学报，29（5）：2622-2630.

于学宁，曲宏辉，杨志军，2020. 2020年林地"一张图"和"三调"界线融合的技术方法探讨[J]. 山东林业科技，50（4）：85-88.

余梦，李阳兵，罗光杰，2022. 中国西南岩溶山地石漠化演变趋势[J]. 生态学报，42（10）：4267-4283.

袁道先，2015. 我国岩溶资源环境领域的创新问题[J]. 中国岩溶，34（2）：98-100.

云正明，1998. 生态工程[M]. 北京：气象出版社.

张彪，王爽，李庆旭，等，2021. 京津风沙源治理工程区水源涵养功能时空变化分析[J]. 生态学报，41（19）：7530-7541.

张海燕，樊江文，邵全琴，2015. 2000—2010年中国退牧还草工程区土地利用、覆被变化[J]. 地理科学进展，34（7）：840-853.

张海燕，樊江文，邵全琴，等，2016. 2000—2010年中国退牧还草工程区生态系统宏观结构和质量及其动态变化[J]. 草业学报，25（4）：1-15.

张雷一，张静茹，刘方，等，2014. 林草复合系统的生态效益[J]. 草业科学，31（9）：1789-1797.

张良侠，樊江文，张文彦，等，2014. 京津风沙源治理工程对草地土壤有机碳库的影响——以内蒙古锡林郭勒盟为例[J]. 应用生态学报，25（2）：374-380.

赵景峰，哈斯巴特尔，梁东亮，等，2014. 加快我国北方优质草种产业化发展的建议[J]. 草原与草业，26（4）：3-6.

郑海朋，阎建忠，刘林山，等，2017. 基于文献计量的草地遥感研究进展[J]. 中国草地学报，39（4）：101-110+115.

周升强，孙鹏飞，赵凯，等，2020. 国家重点生态功能区退牧还草工程实施效果评价：以宁夏盐池县为例[J]. 草业科学，37（1）：201-212.

朱趁趁，龚吉蕊，杨波，等，2021. 内蒙古荒漠草原防风固沙服务变化及其驱动力[J]. 生态学报，41（11）：4606-4617.

BRAD S, 2000. How rangelands work：Classifying Rangelands. Rangelands Gateway. [EB/OL]. （2000-01）. https：//rangelandsgateway.org/ topics/rangeland-ecology/ classifying-rangelands.

DALAL-CLAYTON DB, 1981. Black's Agricultural Dictionary[M]. London：Adam & Charles Black Publishers Ltd：212.

DAVIES W, 1960. Temperate and tropical grasslands[C]. In GilmourJSL, eds. Proceedings of the Eighth International Grassland Congress held at the University of Reading, England, 11-21 July 1960.

DUFFEY E, MORRIS MG, SHEAIL J, et al, 1974. Grassland Ecology and Wildlife Management [M]. London: Chapman and Hall.

FABER-LANGENDOEN D, JOSSE C, 2010. World Grasslands and Biodiversity Patterns[M]. NatureServe, Arlington, VA.

LEWIS J K, 1982. Use of ecosystem classification in range resourcemanagement, Grassland Ecology and Classification. Symposium Proceedings[M]. Province of British Columbia Ministry of Forest.

MENG L, MAO P C, TIAN X X, 2016. Evaluation of meat and egg traits of Beijing-you chicken rotationally grazing on chicory pasture in a chestnut forest[J]. Brazilian Journal of Poultry Science, 3: 1-6.

MITSCH W J, 1996. Ecological engineering: a new paradigm for engineers and ecologists. Engineering within Ecological Constraints[M]. Washington D C: National Academy Press, 114-132.

MITSCH W J, JØRGENSEN S E, 1989. Introduction to ecological engineering[M]. Ecological Engineering: An Introduction to Ecotechnology. New York: Wiley.

NAIR P K R, 1991. State of the art of agroforestry systems[J]. Forest Ecology and Management, 45 (1): 5-29.

NUMATA M, 1979. Ecology of Grassland and Bambooland in the World[M]. Junk W. The Hague-Boston- London.

ODUM HT, ODUM B, 2003. Concepts and methods of ecological engineering[J]. Ecological Engineering, 20(5): 339-361.

SOCIETY FOR RANGE MANAGEMENT, RANGE TERM GLOSSARY COMMITTEE, 1974. A Glossary of Terms Used in Range Management[M]// Kothmann MM, Chiarman, eds. Denver, Colorado. Heady H. Range Management, 3. McGraw-Hill Book Company, New York.

STODDART L A, SMITH A D, 1945. Range management. McGraw-Hill Series in Forest Resources [M]. McGraw-Hill Book Company.

SUTTIE RM, REYNOLD SG, BATELLO C, 2005. Grasslands of the World. Rome[M]. Italy: FAO.

THOMAS H, 1980. Terminology and definitions in studies of grassland plants[J]. Grass and Forage Science, 35: 20-23.

UNITED STATES ENVIRONMENTAL PROTECTION AGENCY, 2015. Agricultural Pasture, Rangeland and Grazing. [EB/ OL]. (2015- 08-15). https: / / www. epa. gov / agriculture / agricultural-pas- ture-rangeland-and-grazing.

WHITE F, 1983. The Vegetation of Africa: A descriptive memoir to accompany the UNESCO/ AETFAT/ UNSO vegetation map of Africa[M]. Natural Resources Research Series, Paris, France.

ZHENG M L, MAO P C, TIAN X X, et al, 2019a. Effects of dietary supplementation of alfalfa meal on growth performance, carcass characteristics, meat and egg quality and intestinal microbiota in Beijing-you chicken[J]. Poultry Science, 98: 2250-2259.

ZHENG M L, MAO P C, TIAN X X, et al, 2019b. Growth performance, carcass characteristics, meat and egg quality, and intestinal microbiota in Beijing-you chicken on diets with inclusion of fresh chicory forage[J]. Italian Journal of Animal Science, 18(1): 1310-1320.

ЛАРИИ И В, ИВАНОВИДР А Ф, 1990. Луговодствои Пастбшивое Хозяйство [J]. Аронромиздат, Ленинград: 6-7.

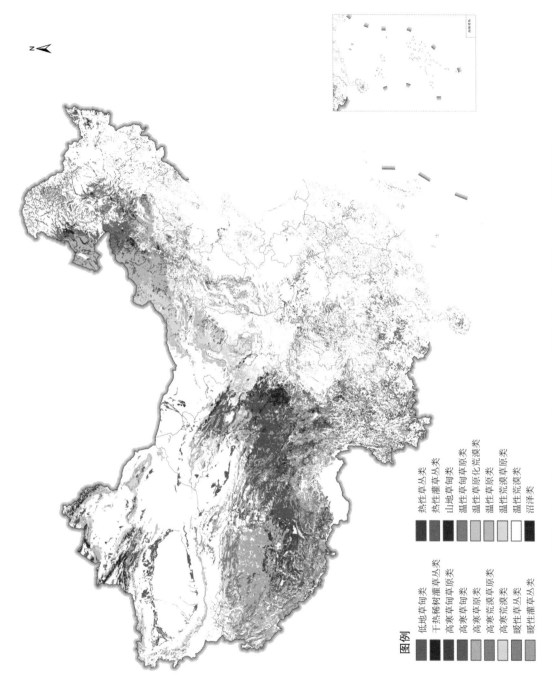

图例

低地草甸类	热性草丛类
干热稀树灌草丛类	热性灌草丛类
高寒草甸草原类	山地草甸类
高寒草甸类	温性草甸草原类
高寒草原类	温性草原化荒漠类
高寒草原荒漠类	温性草原类
高寒荒漠类	温性荒漠草原类
暖性草丛类	温性荒漠类
暖性灌草丛类	沼泽类

彩图 1　"南北草办"草地分类体系一级分类结果，即中国草原生态系统类型及其分布

类组

草原
草甸
荒漠
灌草丛
稀树草原

彩图 2　草原多维分类体系之发生学分类一级分类单元——类组图示

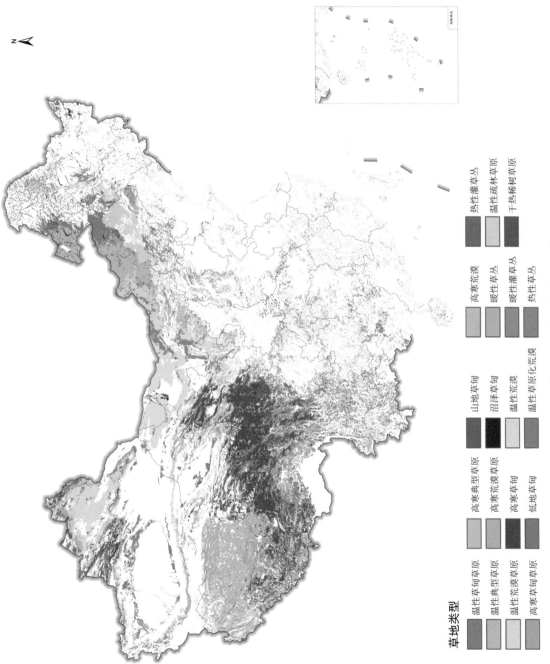

草地类型

温性草甸草原	高寒典型草原
温性典型草原	高寒荒漠草原
温性荒漠草原	高寒草甸
高寒草甸草原	低地草甸

山地草甸	高寒荒漠
沼泽草甸	暖性草丛
温性荒漠	暖性灌草丛
温性草原化荒漠	热性草丛

热性灌草丛	
温性疏林草原	
干热稀树草原	

彩图 3 草原多维分类体系之发生学主分类二级分类单元——类图示

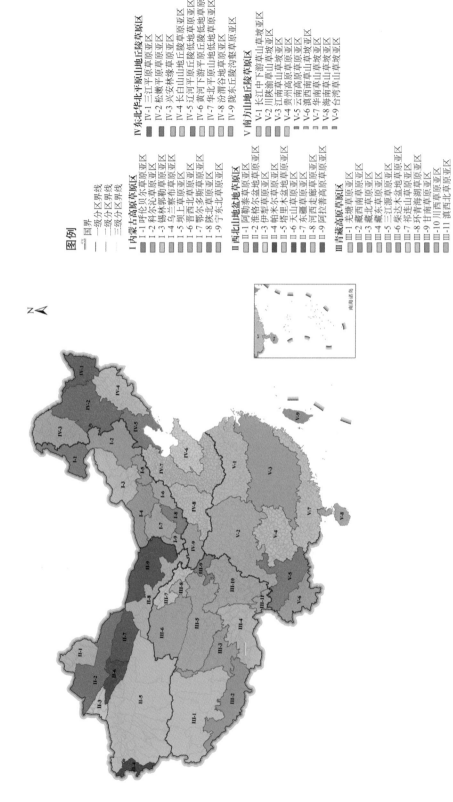

图例

比例尺

—— 国界
—— 一级分区界线
—— 二级分区界线
—— 三级分区界线

I 内蒙古高原草原顶区
I-1 呼伦贝尔草原亚区
I-2 科尔沁草原亚区
I-3 锡林郭勒草原亚区
I-4 乌兰察布草原亚区
I-5 坝上草原亚区
I-6 晋西北草原亚区
I-7 鄂尔多斯草原亚区
I-8 陕北草原亚区
I-9 宁东草原亚区

II 西北山地盆地草原顶区
II-1 阿勒泰草原亚区
II-2 准格尔盆地草原亚区
II-3 伊犁草原亚区
II-4 帕米尔草原亚区
II-5 天山草原亚区
II-6 塔里木草原亚区
II-7 东疆草原亚区
II-8 河西走廊草原亚区
II-9 阿拉善草原亚区

III 青藏高原草原顶区
III-1 羌塘草原亚区
III-2 藏西南草原亚区
III-3 藏北草原亚区
III-4 藏东草原亚区
III-5 三江源草原亚区
III-6 柴达木盆地草原亚区
III-7 祁连山草原亚区
III-8 环青海湖草原亚区
III-9 甘南草原亚区
III-10 川西北草原亚区
III-11 滇西北草原亚区

IV 东北华北平原山地顶丘陵草原顶区
IV-1 三江平原草原亚区
IV-2 松嫩平原草原亚区
IV-3 兴安岭草原亚区
IV-4 长白山山地丘陵草原亚区
IV-5 辽河平原下游平原草原亚区
IV-6 黄河下游平原山地草原亚区
IV-7 华北平原山地草原亚区
IV-8 汾渭谷地草原亚区
IV-9 陇东丘陵草原亚区

V 南方山地丘陵草原顶区
V-1 长江中下游草山草坡亚区
V-2 川陕渝草山草坡亚区
V-3 江南草山草坡亚区
V-4 贵州南草山草坡亚区
V-5 云南草山草坡亚区
V-6 滇西南草山草坡亚区
V-7 华南草山草坡亚区
V-8 海南草山草坡亚区
V-9 台湾草山草坡亚区

南海诸岛

彩图 4　全国草原分区结果

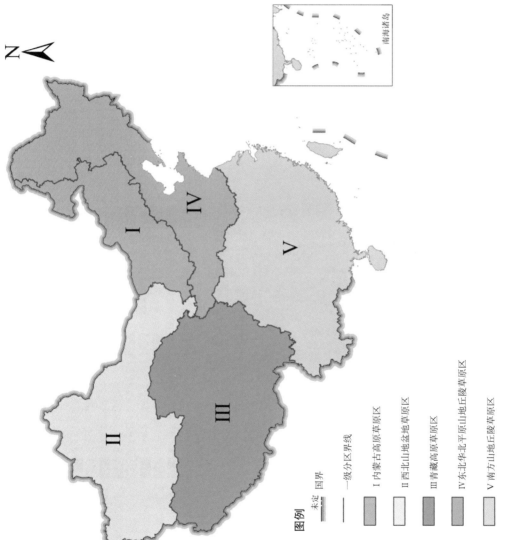

彩图 5　草原生态修复分区空间布局

图例

未定 国界

—— 一级分区界线

Ⅰ 内蒙古高原草原区

Ⅱ 西北山地盆地草原区

Ⅲ 青藏高原草原区

Ⅳ 东北华北平原山地丘陵草原区

Ⅴ 南方山地丘陵草原区

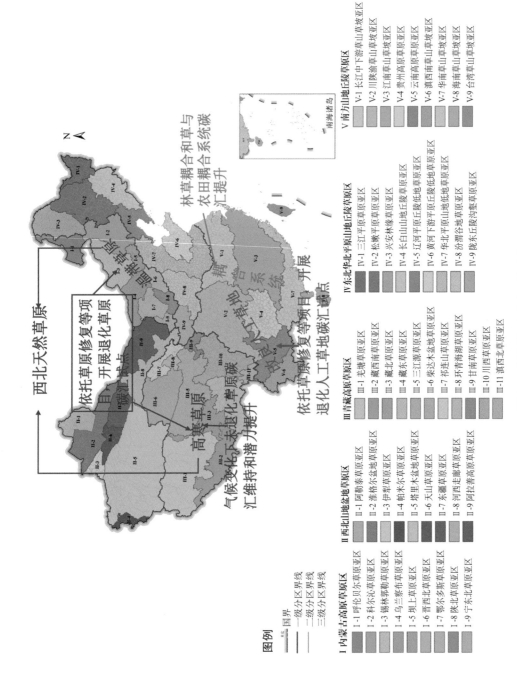

彩图 6　草原碳汇业发展战略布局

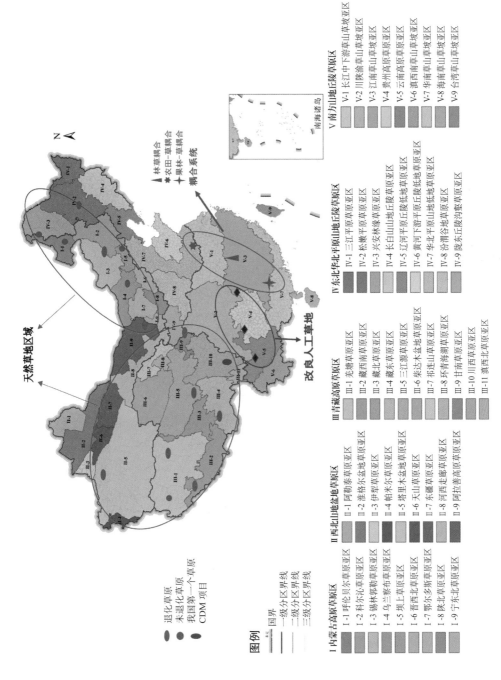

彩图 7　各区区域试点布局

图例

—·— 国界
—— 一级分区界线
—— 二级分区界线
—— 三级分区界线

● 退化草原
● 未退化草原
● 我国第一个草原CDM 项目

▲ 林草耦合
★ 农田-草耦合
✚ 果林-草系统

天然草地区域

改良人工草地

南海诸岛

I 内蒙古高原草原区
- I-1 呼伦贝尔草原亚区
- I-2 科尔沁草原亚区
- I-3 锡林郭勒草原亚区
- I-4 乌兰察布草原亚区
- I-5 坝上草原亚区
- I-6 晋西北草原亚区
- I-7 鄂尔多斯草原亚区
- I-8 陕北草原亚区
- I-9 宁东北草原亚区

II 西北山地盆地草原区
- II-1 阿勒泰草原亚区
- II-2 准格尔盆地草原亚区
- II-3 伊犁草原亚区
- II-4 帕米尔草原亚区
- II-5 塔里木盆地草原亚区
- II-6 天山草原亚区
- II-7 东疆草原亚区
- II-8 河西走廊草原亚区
- II-9 阿拉善荒漠草原亚区

III 青藏高原草原区
- III-1 羌塘草原亚区
- III-2 藏南草原亚区
- III-3 藏北草原亚区
- III-4 藏东草原亚区
- III-5 三江源草原亚区
- III-6 柴达木盆地草原亚区
- III-7 祁连山草原亚区
- III-8 环青海湖草原亚区
- III-9 甘南草原亚区
- III-10 川西草原亚区
- III-11 滇西北草原亚区

IV 东北华北平原山地丘陵草原区
- IV-1 三江平原草原亚区
- IV-2 松嫩平原草原亚区
- IV-3 兴安岭草原亚区
- IV-4 长白山山地丘陵草原亚区
- IV-5 辽河平原草原丘陵低地草原亚区
- IV-6 黄河下游平原山地丘陵低地草原亚区
- IV-7 华北平原山地丘陵低地草原亚区
- IV-8 汾渭谷地草原亚区
- IV-9 陇东丘陵沟壑草原亚区

V 南方山地丘陵草原区
- V-1 长江中下游草山草坡亚区
- V-2 川陕渝草山草坡亚区
- V-3 江南草山草原亚区
- V-4 贵州高原草原草原亚区
- V-5 云南高原草原草原亚区
- V-6 滇西南草山草坡亚区
- V-7 华南草山草坡亚区
- V-8 海南草山草坡亚区
- V-9 台湾草山草原亚区

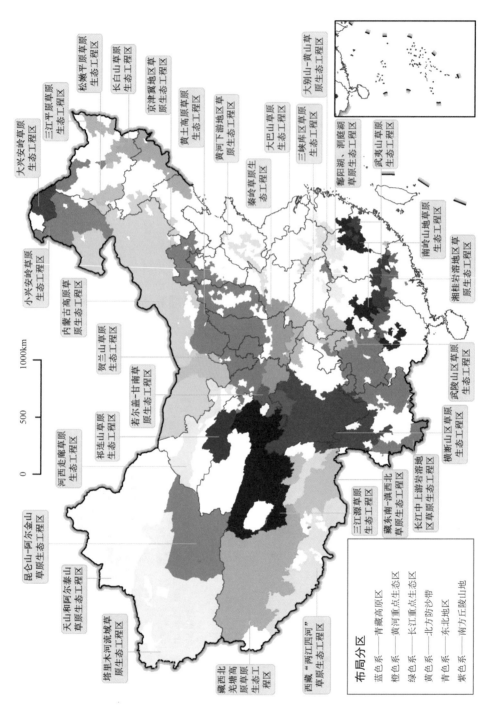

大兴安岭草原
生态工程区

三江平原草原
生态工程区

松嫩平原草原
生态工程区

长白山草原
生态工程区

京津冀草地草
原生态工程区

黄土高原草原
生态工程区

黄河下游地区草
原生态工程区

秦岭草原生
态工程区

大巴山草原
生态工程区

三峡库区草
原生态工程区

大别山-黄山草
原生态工程区

小兴安岭草原
生态工程区

内蒙古高原草
原生态工程区

贺兰山草原
生态工程区

若尔盖-甘南草
原生态工程区

祁连山草原
生态工程区

河西走廊草原
生态工程区

昆仑山-阿尔金山
草原生态工程区

天山和阿尔泰山
草原生态工程区

塔里木河流域草
原生态工程区

藏西北
羌塘高
原草原
生态工
程区

西藏"两江四河"
草原生态工程区

武夷山草原
生态工程区

邻阳湖、洞庭湖
草原生态工程区

南岭山地草原
生态工程区

湘桂岩溶地区草
原生态工程区

武陵山区草原
生态工程区

横断山区草原地
生态工程区

长江中上游岩溶地
区草原生态工程区

藏东南-滇西北
草原生态工程区

三江源草原
生态工程区

布局分区

蓝色系——青藏高原区

橙色系——黄河重点生态区

绿色系——长江重点生态区

黄色系——北方防沙带

青色系——东北地区

紫色系——南方丘陵山地

彩图 8　中国草原重大生态工程战略布局分区